"大气十条"实施以来天津市人为因素对空气质量影响定量评估数据集（2014—2021年）

尹立峰　李怀明　李敏姣 /著

U0332410

天津大学出版社
TIANJIN UNIVERSITY PRESS

图书在版编目（CIP）数据

"大气十条"实施以来天津市人为因素对空气质量影响定量评估数据集：2014—2021年 / 尹立峰, 李怀明, 李敏姣著. -- 天津：天津大学出版社, 2024.3
　ISBN 978-7-5618-7688-6

Ⅰ.①大… Ⅱ.①尹… ②李… ③李… Ⅲ.①人为因素－影响－环境空气质量－评估－数据集－天津－2014-2021 Ⅳ.①X-651

中国国家版本馆CIP数据核字(2024)第054938号

出版发行	天津大学出版社	
地　　址	天津市卫津路92号天津大学内（邮编：300072）	
电　　话	发行部：022-27403647	
网　　址	www.tjupress.com.cn	
印　　刷	北京虎彩文化传播有限公司	
经　　销	全国各地新华书店	
开　　本	787mm×1092mm　1/16	
印　　张	20.25	
字　　数	455千	
版　　次	2024年3月第1版	
印　　次	2024年3月第1次	
定　　价	78.00元	

本书编委会

主　任：尹立峰　李怀明　李敏姣

副主任：郭　健　闫　佩　张雷波　俞　皓　冯　芸　王荫荫

主　审：温　娟

编　委（按姓氏笔画排序）：

目　　录

第 1 章　概述 ·· 1

第 2 章　技术方法 ·· 2

2.1　空气质量和气象数据矩阵构建 ·· 2

2.2　高相关气象因子筛选 ··· 2

2.3　目标空气质量指标的气象污染综合指数构建 ······························ 2

2.4　建立气象污染综合指数数据库 ·· 3

2.5　确定"同一气象条件日"的判别方法 ·· 3

2.6　定量评估同种气象条件下人为控制因素对空气质量影响的贡献 ········· 3

2.7　方法与技术路线图 ··· 4

附录　数据表 ··· 6

附表 1　2014—2021 年天津市 O_3 气象污染综合指数表 ···················· 6

附表 2　2014—2021 年天津市 $PM_{2.5}$ 气象污染综合指数表 ················ 85

附表 3　2014—2021 年天津市 O_3 气象污染综合指数检索表 ············· 164

附表 4　2014—2021 年天津市 $PM_{2.5}$ 气象污染综合指数检索表 ········· 241

第 1 章 概述

自 2013 年《大气污染防治行动计划》(简称"大气十条")实施以来,我国空气质量大幅改善。国内外学者对空气质量改善的影响因素进行了广泛研究,开展了气象因素和人为控制因素对空气质量影响贡献的定性或定量评价分析,研究结果对下一步制定更有针对性的和精细化的区域污染减排策略提供了一定的技术参考。

目前,关于气象因素和人为控制因素对空气质量影响的评估方法主要包括统计学方法和数值模拟方法。统计学方法包括天气形势分析和单气象要素条件分析,这些分析往往都是定性的,难以做到定量。数值模拟方法对计算能力要求高,运算时间较长,且在污染源清单、城市下垫面、反应机理等方面存在不确定性,有一定的应用缺陷。

本书通过建立环境空气质量与多气象要素的统计学关系,采用权重系数的方式,构建了一套基于多气象要素的污染综合指数系统,建立气象污染综合指数数据集,将综合指数值的差异范围在一定区间(±5%)内的两个或多个数据认定为"同一种气象条件",将对应的日期定义为"同一气象条件日"。研究人员根据综合指数数值快速匹配历史同一气象条件日,对同一气象条件日的环境空气质量值进行差异性分析,快速定量评估同种气象条件下人为控制因素对空气质量影响的贡献。管理人员或相关科研工作者可以通过本书构建的指数方法和检索表,简单匹配、快速查询和计算出特定气象条件下的空气质量差异,定量评估人为因素对空气质量的贡献,为相关研究或管理决策提供有效支撑。

第 2 章　技术方法

2.1　空气质量和气象数据矩阵构建

笔者对研究区内的历年环境空气质量监测数据 [①]（PM$_{2.5}$、O$_3$、PM$_{10}$、SO$_2$、NO$_2$、CO 逐小时质量浓度数据）和气象要素数据 [②]（逐小时气温、最高气温、海平面气压、水平风速、相对湿度、混合层厚度、短波辐射通量等）进行了预处理，将数据中的小时数据处理成日值数据（在空气质量监测数据中，O$_3$ 取日最大 8 小时滑动平均值，PM$_{2.5}$、PM$_{10}$、SO$_2$、NO$_2$、CO 取日均值；在气象要素数据中，最高气温取小时最大值，其他气象因子数值取日均值）。处理后的每项日值数据与日期一一对应，得到在时间尺度下的空气质量与气象要素的数据矩阵。

2.2　高相关气象因子筛选

本书采用 Spearman 相关性分析方法将目标空气质量指标（PM$_{2.5}$、O$_3$、PM$_{10}$、SO$_2$、NO$_2$、CO）数据分别与各气象要素数据进行相关性分析，根据得到的各要素的相关系数，筛选出与目标空气质量指标相关性较高的气象因子。

2.3　目标空气质量指标的气象污染综合指数构建

目标空气质量指标的气象污染综合指数构建步骤如下。

（1）划分气象因子区间。首先对筛选出的与目标空气质量指标高相关的气象因子进行区间划分，具体划分方法为：对各气象因子按数值从大到小进行排序，去除前后 5% 的极端值，将保留数值划分为 10 等份，以保证每一个划分区间的样本是等量均匀的。

（2）确定气象因子各区间权重系数。统计气象因子每个区间的目标空气质量指标平均浓度，将每一区间的浓度均值与整个研究时间段均值的比值设定为初步权重系数，即

$$K_{ijm} = \frac{\rho_{im}}{\bar{\rho}_i}　　　　　　　　　　　　　　（式 2-1）$$

式中：K_{ijm}——空气质量指标 i 的气象因子 j 在区间 m 的初步权重系数；

　　　ρ_{im}——空气质量指标 i 在区间 m 的平均浓度值；

　　　$\bar{\rho}_i$——空气质量指标 i 在整个研究时间段的浓度均值；

　　　i——空气质量指标 PM$_{2.5}$、O$_3$、PM$_{10}$、SO$_2$、NO$_2$、CO 之一；

　　　j——气象因子逐小时气温、最高气温、海平面气压、水平风速、相对湿度、混合层厚度、短波辐射通量之一；

　　　m——1~10 之间的整数。

[①]　历年环境空气质量监测数据来源于中国环境监测总站的全国城市空气质量实时发布平台。
[②]　历年气象要素数据主要来源于国家气象科学数据中心。

（3）构建目标空气质量指标的气象污染综合指数。将某气象因子各区间的初步权重系数乘以该气象因子与目标空气质量指标的相关系数（相关系数为绝对值，如果相关系数为负数，则取正），其乘积设定为该气象因子的调整权重系数，所有高相关气象因子的调整权重系数相加，得到该空气质量指标的气象污染综合指数。

$$X_i = \sum_{j=1}^{n} \left(K_{ijm} \times \left| R_{ij} \right| \right) \qquad （式 2\text{-}2）$$

式中：X_i——目标空气质量指标 i 的气象污染综合指数；

　　　K_{ijm}——空气质量指标 i 的气象因子 j 在区间 m 的初步权重系数；

　　　R_{ij}——气象因子 j 与目标空气质量指标 i 的相关系数；

　　　n——高相关气象因子个数；

　　　i——空气质量指标 $PM_{2.5}$、O_3、PM_{10}、SO_2、NO_2、CO 之一；

　　　j——气象因子逐小时气温、最高气温、海平面气压、水平风速、相对湿度、混合层厚度、短波辐射通量之一；

　　　m——1~10 之间的整数。

（4）气象污染综合指数修正。笔者编辑相应的程序，基于气象污染综合指数与实况目标空气质量指标相关系数最高为优的原则，反复微调权重系数，放大或者缩小各气象因子权重，最终确定了当前数据范围下修正的气象污染综合指数序列。

2.4　建立气象污染综合指数数据库

本小节根据 2.3 构建气象污染综合指数的方法，计算各空气质量指标（$PM_{2.5}$、O_3、PM_{10}、SO_2、NO_2、CO）逐日气象污染综合指数，并通过程序对每日新增空气质量、气象数据进行实时补充，自动调整权重系数，建立动态的气象污染综合指数数据库。本书以对环境空气质量影响较大的 O_3 和 $PM_{2.5}$ 为典型空气质量指标示例，创建按日期排序的"2014—2021 年天津市 O_3 气象污染综合指数表"（附表 1）和"2014—2021 年天津市 $PM_{2.5}$ 气象污染综合指数表"（附表 2），并据此分别创建按指数排序的"2014—2021 年天津市 O_3 气象污染综合指数检索表"（附表 3）和"2014—2021 年天津市 $PM_{2.5}$ 气象污染综合指数检索表"（附表 4）。

2.5　确定"同一气象条件日"的判别方法

经研判，本书将气象污染综合指数数据库中与目标日的气象污染综合指数差异在 ±5% 范围内的日期判定为与目标日属"同一气象条件"，同一气象条件的日期按区间列在附表 3、附表 4 中，并备注该区间在附表 1、附表 2 中所对应的序号，便于读者检索。读者可查阅目标日的气象污染综合指数，使用气象综合指数检索表附表 3 和附表 4，快速匹配历史上与目标日属同一气象条件的日期。

2.6　定量评估同种气象条件下人为控制因素对空气质量影响的贡献

笔者对同一气象条件日的环境空气质量指标进行差异性分析。此方法可定量评估同种气象条件下人为控制因素对空气质量变化的影响。相关公式为

$$H_{iy} = \frac{\rho_{iy} - \rho_{iz}}{\rho_{iz}} \qquad\qquad (式\ 2\text{-}3)$$

$$H_{ix} = \sum_{y=1}^{m} H_{iy} \,/\, m \qquad\qquad (式\ 2\text{-}4)$$

式中：H_{iy}———评判日 y 的人为控制因素对目标空气质量指标 i 的影响,当 H_{iy} 为正值时,说明与第 z 日或第 z 段时间相比,评判日 y 的人为活动对空气质量的改善为正贡献；当 H_{iy} 为负值时,说明评判日 y 的人为活动对空气质量的改善为负贡献；

  ρ_{iz}———历史上第 z 日或第 z 段时间内与评判日 y 同一气象条件日的空气质量指标 i 的浓度均值；

  ρ_{iy}———评判日 y 的空气质量指标 i 的浓度值；

  H_{ix}———评判时间段 x 人为控制因素对目标空气质量指标 i 的影响；

  m———评判时间段 x 的评判日 y 天数。

此方法以自然日为时间尺度开展评估。在实际工作中,读者可根据需要以月度、季度或者年为评估周期,使用本方法定量计算同等气象条件下人为控制因素的影响；也可进一步设定筛选条件(如季节、月份等),在附表3、附表4同一气象条件日的序号段中进行二次筛选并开展定量评估工作。

2.7　方法与技术路线图

本书数据的研究方法和技术路线见图 2.1。

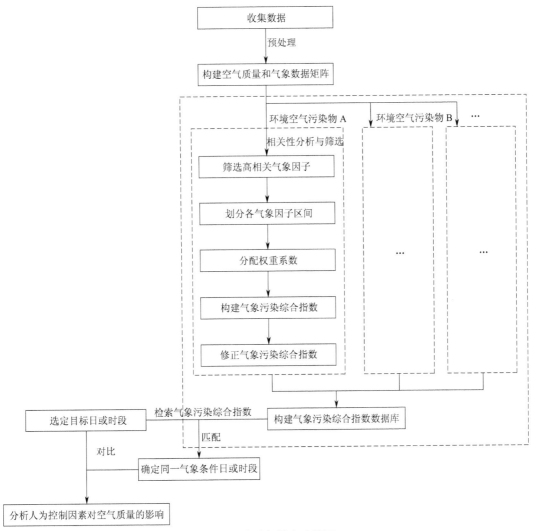

图 2.1　方法与技术路线图

附录 数据表

附表 1 2014—2021 年天津市 O_3 气象污染综合指数表

序号	日期	O_3 气象污染分指数						O_3 气象污染综合指数
		平均相对湿度	日最高气温	平均风速	平均本站气压	边界层厚度	短波辐射通量	
1	2014-01-01	0.890 9	0.529 9	0.769 1	1.009 3	0.447 8	0.476 5	2.145
2	2014-01-02	1.019 3	0.529 9	0.873 7	0.837 2	0.447 8	0.422 9	2.107
3	2014-01-03	1.019 3	0.529 9	0.769 1	0.687 6	0.447 8	0.476 5	2.145
4	2014-01-04	1.125 0	0.468 6	1.058 0	0.687 6	0.447 8	0.476 5	1.961
5	2014-01-05	1.089 3	0.468 6	1.107 4	0.620 5	0.447 8	0.476 5	1.961
6	2014-01-06	0.909 0	0.448 8	0.949 7	0.515 2	0.447 8	0.422 9	1.864
7	2014-01-07	1.125 0	0.468 6	1.058 0	0.515 2	0.601 5	0.422 9	2.000
8	2014-01-08	0.890 9	0.448 8	1.058 0	0.493 7	0.741 2	0.622 5	2.149
9	2014-01-09	0.965 8	0.448 8	0.769 1	0.493 7	0.447 8	0.622 5	2.003
10	2014-01-10	1.125 0	0.448 8	0.769 1	0.493 7	0.447 8	0.476 5	1.901
11	2014-01-11	0.909 0	0.448 8	0.769 1	0.493 7	0.447 8	0.422 9	1.864
12	2014-01-12	0.890 9	0.448 8	1.107 4	0.493 7	0.601 5	0.622 5	2.080
13	2014-01-13	1.125 0	0.448 8	0.949 7	0.493 7	0.447 8	0.476 5	1.901
14	2014-01-14	1.089 3	0.448 8	0.769 1	0.493 7	0.447 8	0.476 5	1.901
15	2014-01-15	0.909 0	0.448 8	0.769 1	0.493 7	0.447 8	0.422 9	1.864
16	2014-01-16	0.909 0	0.448 8	1.050 3	0.515 2	0.447 8	0.422 9	1.864
17	2014-01-17	1.089 3	0.448 8	0.974 7	0.493 7	0.447 8	0.422 9	1.864
18	2014-01-18	1.125 0	0.468 6	1.058 0	0.493 7	0.601 5	0.622 5	2.139
19	2014-01-19	1.125 0	0.448 8	1.058 0	0.620 5	1.210 2	0.422 9	2.244
20	2014-01-20	0.854 7	0.448 8	1.027 0	0.493 7	1.210 2	0.725 4	2.454
21	2014-01-21	0.854 7	0.448 8	1.107 4	0.493 7	0.601 5	0.622 5	2.080
22	2014-01-22	0.965 8	0.468 6	0.769 1	0.620 5	0.447 8	0.622 5	2.062
23	2014-01-23	1.049 1	0.468 6	0.974 7	0.837 2	0.447 8	0.422 9	1.923
24	2014-01-24	1.049 1	0.468 6	0.974 7	1.009 3	0.447 8	0.422 9	1.923
25	2014-01-25	1.019 3	0.529 9	1.050 3	0.515 2	0.741 2	0.622 5	2.392
26	2014-01-26	1.089 3	0.448 8	0.949 7	0.493 7	0.919 5	0.622 5	2.238
27	2014-01-27	0.965 8	0.468 6	1.058 0	0.837 2	0.447 8	0.476 5	1.961
28	2014-01-28	1.029 9	0.468 6	1.058 0	0.515 2	1.080 1	0.725 4	2.449
29	2014-01-29	1.125 0	0.468 6	0.974 7	1.009 3	0.601 5	0.476 5	2.037
30	2014-01-30	1.019 3	0.529 9	1.140 2	0.837 2	0.919 5	0.725 4	2.553
31	2014-01-31	0.909 0	0.448 8	1.107 4	0.837 2	0.447 8	0.422 9	1.864

续表

序号	日期	O₃气象污染分指数						O₃气象污染综合指数
		平均相对湿度	日最高气温	平均风速	平均本站气压	边界层厚度	短波辐射通量	
32	2014-02-01	0.909 0	0.448 8	0.949 7	1.009 3	0.741 2	0.422 9	2.010
33	2014-02-02	1.089 3	0.529 9	1.027 0	1.009 3	1.017 7	0.725 4	2.602
34	2014-02-03	0.854 7	0.448 8	1.027 0	0.515 2	1.346 4	0.896 0	2.641
35	2014-02-04	0.854 7	0.448 8	0.873 7	0.493 7	0.741 2	0.896 0	2.340
36	2014-02-05	0.965 8	0.448 8	0.949 7	0.493 7	0.919 5	0.622 5	2.238
37	2014-02-06	1.125 0	0.448 8	1.050 3	0.493 7	1.017 7	0.622 5	2.287
38	2014-02-07	0.909 0	0.448 8	1.107 4	0.515 2	0.601 5	0.476 5	1.978
39	2014-02-08	1.125 0	0.448 8	1.058 0	0.515 2	1.017 7	0.622 5	2.287
40	2014-02-09	0.890 9	0.448 8	1.027 0	0.493 7	0.601 5	0.896 0	2.270
41	2014-02-10	1.049 1	0.448 8	0.769 1	0.493 7	0.447 8	0.896 0	2.193
42	2014-02-11	1.019 3	0.448 8	0.949 7	0.493 7	0.447 8	0.725 4	2.075
43	2014-02-12	1.029 9	0.448 8	0.769 1	0.493 7	0.447 8	0.725 4	2.075
44	2014-02-13	1.089 3	0.448 8	1.058 0	0.493 7	1.017 7	0.725 4	2.358
45	2014-02-14	1.125 0	0.468 6	0.974 7	0.515 2	0.447 8	0.622 5	2.062
46	2014-02-15	1.125 0	0.468 6	0.974 7	0.620 5	0.447 8	0.476 5	1.961
47	2014-02-16	1.089 3	0.448 8	1.058 0	0.515 2	1.017 7	0.725 4	2.358
48	2014-02-17	0.890 9	0.448 8	1.140 2	0.493 7	1.017 7	0.896 0	2.477
49	2014-02-18	1.019 3	0.448 8	1.107 4	0.493 7	1.017 7	0.725 4	2.358
50	2014-02-19	1.089 3	0.448 8	0.873 7	0.493 7	1.017 7	0.725 4	2.358
51	2014-02-20	0.909 0	0.468 6	1.058 0	0.493 7	0.919 5	0.896 0	2.488
52	2014-02-21	1.089 3	0.468 6	0.769 1	0.515 2	0.447 8	0.476 5	1.961
53	2014-02-22	1.089 3	0.529 9	1.050 3	0.493 7	0.741 2	0.622 5	2.392
54	2014-02-23	0.909 0	0.448 8	0.974 7	0.493 7	0.601 5	0.622 5	2.080
55	2014-02-24	1.089 3	0.529 9	0.769 1	0.515 2	0.447 8	0.476 5	2.145
56	2014-02-25	1.089 3	0.529 9	0.769 1	0.515 2	0.601 5	0.725 4	2.394
57	2014-02-26	1.089 3	0.685 7	1.140 2	0.687 6	1.346 4	0.896 0	3.352
58	2014-02-27	0.890 9	0.529 9	1.027 0	0.515 2	1.080 1	1.070 8	2.873
59	2014-02-28	1.029 9	0.468 6	1.107 4	0.515 2	1.017 7	0.896 0	2.537
60	2014-03-01	1.029 9	0.529 9	1.058 0	0.620 5	1.080 1	1.070 8	2.873
61	2014-03-02	1.019 3	0.529 9	0.873 7	0.687 6	0.601 5	0.896 0	2.513
62	2014-03-03	1.094 4	0.529 9	0.974 7	0.687 6	1.080 1	0.622 5	2.561
63	2014-03-04	0.965 8	0.529 9	1.140 2	0.620 5	1.388 3	1.070 8	3.027
64	2014-03-05	0.965 8	0.468 6	1.050 3	0.493 7	1.346 4	1.193 7	2.908
65	2014-03-06	0.890 9	0.468 6	1.119 0	0.493 7	1.346 4	1.193 7	2.908
66	2014-03-07	1.049 1	0.529 9	1.058 0	0.493 7	1.080 1	1.070 8	2.873
67	2014-03-08	1.029 9	0.529 9	1.050 3	0.620 5	0.741 2	0.725 4	2.464
68	2014-03-09	1.029 9	0.529 9	1.119 0	0.515 2	1.080 1	1.070 8	2.873

续表

序号	日期	O₃ 气象污染分指数						O₃ 气象污染综合指数
		平均相对湿度	日最高气温	平均风速	平均本站气压	边界层厚度	短波辐射通量	
69	2014-03-10	1.089 3	0.529 9	0.974 7	0.620 5	0.601 5	0.725 4	2.394
70	2014-03-11	1.029 9	0.685 7	0.974 7	0.837 2	1.203 0	0.896 0	3.280
71	2014-03-12	0.854 7	0.529 9	1.140 2	0.620 5	1.346 4	1.193 7	3.092
72	2014-03-13	0.890 9	0.685 7	1.050 3	0.687 6	1.346 4	1.193 7	3.559
73	2014-03-14	0.854 7	0.685 7	1.027 0	0.837 2	1.210 2	1.193 7	3.491
74	2014-03-15	0.854 7	0.990 8	1.107 4	1.227 3	0.601 5	1.193 7	4.103
75	2014-03-16	1.049 1	0.685 7	1.027 0	1.009 3	0.447 8	1.070 8	3.026
76	2014-03-17	1.049 1	0.835 9	1.027 0	1.227 3	1.210 2	0.896 0	3.734
77	2014-03-18	0.890 9	0.685 7	1.119 0	0.687 6	0.919 5	1.070 8	3.261
78	2014-03-19	1.125 0	0.529 9	1.107 4	0.620 5	1.210 2	0.896 0	2.816
79	2014-03-20	0.854 7	0.685 7	1.140 2	0.515 2	1.346 4	1.394 2	3.699
80	2014-03-21	0.854 7	0.990 8	0.949 7	0.687 6	1.210 2	1.394 2	4.546
81	2014-03-22	0.890 9	0.990 8	1.027 0	0.837 2	1.203 0	1.394 2	4.543
82	2014-03-23	1.049 1	0.835 9	1.058 0	0.620 5	0.741 2	1.193 7	3.708
83	2014-03-24	1.019 3	0.990 8	1.140 2	1.009 3	1.017 7	1.070 8	4.225
84	2014-03-25	1.029 9	0.990 8	0.974 7	1.227 3	0.919 5	0.896 0	4.054
85	2014-03-26	1.125 0	0.990 8	1.107 4	1.227 3	0.919 5	1.070 8	4.176
86	2014-03-27	1.125 0	0.835 9	1.107 4	1.227 3	1.017 7	0.896 0	3.639
87	2014-03-28	1.089 3	0.835 9	0.769 1	1.407 3	0.919 5	0.725 4	3.471
88	2014-03-29	1.089 3	0.835 9	1.050 3	1.227 3	1.346 4	1.193 7	4.010
89	2014-03-30	1.019 3	1.239 5	1.107 4	1.009 3	1.346 4	1.394 2	5.360
90	2014-03-31	1.019 3	0.990 8	1.119 0	1.009 3	1.346 4	0.622 5	4.076
91	2014-04-01	1.019 3	0.990 8	0.873 7	1.227 3	1.346 4	1.193 7	4.474
92	2014-04-02	1.049 1	0.990 8	1.119 0	1.009 3	1.203 0	0.896 0	4.196
93	2014-04-03	0.854 7	0.835 9	1.027 0	0.620 5	1.388 3	1.486 2	4.234
94	2014-04-04	0.854 7	1.239 5	1.027 0	1.009 3	1.346 4	1.486 2	5.424
95	2014-04-05	0.854 7	0.835 9	1.027 0	0.620 5	1.346 4	1.486 2	4.213
96	2014-04-06	0.854 7	0.990 8	1.027 0	0.837 2	1.346 4	1.394 2	4.614
97	2014-04-07	0.965 8	0.990 8	1.107 4	1.009 3	0.919 5	1.394 2	4.401
98	2014-04-08	1.019 3	1.239 5	1.119 0	1.009 3	1.210 2	1.193 7	5.152
99	2014-04-09	1.049 1	1.556 1	1.027 0	1.227 3	1.388 3	1.394 2	6.331
100	2014-04-10	0.854 7	0.835 9	1.140 2	0.687 6	0.919 5	0.896 0	3.590
101	2014-04-11	0.965 8	0.685 7	1.050 3	0.837 2	0.741 2	1.070 8	3.172
102	2014-04-12	1.049 1	0.835 9	1.050 3	1.009 3	0.919 5	1.193 7	3.797
103	2014-04-13	1.029 9	0.990 8	1.058 0	0.837 2	1.017 7	1.070 8	4.225
104	2014-04-14	1.029 9	1.393 0	1.027 0	1.009 3	1.080 1	1.193 7	5.548
105	2014-04-15	1.049 1	0.990 8	1.119 0	0.837 2	0.601 5	0.476 5	3.604

续表

序号	日期	O₃气象污染分指数						O₃气象污染综合指数
		平均相对湿度	日最高气温	平均风速	平均本站气压	边界层厚度	短波辐射通量	
106	2014-04-16	0.854 7	0.990 8	0.974 7	1.009 3	0.741 2	1.193 7	4.173
107	2014-04-17	1.125 0	0.835 9	1.140 2	1.227 3	0.919 5	0.896 0	3.590
108	2014-04-18	1.125 0	0.835 9	1.140 2	0.837 2	0.919 5	1.193 7	3.797
109	2014-04-19	0.965 8	0.835 9	0.769 1	0.687 6	1.080 1	1.070 8	3.791
110	2014-04-20	1.049 1	0.990 8	0.949 7	0.837 2	1.346 4	1.486 2	4.678
111	2014-04-21	1.049 1	1.239 5	0.949 7	1.009 3	1.388 3	1.394 2	5.381
112	2014-04-22	0.965 8	1.239 5	1.107 4	1.009 3	1.388 3	1.394 2	5.381
113	2014-04-23	1.019 3	1.239 5	1.027 0	1.227 3	1.388 3	1.394 2	5.381
114	2014-04-24	1.049 1	1.239 5	1.027 0	1.009 3	1.210 2	1.486 2	5.356
115	2014-04-25	1.049 1	1.239 5	1.107 4	1.009 3	1.080 1	1.070 8	5.002
116	2014-04-26	0.909 0	0.990 8	1.140 2	0.687 6	0.741 2	0.725 4	3.847
117	2014-04-27	1.089 3	0.990 8	1.058 0	0.687 6	1.203 0	1.486 2	4.607
118	2014-04-28	1.049 1	0.990 8	1.140 2	0.837 2	1.388 3	1.638 9	4.805
119	2014-04-29	0.890 9	1.239 5	1.058 0	1.009 3	1.388 3	1.486 2	5.445
120	2014-04-30	0.890 9	1.393 0	1.119 0	1.407 3	1.346 4	1.486 2	5.884
121	2014-05-01	1.049 1	1.393 0	1.107 4	1.407 3	1.388 3	1.486 2	5.905
122	2014-05-02	0.854 7	0.990 8	1.027 0	1.009 3	1.388 3	1.638 9	4.805
123	2014-05-03	0.854 7	1.239 5	1.027 0	1.227 3	1.388 3	1.486 2	5.445
124	2014-05-04	0.854 7	0.835 9	1.027 0	0.837 2	1.388 3	1.638 9	4.340
125	2014-05-05	0.854 7	0.835 9	1.140 2	0.837 2	1.388 3	1.638 9	4.340
126	2014-05-06	0.965 8	0.990 8	1.027 0	1.407 3	0.741 2	1.193 7	4.173
127	2014-05-07	1.019 3	0.990 8	1.027 0	1.602 8	1.388 3	1.638 9	4.805
128	2014-05-08	1.049 1	0.990 8	1.119 0	1.009 3	1.210 2	1.486 2	4.610
129	2014-05-09	1.049 1	0.990 8	1.027 0	1.009 3	0.919 5	1.486 2	4.465
130	2014-05-10	1.049 1	0.990 8	1.027 0	1.009 3	0.741 2	1.070 8	4.087
131	2014-05-11	0.909 0	0.685 7	1.119 0	1.602 8	0.919 5	0.422 9	2.809
132	2014-05-12	1.049 1	1.393 0	1.027 0	1.651 5	1.388 3	1.638 9	6.012
133	2014-05-13	1.049 1	1.556 1	1.119 0	1.651 5	1.346 4	1.486 2	6.374
134	2014-05-14	0.854 7	0.990 8	1.027 0	1.602 8	1.346 4	1.486 2	4.678
135	2014-05-15	0.890 9	1.556 1	1.058 0	1.651 5	1.346 4	1.638 9	6.480
136	2014-05-16	0.965 8	1.393 0	1.107 4	1.602 8	1.210 2	1.638 9	5.923
137	2014-05-17	0.890 9	1.239 5	1.027 0	1.227 3	1.203 0	1.638 9	5.459
138	2014-05-18	0.890 9	1.556 1	1.107 4	1.407 3	1.346 4	1.486 2	6.374
139	2014-05-19	1.019 3	1.556 1	1.107 4	1.651 5	1.346 4	1.486 2	6.374
140	2014-05-20	1.029 9	1.556 1	1.119 0	1.651 5	1.210 2	1.638 9	6.412
141	2014-05-21	1.029 9	1.785 9	1.027 0	1.602 8	0.919 5	1.638 9	6.957
142	2014-05-22	0.965 8	1.785 9	1.119 0	1.602 8	1.388 3	1.638 9	7.190

续表

序号	日期	O₃气象污染分指数						O₃气象污染综合指数
		平均相对湿度	日最高气温	平均风速	平均本站气压	边界层厚度	短波辐射通量	
143	2014-05-23	0.965 8	1.785 9	1.027 0	1.227 3	1.388 3	1.486 2	7.084
144	2014-05-24	0.909 0	1.393 0	1.140 2	1.407 3	1.017 7	0.896 0	5.310
145	2014-05-25	1.019 3	1.393 0	0.769 1	1.602 8	1.388 3	1.638 9	6.012
146	2014-05-26	0.854 7	1.785 9	1.027 0	1.651 5	1.388 3	1.638 9	7.190
147	2014-05-27	0.854 7	1.785 9	1.027 0	1.651 5	1.388 3	1.638 9	7.190
148	2014-05-28	0.854 7	1.785 9	1.027 0	1.651 5	1.388 3	1.638 9	7.190
149	2014-05-29	0.854 7	1.785 9	1.058 0	1.651 5	1.388 3	1.638 9	7.190
150	2014-05-30	0.890 9	1.785 9	1.027 0	1.602 8	0.601 5	1.638 9	6.799
151	2014-05-31	1.019 3	1.785 9	1.027 0	1.407 3	1.203 0	1.193 7	6.788
152	2014-06-01	1.125 0	1.556 1	1.140 2	1.407 3	1.388 3	1.638 9	6.501
153	2014-06-02	1.019 3	1.239 5	1.107 4	1.227 3	1.388 3	1.638 9	5.551
154	2014-06-03	1.049 1	1.556 1	1.140 2	1.407 3	1.210 2	1.638 9	6.412
155	2014-06-04	1.019 3	1.556 1	0.949 7	1.602 8	1.210 2	1.638 9	6.412
156	2014-06-05	1.029 9	1.785 9	1.140 2	1.602 8	1.388 3	1.638 9	7.190
157	2014-06-06	1.125 0	1.785 9	1.119 0	1.651 5	1.210 2	1.070 8	6.706
158	2014-06-07	1.029 9	1.393 0	1.119 0	1.651 5	1.388 3	1.638 9	6.012
159	2014-06-08	1.029 9	1.556 1	0.873 7	1.651 5	1.388 3	1.638 9	6.501
160	2014-06-09	1.029 9	1.393 0	1.119 0	1.651 5	1.388 3	1.638 9	6.012
161	2014-06-10	1.094 4	1.239 5	1.107 4	1.407 3	1.203 0	1.193 7	5.149
162	2014-06-11	1.125 0	1.393 0	0.974 7	1.407 3	1.388 3	1.486 2	5.905
163	2014-06-12	1.019 3	1.785 9	1.058 0	1.602 8	1.388 3	1.638 9	7.190
164	2014-06-13	1.029 9	1.556 1	1.119 0	1.407 3	1.388 3	1.486 2	6.395
165	2014-06-14	1.029 9	1.785 9	0.949 7	1.602 8	1.210 2	1.638 9	7.102
166	2014-06-15	1.049 1	1.785 9	1.027 0	1.651 5	1.388 3	1.394 2	7.020
167	2014-06-16	1.125 0	1.556 1	1.027 0	1.651 5	1.346 4	1.394 2	6.310
168	2014-06-17	1.089 3	1.393 0	1.050 3	1.651 5	1.210 2	1.394 2	5.752
169	2014-06-18	0.909 0	1.239 5	1.050 3	1.651 5	1.203 0	1.193 7	5.149
170	2014-06-19	0.909 0	1.239 5	1.140 2	1.651 5	1.080 1	1.070 8	5.002
171	2014-06-20	0.909 0	1.239 5	1.140 2	1.602 8	1.346 4	1.193 7	5.220
172	2014-06-21	1.094 4	1.239 5	1.058 0	1.407 3	1.210 2	1.486 2	5.356
173	2014-06-22	1.089 3	1.393 0	1.058 0	1.407 3	1.203 0	1.394 2	5.749
174	2014-06-23	1.125 0	1.556 1	0.769 1	1.407 3	1.388 3	1.638 9	6.501
175	2014-06-24	1.019 3	1.785 9	1.140 2	1.602 8	1.346 4	1.638 9	7.170
176	2014-06-25	1.094 4	1.393 0	1.107 4	1.651 5	1.210 2	0.896 0	5.406
177	2014-06-26	1.089 3	1.785 9	1.058 0	1.651 5	1.346 4	1.638 9	7.170
178	2014-06-27	1.049 1	1.785 9	1.119 0	1.602 8	1.388 3	1.638 9	7.190
179	2014-06-28	0.965 8	1.785 9	1.050 3	1.602 8	1.388 3	1.638 9	7.190

续表

序号	日期	O₃气象污染分指数						O₃气象污染综合指数
		平均相对湿度	日最高气温	平均风速	平均本站气压	边界层厚度	短波辐射通量	
180	2014-06-29	1.049 1	1.785 9	0.949 7	1.602 8	1.346 4	1.394 2	6.999
181	2014-06-30	0.965 8	1.785 9	1.050 3	1.602 8	1.346 4	1.193 7	6.860
182	2014-07-01	1.019 3	1.785 9	1.107 4	1.651 5	1.210 2	1.070 8	6.706
183	2014-07-02	0.909 0	1.393 0	1.058 0	1.651 5	1.210 2	1.193 7	5.613
184	2014-07-03	1.094 4	1.556 1	0.769 1	1.651 5	1.210 2	1.638 9	6.412
185	2014-07-04	0.909 0	1.785 9	0.949 7	1.651 5	1.203 0	1.070 8	6.703
186	2014-07-05	0.909 0	1.556 1	0.769 1	1.602 8	1.203 0	1.193 7	6.099
187	2014-07-06	1.094 4	1.556 1	1.058 0	1.602 8	1.210 2	1.486 2	6.306
188	2014-07-07	1.125 0	1.785 9	1.119 0	1.651 5	1.203 0	1.394 2	6.928
189	2014-07-08	1.029 9	1.785 9	1.107 4	1.651 5	1.210 2	1.486 2	6.995
190	2014-07-09	1.019 3	1.785 9	1.050 3	1.651 5	1.346 4	1.394 2	6.999
191	2014-07-10	1.049 1	1.785 9	1.140 2	1.651 5	1.388 3	1.638 9	7.190
192	2014-07-11	1.029 9	1.785 9	1.107 4	1.651 5	1.388 3	1.638 9	7.190
193	2014-07-12	1.019 3	1.785 9	1.058 0	1.651 5	1.388 3	1.638 9	7.190
194	2014-07-13	1.049 1	1.785 9	1.050 3	1.651 5	1.388 3	1.638 9	7.190
195	2014-07-14	1.049 1	1.785 9	1.140 2	1.651 5	1.388 3	1.638 9	7.190
196	2014-07-15	1.019 3	1.556 1	1.119 0	1.651 5	1.346 4	1.638 9	6.480
197	2014-07-16	1.094 4	1.556 1	1.119 0	1.651 5	1.346 4	1.486 2	6.374
198	2014-07-17	1.094 4	1.556 1	1.107 4	1.602 8	1.210 2	1.486 2	6.306
199	2014-07-18	1.094 4	1.785 9	1.058 0	1.602 8	1.388 3	1.638 9	7.190
200	2014-07-19	1.089 3	1.785 9	1.058 0	1.407 3	1.346 4	1.638 9	7.170
201	2014-07-20	1.089 3	1.785 9	1.027 0	1.602 8	1.388 3	1.638 9	7.190
202	2014-07-21	1.125 0	1.785 9	1.107 4	1.651 5	1.210 2	1.486 2	6.995
203	2014-07-22	1.125 0	1.556 1	0.949 7	1.602 8	0.447 8	0.422 9	5.186
204	2014-07-23	1.125 0	1.556 1	1.058 0	1.651 5	1.080 1	1.394 2	6.177
205	2014-07-24	1.094 4	1.239 5	0.974 7	1.602 8	1.017 7	0.725 4	4.730
206	2014-07-25	1.094 4	1.556 1	0.873 7	1.602 8	1.346 4	1.638 9	6.480
207	2014-07-26	1.019 3	1.785 9	1.140 2	1.407 3	1.210 2	1.638 9	7.102
208	2014-07-27	1.029 9	1.785 9	1.140 2	1.407 3	1.346 4	1.638 9	7.170
209	2014-07-28	1.029 9	1.785 9	1.140 2	1.602 8	1.388 3	1.486 2	7.084
210	2014-07-29	1.029 9	1.785 9	1.119 0	1.651 5	1.346 4	1.486 2	7.063
211	2014-07-30	1.089 3	1.393 0	1.058 0	1.651 5	1.203 0	1.193 7	5.609
212	2014-07-31	1.094 4	1.556 1	1.050 3	1.602 8	1.080 1	1.394 2	6.177
213	2014-08-01	0.909 0	1.785 9	1.050 3	1.602 8	1.203 0	1.394 2	6.928
214	2014-08-02	1.089 3	1.785 9	1.050 3	1.651 5	1.203 0	1.193 7	6.788
215	2014-08-03	1.089 3	1.785 9	0.873 7	1.651 5	1.203 0	1.070 8	6.703
216	2014-08-04	0.909 0	1.556 1	1.140 2	1.651 5	0.601 5	0.422 9	5.262

续表

序号	日期	O₃气象污染分指数						O₃气象污染综合指数
		平均相对湿度	日最高气温	平均风速	平均本站气压	边界层厚度	短波辐射通量	
217	2014-08-05	0.909 0	1.393 0	0.769 1	1.602 8	1.203 0	1.486 2	5.813
218	2014-08-06	1.089 3	1.785 9	0.949 7	1.407 3	1.203 0	1.394 2	6.928
219	2014-08-07	1.019 3	1.785 9	1.058 0	1.407 3	1.203 0	1.638 9	7.098
220	2014-08-08	1.029 9	1.785 9	0.974 7	1.407 3	1.210 2	1.486 2	6.995
221	2014-08-09	1.029 9	1.785 9	1.058 0	1.602 8	1.346 4	1.638 9	7.170
222	2014-08-10	1.019 3	1.785 9	1.058 0	1.651 5	1.080 1	1.638 9	7.037
223	2014-08-11	1.019 3	1.785 9	0.974 7	1.651 5	1.346 4	1.638 9	7.170
224	2014-08-12	1.019 3	1.785 9	0.974 7	1.602 8	1.346 4	1.394 2	6.999
225	2014-08-13	0.909 0	1.393 0	1.119 0	1.407 3	0.741 2	0.725 4	5.053
226	2014-08-14	1.089 3	1.556 1	0.949 7	1.407 3	1.080 1	1.638 9	6.347
227	2014-08-15	1.019 3	1.785 9	0.873 7	1.602 8	1.080 1	1.486 2	6.931
228	2014-08-16	1.029 9	1.785 9	0.949 7	1.407 3	1.203 0	1.394 2	6.928
229	2014-08-17	1.094 4	1.393 0	1.058 0	1.227 3	1.203 0	1.193 7	5.609
230	2014-08-18	1.089 3	1.393 0	0.949 7	1.227 3	1.203 0	1.070 8	5.524
231	2014-08-19	1.125 0	1.785 9	0.769 1	1.227 3	1.017 7	1.394 2	6.835
232	2014-08-20	1.125 0	1.785 9	1.140 2	1.407 3	1.203 0	1.394 2	6.928
233	2014-08-21	1.125 0	1.785 9	1.058 0	1.602 8	1.080 1	1.394 2	6.867
234	2014-08-22	1.125 0	1.785 9	0.974 7	1.602 8	1.080 1	1.070 8	6.641
235	2014-08-23	1.089 3	1.556 1	1.140 2	1.602 8	1.080 1	1.070 8	5.952
236	2014-08-24	0.909 0	1.393 0	1.058 0	1.602 8	1.210 2	1.394 2	5.752
237	2014-08-25	1.029 9	1.556 1	1.050 3	1.227 3	1.346 4	1.486 2	6.374
238	2014-08-26	1.029 9	1.785 9	0.769 1	1.227 3	1.210 2	1.486 2	6.995
239	2014-08-27	1.029 9	1.785 9	0.769 1	1.227 3	1.346 4	1.394 2	6.999
240	2014-08-28	1.089 3	1.393 0	0.974 7	1.009 3	1.210 2	1.193 7	5.613
241	2014-08-29	0.909 0	1.239 5	1.050 3	1.009 3	1.080 1	0.725 4	4.762
242	2014-08-30	1.094 4	1.393 0	1.058 0	1.009 3	1.080 1	0.622 5	5.150
243	2014-08-31	0.909 0	1.239 5	0.769 1	1.227 3	0.919 5	0.725 4	4.682
244	2014-09-01	0.909 0	1.239 5	0.769 1	1.227 3	0.919 5	0.622 5	4.610
245	2014-09-02	0.909 0	0.990 8	1.140 2	1.407 3	0.741 2	0.422 9	3.636
246	2014-09-03	1.029 9	1.393 0	1.050 3	1.407 3	1.080 1	1.486 2	5.752
247	2014-09-04	1.049 1	1.785 9	1.107 4	1.602 8	0.741 2	1.486 2	6.762
248	2014-09-05	1.089 3	1.556 1	1.107 4	1.407 3	1.017 7	1.193 7	6.006
249	2014-09-06	1.089 3	1.393 0	0.873 7	1.227 3	1.203 0	1.193 7	5.609
250	2014-09-07	1.094 4	1.393 0	0.873 7	1.407 3	1.080 1	1.070 8	5.462
251	2014-09-08	1.019 3	1.393 0	1.058 0	1.227 3	1.203 0	1.394 2	5.749
252	2014-09-09	1.029 9	1.393 0	0.873 7	1.227 3	1.080 1	1.394 2	5.688
253	2014-09-10	1.125 0	1.393 0	1.050 3	1.009 3	1.080 1	1.394 2	5.688

序号	日期	O₃ 气象污染分指数						O₃ 气象污染综合指数
		平均相对湿度	日最高气温	平均风速	平均本站气压	边界层厚度	短波辐射通量	
254	2014-09-11	1.125 0	1.239 5	1.140 2	1.009 3	1.080 1	1.070 8	5.002
255	2014-09-12	1.094 4	0.990 8	1.058 0	1.009 3	1.017 7	0.896 0	4.103
256	2014-09-13	1.125 0	1.393 0	0.873 7	1.009 3	1.203 0	1.193 7	5.609
257	2014-09-14	1.094 4	0.990 8	0.949 7	1.009 3	0.741 2	0.422 9	3.636
258	2014-09-15	1.029 9	1.239 5	0.873 7	0.837 2	0.919 5	1.193 7	5.008
259	2014-09-16	1.125 0	0.990 8	1.050 3	0.837 2	1.080 1	0.725 4	4.016
260	2014-09-17	1.089 3	0.835 9	0.974 7	0.687 6	0.601 5	0.725 4	3.312
261	2014-09-18	1.089 3	1.239 5	0.769 1	0.687 6	0.919 5	1.193 7	5.008
262	2014-09-19	1.094 4	1.239 5	0.873 7	1.227 3	1.080 1	1.070 8	5.002
263	2014-09-20	0.909 0	0.990 8	0.873 7	1.227 3	0.919 5	0.896 0	4.054
264	2014-09-21	0.909 0	1.239 5	1.140 2	1.009 3	0.741 2	0.422 9	4.382
265	2014-09-22	1.094 4	1.239 5	0.873 7	0.837 2	1.080 1	0.725 4	4.762
266	2014-09-23	0.909 0	0.990 8	1.058 0	1.009 3	0.741 2	0.422 9	3.636
267	2014-09-24	0.909 0	0.990 8	0.974 7	1.009 3	0.741 2	0.476 5	3.673
268	2014-09-25	0.909 0	0.990 8	0.974 7	1.009 3	1.080 1	1.070 8	4.256
269	2014-09-26	1.094 4	1.239 5	1.107 4	1.227 3	1.017 7	0.725 4	4.730
270	2014-09-27	1.125 0	1.239 5	0.873 7	1.009 3	1.080 1	1.193 7	5.088
271	2014-09-28	1.089 3	0.990 8	0.949 7	1.009 3	0.919 5	0.422 9	3.725
272	2014-09-29	1.089 3	0.990 8	1.107 4	0.837 2	1.080 1	0.476 5	3.842
273	2014-09-30	0.890 9	0.685 7	1.050 3	0.515 2	1.080 1	1.070 8	3.341
274	2014-10-01	0.909 0	0.835 9	0.974 7	1.009 3	0.601 5	0.476 5	3.139
275	2014-10-02	0.909 0	0.990 8	0.949 7	1.227 3	0.601 5	1.070 8	4.018
276	2014-10-03	1.094 4	0.835 9	1.058 0	0.837 2	1.210 2	0.896 0	3.734
277	2014-10-04	0.909 0	0.835 9	1.140 2	0.837 2	0.741 2	0.476 5	3.209
278	2014-10-05	1.089 3	0.835 9	1.140 2	0.620 5	1.203 0	1.070 8	3.853
279	2014-10-06	1.029 9	0.990 8	0.873 7	0.620 5	1.080 1	1.070 8	4.256
280	2014-10-07	1.029 9	0.990 8	1.050 3	0.687 6	0.741 2	0.896 0	3.965
281	2014-10-08	1.089 3	0.990 8	1.058 0	0.837 2	0.741 2	0.725 4	3.847
282	2014-10-09	1.094 4	0.990 8	0.769 1	0.837 2	0.601 5	0.725 4	3.777
283	2014-10-10	0.909 0	0.990 8	0.949 7	0.687 6	0.919 5	0.896 0	4.054
284	2014-10-11	0.909 0	0.990 8	0.974 7	0.687 6	1.203 0	0.896 0	4.196
285	2014-10-12	1.019 3	0.835 9	1.027 0	0.493 7	1.346 4	0.622 5	3.612
286	2014-10-13	0.965 8	0.685 7	1.050 3	0.515 2	1.017 7	1.070 8	3.310
287	2014-10-14	1.049 1	0.990 8	1.058 0	0.687 6	0.919 5	0.896 0	4.054
288	2014-10-15	0.965 8	0.990 8	1.140 2	1.009 3	1.210 2	1.070 8	4.321
289	2014-10-16	0.890 9	0.990 8	1.058 0	0.687 6	1.203 0	1.070 8	4.317
290	2014-10-17	1.049 1	0.990 8	1.050 3	1.009 3	0.447 8	0.896 0	3.819

续表

序号	日期	O$_3$气象污染分指数						O$_3$气象污染综合指数
		平均相对湿度	日最高气温	平均风速	平均本站气压	边界层厚度	短波辐射通量	
291	2014-10-18	1.029 9	1.239 5	1.050 3	1.009 3	0.601 5	0.725 4	4.523
292	2014-10-19	1.089 3	0.835 9	1.140 2	1.009 3	0.741 2	0.422 9	3.171
293	2014-10-20	0.909 0	0.835 9	0.974 7	0.837 2	1.203 0	0.422 9	3.401
294	2014-10-21	0.890 9	0.685 7	1.050 3	0.620 5	0.741 2	0.725 4	2.931
295	2014-10-22	1.019 3	0.685 7	0.974 7	0.620 5	0.741 2	0.725 4	2.931
296	2014-10-23	0.909 0	0.685 7	0.769 1	1.009 3	0.601 5	0.622 5	2.790
297	2014-10-24	0.909 0	0.835 9	0.949 7	1.227 3	0.601 5	0.725 4	3.312
298	2014-10-25	0.909 0	0.685 7	0.769 1	1.227 3	0.601 5	0.725 4	2.862
299	2014-10-26	1.125 0	0.835 9	1.107 4	0.620 5	1.203 0	0.896 0	3.731
300	2014-10-27	1.049 1	0.685 7	0.873 7	0.493 7	0.919 5	0.896 0	3.139
301	2014-10-28	1.089 3	0.685 7	0.769 1	0.515 2	0.741 2	0.725 4	2.931
302	2014-10-29	1.089 3	0.835 9	0.769 1	0.620 5	0.601 5	0.725 4	3.312
303	2014-10-30	1.125 0	0.685 7	0.769 1	0.687 6	0.741 2	0.622 5	2.860
304	2014-10-31	0.909 0	0.685 7	1.050 3	0.687 6	0.447 8	0.422 9	2.575
305	2014-11-01	1.089 3	0.685 7	1.058 0	0.837 2	1.017 7	0.422 9	2.858
306	2014-11-02	0.854 7	0.685 7	1.027 0	0.620 5	1.080 1	0.896 0	3.219
307	2014-11-03	0.890 9	0.835 9	0.974 7	0.687 6	0.601 5	0.725 4	3.312
308	2014-11-04	0.965 8	0.835 9	1.140 2	1.009 3	0.741 2	0.725 4	3.382
309	2014-11-05	1.049 1	0.835 9	0.769 1	0.837 2	0.919 5	0.725 4	3.471
310	2014-11-06	0.854 7	0.529 9	1.107 4	0.493 7	1.017 7	0.725 4	2.602
311	2014-11-07	1.029 9	0.529 9	0.873 7	0.493 7	0.919 5	0.476 5	2.380
312	2014-11-08	1.029 9	0.529 9	0.769 1	0.515 2	0.601 5	0.622 5	2.323
313	2014-11-09	1.089 3	0.685 7	0.769 1	0.515 2	0.447 8	0.725 4	2.785
314	2014-11-10	1.089 3	0.685 7	0.873 7	0.687 6	0.447 8	0.476 5	2.612
315	2014-11-11	1.049 1	0.685 7	1.119 0	0.837 2	1.346 4	0.622 5	3.161
316	2014-11-12	0.854 7	0.529 9	1.027 0	0.620 5	1.210 2	0.725 4	2.698
317	2014-11-13	0.890 9	0.529 9	0.769 1	0.515 2	0.741 2	0.725 4	2.464
318	2014-11-14	0.890 9	0.529 9	0.769 1	0.515 2	0.601 5	0.725 4	2.394
319	2014-11-15	1.019 3	0.685 7	0.949 7	0.515 2	0.601 5	0.422 9	2.651
320	2014-11-16	1.029 9	0.529 9	1.119 0	0.515 2	0.741 2	0.476 5	2.291
321	2014-11-17	0.890 9	0.685 7	1.140 2	0.493 7	0.601 5	0.725 4	2.862
322	2014-11-18	1.049 1	0.685 7	0.769 1	0.493 7	0.447 8	0.622 5	2.714
323	2014-11-19	1.019 3	0.685 7	1.058 0	0.620 5	0.601 5	0.422 9	2.651
324	2014-11-20	1.089 3	0.529 9	0.974 7	0.837 2	0.447 8	0.422 9	2.107
325	2014-11-21	0.909 0	0.685 7	0.769 1	0.687 6	0.447 8	0.476 5	2.612
326	2014-11-22	1.049 1	0.529 9	1.107 4	0.515 2	0.601 5	0.622 5	2.323
327	2014-11-23	0.909 0	0.529 9	0.949 7	0.515 2	0.447 8	0.422 9	2.107

序号	日期	O₃气象污染分指数						O₃气象污染综合指数
		平均相对湿度	日最高气温	平均风速	平均本站气压	边界层厚度	短波辐射通量	
328	2014-11-24	1.125 0	0.529 9	0.974 7	0.515 2	0.601 5	0.622 5	2.323
329	2014-11-25	1.094 4	0.529 9	0.873 7	0.687 6	0.601 5	0.422 9	2.184
330	2014-11-26	1.094 4	0.529 9	0.974 7	1.009 3	0.447 8	0.422 9	2.107
331	2014-11-27	1.125 0	0.468 6	1.107 4	0.620 5	0.919 5	0.422 9	2.158
332	2014-11-28	0.909 0	0.529 9	1.050 3	0.687 6	0.447 8	0.476 5	2.145
333	2014-11-29	0.909 0	0.468 6	0.769 1	0.687 6	0.447 8	0.422 9	1.923
334	2014-11-30	1.019 3	0.529 9	1.027 0	0.687 6	1.388 3	0.476 5	2.613
335	2014-12-01	0.854 7	0.448 8	1.027 0	0.493 7	1.080 1	0.622 5	2.318
336	2014-12-02	0.854 7	0.448 8	1.058 0	0.515 2	0.741 2	0.476 5	2.047
337	2014-12-03	0.854 7	0.448 8	1.119 0	0.515 2	1.203 0	0.622 5	2.379
338	2014-12-04	0.854 7	0.448 8	1.119 0	0.515 2	1.203 0	0.622 5	2.379
339	2014-12-05	0.854 7	0.448 8	1.140 2	0.515 2	0.447 8	0.622 5	2.003
340	2014-12-06	0.965 8	0.468 6	1.050 3	0.515 2	0.447 8	0.422 9	1.923
341	2014-12-07	1.019 3	0.468 6	1.119 0	0.515 2	0.741 2	0.422 9	2.069
342	2014-12-08	0.890 9	0.448 8	0.949 7	0.493 7	0.447 8	0.476 5	1.901
343	2014-12-09	1.125 0	0.448 8	1.050 3	0.493 7	0.601 5	0.422 9	1.940
344	2014-12-10	1.089 3	0.468 6	1.140 2	0.515 2	1.210 2	0.476 5	2.340
345	2014-12-11	0.890 9	0.448 8	1.119 0	0.493 7	1.017 7	0.476 5	2.185
346	2014-12-12	0.854 7	0.448 8	1.140 2	0.515 2	0.741 2	0.476 5	2.047
347	2014-12-13	0.965 8	0.468 6	0.873 7	0.493 7	0.447 8	0.476 5	1.961
348	2014-12-14	0.890 9	0.468 6	0.873 7	0.515 2	0.447 8	0.422 9	1.923
349	2014-12-15	0.965 8	0.448 8	1.027 0	0.515 2	1.388 3	0.476 5	2.370
350	2014-12-16	0.854 7	0.448 8	1.140 2	0.493 7	1.210 2	0.622 5	2.383
351	2014-12-17	0.890 9	0.468 6	0.974 7	0.493 7	0.447 8	0.476 5	1.961
352	2014-12-18	1.049 1	0.468 6	0.873 7	0.515 2	0.447 8	0.422 9	1.923
353	2014-12-19	1.049 1	0.468 6	1.027 0	0.620 5	0.919 5	0.476 5	2.196
354	2014-12-20	0.854 7	0.448 8	1.119 0	0.493 7	0.919 5	0.476 5	2.136
355	2014-12-21	0.854 7	0.448 8	1.027 0	0.515 2	0.741 2	0.476 5	2.047
356	2014-12-22	0.890 9	0.529 9	0.974 7	0.620 5	0.447 8	0.476 5	2.145
357	2014-12-23	0.965 8	0.468 6	0.769 1	0.687 6	0.447 8	0.422 9	1.923
358	2014-12-24	0.890 9	0.448 8	1.058 0	0.493 7	0.447 8	0.476 5	1.901
359	2014-12-25	0.965 8	0.468 6	1.058 0	0.493 7	0.447 8	0.476 5	1.961
360	2014-12-26	1.019 3	0.468 6	0.974 7	0.493 7	0.447 8	0.422 9	1.923
361	2014-12-27	1.019 3	0.468 6	0.873 7	0.515 2	0.447 8	0.422 9	1.923
362	2014-12-28	1.019 3	0.468 6	0.769 1	0.687 6	0.447 8	0.422 9	1.923
363	2014-12-29	1.049 1	0.529 9	0.769 1	1.009 3	0.447 8	0.476 5	2.145
364	2014-12-30	1.019 3	0.468 6	1.058 0	0.837 2	1.080 1	0.422 9	2.238

续表

| 序号 | 日期 | O₃气象污染分指数 | | | | | | O₃气象污染综合指数 |
		平均相对湿度	日最高气温	平均风速	平均本站气压	边界层厚度	短波辐射通量	
365	2014-12-31	0.854 7	0.448 8	1.027 0	0.493 7	0.919 5	0.725 4	2.310
366	2015-01-01	0.854 7	0.448 8	0.974 7	0.493 7	0.601 5	0.896 0	2.270
367	2015-01-02	0.854 7	0.468 6	0.974 7	0.493 7	0.601 5	0.476 5	2.037
368	2015-01-03	1.049 1	0.448 8	1.107 4	0.837 2	0.447 8	0.422 9	1.864
369	2015-01-04	1.049 1	0.468 6	0.769 1	1.009 3	0.447 8	0.422 9	1.923
370	2015-01-05	1.019 3	0.529 9	1.107 4	0.837 2	1.017 7	0.422 9	2.391
371	2015-01-06	0.854 7	0.448 8	1.027 0	0.515 2	0.741 2	0.476 5	2.047
372	2015-01-07	0.965 8	0.448 8	1.058 0	0.493 7	0.447 8	0.422 9	1.864
373	2015-01-08	1.125 0	0.448 8	0.769 1	0.493 7	0.447 8	0.422 9	1.864
374	2015-01-09	0.890 9	0.468 6	1.119 0	0.493 7	0.447 8	0.622 5	2.062
375	2015-01-10	0.890 9	0.529 9	0.949 7	0.620 5	0.447 8	0.622 5	2.246
376	2015-01-11	1.049 1	0.468 6	1.058 0	0.493 7	0.741 2	0.476 5	2.107
377	2015-01-12	1.089 3	0.448 8	1.050 3	0.493 7	0.601 5	0.476 5	1.978
378	2015-01-13	1.125 0	0.468 6	0.974 7	0.493 7	0.447 8	0.422 9	1.923
379	2015-01-14	0.909 0	0.448 8	0.769 1	0.493 7	0.447 8	0.422 9	1.864
380	2015-01-15	0.909 0	0.448 8	0.873 7	0.515 2	0.447 8	0.422 9	1.864
381	2015-01-16	1.029 9	0.448 8	1.119 0	0.515 2	1.080 1	0.622 5	2.318
382	2015-01-17	0.890 9	0.448 8	1.107 4	0.493 7	0.601 5	0.622 5	2.080
383	2015-01-18	0.965 8	0.468 6	1.119 0	0.687 6	1.210 2	0.622 5	2.442
384	2015-01-19	0.965 8	0.468 6	1.107 4	0.515 2	0.601 5	0.622 5	2.139
385	2015-01-20	1.125 0	0.468 6	1.058 0	0.687 6	0.447 8	0.422 9	1.923
386	2015-01-21	1.049 1	0.468 6	1.140 2	0.515 2	0.919 5	0.622 5	2.297
387	2015-01-22	1.029 9	0.468 6	1.050 3	0.515 2	0.601 5	0.622 5	2.139
388	2015-01-23	1.019 3	0.468 6	0.949 7	0.837 2	0.447 8	0.476 5	1.961
389	2015-01-24	1.019 3	0.448 8	1.119 0	0.515 2	0.919 5	0.422 9	2.099
390	2015-01-25	1.125 0	0.448 8	0.949 7	0.515 2	0.447 8	0.476 5	1.901
391	2015-01-26	1.019 3	0.468 6	1.027 0	0.515 2	0.741 2	0.422 9	2.069
392	2015-01-27	0.854 7	0.448 8	1.027 0	0.493 7	1.080 1	0.725 4	2.390
393	2015-01-28	0.890 9	0.448 8	0.769 1	0.493 7	0.741 2	0.622 5	2.149
394	2015-01-29	1.049 1	0.448 8	1.140 2	0.493 7	1.017 7	0.476 5	2.185
395	2015-01-30	0.854 7	0.448 8	1.027 0	0.493 7	1.017 7	0.725 4	2.358
396	2015-01-31	0.854 7	0.448 8	0.949 7	0.493 7	0.601 5	0.725 4	2.151
397	2015-02-01	0.965 8	0.448 8	0.873 7	0.493 7	0.447 8	0.422 9	1.864
398	2015-02-02	0.965 8	0.448 8	0.873 7	0.493 7	0.447 8	0.422 9	1.864
399	2015-02-03	1.049 1	0.468 6	1.058 0	0.493 7	0.447 8	0.422 9	1.923
400	2015-02-04	0.854 7	0.468 6	1.027 0	0.493 7	1.210 2	0.896 0	2.632
401	2015-02-05	0.854 7	0.468 6	1.119 0	0.493 7	0.919 5	0.896 0	2.488

序号	日期	O₃气象污染分指数						O₃气象污染综合指数
		平均相对湿度	日最高气温	平均风速	平均本站气压	边界层厚度	短波辐射通量	
402	2015-02-06	0.854 7	0.529 9	0.974 7	0.620 5	0.447 8	0.622 5	2.246
403	2015-02-07	0.890 9	0.448 8	1.119 0	0.515 2	1.388 3	0.725 4	2.543
404	2015-02-08	0.854 7	0.448 8	1.119 0	0.493 7	1.203 0	0.896 0	2.570
405	2015-02-09	0.854 7	0.468 6	0.949 7	0.493 7	0.601 5	0.896 0	2.329
406	2015-02-10	0.890 9	0.529 9	0.769 1	0.837 2	0.447 8	0.896 0	2.437
407	2015-02-11	0.890 9	0.529 9	0.873 7	1.009 3	0.919 5	0.896 0	2.672
408	2015-02-12	0.890 9	0.468 6	1.027 0	0.687 6	1.017 7	0.896 0	2.537
409	2015-02-13	1.019 3	0.529 9	1.107 4	0.837 2	0.601 5	0.725 4	2.394
410	2015-02-14	1.049 1	0.685 7	1.058 0	1.227 3	0.447 8	0.725 4	2.785
411	2015-02-15	1.019 3	0.468 6	1.027 0	0.837 2	0.601 5	0.422 9	2.000
412	2015-02-16	1.125 0	0.529 9	0.873 7	0.837 2	1.080 1	0.896 0	2.752
413	2015-02-17	0.965 8	0.529 9	1.050 3	0.620 5	1.017 7	0.896 0	2.721
414	2015-02-18	1.029 9	0.529 9	1.058 0	0.493 7	0.919 5	0.896 0	2.672
415	2015-02-19	1.049 1	0.468 6	1.140 2	0.493 7	0.741 2	0.725 4	2.280
416	2015-02-20	0.909 0	0.448 8	0.769 1	0.687 6	0.919 5	0.422 9	2.099
417	2015-02-21	0.909 0	0.448 8	1.119 0	0.837 2	1.210 2	0.896 0	2.573
418	2015-02-22	0.854 7	0.448 8	1.027 0	0.620 5	1.210 2	1.070 8	2.695
419	2015-02-23	0.965 8	0.468 6	0.974 7	0.687 6	0.601 5	1.070 8	2.451
420	2015-02-24	1.125 0	0.468 6	0.949 7	1.009 3	0.447 8	0.896 0	2.253
421	2015-02-25	1.049 1	0.468 6	1.027 0	0.837 2	1.017 7	1.070 8	2.658
422	2015-02-26	1.019 3	0.468 6	1.058 0	0.515 2	1.210 2	1.070 8	2.754
423	2015-02-27	1.049 1	0.448 8	1.140 2	0.493 7	1.210 2	0.896 0	2.573
424	2015-02-28	0.909 0	0.448 8	1.119 0	0.515 2	1.017 7	0.896 0	2.477
425	2015-03-01	0.890 9	0.529 9	1.140 2	0.687 6	1.080 1	1.070 8	2.873
426	2015-03-02	0.890 9	0.685 7	0.974 7	1.227 3	1.017 7	1.070 8	3.310
427	2015-03-03	0.854 7	0.529 9	1.027 0	0.687 6	1.388 3	1.193 7	3.112
428	2015-03-04	0.854 7	0.468 6	1.058 0	0.493 7	1.210 2	1.070 8	2.754
429	2015-03-05	0.890 9	0.529 9	1.140 2	0.515 2	1.203 0	1.070 8	2.935
430	2015-03-06	0.965 8	0.529 9	1.140 2	0.687 6	1.017 7	0.896 0	2.721
431	2015-03-07	1.019 3	0.529 9	1.050 3	0.837 2	0.919 5	0.896 0	2.672
432	2015-03-08	1.125 0	0.529 9	1.058 0	0.687 6	0.741 2	0.476 5	2.291
433	2015-03-09	0.854 7	0.448 8	1.119 0	0.493 7	1.388 3	1.193 7	2.869
434	2015-03-10	0.854 7	0.468 6	0.949 7	0.493 7	1.080 1	1.193 7	2.775
435	2015-03-11	0.854 7	0.529 9	1.119 0	0.620 5	1.203 0	1.193 7	3.020
436	2015-03-12	0.965 8	0.529 9	1.058 0	0.837 2	0.741 2	0.896 0	2.583
437	2015-03-13	1.049 1	0.685 7	1.107 4	0.687 6	1.017 7	1.193 7	3.395
438	2015-03-14	0.965 8	0.685 7	0.949 7	0.687 6	1.203 0	1.070 8	3.402

续表

序号	日期	O₃ 气象污染分指数						O₃ 气象污染综合指数
		平均相对湿度	日最高气温	平均风速	平均本站气压	边界层厚度	短波辐射通量	
439	2015-03-15	0.965 8	0.835 9	1.119 0	0.837 2	1.080 1	1.394 2	4.017
440	2015-03-16	1.125 0	0.835 9	1.058 0	1.227 3	1.080 1	0.896 0	3.670
441	2015-03-17	1.019 3	0.685 7	1.027 0	0.837 2	1.017 7	1.070 8	3.310
442	2015-03-18	0.890 9	0.685 7	0.769 1	1.009 3	0.601 5	0.725 4	2.862
443	2015-03-19	0.965 8	0.835 9	0.769 1	0.837 2	0.601 5	0.725 4	3.312
444	2015-03-20	0.854 7	0.835 9	0.974 7	0.837 2	1.346 4	1.394 2	4.149
445	2015-03-21	0.854 7	0.835 9	1.027 0	0.837 2	1.388 3	1.394 2	4.170
446	2015-03-22	0.854 7	0.529 9	1.140 2	0.515 2	1.080 1	1.193 7	2.959
447	2015-03-23	0.854 7	0.835 9	0.769 1	0.493 7	1.346 4	1.394 2	4.149
448	2015-03-24	0.965 8	0.835 9	1.058 0	0.493 7	0.741 2	1.193 7	3.708
449	2015-03-25	0.965 8	0.835 9	0.974 7	0.493 7	1.210 2	1.193 7	3.942
450	2015-03-26	0.854 7	0.835 9	1.140 2	0.493 7	1.210 2	1.193 7	3.942
451	2015-03-27	0.854 7	0.990 8	1.119 0	0.687 6	1.203 0	1.193 7	4.403
452	2015-03-28	0.965 8	0.990 8	1.027 0	1.227 3	1.388 3	1.394 2	4.635
453	2015-03-29	0.890 9	0.990 8	1.027 0	1.009 3	1.210 2	1.394 2	4.546
454	2015-03-30	0.965 8	0.990 8	1.119 0	1.407 3	1.210 2	1.070 8	4.321
455	2015-03-31	1.094 4	0.835 9	1.119 0	1.009 3	0.447 8	0.422 9	3.025
456	2015-04-01	1.049 1	0.685 7	1.058 0	0.687 6	1.203 0	1.486 2	3.691
457	2015-04-02	0.909 0	0.529 9	1.107 4	1.651 5	0.919 5	0.725 4	2.553
458	2015-04-03	1.125 0	0.685 7	1.027 0	1.227 3	1.080 1	1.394 2	3.566
459	2015-04-04	1.125 0	0.685 7	1.058 0	1.227 3	1.017 7	1.193 7	3.395
460	2015-04-05	0.965 8	0.835 9	1.027 0	1.009 3	1.388 3	1.486 2	4.234
461	2015-04-06	0.854 7	0.685 7	1.119 0	0.493 7	1.388 3	1.193 7	3.580
462	2015-04-07	0.965 8	0.529 9	0.974 7	0.493 7	1.388 3	1.486 2	3.316
463	2015-04-08	1.019 3	0.685 7	1.140 2	0.620 5	1.210 2	1.193 7	3.491
464	2015-04-09	1.125 0	0.685 7	1.140 2	0.687 6	1.210 2	1.193 7	3.491
465	2015-04-10	1.029 9	0.990 8	1.107 4	0.837 2	1.346 4	1.394 2	4.614
466	2015-04-11	1.125 0	0.835 9	1.027 0	0.837 2	1.203 0	1.193 7	3.938
467	2015-04-12	1.094 4	0.529 9	1.027 0	0.620 5	1.203 0	0.622 5	2.622
468	2015-04-13	1.019 3	0.685 7	1.027 0	0.620 5	1.210 2	1.486 2	3.695
469	2015-04-14	1.049 1	0.990 8	0.949 7	1.407 3	1.017 7	1.486 2	4.514
470	2015-04-15	1.049 1	1.239 5	1.027 0	1.651 5	1.210 2	1.486 2	5.356
471	2015-04-16	0.854 7	0.990 8	1.027 0	1.227 3	1.388 3	1.638 9	4.805
472	2015-04-17	0.890 9	1.239 5	1.140 2	1.227 3	1.017 7	1.486 2	5.260
473	2015-04-18	1.029 9	0.990 8	0.769 1	1.227 3	0.741 2	0.896 0	3.965
474	2015-04-19	1.029 9	0.685 7	0.949 7	1.009 3	1.203 0	0.622 5	3.090
475	2015-04-20	1.019 3	0.990 8	1.058 0	1.009 3	1.346 4	1.486 2	4.678

续表

序号	日期	O₃气象污染分指数						O₃气象污染综合指数
		平均相对湿度	日最高气温	平均风速	平均本站气压	边界层厚度	短波辐射通量	
476	2015-04-21	0.890 9	1.393 0	1.027 0	1.227 3	1.388 3	1.486 2	5.905
477	2015-04-22	0.965 8	1.239 5	1.119 0	0.837 2	1.346 4	1.638 9	5.530
478	2015-04-23	0.965 8	1.393 0	1.027 0	1.009 3	1.210 2	1.486 2	5.817
479	2015-04-24	0.854 7	1.239 5	1.058 0	0.687 6	1.203 0	1.638 9	5.459
480	2015-04-25	0.890 9	1.785 9	1.119 0	1.009 3	1.210 2	1.486 2	6.995
481	2015-04-26	0.965 8	1.785 9	1.027 0	1.227 3	1.346 4	1.486 2	7.063
482	2015-04-27	1.049 1	1.393 0	1.027 0	1.602 8	1.346 4	1.394 2	5.820
483	2015-04-28	1.125 0	1.239 5	1.119 0	1.407 3	0.919 5	1.394 2	5.147
484	2015-04-29	1.125 0	1.239 5	1.050 3	1.227 3	1.080 1	1.394 2	5.227
485	2015-04-30	1.029 9	1.556 1	1.140 2	1.227 3	1.080 1	1.486 2	6.241
486	2015-05-01	1.019 3	1.393 0	1.027 0	1.407 3	1.346 4	1.394 2	5.820
487	2015-05-02	0.909 0	0.990 8	1.058 0	1.227 3	1.203 0	1.193 7	4.403
488	2015-05-03	0.890 9	0.990 8	1.027 0	1.227 3	1.388 3	1.486 2	4.699
489	2015-05-04	0.854 7	0.990 8	1.027 0	1.009 3	1.388 3	1.638 9	4.805
490	2015-05-05	0.890 9	1.239 5	1.107 4	1.602 8	1.388 3	1.638 9	5.551
491	2015-05-06	0.854 7	0.990 8	1.027 0	1.227 3	1.210 2	1.638 9	4.716
492	2015-05-07	1.125 0	0.990 8	0.949 7	1.227 3	1.210 2	1.638 9	4.716
493	2015-05-08	1.125 0	0.990 8	1.027 0	1.407 3	1.346 4	1.486 2	4.678
494	2015-05-09	1.049 1	0.685 7	1.027 0	0.837 2	1.080 1	0.422 9	2.890
495	2015-05-10	0.909 0	0.685 7	1.050 3	1.009 3	0.601 5	0.422 9	2.651
496	2015-05-11	1.089 3	0.835 9	1.050 3	1.407 3	1.346 4	1.193 7	4.010
497	2015-05-12	0.890 9	1.239 5	1.027 0	1.651 5	1.388 3	1.638 9	5.551
498	2015-05-13	0.965 8	1.785 9	1.119 0	1.651 5	1.080 1	1.638 9	7.037
499	2015-05-14	0.854 7	1.239 5	1.027 0	1.602 8	1.346 4	1.638 9	5.530
500	2015-05-15	0.965 8	0.990 8	0.974 7	1.009 3	1.388 3	1.638 9	4.805
501	2015-05-16	0.890 9	1.393 0	1.140 2	1.227 3	1.388 3	1.638 9	6.012
502	2015-05-17	1.019 3	1.556 1	1.027 0	1.651 5	1.346 4	1.486 2	6.374
503	2015-05-18	1.049 1	1.393 0	1.107 4	1.651 5	1.388 3	1.638 9	6.012
504	2015-05-19	0.854 7	1.239 5	1.027 0	1.407 3	1.388 3	1.638 9	5.551
505	2015-05-20	0.854 7	1.393 0	1.027 0	1.009 3	1.388 3	1.638 9	6.012
506	2015-05-21	0.854 7	1.393 0	1.027 0	1.227 3	1.388 3	1.394 2	5.841
507	2015-05-22	0.965 8	1.393 0	1.140 2	1.227 3	1.203 0	1.638 9	5.919
508	2015-05-23	1.049 1	1.556 1	1.107 4	1.407 3	1.210 2	1.638 9	6.412
509	2015-05-24	0.965 8	1.785 9	1.140 2	1.602 8	1.388 3	1.638 9	7.190
510	2015-05-25	0.890 9	1.785 9	1.027 0	1.602 8	1.346 4	1.486 2	7.063
511	2015-05-26	0.965 8	1.785 9	1.027 0	1.602 8	1.388 3	1.638 9	7.190
512	2015-05-27	1.049 1	1.556 1	1.119 0	1.602 8	1.210 2	1.486 2	6.306

续表

序号	日期	O₃气象污染分指数						O₃气象污染综合指数
		平均相对湿度	日最高气温	平均风速	平均本站气压	边界层厚度	短波辐射通量	
513	2015-05-28	1.019 3	1.556 1	1.119 0	1.651 5	1.203 0	1.394 2	6.238
514	2015-05-29	0.909 0	0.990 8	0.873 7	1.602 8	0.919 5	0.622 5	3.864
515	2015-05-30	1.089 3	1.239 5	1.140 2	1.407 3	1.210 2	1.638 9	5.462
516	2015-05-31	1.019 3	1.785 9	1.027 0	1.651 5	1.388 3	1.638 9	7.190
517	2015-06-01	1.019 3	1.785 9	1.119 0	1.651 5	1.388 3	1.394 2	7.020
518	2015-06-02	1.019 3	1.556 1	1.027 0	1.407 3	1.388 3	1.638 9	6.501
519	2015-06-03	0.890 9	1.785 9	1.058 0	1.227 3	1.388 3	1.638 9	7.190
520	2015-06-04	1.019 3	1.239 5	1.140 2	1.602 8	1.388 3	0.622 5	4.843
521	2015-06-05	1.019 3	1.785 9	0.974 7	1.651 5	1.346 4	1.638 9	7.170
522	2015-06-06	1.049 1	1.393 0	1.119 0	1.651 5	1.210 2	1.638 9	5.923
523	2015-06-07	1.049 1	1.393 0	0.974 7	1.407 3	1.388 3	1.638 9	6.012
524	2015-06-08	0.965 8	1.556 1	1.058 0	1.602 8	1.388 3	1.638 9	6.501
525	2015-06-09	0.965 8	1.785 9	1.027 0	1.651 5	1.346 4	1.638 9	7.170
526	2015-06-10	1.125 0	1.239 5	1.119 0	1.651 5	1.080 1	0.725 4	4.762
527	2015-06-11	1.019 3	1.393 0	1.107 4	1.651 5	1.388 3	1.638 9	6.012
528	2015-06-12	0.890 9	1.556 1	1.119 0	1.651 5	1.388 3	1.638 9	6.501
529	2015-06-13	1.029 9	1.239 5	1.107 4	1.651 5	1.346 4	1.394 2	5.360
530	2015-06-14	1.019 3	1.556 1	0.974 7	1.407 3	1.388 3	1.638 9	6.501
531	2015-06-15	1.019 3	1.556 1	1.107 4	1.602 8	1.388 3	1.394 2	6.331
532	2015-06-16	1.049 1	1.785 9	1.140 2	1.651 5	1.388 3	1.486 2	7.084
533	2015-06-17	1.049 1	1.785 9	1.058 0	1.651 5	1.346 4	1.070 8	6.774
534	2015-06-18	0.965 8	1.785 9	1.119 0	1.602 8	1.388 3	1.638 9	7.190
535	2015-06-19	1.019 3	1.239 5	1.027 0	1.407 3	1.080 1	1.070 8	5.002
536	2015-06-20	1.049 1	1.556 1	1.050 3	1.227 3	1.346 4	1.638 9	6.480
537	2015-06-21	1.049 1	1.556 1	1.058 0	1.407 3	1.346 4	1.394 2	6.310
538	2015-06-22	1.019 3	1.556 1	1.107 4	1.602 8	1.346 4	1.193 7	6.170
539	2015-06-23	1.049 1	1.785 9	1.140 2	1.602 8	1.203 0	0.896 0	6.581
540	2015-06-24	1.125 0	1.393 0	1.107 4	1.602 8	1.346 4	1.193 7	5.681
541	2015-06-25	1.125 0	1.393 0	1.058 0	1.651 5	1.210 2	0.896 0	5.406
542	2015-06-26	1.094 4	1.393 0	0.974 7	1.651 5	1.203 0	1.070 8	5.524
543	2015-06-27	1.125 0	1.556 1	1.107 4	1.651 5	1.210 2	1.070 8	6.017
544	2015-06-28	1.125 0	1.785 9	1.058 0	1.602 8	1.203 0	0.896 0	6.581
545	2015-06-29	1.094 4	1.393 0	1.050 3	1.602 8	1.210 2	0.422 9	5.076
546	2015-06-30	1.089 3	1.239 5	1.058 0	1.651 5	0.447 8	0.422 9	4.236
547	2015-07-01	1.029 9	1.785 9	0.974 7	1.651 5	1.388 3	1.638 9	7.190
548	2015-07-02	0.965 8	1.785 9	1.140 2	1.651 5	1.388 3	1.638 9	7.190
549	2015-07-03	0.965 8	1.556 1	1.027 0	1.407 3	1.346 4	1.638 9	6.480

序号	日期	O₃气象污染分指数						O₃气象污染综合指数
		平均相对湿度	日最高气温	平均风速	平均本站气压	边界层厚度	短波辐射通量	
550	2015-07-04	1.019 3	1.393 0	1.140 2	1.407 3	0.447 8	0.422 9	4.696
551	2015-07-05	1.029 9	1.393 0	1.107 4	1.407 3	1.346 4	1.638 9	5.991
552	2015-07-06	1.029 9	1.556 1	1.058 0	1.227 3	1.080 1	1.638 9	6.347
553	2015-07-07	1.029 9	1.556 1	1.107 4	1.407 3	1.203 0	1.638 9	6.409
554	2015-07-08	1.029 9	1.785 9	1.107 4	1.227 3	1.210 2	1.638 9	7.102
555	2015-07-09	1.049 1	1.785 9	1.140 2	1.227 3	1.210 2	1.638 9	7.102
556	2015-07-10	1.029 9	1.785 9	1.107 4	1.227 3	1.210 2	1.638 9	7.102
557	2015-07-11	1.029 9	1.785 9	1.050 3	1.602 8	1.388 3	1.486 2	7.084
558	2015-07-12	1.029 9	1.785 9	0.949 7	1.651 5	1.210 2	1.638 9	7.102
559	2015-07-13	0.965 8	1.785 9	0.873 7	1.651 5	1.388 3	1.638 9	7.190
560	2015-07-14	0.890 9	1.785 9	0.974 7	1.651 5	1.210 2	1.638 9	7.102
561	2015-07-15	1.029 9	1.785 9	0.949 7	1.602 8	1.346 4	0.896 0	6.652
562	2015-07-16	1.089 3	1.556 1	1.119 0	1.602 8	1.210 2	1.070 8	6.017
563	2015-07-17	1.094 4	1.393 0	1.140 2	1.602 8	1.210 2	1.486 2	5.817
564	2015-07-18	0.909 0	1.393 0	1.107 4	1.602 8	0.919 5	0.896 0	5.261
565	2015-07-19	0.909 0	1.556 1	0.974 7	1.602 8	1.203 0	0.896 0	5.891
566	2015-07-20	0.909 0	1.393 0	0.873 7	1.407 3	1.080 1	1.070 8	5.462
567	2015-07-21	1.094 4	1.556 1	1.140 2	1.602 8	1.203 0	1.193 7	6.099
568	2015-07-22	0.909 0	1.393 0	0.974 7	1.651 5	1.210 2	1.070 8	5.527
569	2015-07-23	1.094 4	1.556 1	0.873 7	1.651 5	1.346 4	1.070 8	6.084
570	2015-07-24	1.094 4	1.556 1	1.107 4	1.651 5	1.203 0	1.193 7	6.099
571	2015-07-25	1.094 4	1.785 9	0.769 1	1.651 5	1.346 4	1.486 2	7.063
572	2015-07-26	1.089 3	1.785 9	1.058 0	1.651 5	1.210 2	1.394 2	6.931
573	2015-07-27	1.089 3	1.785 9	1.050 3	1.651 5	1.210 2	1.394 2	6.931
574	2015-07-28	1.094 4	1.785 9	0.974 7	1.651 5	1.346 4	1.070 8	6.774
575	2015-07-29	1.094 4	1.785 9	1.058 0	1.651 5	1.203 0	1.070 8	6.703
576	2015-07-30	0.909 0	1.556 1	1.027 0	1.651 5	0.919 5	1.394 2	6.097
577	2015-07-31	1.094 4	1.393 0	1.058 0	1.602 8	1.210 2	1.193 7	5.613
578	2015-08-01	1.094 4	1.393 0	0.974 7	1.602 8	1.080 1	1.193 7	5.548
579	2015-08-02	0.909 0	1.556 1	0.974 7	1.651 5	0.741 2	1.070 8	5.783
580	2015-08-03	0.909 0	1.393 0	1.050 3	1.651 5	0.741 2	0.622 5	4.982
581	2015-08-04	1.125 0	1.556 1	1.050 3	1.651 5	1.017 7	1.638 9	6.316
582	2015-08-05	0.909 0	1.556 1	1.058 0	1.651 5	1.017 7	1.486 2	6.210
583	2015-08-06	1.125 0	1.556 1	1.119 0	1.602 8	1.203 0	1.486 2	6.302
584	2015-08-07	1.094 4	1.556 1	1.058 0	1.227 3	1.080 1	1.394 2	6.177
585	2015-08-08	1.089 3	1.556 1	0.974 7	1.227 3	1.017 7	1.394 2	6.146
586	2015-08-09	1.089 3	1.785 9	0.769 1	1.227 3	1.080 1	1.486 2	6.931

续表

序号	日期	O₃气象污染分指数						O₃气象污染综合指数
		平均相对湿度	日最高气温	平均风速	平均本站气压	边界层厚度	短波辐射通量	
587	2015-08-10	1.089 3	1.785 9	0.769 1	1.407 3	1.080 1	1.394 2	6.867
588	2015-08-11	1.094 4	1.785 9	1.107 4	1.407 3	1.346 4	1.486 2	7.063
589	2015-08-12	1.125 0	1.785 9	1.058 0	1.602 8	1.210 2	1.486 2	6.995
590	2015-08-13	1.029 9	1.785 9	1.140 2	1.651 5	1.210 2	1.486 2	6.995
591	2015-08-14	1.029 9	1.785 9	1.058 0	1.651 5	1.203 0	1.193 7	6.788
592	2015-08-15	1.019 3	1.785 9	0.974 7	1.651 5	1.210 2	1.638 9	7.102
593	2015-08-16	1.029 9	1.785 9	0.949 7	1.602 8	1.210 2	1.486 2	6.995
594	2015-08-17	1.125 0	1.785 9	1.058 0	1.602 8	1.210 2	1.486 2	6.995
595	2015-08-18	1.094 4	1.393 0	1.058 0	1.227 3	1.080 1	1.193 7	5.548
596	2015-08-19	0.909 0	1.393 0	1.050 3	1.227 3	0.919 5	1.070 8	5.382
597	2015-08-20	1.089 3	1.785 9	0.873 7	1.407 3	1.080 1	1.394 2	6.867
598	2015-08-21	1.019 3	1.785 9	0.974 7	1.602 8	1.210 2	1.486 2	6.995
599	2015-08-22	1.019 3	1.785 9	1.107 4	1.651 5	1.210 2	1.486 2	6.995
600	2015-08-23	1.089 3	1.556 1	0.974 7	1.407 3	1.017 7	1.193 7	6.006
601	2015-08-24	1.089 3	1.393 0	1.050 3	1.227 3	1.203 0	1.070 8	5.524
602	2015-08-25	1.125 0	1.393 0	0.974 7	1.407 3	1.017 7	0.725 4	5.191
603	2015-08-26	1.125 0	1.556 1	1.058 0	1.407 3	1.203 0	1.070 8	6.013
604	2015-08-27	1.029 9	1.785 9	1.050 3	1.407 3	1.203 0	1.193 7	6.788
605	2015-08-28	1.125 0	1.785 9	0.974 7	1.407 3	1.203 0	1.394 2	6.928
606	2015-08-29	1.125 0	1.393 0	1.058 0	1.407 3	1.203 0	1.193 7	5.609
607	2015-08-30	0.909 0	1.239 5	0.974 7	1.227 3	1.080 1	0.896 0	4.880
608	2015-08-31	0.909 0	0.990 8	0.873 7	1.227 3	0.601 5	0.422 9	3.566
609	2015-09-01	0.909 0	0.990 8	1.107 4	1.227 3	0.741 2	0.422 9	3.636
610	2015-09-02	1.094 4	1.393 0	0.974 7	1.227 3	1.017 7	0.896 0	5.310
611	2015-09-03	1.089 3	1.556 1	0.949 7	1.009 3	1.203 0	1.394 2	6.238
612	2015-09-04	0.909 0	1.239 5	1.107 4	1.227 3	0.601 5	0.422 9	4.313
613	2015-09-05	0.909 0	0.835 9	1.058 0	1.227 3	0.447 8	0.422 9	3.025
614	2015-09-06	1.125 0	1.239 5	0.949 7	1.227 3	1.017 7	1.394 2	5.196
615	2015-09-07	1.029 9	1.393 0	0.873 7	1.009 3	1.017 7	1.394 2	5.657
616	2015-09-08	1.029 9	1.393 0	0.974 7	1.009 3	1.080 1	1.394 2	5.688
617	2015-09-09	1.125 0	1.239 5	0.873 7	0.837 2	1.080 1	0.896 0	4.880
618	2015-09-10	1.089 3	0.990 8	1.107 4	0.687 6	1.017 7	0.422 9	3.774
619	2015-09-11	1.089 3	0.990 8	1.058 0	1.009 3	1.203 0	1.394 2	4.543
620	2015-09-12	1.019 3	0.990 8	1.027 0	1.009 3	1.346 4	1.394 2	4.614
621	2015-09-13	1.019 3	1.393 0	0.974 7	1.009 3	0.919 5	1.394 2	5.608
622	2015-09-14	1.029 9	1.239 5	1.058 0	0.837 2	1.017 7	1.193 7	5.057
623	2015-09-15	1.089 3	1.239 5	0.769 1	0.837 2	1.203 0	1.193 7	5.149

序号	日期	O₃气象污染分指数						O₃气象污染综合指数
		平均相对湿度	日最高气温	平均风速	平均本站气压	边界层厚度	短波辐射通量	
624	2015-09-16	1.089 3	1.239 5	0.769 1	0.837 2	1.203 0	1.193 7	5.149
625	2015-09-17	1.089 3	1.393 0	1.050 3	0.837 2	1.203 0	1.193 7	5.609
626	2015-09-18	1.089 3	1.393 0	0.873 7	1.009 3	1.017 7	1.070 8	5.431
627	2015-09-19	1.125 0	1.393 0	0.949 7	1.009 3	1.346 4	1.193 7	5.681
628	2015-09-20	1.125 0	1.393 0	1.058 0	1.009 3	1.203 0	1.193 7	5.609
629	2015-09-21	1.019 3	1.393 0	1.140 2	1.227 3	1.080 1	1.070 8	5.462
630	2015-09-22	1.089 3	1.239 5	1.119 0	1.227 3	1.017 7	0.476 5	4.557
631	2015-09-23	1.094 4	1.239 5	0.873 7	1.407 3	1.017 7	1.070 8	4.971
632	2015-09-24	0.909 0	1.239 5	1.058 0	1.407 3	0.919 5	0.896 0	4.800
633	2015-09-25	1.125 0	1.239 5	0.949 7	1.227 3	1.080 1	1.193 7	5.088
634	2015-09-26	1.029 9	1.239 5	0.974 7	1.009 3	0.919 5	1.193 7	5.008
635	2015-09-27	1.029 9	1.239 5	0.873 7	1.009 3	0.601 5	0.896 0	4.642
636	2015-09-28	0.909 0	0.990 8	1.058 0	0.687 6	0.741 2	0.622 5	3.775
637	2015-09-29	0.909 0	0.835 9	1.058 0	0.515 2	1.203 0	0.476 5	3.439
638	2015-09-30	0.909 0	0.835 9	0.949 7	0.837 2	1.017 7	0.896 0	3.639
639	2015-10-01	1.019 3	0.990 8	1.027 0	1.227 3	1.346 4	1.193 7	4.474
640	2015-10-02	1.019 3	1.239 5	1.107 4	1.227 3	0.919 5	1.193 7	5.008
641	2015-10-03	1.029 9	0.990 8	1.050 3	0.837 2	1.080 1	1.070 8	4.256
642	2015-10-04	1.089 3	1.239 5	0.949 7	0.687 6	0.741 2	0.896 0	4.712
643	2015-10-05	1.089 3	1.239 5	1.107 4	0.837 2	0.919 5	0.896 0	4.800
644	2015-10-06	1.089 3	1.239 5	0.974 7	1.009 3	1.017 7	0.896 0	4.849
645	2015-10-07	1.125 0	1.239 5	1.058 0	1.009 3	1.203 0	0.896 0	4.942
646	2015-10-08	0.854 7	0.990 8	1.027 0	0.837 2	1.388 3	1.070 8	4.410
647	2015-10-09	0.890 9	0.990 8	1.027 0	1.227 3	1.388 3	1.070 8	4.410
648	2015-10-10	0.854 7	0.685 7	1.027 0	1.009 3	1.388 3	1.070 8	3.494
649	2015-10-11	0.890 9	0.990 8	1.119 0	0.837 2	1.346 4	1.070 8	4.389
650	2015-10-12	0.890 9	0.990 8	0.974 7	0.687 6	1.017 7	1.070 8	4.225
651	2015-10-13	0.965 8	1.239 5	0.769 1	0.687 6	0.601 5	1.070 8	4.764
652	2015-10-14	1.029 9	0.990 8	0.974 7	0.837 2	0.447 8	0.622 5	3.629
653	2015-10-15	1.089 3	1.239 5	0.769 1	1.009 3	0.601 5	0.725 4	4.523
654	2015-10-16	1.125 0	1.239 5	0.974 7	0.837 2	0.741 2	0.725 4	4.593
655	2015-10-17	1.029 9	1.239 5	1.050 3	0.837 2	0.601 5	0.622 5	4.452
656	2015-10-18	1.019 3	0.835 9	1.119 0	0.620 5	1.203 0	0.725 4	3.612
657	2015-10-19	1.089 3	0.835 9	0.769 1	0.837 2	0.601 5	0.725 4	3.312
658	2015-10-20	1.094 4	0.835 9	1.027 0	1.009 3	0.741 2	0.422 9	3.171
659	2015-10-21	1.125 0	0.685 7	0.974 7	0.687 6	0.741 2	0.422 9	2.721
660	2015-10-22	0.909 0	0.529 9	1.140 2	0.620 5	0.601 5	0.422 9	2.184

续表

序号	日期	O₃气象污染分指数						O₃气象污染综合指数
		平均相对湿度	日最高气温	平均风速	平均本站气压	边界层厚度	短波辐射通量	
661	2015-10-23	0.909 0	0.685 7	0.949 7	0.837 2	0.601 5	0.622 5	2.790
662	2015-10-24	1.089 3	0.835 9	1.050 3	0.620 5	0.919 5	0.725 4	3.471
663	2015-10-25	1.019 3	0.685 7	0.949 7	0.515 2	1.017 7	0.725 4	3.069
664	2015-10-26	0.909 0	0.529 9	0.974 7	0.837 2	1.080 1	0.422 9	2.422
665	2015-10-27	0.965 8	0.685 7	1.107 4	1.009 3	1.080 1	0.896 0	3.219
666	2015-10-28	0.890 9	0.685 7	0.873 7	0.687 6	0.919 5	0.896 0	3.139
667	2015-10-29	0.890 9	0.685 7	1.027 0	0.515 2	1.203 0	0.896 0	3.280
668	2015-10-30	0.890 9	0.685 7	0.873 7	0.493 7	1.017 7	0.896 0	3.188
669	2015-10-31	1.029 9	0.685 7	0.769 1	0.493 7	0.601 5	0.725 4	2.862
670	2015-11-01	1.125 0	0.685 7	0.873 7	0.620 5	0.741 2	0.725 4	2.931
671	2015-11-02	1.125 0	0.835 9	0.873 7	0.687 6	0.447 8	0.725 4	3.236
672	2015-11-03	1.019 3	0.835 9	1.140 2	0.620 5	0.919 5	0.725 4	3.471
673	2015-11-04	1.029 9	0.835 9	0.949 7	0.620 5	0.741 2	0.476 5	3.209
674	2015-11-05	1.019 3	0.685 7	1.107 4	0.515 2	1.080 1	0.422 9	2.890
675	2015-11-06	1.094 4	0.468 6	1.027 0	0.493 7	0.919 5	0.422 9	2.158
676	2015-11-07	0.909 0	0.448 8	1.058 0	0.515 2	0.741 2	0.422 9	2.010
677	2015-11-08	0.909 0	0.468 6	0.769 1	0.515 2	0.601 5	0.476 5	2.037
678	2015-11-09	0.909 0	0.468 6	0.769 1	0.515 2	0.447 8	0.622 5	2.062
679	2015-11-10	1.094 4	0.468 6	0.873 7	0.493 7	0.601 5	0.422 9	2.000
680	2015-11-11	0.909 0	0.468 6	0.769 1	0.493 7	0.447 8	0.422 9	1.923
681	2015-11-12	0.909 0	0.529 9	0.769 1	0.493 7	0.447 8	0.422 9	2.107
682	2015-11-13	0.909 0	0.529 9	0.769 1	0.687 6	0.447 8	0.422 9	2.107
683	2015-11-14	0.909 0	0.529 9	0.974 7	0.837 2	0.447 8	0.422 9	2.107
684	2015-11-15	1.094 4	0.529 9	1.058 0	0.687 6	0.919 5	0.422 9	2.342
685	2015-11-16	0.965 8	0.529 9	1.058 0	0.687 6	0.741 2	0.422 9	2.253
686	2015-11-17	1.094 4	0.529 9	1.050 3	0.515 2	0.919 5	0.422 9	2.342
687	2015-11-18	1.094 4	0.468 6	0.873 7	0.515 2	0.741 2	0.476 5	2.107
688	2015-11-19	0.909 0	0.468 6	1.107 4	0.515 2	0.601 5	0.422 9	2.000
689	2015-11-20	0.909 0	0.448 8	1.058 0	0.515 2	0.447 8	0.422 9	1.864
690	2015-11-21	0.909 0	0.448 8	1.119 0	0.493 7	0.601 5	0.422 9	1.940
691	2015-11-22	0.909 0	0.448 8	1.058 0	0.493 7	0.741 2	0.422 9	2.010
692	2015-11-23	1.089 3	0.448 8	1.050 3	0.493 7	1.210 2	0.422 9	2.244
693	2015-11-24	1.019 3	0.448 8	0.974 7	0.493 7	1.080 1	0.422 9	2.179
694	2015-11-25	1.094 4	0.448 8	1.119 0	0.493 7	0.919 5	0.476 5	2.136
695	2015-11-26	1.049 1	0.448 8	1.027 0	0.493 7	0.741 2	0.622 5	2.149
696	2015-11-27	1.125 0	0.448 8	0.974 7	0.515 2	0.447 8	0.476 5	1.901
697	2015-11-28	1.094 4	0.448 8	0.769 1	0.493 7	0.447 8	0.422 9	1.864

续表

序号	日期	O₃气象污染分指数						O₃气象污染综合指数
		平均相对湿度	日最高气温	平均风速	平均本站气压	边界层厚度	短波辐射通量	
698	2015-11-29	1.094 4	0.448 8	0.949 7	0.515 2	0.447 8	0.476 5	1.901
699	2015-11-30	0.909 0	0.468 6	0.974 7	0.620 5	0.447 8	0.476 5	1.961
700	2015-12-01	0.909 0	0.448 8	0.974 7	0.687 6	0.447 8	0.422 9	1.864
701	2015-12-02	1.125 0	0.468 6	1.119 0	0.687 6	1.080 1	0.622 5	2.377
702	2015-12-03	0.854 7	0.448 8	1.027 0	0.620 5	1.210 2	0.622 5	2.383
703	2015-12-04	0.965 8	0.468 6	1.119 0	0.515 2	0.601 5	0.622 5	2.139
704	2015-12-05	1.029 9	0.468 6	0.974 7	0.493 7	0.447 8	0.476 5	1.961
705	2015-12-06	1.089 3	0.468 6	0.974 7	0.493 7	0.447 8	0.422 9	1.923
706	2015-12-07	1.089 3	0.468 6	0.769 1	0.493 7	0.447 8	0.422 9	1.923
707	2015-12-08	0.909 0	0.448 8	0.769 1	0.493 7	0.447 8	0.422 9	1.864
708	2015-12-09	0.909 0	0.468 6	0.769 1	0.620 5	0.447 8	0.422 9	1.923
709	2015-12-10	1.125 0	0.529 9	1.140 2	0.620 5	0.601 5	0.476 5	2.221
710	2015-12-11	1.029 9	0.468 6	0.769 1	0.493 7	0.741 2	0.476 5	2.107
711	2015-12-12	1.089 3	0.468 6	0.769 1	0.515 2	0.447 8	0.422 9	1.923
712	2015-12-13	1.089 3	0.448 8	0.873 7	0.515 2	0.447 8	0.422 9	1.864
713	2015-12-14	0.909 0	0.448 8	0.769 1	0.620 5	0.919 5	0.422 9	2.099
714	2015-12-15	1.029 9	0.448 8	1.027 0	0.515 2	1.346 4	0.476 5	2.349
715	2015-12-16	0.854 7	0.448 8	1.027 0	0.493 7	1.388 3	0.476 5	2.370
716	2015-12-17	0.965 8	0.448 8	1.050 3	0.493 7	0.601 5	0.476 5	1.978
717	2015-12-18	1.049 1	0.468 6	0.873 7	0.493 7	0.447 8	0.476 5	1.961
718	2015-12-19	0.909 0	0.468 6	0.873 7	0.493 7	0.447 8	0.422 9	1.923
719	2015-12-20	1.094 4	0.468 6	0.769 1	0.515 2	0.447 8	0.422 9	1.923
720	2015-12-21	0.909 0	0.468 6	0.769 1	0.515 2	0.447 8	0.422 9	1.923
721	2015-12-22	0.909 0	0.448 8	0.769 1	0.515 2	0.447 8	0.422 9	1.864
722	2015-12-23	0.909 0	0.448 8	0.949 7	0.515 2	0.447 8	0.422 9	1.864
723	2015-12-24	0.909 0	0.448 8	0.873 7	0.515 2	0.601 5	0.422 9	1.940
724	2015-12-25	0.909 0	0.448 8	0.873 7	0.687 6	0.447 8	0.476 5	1.901
725	2015-12-26	0.909 0	0.448 8	1.107 4	0.620 5	0.919 5	0.422 9	2.099
726	2015-12-27	0.965 8	0.448 8	1.050 3	0.493 7	0.919 5	0.476 5	2.136
727	2015-12-28	1.089 3	0.448 8	0.873 7	0.493 7	0.447 8	0.422 9	1.864
728	2015-12-29	0.909 0	0.448 8	0.873 7	0.493 7	0.447 8	0.422 9	1.864
729	2015-12-30	1.125 0	0.468 6	1.050 3	0.493 7	0.741 2	0.476 5	2.107
730	2015-12-31	1.019 3	0.468 6	0.873 7	0.493 7	0.447 8	0.422 9	1.923
731	2016-01-01	1.089 3	0.468 6	0.949 7	0.620 5	0.447 8	0.622 5	2.062
732	2016-01-02	1.094 4	0.468 6	0.769 1	0.687 6	0.447 8	0.422 9	1.923
733	2016-01-03	0.909 0	0.448 8	0.873 7	0.687 6	0.447 8	0.422 9	1.864
734	2016-01-04	1.125 0	0.448 8	0.949 7	0.493 7	1.017 7	0.476 5	2.185

续表

序号	日期	O₃气象污染分指数						O₃气象污染综合指数
		平均相对湿度	日最高气温	平均风速	平均本站气压	边界层厚度	短波辐射通量	
735	2016-01-05	0.854 7	0.448 8	1.050 3	0.493 7	0.601 5	0.476 5	1.978
736	2016-01-06	0.965 8	0.448 8	0.974 7	0.493 7	0.601 5	0.476 5	1.978
737	2016-01-07	0.854 7	0.448 8	1.027 0	0.493 7	0.919 5	0.622 5	2.238
738	2016-01-08	0.890 9	0.448 8	1.119 0	0.515 2	0.601 5	0.622 5	2.080
739	2016-01-09	1.019 3	0.448 8	0.769 1	0.620 5	0.447 8	0.476 5	1.901
740	2016-01-10	1.029 9	0.448 8	1.140 2	0.493 7	0.919 5	0.476 5	2.136
741	2016-01-11	0.890 9	0.448 8	1.058 0	0.493 7	1.017 7	0.622 5	2.287
742	2016-01-12	0.854 7	0.448 8	1.119 0	0.493 7	0.919 5	0.622 5	2.238
743	2016-01-13	0.890 9	0.448 8	0.769 1	0.620 5	0.601 5	0.622 5	2.080
744	2016-01-14	0.965 8	0.468 6	0.769 1	0.687 6	0.447 8	0.476 5	1.961
745	2016-01-15	1.019 3	0.468 6	0.769 1	0.837 2	0.447 8	0.476 5	1.961
746	2016-01-16	1.089 3	0.448 8	1.140 2	0.687 6	0.601 5	0.422 9	1.940
747	2016-01-17	1.125 0	0.448 8	1.058 0	0.515 2	1.080 1	0.622 5	2.318
748	2016-01-18	0.890 9	0.448 8	1.027 0	0.515 2	1.346 4	0.725 4	2.522
749	2016-01-19	0.890 9	0.448 8	0.769 1	0.493 7	0.601 5	0.622 5	2.080
750	2016-01-20	1.049 1	0.448 8	1.058 0	0.493 7	0.447 8	0.422 9	1.864
751	2016-01-21	1.094 4	0.448 8	1.058 0	0.493 7	0.601 5	0.422 9	1.940
752	2016-01-22	0.890 9	0.448 8	1.027 0	0.493 7	1.346 4	0.725 4	2.522
753	2016-01-23	0.854 7	0.448 8	1.027 0	0.493 7	1.388 3	0.725 4	2.543
754	2016-01-24	0.854 7	0.448 8	1.027 0	0.493 7	1.080 1	0.725 4	2.390
755	2016-01-25	0.854 7	0.448 8	1.058 0	0.493 7	0.601 5	0.725 4	2.151
756	2016-01-26	0.854 7	0.448 8	1.140 2	0.515 2	0.741 2	0.725 4	2.221
757	2016-01-27	0.890 9	0.448 8	0.769 1	0.515 2	0.447 8	0.622 5	2.003
758	2016-01-28	1.019 3	0.448 8	1.050 3	0.493 7	0.447 8	0.422 9	1.864
759	2016-01-29	0.965 8	0.448 8	1.140 2	0.493 7	1.017 7	0.622 5	2.287
760	2016-01-30	1.019 3	0.448 8	0.873 7	0.493 7	0.601 5	0.422 9	1.940
761	2016-01-31	0.890 9	0.448 8	1.140 2	0.493 7	0.741 2	0.725 4	2.221
762	2016-02-01	0.890 9	0.448 8	1.050 3	0.493 7	0.741 2	0.725 4	2.221
763	2016-02-02	0.854 7	0.468 6	0.873 7	0.493 7	0.601 5	0.725 4	2.211
764	2016-02-03	0.890 9	0.468 6	0.769 1	0.515 2	0.601 5	0.725 4	2.211
765	2016-02-04	0.854 7	0.468 6	1.119 0	0.493 7	0.741 2	0.725 4	2.280
766	2016-02-05	0.854 7	0.448 8	1.027 0	0.493 7	1.080 1	0.896 0	2.508
767	2016-02-06	0.854 7	0.468 6	1.058 0	0.493 7	0.919 5	0.896 0	2.488
768	2016-02-07	0.854 7	0.468 6	1.050 3	0.687 6	0.601 5	0.896 0	2.329
769	2016-02-08	0.854 7	0.529 9	1.050 3	1.009 3	0.601 5	0.896 0	2.513
770	2016-02-09	0.890 9	0.529 9	1.107 4	0.687 6	0.601 5	0.725 4	2.394
771	2016-02-10	0.965 8	0.529 9	0.949 7	0.837 2	0.447 8	0.622 5	2.246

序号	日期	O₃气象污染分指数						O₃气象污染综合指数
		平均相对湿度	日最高气温	平均风速	平均本站气压	边界层厚度	短波辐射通量	
772	2016-02-11	0.909 0	0.468 6	0.873 7	1.009 3	0.447 8	0.476 5	1.961
773	2016-02-12	0.909 0	0.529 9	0.873 7	1.009 3	0.447 8	0.422 9	2.107
774	2016-02-13	1.089 3	0.448 8	1.027 0	0.620 5	1.210 2	0.476 5	2.281
775	2016-02-14	0.854 7	0.448 8	1.027 0	0.493 7	1.346 4	1.070 8	2.763
776	2016-02-15	0.890 9	0.448 8	1.119 0	0.515 2	1.346 4	0.896 0	2.641
777	2016-02-16	0.965 8	0.529 9	1.140 2	0.620 5	1.080 1	0.896 0	2.752
778	2016-02-17	0.965 8	0.529 9	0.949 7	0.620 5	0.741 2	0.896 0	2.583
779	2016-02-18	0.890 9	0.529 9	1.140 2	0.687 6	1.203 0	1.070 8	2.935
780	2016-02-19	0.854 7	0.468 6	1.027 0	0.515 2	1.203 0	0.725 4	2.510
781	2016-02-20	0.854 7	0.448 8	1.140 2	0.493 7	1.346 4	1.070 8	2.763
782	2016-02-21	1.019 3	0.468 6	1.107 4	0.515 2	1.080 1	0.896 0	2.568
783	2016-02-22	1.049 1	0.529 9	1.058 0	0.515 2	1.080 1	0.896 0	2.752
784	2016-02-23	0.854 7	0.448 8	1.027 0	0.493 7	1.388 3	1.070 8	2.784
785	2016-02-24	0.854 7	0.468 6	0.769 1	0.493 7	1.210 2	1.070 8	2.754
786	2016-02-25	0.890 9	0.468 6	1.058 0	0.493 7	1.203 0	1.070 8	2.751
787	2016-02-26	0.965 8	0.529 9	1.058 0	0.515 2	1.080 1	1.070 8	2.873
788	2016-02-27	1.049 1	0.468 6	1.119 0	0.620 5	1.080 1	1.070 8	2.689
789	2016-02-28	1.049 1	0.468 6	1.027 0	0.493 7	1.388 3	1.070 8	2.843
790	2016-02-29	0.854 7	0.468 6	1.050 3	0.493 7	1.346 4	0.422 9	2.371
791	2016-03-01	1.049 1	0.529 9	1.050 3	0.620 5	0.919 5	1.638 9	3.189
792	2016-03-02	0.965 8	0.835 9	1.058 0	0.837 2	0.601 5	1.070 8	3.553
793	2016-03-03	1.019 3	0.835 9	0.949 7	1.227 3	0.447 8	0.896 0	3.355
794	2016-03-04	0.909 0	0.529 9	1.027 0	1.009 3	0.741 2	0.725 4	2.464
795	2016-03-05	0.890 9	0.685 7	1.140 2	0.837 2	1.346 4	1.193 7	3.559
796	2016-03-06	0.965 8	0.685 7	1.050 3	0.837 2	1.017 7	0.896 0	3.188
797	2016-03-07	0.890 9	0.529 9	1.027 0	0.687 6	1.346 4	1.193 7	3.092
798	2016-03-08	0.854 7	0.468 6	1.119 0	0.493 7	1.388 3	1.193 7	2.929
799	2016-03-09	0.854 7	0.448 8	1.027 0	0.493 7	1.388 3	1.193 7	2.869
800	2016-03-10	0.854 7	0.468 6	1.119 0	0.493 7	1.388 3	1.193 7	2.929
801	2016-03-11	0.890 9	0.529 9	0.769 1	0.620 5	1.346 4	1.193 7	3.092
802	2016-03-12	1.049 1	0.529 9	1.107 4	0.837 2	1.017 7	0.896 0	2.721
803	2016-03-13	0.965 8	0.529 9	1.119 0	0.620 5	1.346 4	1.193 7	3.092
804	2016-03-14	0.965 8	0.835 9	1.058 0	0.620 5	1.017 7	1.193 7	3.846
805	2016-03-15	0.890 9	0.685 7	1.027 0	0.837 2	1.080 1	0.622 5	3.029
806	2016-03-16	1.019 3	0.835 9	1.058 0	1.009 3	1.017 7	1.070 8	3.760
807	2016-03-17	1.019 3	0.835 9	1.058 0	1.227 3	0.919 5	0.896 0	3.590
808	2016-03-18	1.019 3	0.990 8	0.873 7	1.227 3	1.017 7	1.193 7	4.311

续表

序号	日期	O₃气象污染分指数						O₃气象污染综合指数
		平均相对湿度	日最高气温	平均风速	平均本站气压	边界层厚度	短波辐射通量	
809	2016-03-19	0.890 9	0.685 7	1.027 0	0.687 6	0.919 5	1.070 8	3.261
810	2016-03-20	0.965 8	0.835 9	0.949 7	0.515 2	0.741 2	1.193 7	3.708
811	2016-03-21	0.890 9	0.835 9	1.050 3	0.620 5	0.919 5	1.193 7	3.797
812	2016-03-22	1.049 1	0.685 7	1.027 0	0.687 6	1.017 7	0.476 5	2.896
813	2016-03-23	0.890 9	0.685 7	1.119 0	0.493 7	1.388 3	1.394 2	3.719
814	2016-03-24	0.854 7	0.685 7	1.058 0	0.493 7	1.388 3	1.394 2	3.719
815	2016-03-25	0.890 9	0.685 7	0.974 7	0.515 2	1.388 3	1.193 7	3.580
816	2016-03-26	0.854 7	0.835 9	1.058 0	0.620 5	1.346 4	1.394 2	4.149
817	2016-03-27	0.854 7	0.990 8	1.050 3	0.837 2	1.346 4	1.394 2	4.614
818	2016-03-28	0.854 7	0.990 8	1.119 0	1.227 3	1.080 1	1.193 7	4.342
819	2016-03-29	0.854 7	0.990 8	1.140 2	1.009 3	1.388 3	1.394 2	4.635
820	2016-03-30	0.890 9	0.835 9	1.119 0	1.009 3	0.919 5	1.394 2	3.937
821	2016-03-31	1.049 1	1.239 5	1.027 0	1.407 3	1.346 4	1.193 7	5.220
822	2016-04-01	0.965 8	0.990 8	1.119 0	1.407 3	1.388 3	1.394 2	4.635
823	2016-04-02	0.890 9	0.835 9	1.107 4	0.837 2	1.388 3	1.394 2	4.170
824	2016-04-03	0.854 7	0.835 9	0.974 7	0.687 6	1.388 3	1.486 2	4.234
825	2016-04-04	0.965 8	0.990 8	1.140 2	1.009 3	1.346 4	1.193 7	4.474
826	2016-04-05	1.019 3	0.990 8	1.027 0	1.227 3	1.017 7	1.193 7	4.311
827	2016-04-06	1.029 9	0.990 8	1.058 0	1.407 3	1.080 1	0.725 4	4.016
828	2016-04-07	0.965 8	1.239 5	0.769 1	1.227 3	1.388 3	1.486 2	5.445
829	2016-04-08	0.854 7	0.990 8	1.027 0	1.009 3	1.346 4	1.638 9	4.784
830	2016-04-09	0.890 9	0.990 8	1.027 0	1.227 3	0.741 2	1.486 2	4.377
831	2016-04-10	0.854 7	0.835 9	1.027 0	0.837 2	1.203 0	1.486 2	4.142
832	2016-04-11	0.890 9	0.685 7	1.119 0	0.837 2	0.919 5	1.193 7	3.346
833	2016-04-12	1.029 9	0.835 9	0.949 7	1.407 3	0.741 2	0.725 4	3.382
834	2016-04-13	1.089 3	1.239 5	0.974 7	1.651 5	1.388 3	1.486 2	5.445
835	2016-04-14	0.854 7	0.990 8	1.027 0	1.009 3	1.080 1	1.486 2	4.545
836	2016-04-15	0.965 8	1.239 5	0.974 7	1.227 3	1.017 7	1.193 7	5.057
837	2016-04-16	1.019 3	0.990 8	1.027 0	1.407 3	1.388 3	0.896 0	4.288
838	2016-04-17	0.854 7	0.835 9	1.027 0	1.227 3	1.388 3	1.638 9	4.340
839	2016-04-18	0.854 7	0.835 9	1.027 0	1.227 3	1.388 3	1.638 9	4.340
840	2016-04-19	1.049 1	0.835 9	1.119 0	1.009 3	1.210 2	1.070 8	3.856
841	2016-04-20	0.965 8	1.239 5	1.050 3	1.227 3	1.080 1	1.394 2	5.227
842	2016-04-21	0.890 9	1.785 9	1.119 0	1.651 5	1.388 3	1.638 9	7.190
843	2016-04-22	0.854 7	1.239 5	1.027 0	1.407 3	1.388 3	1.638 9	5.551
844	2016-04-23	0.854 7	0.990 8	1.119 0	1.009 3	1.203 0	1.394 2	4.543
845	2016-04-24	0.965 8	1.239 5	1.140 2	1.227 3	1.346 4	1.394 2	5.360

序号	日期	O_3 气象污染分指数						O_3 气象污染综合指数
		平均相对湿度	日最高气温	平均风速	平均本站气压	边界层厚度	短波辐射通量	
846	2016-04-25	1.049 1	1.393 0	1.119 0	1.227 3	1.346 4	1.486 2	5.884
847	2016-04-26	1.049 1	0.990 8	1.027 0	1.009 3	0.601 5	1.486 2	4.307
848	2016-04-27	1.019 3	0.835 9	1.107 4	1.009 3	1.017 7	0.896 0	3.639
849	2016-04-28	1.049 1	0.990 8	1.140 2	1.009 3	1.017 7	1.486 2	4.514
850	2016-04-29	1.019 3	1.393 0	1.027 0	1.407 3	1.346 4	1.394 2	5.820
851	2016-04-30	1.029 9	1.393 0	1.027 0	1.651 5	1.017 7	1.638 9	5.827
852	2016-05-01	1.019 3	1.785 9	1.119 0	1.651 5	1.388 3	1.638 9	7.190
853	2016-05-02	1.089 3	1.239 5	1.027 0	1.602 8	1.017 7	0.422 9	4.520
854	2016-05-03	0.965 8	1.239 5	1.027 0	1.651 5	1.388 3	1.638 9	5.551
855	2016-05-04	0.854 7	1.393 0	1.107 4	1.602 8	1.210 2	1.638 9	5.923
856	2016-05-05	1.019 3	0.990 8	1.107 4	1.651 5	1.210 2	1.193 7	4.406
857	2016-05-06	0.854 7	0.990 8	1.027 0	1.227 3	1.388 3	1.638 9	4.805
858	2016-05-07	0.854 7	1.239 5	1.140 2	0.837 2	1.346 4	1.638 9	5.530
859	2016-05-08	0.965 8	1.239 5	1.027 0	1.009 3	1.388 3	1.486 2	5.445
860	2016-05-09	1.019 3	0.990 8	1.050 3	1.227 3	1.210 2	1.193 7	4.406
861	2016-05-10	1.049 1	1.393 0	0.974 7	1.407 3	1.388 3	1.486 2	5.905
862	2016-05-11	1.029 9	1.393 0	1.027 0	1.651 5	0.601 5	0.422 9	4.773
863	2016-05-12	1.125 0	1.239 5	1.119 0	1.407 3	1.388 3	1.394 2	5.381
864	2016-05-13	1.049 1	0.990 8	1.107 4	0.687 6	1.346 4	1.638 9	4.784
865	2016-05-14	0.909 0	0.835 9	1.107 4	0.837 2	1.017 7	0.422 9	3.309
866	2016-05-15	1.029 9	0.990 8	1.058 0	1.227 3	1.388 3	1.638 9	4.805
867	2016-05-16	0.854 7	1.556 1	1.027 0	1.407 3	1.388 3	1.638 9	6.501
868	2016-05-17	0.965 8	1.785 9	1.027 0	1.407 3	1.388 3	1.638 9	7.190
869	2016-05-18	0.965 8	1.393 0	1.107 4	1.227 3	1.346 4	1.638 9	5.991
870	2016-05-19	0.890 9	1.393 0	1.119 0	1.009 3	1.210 2	1.638 9	5.923
871	2016-05-20	0.965 8	1.393 0	1.119 0	1.009 3	1.017 7	1.486 2	5.721
872	2016-05-21	0.965 8	1.393 0	1.119 0	0.837 2	1.210 2	1.638 9	5.923
873	2016-05-22	0.890 9	1.393 0	0.974 7	0.837 2	1.210 2	1.486 2	5.817
874	2016-05-23	1.019 3	0.990 8	0.769 1	1.227 3	1.210 2	0.896 0	4.199
875	2016-05-24	1.049 1	1.393 0	1.140 2	1.651 5	1.388 3	1.638 9	6.012
876	2016-05-25	0.890 9	1.239 5	0.974 7	1.602 8	1.388 3	1.486 2	5.445
877	2016-05-26	0.890 9	1.393 0	1.107 4	1.407 3	1.388 3	1.638 9	6.012
878	2016-05-27	0.965 8	1.239 5	1.140 2	1.227 3	1.210 2	1.193 7	5.152
879	2016-05-28	1.049 1	1.393 0	1.140 2	1.602 8	1.346 4	1.638 9	5.991
880	2016-05-29	1.019 3	1.393 0	1.027 0	1.602 8	1.210 2	1.638 9	5.923
881	2016-05-30	1.049 1	1.785 9	1.119 0	1.651 5	1.388 3	1.638 9	7.190
882	2016-05-31	0.890 9	1.556 1	1.027 0	1.407 3	1.080 1	1.193 7	6.037

续表

序号	日期	O₃气象污染分指数						O₃气象污染综合指数
		平均相对湿度	日最高气温	平均风速	平均本站气压	边界层厚度	短波辐射通量	
883	2016-06-01	0.854 7	1.393 0	1.058 0	1.227 3	1.210 2	1.638 9	5.923
884	2016-06-02	0.854 7	1.556 1	0.974 7	1.227 3	1.346 4	1.638 9	6.480
885	2016-06-03	0.965 8	1.393 0	0.974 7	1.602 8	1.388 3	1.070 8	5.616
886	2016-06-04	1.049 1	1.556 1	1.140 2	1.602 8	1.346 4	1.394 2	6.310
887	2016-06-05	1.019 3	1.393 0	1.119 0	1.227 3	1.210 2	1.486 2	5.817
888	2016-06-06	1.125 0	1.556 1	1.107 4	1.407 3	1.388 3	1.486 2	6.395
889	2016-06-07	1.094 4	1.239 5	1.107 4	1.227 3	0.919 5	0.725 4	4.682
890	2016-06-08	1.089 3	1.556 1	1.107 4	1.407 3	1.388 3	1.638 9	6.501
891	2016-06-09	1.049 1	1.785 9	1.027 0	1.602 8	1.388 3	1.638 9	7.190
892	2016-06-10	1.019 3	1.785 9	1.119 0	1.651 5	1.388 3	1.486 2	7.084
893	2016-06-11	0.965 8	1.556 1	1.107 4	1.602 8	1.388 3	1.638 9	6.501
894	2016-06-12	1.049 1	1.556 1	1.050 3	1.602 8	1.346 4	1.638 9	6.480
895	2016-06-13	1.029 9	1.239 5	1.119 0	1.651 5	1.080 1	0.725 4	4.762
896	2016-06-14	0.909 0	0.990 8	1.140 2	1.651 5	1.017 7	0.896 0	4.103
897	2016-06-15	1.029 9	1.393 0	1.140 2	1.651 5	1.346 4	1.638 9	5.991
898	2016-06-16	0.965 8	1.785 9	0.974 7	1.651 5	1.388 3	1.638 9	7.190
899	2016-06-17	0.890 9	1.785 9	1.027 0	1.651 5	1.388 3	1.638 9	7.190
900	2016-06-18	1.089 3	1.393 0	0.974 7	1.651 5	0.741 2	1.193 7	5.379
901	2016-06-19	1.125 0	1.785 9	1.058 0	1.602 8	1.388 3	1.638 9	7.190
902	2016-06-20	1.029 9	1.785 9	1.027 0	1.651 5	1.346 4	1.394 2	6.999
903	2016-06-21	1.094 4	1.785 9	1.140 2	1.651 5	1.346 4	1.394 2	6.999
904	2016-06-22	1.125 0	1.785 9	1.119 0	1.651 5	1.346 4	1.486 2	7.063
905	2016-06-23	1.125 0	1.393 0	0.949 7	1.651 5	1.210 2	0.622 5	5.215
906	2016-06-24	0.965 8	1.785 9	1.050 3	1.602 8	1.388 3	1.638 9	7.190
907	2016-06-25	0.890 9	1.785 9	1.050 3	1.602 8	1.388 3	1.638 9	7.190
908	2016-06-26	0.890 9	1.785 9	1.107 4	1.602 8	1.388 3	1.486 2	7.084
909	2016-06-27	1.019 3	1.393 0	1.119 0	1.651 5	1.203 0	1.193 7	5.609
910	2016-06-28	0.909 0	1.239 5	1.119 0	1.602 8	1.346 4	1.486 2	5.424
911	2016-06-29	0.909 0	1.393 0	0.873 7	1.651 5	1.346 4	1.394 2	5.820
912	2016-06-30	0.909 0	1.556 1	1.107 4	1.651 5	1.210 2	1.394 2	6.242
913	2016-07-01	1.094 4	1.393 0	1.050 3	1.651 5	1.346 4	1.638 9	5.991
914	2016-07-02	1.125 0	1.785 9	0.974 7	1.602 8	1.388 3	1.638 9	7.190
915	2016-07-03	1.125 0	1.556 1	1.027 0	1.602 8	1.346 4	1.193 7	6.170
916	2016-07-04	1.125 0	1.556 1	1.107 4	1.407 3	1.203 0	1.486 2	6.302
917	2016-07-05	1.125 0	1.556 1	1.050 3	1.227 3	1.210 2	1.638 9	6.412
918	2016-07-06	1.029 9	1.785 9	0.974 7	1.227 3	1.346 4	1.638 9	7.170
919	2016-07-07	1.125 0	1.785 9	1.058 0	1.227 3	1.346 4	1.486 2	7.063

序号	日期	O₃气象污染分指数						O₃气象污染综合指数
		平均相对湿度	日最高气温	平均风速	平均本站气压	边界层厚度	短波辐射通量	
920	2016-07-08	1.089 3	1.785 9	1.140 2	1.407 3	1.346 4	1.486 2	7.063
921	2016-07-09	1.089 3	1.785 9	0.949 7	1.602 8	1.388 3	1.394 2	7.020
922	2016-07-10	1.029 9	1.785 9	1.107 4	1.651 5	1.346 4	1.638 9	7.170
923	2016-07-11	1.029 9	1.785 9	1.119 0	1.651 5	1.388 3	1.486 2	7.084
924	2016-07-12	1.094 4	1.785 9	1.058 0	1.651 5	0.919 5	0.422 9	6.110
925	2016-07-13	1.019 3	1.785 9	0.974 7	1.651 5	1.346 4	1.486 2	7.063
926	2016-07-14	1.125 0	1.785 9	0.974 7	1.602 8	1.017 7	1.070 8	6.610
927	2016-07-15	0.909 0	1.239 5	1.058 0	1.651 5	1.346 4	1.070 8	5.135
928	2016-07-16	1.089 3	1.393 0	0.873 7	1.651 5	1.346 4	1.486 2	5.884
929	2016-07-17	1.029 9	1.785 9	0.974 7	1.602 8	1.346 4	1.486 2	7.063
930	2016-07-18	1.125 0	1.785 9	1.107 4	1.407 3	1.203 0	1.193 7	6.788
931	2016-07-19	0.909 0	1.393 0	1.119 0	1.602 8	0.919 5	0.476 5	4.969
932	2016-07-20	0.909 0	1.239 5	1.027 0	1.651 5	1.210 2	0.422 9	4.616
933	2016-07-21	0.909 0	1.393 0	1.058 0	1.651 5	0.741 2	0.622 5	4.982
934	2016-07-22	0.909 0	1.785 9	0.769 1	1.651 5	1.017 7	1.193 7	6.696
935	2016-07-23	0.909 0	1.556 1	1.058 0	1.651 5	1.080 1	1.070 8	5.952
936	2016-07-24	0.909 0	1.785 9	1.050 3	1.651 5	1.017 7	0.896 0	6.488
937	2016-07-25	0.909 0	1.556 1	1.050 3	1.651 5	0.447 8	0.476 5	5.223
938	2016-07-26	1.094 4	1.556 1	1.140 2	1.651 5	1.210 2	1.486 2	6.306
939	2016-07-27	0.909 0	1.785 9	1.058 0	1.651 5	1.080 1	1.486 2	6.931
940	2016-07-28	1.094 4	1.785 9	1.107 4	1.651 5	1.203 0	1.486 2	6.992
941	2016-07-29	0.909 0	1.785 9	0.974 7	1.651 5	1.203 0	1.394 2	6.928
942	2016-07-30	0.909 0	1.785 9	1.027 0	1.602 8	1.017 7	1.070 8	6.610
943	2016-07-31	0.909 0	1.785 9	1.058 0	1.407 3	0.447 8	0.422 9	5.875
944	2016-08-01	0.909 0	1.556 1	0.949 7	1.407 3	1.080 1	1.193 7	6.037
945	2016-08-02	0.909 0	1.556 1	1.058 0	1.407 3	1.210 2	1.394 2	6.242
946	2016-08-03	1.094 4	1.785 9	0.769 1	1.407 3	1.203 0	1.486 2	6.992
947	2016-08-04	0.909 0	1.556 1	0.949 7	1.407 3	1.080 1	1.638 9	6.347
948	2016-08-05	0.909 0	1.785 9	1.050 3	1.407 3	1.203 0	1.394 2	6.928
949	2016-08-06	0.909 0	1.785 9	0.873 7	1.602 8	1.203 0	1.193 7	6.788
950	2016-08-07	0.909 0	1.393 0	0.974 7	1.602 8	1.080 1	0.622 5	5.150
951	2016-08-08	1.089 3	1.393 0	1.140 2	1.407 3	1.080 1	0.622 5	5.150
952	2016-08-09	0.909 0	1.556 1	0.949 7	1.407 3	1.080 1	0.896 0	5.830
953	2016-08-10	0.909 0	1.785 9	0.974 7	1.602 8	1.210 2	1.193 7	6.792
954	2016-08-11	0.909 0	1.785 9	1.050 3	1.602 8	1.203 0	1.394 2	6.928
955	2016-08-12	0.909 0	1.785 9	1.058 0	1.602 8	0.741 2	0.725 4	6.232
956	2016-08-13	0.909 0	1.556 1	0.873 7	1.602 8	0.741 2	1.193 7	5.869

续表

序号	日期	O₃ 气象污染分指数						O₃ 气象污染综合指数
		平均相对湿度	日最高气温	平均风速	平均本站气压	边界层厚度	短波辐射通量	
957	2016-08-14	1.089 3	1.785 9	0.949 7	1.602 8	0.741 2	1.394 2	6.698
958	2016-08-15	0.909 0	1.239 5	1.050 3	1.407 3	0.447 8	0.622 5	4.375
959	2016-08-16	1.089 3	1.556 1	0.769 1	1.602 8	1.017 7	1.486 2	6.210
960	2016-08-17	1.094 4	1.393 0	0.949 7	1.651 5	1.017 7	0.896 0	5.310
961	2016-08-18	0.909 0	1.239 5	0.949 7	1.651 5	0.447 8	0.422 9	4.236
962	2016-08-19	0.909 0	1.239 5	1.058 0	1.602 8	1.017 7	0.725 4	4.730
963	2016-08-20	1.089 3	1.556 1	0.769 1	1.407 3	1.017 7	1.486 2	6.210
964	2016-08-21	1.094 4	1.785 9	0.974 7	1.407 3	0.919 5	1.486 2	6.851
965	2016-08-22	1.089 3	1.785 9	0.974 7	1.227 3	0.919 5	1.394 2	6.787
966	2016-08-23	1.094 4	1.556 1	1.050 3	1.602 8	1.203 0	1.394 2	6.238
967	2016-08-24	0.909 0	1.556 1	0.769 1	1.651 5	0.447 8	0.422 9	5.186
968	2016-08-25	1.125 0	1.393 0	1.140 2	1.407 3	1.346 4	1.394 2	5.820
969	2016-08-26	1.029 9	1.393 0	0.974 7	1.009 3	1.210 2	1.486 2	5.817
970	2016-08-27	1.019 3	1.556 1	0.949 7	1.227 3	1.080 1	1.486 2	6.241
971	2016-08-28	1.049 1	1.556 1	0.974 7	1.227 3	1.210 2	1.486 2	6.306
972	2016-08-29	1.019 3	1.556 1	0.873 7	1.227 3	1.210 2	1.394 2	6.242
973	2016-08-30	1.029 9	1.556 1	0.873 7	1.602 8	1.080 1	1.394 2	6.177
974	2016-08-31	1.049 1	1.785 9	1.107 4	1.651 5	1.210 2	1.486 2	6.995
975	2016-09-01	0.854 7	1.239 5	1.058 0	1.651 5	1.346 4	1.193 7	5.220
976	2016-09-02	1.019 3	1.393 0	0.873 7	1.651 5	1.210 2	1.193 7	5.613
977	2016-09-03	1.125 0	1.556 1	0.974 7	1.602 8	1.203 0	1.394 2	6.238
978	2016-09-04	1.089 3	1.556 1	1.119 0	1.407 3	1.203 0	1.394 2	6.238
979	2016-09-05	1.125 0	1.556 1	1.050 3	1.227 3	1.203 0	1.394 2	6.238
980	2016-09-06	1.029 9	1.785 9	0.974 7	1.407 3	1.017 7	1.193 7	6.696
981	2016-09-07	1.125 0	1.393 0	0.769 1	1.602 8	1.203 0	1.394 2	5.749
982	2016-09-08	1.125 0	1.556 1	0.769 1	1.602 8	1.203 0	1.394 2	6.238
983	2016-09-09	1.029 9	1.556 1	0.769 1	1.407 3	0.919 5	1.394 2	6.097
984	2016-09-10	1.125 0	1.556 1	1.050 3	1.407 3	1.203 0	1.193 7	6.099
985	2016-09-11	0.909 0	1.239 5	1.107 4	1.227 3	1.017 7	0.896 0	4.849
986	2016-09-12	1.094 4	1.239 5	0.974 7	1.009 3	1.080 1	1.070 8	5.002
987	2016-09-13	1.094 4	1.393 0	0.949 7	0.837 2	1.080 1	1.070 8	5.462
988	2016-09-14	1.094 4	1.556 1	1.050 3	1.009 3	1.203 0	1.070 8	6.013
989	2016-09-15	1.094 4	1.556 1	1.050 3	1.009 3	1.080 1	1.070 8	5.952
990	2016-09-16	1.089 3	1.556 1	1.107 4	1.227 3	1.080 1	1.070 8	5.952
991	2016-09-17	1.029 9	1.239 5	1.140 2	1.009 3	1.203 0	0.896 0	4.942
992	2016-09-18	1.094 4	0.990 8	0.974 7	0.837 2	1.017 7	0.422 9	3.774
993	2016-09-19	1.125 0	0.990 8	0.974 7	0.687 6	1.210 2	1.193 7	4.406

序号	日期	O₃ 气象污染分指数						O₃ 气象污染综合指数
		平均相对湿度	日最高气温	平均风速	平均本站气压	边界层厚度	短波辐射通量	
994	2016-09-20	1.019 3	1.239 5	0.873 7	0.687 6	1.210 2	1.193 7	5.152
995	2016-09-21	1.019 3	1.239 5	1.050 3	0.837 2	1.080 1	1.070 8	5.002
996	2016-09-22	1.029 9	1.393 0	1.107 4	1.009 3	1.017 7	1.070 8	5.431
997	2016-09-23	1.125 0	1.239 5	0.974 7	1.227 3	0.919 5	1.070 8	4.922
998	2016-09-24	1.089 3	1.393 0	1.107 4	1.227 3	1.017 7	1.070 8	5.431
999	2016-09-25	1.094 4	1.393 0	1.107 4	1.227 3	1.017 7	1.070 8	5.431
1000	2016-09-26	0.909 0	0.990 8	1.050 3	1.227 3	0.919 5	0.476 5	3.762
1001	2016-09-27	1.019 3	0.835 9	1.027 0	0.837 2	1.203 0	0.725 4	3.612
1002	2016-09-28	0.890 9	0.835 9	1.140 2	0.620 5	1.203 0	1.193 7	3.938
1003	2016-09-29	1.019 3	0.990 8	0.873 7	0.837 2	0.919 5	1.193 7	4.262
1004	2016-09-30	1.029 9	1.239 5	0.974 7	1.009 3	0.919 5	1.070 8	4.922
1005	2016-10-01	1.029 9	1.239 5	1.058 0	1.009 3	0.741 2	0.896 0	4.712
1006	2016-10-02	1.094 4	1.393 0	1.140 2	1.227 3	0.919 5	0.896 0	5.261
1007	2016-10-03	0.909 0	1.239 5	1.050 3	1.227 3	1.080 1	0.896 0	4.880
1008	2016-10-04	1.089 3	1.239 5	1.027 0	1.009 3	1.210 2	0.622 5	4.755
1009	2016-10-05	1.094 4	0.990 8	0.949 7	0.837 2	1.080 1	1.070 8	4.256
1010	2016-10-06	1.094 4	0.990 8	1.027 0	0.620 5	1.080 1	0.422 9	3.805
1011	2016-10-07	0.909 0	0.835 9	1.050 3	0.837 2	0.919 5	0.422 9	3.260
1012	2016-10-08	1.049 1	0.835 9	1.027 0	0.687 6	1.346 4	1.070 8	3.924
1013	2016-10-09	1.125 0	0.835 9	0.873 7	0.620 5	0.919 5	0.725 4	3.471
1014	2016-10-10	1.125 0	0.990 8	1.058 0	0.837 2	0.919 5	0.896 0	4.054
1015	2016-10-11	1.094 4	0.835 9	0.949 7	0.687 6	0.919 5	0.896 0	3.590
1016	2016-10-12	1.094 4	0.835 9	0.769 1	0.620 5	0.919 5	0.896 0	3.590
1017	2016-10-13	0.909 0	0.990 8	0.769 1	0.837 2	0.601 5	0.725 4	3.777
1018	2016-10-14	1.029 9	1.239 5	1.058 0	0.687 6	1.017 7	0.896 0	4.849
1019	2016-10-15	1.094 4	0.835 9	0.769 1	0.687 6	0.741 2	0.422 9	3.171
1020	2016-10-16	0.909 0	0.835 9	0.769 1	0.837 2	0.741 2	0.725 4	3.382
1021	2016-10-17	0.909 0	0.990 8	1.050 3	0.687 6	1.080 1	0.896 0	4.134
1022	2016-10-18	0.909 0	0.835 9	0.873 7	0.837 2	0.601 5	0.476 5	3.139
1023	2016-10-19	0.909 0	0.990 8	0.769 1	1.009 3	0.601 5	0.622 5	3.706
1024	2016-10-20	1.125 0	0.835 9	1.027 0	0.687 6	1.017 7	0.422 9	3.309
1025	2016-10-21	1.125 0	0.685 7	1.058 0	0.837 2	0.741 2	0.476 5	2.758
1026	2016-10-22	1.089 3	0.685 7	1.058 0	0.687 6	1.080 1	0.422 9	2.890
1027	2016-10-23	0.965 8	0.685 7	0.873 7	0.620 5	1.017 7	0.896 0	3.188
1028	2016-10-24	1.089 3	0.685 7	0.769 1	0.837 2	0.601 5	0.622 5	2.790
1029	2016-10-25	0.909 0	0.685 7	0.949 7	1.009 3	0.447 8	0.622 5	2.714
1030	2016-10-26	1.094 4	0.685 7	1.058 0	0.620 5	1.080 1	0.622 5	3.029

续表

序号	日期	O₃气象污染分指数						O₃气象污染综合指数
		平均相对湿度	日最高气温	平均风速	平均本站气压	边界层厚度	短波辐射通量	
1031	2016-10-27	1.094 4	0.685 7	0.974 7	0.515 2	0.601 5	0.422 9	2.651
1032	2016-10-28	1.049 1	0.685 7	1.027 0	0.493 7	1.080 1	0.896 0	3.219
1033	2016-10-29	0.965 8	0.685 7	0.873 7	0.493 7	1.080 1	0.725 4	3.100
1034	2016-10-30	1.029 9	0.685 7	1.027 0	0.515 2	1.203 0	0.725 4	3.161
1035	2016-10-31	0.854 7	0.529 9	1.027 0	0.493 7	1.346 4	0.896 0	2.884
1036	2016-11-01	1.049 1	0.529 9	0.949 7	0.493 7	0.919 5	0.725 4	2.553
1037	2016-11-02	1.125 0	0.685 7	0.873 7	0.515 2	0.447 8	0.725 4	2.785
1038	2016-11-03	0.909 0	0.685 7	0.974 7	0.837 2	0.447 8	0.725 4	2.785
1039	2016-11-04	0.909 0	0.529 9	0.769 1	1.407 3	0.447 8	0.622 5	2.246
1040	2016-11-05	1.094 4	0.685 7	1.107 4	1.009 3	0.919 5	0.622 5	2.949
1041	2016-11-06	1.049 1	0.529 9	1.140 2	0.515 2	1.017 7	0.622 5	2.530
1042	2016-11-07	1.029 9	0.685 7	1.027 0	0.493 7	1.017 7	0.622 5	2.997
1043	2016-11-08	1.049 1	0.529 9	0.769 1	0.493 7	0.741 2	0.725 4	2.464
1044	2016-11-09	1.125 0	0.529 9	1.107 4	0.493 7	1.080 1	0.476 5	2.460
1045	2016-11-10	1.089 3	0.529 9	1.140 2	1.009 3	1.210 2	0.476 5	2.524
1046	2016-11-11	1.089 3	0.685 7	0.873 7	1.009 3	0.447 8	0.622 5	2.714
1047	2016-11-12	1.089 3	0.685 7	1.058 0	0.837 2	0.741 2	0.622 5	2.860
1048	2016-11-13	0.909 0	0.685 7	0.873 7	0.837 2	0.447 8	0.476 5	2.612
1049	2016-11-14	0.965 8	0.685 7	1.119 0	0.687 6	0.919 5	0.622 5	2.949
1050	2016-11-15	1.049 1	0.685 7	1.119 0	0.515 2	0.919 5	0.622 5	2.949
1051	2016-11-16	1.089 3	0.529 9	0.769 1	0.687 6	0.447 8	0.422 9	2.107
1052	2016-11-17	0.909 0	0.529 9	1.050 3	0.687 6	0.601 5	0.422 9	2.184
1053	2016-11-18	0.909 0	0.529 9	0.873 7	1.009 3	0.447 8	0.422 9	2.107
1054	2016-11-19	1.094 4	0.685 7	1.119 0	0.837 2	0.601 5	0.476 5	2.689
1055	2016-11-20	0.909 0	0.529 9	1.119 0	0.620 5	0.601 5	0.422 9	2.184
1056	2016-11-21	0.909 0	0.448 8	1.027 0	0.493 7	1.017 7	0.422 9	2.148
1057	2016-11-22	0.890 9	0.448 8	1.027 0	0.493 7	1.080 1	0.725 4	2.390
1058	2016-11-23	0.965 8	0.448 8	1.058 0	0.493 7	1.017 7	0.622 5	2.287
1059	2016-11-24	1.125 0	0.468 6	0.769 1	0.493 7	0.447 8	0.622 5	2.062
1060	2016-11-25	1.089 3	0.448 8	0.974 7	0.515 2	0.447 8	0.476 5	1.901
1061	2016-11-26	1.089 3	0.529 9	0.769 1	0.687 6	0.447 8	0.622 5	2.246
1062	2016-11-27	0.890 9	0.468 6	1.027 0	0.515 2	0.741 2	0.622 5	2.209
1063	2016-11-28	1.049 1	0.529 9	0.873 7	0.493 7	0.447 8	0.622 5	2.246
1064	2016-11-29	1.029 9	0.529 9	1.058 0	0.493 7	0.447 8	0.422 9	2.107
1065	2016-11-30	0.909 0	0.529 9	0.974 7	0.620 5	0.919 5	0.476 5	2.380
1066	2016-12-01	0.965 8	0.529 9	1.050 3	0.493 7	0.601 5	0.622 5	2.323
1067	2016-12-02	1.019 3	0.529 9	0.769 1	0.493 7	0.447 8	0.476 5	2.145

序号	日期	O₃气象污染分指数						O₃气象污染综合指数
		平均相对湿度	日最高气温	平均风速	平均本站气压	边界层厚度	短波辐射通量	
1068	2016-12-03	0.909 0	0.529 9	0.974 7	0.687 6	0.447 8	0.422 9	2.107
1069	2016-12-04	0.909 0	0.468 6	0.949 7	1.009 3	0.447 8	0.422 9	1.923
1070	2016-12-05	0.890 9	0.468 6	1.140 2	0.515 2	1.017 7	0.476 5	2.245
1071	2016-12-06	1.125 0	0.468 6	0.873 7	0.620 5	0.447 8	0.476 5	1.961
1072	2016-12-07	1.094 4	0.529 9	0.873 7	0.620 5	0.447 8	0.476 5	2.145
1073	2016-12-08	1.019 3	0.529 9	1.027 0	0.837 2	1.080 1	0.476 5	2.460
1074	2016-12-09	0.890 9	0.448 8	0.949 7	0.515 2	0.741 2	0.476 5	2.047
1075	2016-12-10	1.029 9	0.468 6	0.769 1	0.493 7	0.447 8	0.422 9	1.923
1076	2016-12-11	1.094 4	0.468 6	0.873 7	0.620 5	0.447 8	0.422 9	1.923
1077	2016-12-12	1.094 4	0.468 6	1.050 3	0.620 5	0.447 8	0.422 9	1.923
1078	2016-12-13	1.029 9	0.448 8	0.769 1	0.493 7	1.080 1	0.422 9	2.179
1079	2016-12-14	0.890 9	0.448 8	0.949 7	0.493 7	0.741 2	0.476 5	2.047
1080	2016-12-15	0.965 8	0.448 8	1.140 2	0.493 7	0.601 5	0.476 5	1.978
1081	2016-12-16	1.019 3	0.468 6	1.140 2	0.515 2	0.447 8	0.476 5	1.961
1082	2016-12-17	1.094 4	0.468 6	0.769 1	0.687 6	0.447 8	0.422 9	1.923
1083	2016-12-18	0.909 0	0.468 6	0.769 1	0.620 5	0.447 8	0.422 9	1.923
1084	2016-12-19	0.909 0	0.448 8	0.873 7	0.620 5	0.447 8	0.422 9	1.864
1085	2016-12-20	0.909 0	0.448 8	0.769 1	0.493 7	0.447 8	0.422 9	1.864
1086	2016-12-21	0.909 0	0.448 8	0.769 1	0.515 2	0.447 8	0.422 9	1.864
1087	2016-12-22	1.125 0	0.468 6	1.119 0	0.620 5	1.017 7	0.476 5	2.245
1088	2016-12-23	0.890 9	0.448 8	1.107 4	0.493 7	0.447 8	0.476 5	1.901
1089	2016-12-24	1.029 9	0.468 6	0.974 7	0.493 7	0.447 8	0.422 9	1.923
1090	2016-12-25	1.089 3	0.448 8	0.769 1	0.493 7	0.447 8	0.422 9	1.864
1091	2016-12-26	0.909 0	0.448 8	0.769 1	0.493 7	0.447 8	0.422 9	1.864
1092	2016-12-27	1.094 4	0.448 8	0.769 1	0.493 7	0.447 8	0.476 5	1.901
1093	2016-12-28	1.125 0	0.448 8	1.107 4	0.493 7	0.447 8	0.476 5	1.901
1094	2016-12-29	0.965 8	0.448 8	0.873 7	0.493 7	0.447 8	0.476 5	1.901
1095	2016-12-30	0.909 0	0.448 8	0.769 1	0.493 7	0.447 8	0.422 9	1.864
1096	2016-12-31	0.909 0	0.448 8	0.769 1	0.515 2	0.447 8	0.422 9	1.864
1097	2017-01-01	0.909 0	0.448 8	0.769 1	0.620 5	0.447 8	0.422 9	1.864
1098	2017-01-02	0.909 0	0.448 8	0.769 1	0.515 2	0.447 8	0.476 5	1.901
1099	2017-01-03	0.909 0	0.448 8	0.873 7	0.620 5	0.447 8	0.476 5	1.901
1100	2017-01-04	0.909 0	0.448 8	0.769 1	0.515 2	0.447 8	0.422 9	1.864
1101	2017-01-05	1.089 3	0.448 8	0.949 7	0.493 7	0.447 8	0.422 9	1.864
1102	2017-01-06	1.094 4	0.468 6	0.769 1	0.515 2	0.447 8	0.422 9	1.923
1103	2017-01-07	0.909 0	0.448 8	0.769 1	0.620 5	0.447 8	0.422 9	1.864
1104	2017-01-08	0.909 0	0.468 6	1.058 0	0.687 6	0.601 5	0.422 9	2.000

续表

序号	日期	O₃气象污染分指数						O₃气象污染综合指数
		平均相对湿度	日最高气温	平均风速	平均本站气压	边界层厚度	短波辐射通量	
1105	2017-01-09	0.965 8	0.448 8	1.119 0	0.515 2	0.741 2	0.622 5	2.149
1106	2017-01-10	0.890 9	0.468 6	1.027 0	0.515 2	1.017 7	0.622 5	2.346
1107	2017-01-11	1.029 9	0.468 6	1.050 3	0.515 2	0.447 8	0.476 5	1.961
1108	2017-01-12	1.029 9	0.468 6	0.769 1	0.687 6	0.447 8	0.476 5	1.961
1109	2017-01-13	0.854 7	0.448 8	1.027 0	0.620 5	0.741 2	0.622 5	2.149
1110	2017-01-14	0.890 9	0.448 8	1.140 2	0.493 7	0.447 8	0.622 5	2.003
1111	2017-01-15	1.089 3	0.448 8	0.949 7	0.493 7	0.447 8	0.422 9	1.864
1112	2017-01-16	1.094 4	0.448 8	0.873 7	0.493 7	0.447 8	0.422 9	1.864
1113	2017-01-17	1.094 4	0.448 8	0.769 1	0.493 7	0.447 8	0.422 9	1.864
1114	2017-01-18	1.019 3	0.448 8	0.769 1	0.493 7	0.601 5	0.622 5	2.080
1115	2017-01-19	1.049 1	0.448 8	1.027 0	0.493 7	1.346 4	0.476 5	2.349
1116	2017-01-20	0.854 7	0.448 8	1.119 0	0.493 7	0.919 5	0.725 4	2.310
1117	2017-01-21	0.854 7	0.448 8	1.027 0	0.493 7	1.203 0	0.725 4	2.451
1118	2017-01-22	0.854 7	0.448 8	1.107 4	0.493 7	0.741 2	0.725 4	2.221
1119	2017-01-23	1.019 3	0.448 8	0.769 1	0.493 7	0.447 8	0.476 5	1.901
1120	2017-01-24	1.125 0	0.448 8	0.949 7	0.493 7	0.447 8	0.476 5	1.901
1121	2017-01-25	1.125 0	0.448 8	0.873 7	0.493 7	0.447 8	0.422 9	1.864
1122	2017-01-26	1.029 9	0.468 6	1.140 2	0.620 5	0.601 5	0.422 9	2.000
1123	2017-01-27	0.854 7	0.448 8	1.119 0	0.493 7	0.601 5	0.725 4	2.151
1124	2017-01-28	1.019 3	0.448 8	1.058 0	0.687 6	0.601 5	0.476 5	1.978
1125	2017-01-29	0.890 9	0.448 8	1.027 0	0.515 2	1.346 4	0.622 5	2.451
1126	2017-01-30	0.854 7	0.448 8	1.140 2	0.493 7	0.601 5	0.725 4	2.151
1127	2017-01-31	0.854 7	0.448 8	1.050 3	0.493 7	0.601 5	0.622 5	2.080
1128	2017-02-01	0.854 7	0.448 8	0.949 7	0.493 7	0.741 2	0.725 4	2.221
1129	2017-02-02	1.049 1	0.468 6	0.873 7	0.493 7	0.447 8	0.622 5	2.062
1130	2017-02-03	1.029 9	0.468 6	0.974 7	0.620 5	0.447 8	0.622 5	2.062
1131	2017-02-04	1.094 4	0.468 6	0.974 7	0.837 2	0.447 8	0.422 9	1.923
1132	2017-02-05	0.965 8	0.529 9	1.119 0	0.687 6	0.741 2	0.896 0	2.583
1133	2017-02-06	0.890 9	0.448 8	1.140 2	0.493 7	1.017 7	0.725 4	2.358
1134	2017-02-07	1.019 3	0.448 8	0.949 7	0.493 7	0.447 8	0.476 5	1.901
1135	2017-02-08	0.854 7	0.448 8	1.027 0	0.493 7	1.080 1	0.896 0	2.508
1136	2017-02-09	0.854 7	0.448 8	1.027 0	0.515 2	1.346 4	0.896 0	2.641
1137	2017-02-10	0.854 7	0.468 6	1.027 0	0.493 7	1.210 2	0.896 0	2.632
1138	2017-02-11	0.854 7	0.529 9	0.974 7	0.515 2	0.447 8	0.896 0	2.437
1139	2017-02-12	0.965 8	0.529 9	0.873 7	0.515 2	0.447 8	0.725 4	2.318
1140	2017-02-13	1.029 9	0.529 9	1.058 0	0.493 7	0.447 8	0.725 4	2.318
1141	2017-02-14	1.094 4	0.529 9	0.769 1	0.493 7	0.447 8	0.725 4	2.318

序号	日期	O₃气象污染分指数						O₃气象污染综合指数
		平均相对湿度	日最高气温	平均风速	平均本站气压	边界层厚度	短波辐射通量	
1142	2017-02-15	1.089 3	0.529 9	0.873 7	0.687 6	0.447 8	0.622 5	2.246
1143	2017-02-16	1.019 3	0.529 9	1.058 0	0.837 2	0.919 5	0.422 9	2.342
1144	2017-02-17	0.854 7	0.468 6	1.050 3	0.493 7	1.210 2	1.070 8	2.754
1145	2017-02-18	0.965 8	0.529 9	0.974 7	0.620 5	0.601 5	0.896 0	2.513
1146	2017-02-19	1.049 1	0.685 7	1.119 0	1.407 3	1.203 0	0.725 4	3.161
1147	2017-02-20	0.854 7	0.529 9	1.027 0	0.493 7	1.346 4	0.896 0	2.884
1148	2017-02-21	1.019 3	0.448 8	0.873 7	0.493 7	0.741 2	0.422 9	2.010
1149	2017-02-22	0.909 0	0.448 8	0.873 7	0.620 5	1.017 7	0.725 4	2.358
1150	2017-02-23	0.965 8	0.468 6	1.119 0	0.493 7	0.741 2	1.070 8	2.521
1151	2017-02-24	0.965 8	0.529 9	0.949 7	0.620 5	1.017 7	1.070 8	2.842
1152	2017-02-25	0.890 9	0.685 7	0.873 7	0.620 5	1.017 7	1.070 8	3.310
1153	2017-02-26	0.965 8	0.685 7	0.949 7	0.620 5	1.017 7	1.070 8	3.310
1154	2017-02-27	0.965 8	0.685 7	1.058 0	0.687 6	0.741 2	1.070 8	3.172
1155	2017-02-28	0.854 7	0.685 7	0.949 7	0.837 2	1.080 1	1.070 8	3.341
1156	2017-03-01	0.890 9	0.529 9	1.027 0	0.620 5	1.388 3	1.070 8	3.027
1157	2017-03-02	0.854 7	0.685 7	1.119 0	0.687 6	0.741 2	1.070 8	3.172
1158	2017-03-03	0.965 8	0.685 7	1.058 0	1.009 3	0.741 2	0.896 0	3.050
1159	2017-03-04	1.049 1	0.685 7	0.949 7	0.837 2	0.601 5	0.896 0	2.981
1160	2017-03-05	0.965 8	0.529 9	1.119 0	0.620 5	1.388 3	1.070 8	3.027
1161	2017-03-06	0.854 7	0.529 9	1.027 0	0.687 6	1.388 3	1.070 8	3.027
1162	2017-03-07	0.854 7	0.529 9	1.027 0	0.620 5	1.388 3	1.193 7	3.112
1163	2017-03-08	0.854 7	0.685 7	1.107 4	0.837 2	1.346 4	1.193 7	3.559
1164	2017-03-09	0.854 7	0.685 7	1.107 4	1.009 3	1.080 1	1.193 7	3.426
1165	2017-03-10	0.854 7	0.835 9	0.949 7	1.009 3	0.919 5	1.193 7	3.797
1166	2017-03-11	0.854 7	0.835 9	0.949 7	0.837 2	0.741 2	0.725 4	3.382
1167	2017-03-12	0.854 7	0.685 7	1.027 0	0.620 5	1.346 4	1.193 7	3.559
1168	2017-03-13	0.854 7	0.685 7	1.058 0	0.515 2	1.203 0	1.193 7	3.488
1169	2017-03-14	0.890 9	0.685 7	1.119 0	0.515 2	1.203 0	1.193 7	3.488
1170	2017-03-15	0.965 8	0.685 7	1.058 0	0.620 5	1.080 1	1.070 8	3.341
1171	2017-03-16	0.890 9	0.835 9	1.119 0	0.837 2	1.203 0	0.896 0	3.731
1172	2017-03-17	1.019 3	0.685 7	1.107 4	0.837 2	0.919 5	0.622 5	2.949
1173	2017-03-18	1.029 9	0.835 9	1.050 3	0.620 5	0.601 5	0.725 4	3.312
1174	2017-03-19	1.029 9	0.835 9	1.058 0	0.620 5	1.203 0	0.896 0	3.731
1175	2017-03-20	1.049 1	0.685 7	1.119 0	0.687 6	0.919 5	0.622 5	2.949
1176	2017-03-21	1.049 1	0.685 7	0.949 7	0.620 5	1.080 1	1.070 8	3.341
1177	2017-03-22	1.049 1	0.685 7	1.107 4	0.687 6	0.919 5	0.622 5	2.949
1178	2017-03-23	1.089 3	0.529 9	1.107 4	0.620 5	0.741 2	0.422 9	2.253

续表

序号	日期	O₃ 气象污染分指数						O₃ 气象污染综合指数
		平均相对湿度	日最高气温	平均风速	平均本站气压	边界层厚度	短波辐射通量	
1179	2017-03-24	0.909 0	0.468 6	1.119 0	0.620 5	0.919 5	0.422 9	2.158
1180	2017-03-25	1.094 4	0.529 9	0.949 7	0.687 6	1.080 1	0.725 4	2.633
1181	2017-03-26	0.890 9	0.685 7	1.119 0	0.687 6	1.388 3	1.394 2	3.719
1182	2017-03-27	0.890 9	0.685 7	1.027 0	0.687 6	1.346 4	1.394 2	3.699
1183	2017-03-28	1.049 1	0.685 7	1.058 0	0.687 6	1.203 0	1.193 7	3.488
1184	2017-03-29	1.019 3	0.835 9	1.027 0	0.687 6	1.203 0	1.193 7	3.938
1185	2017-03-30	1.019 3	0.685 7	1.140 2	0.620 5	0.741 2	0.725 4	2.931
1186	2017-03-31	0.965 8	0.685 7	1.119 0	0.620 5	1.346 4	1.394 2	3.699
1187	2017-04-01	0.854 7	0.990 8	1.119 0	0.837 2	1.346 4	1.394 2	4.614
1188	2017-04-02	0.965 8	0.990 8	1.058 0	0.837 2	0.919 5	1.394 2	4.401
1189	2017-04-03	1.049 1	1.239 5	1.119 0	0.837 2	1.203 0	1.394 2	5.289
1190	2017-04-04	1.049 1	0.835 9	1.119 0	1.009 3	1.080 1	0.422 9	3.340
1191	2017-04-05	1.094 4	0.835 9	1.107 4	1.009 3	1.210 2	1.193 7	3.942
1192	2017-04-06	1.125 0	0.990 8	0.974 7	1.227 3	1.080 1	1.193 7	4.342
1193	2017-04-07	1.019 3	0.835 9	1.107 4	1.009 3	0.741 2	1.193 7	3.708
1194	2017-04-08	1.049 1	0.685 7	0.974 7	0.837 2	1.017 7	0.476 5	2.896
1195	2017-04-09	0.965 8	0.835 9	1.058 0	0.687 6	1.203 0	1.193 7	3.938
1196	2017-04-10	0.890 9	0.835 9	1.050 3	1.227 3	1.203 0	0.896 0	3.731
1197	2017-04-11	0.854 7	0.835 9	1.107 4	1.009 3	1.388 3	1.638 9	4.340
1198	2017-04-12	0.890 9	1.239 5	1.027 0	1.009 3	1.388 3	1.394 2	5.381
1199	2017-04-13	1.049 1	0.835 9	0.974 7	1.227 3	0.741 2	1.070 8	3.623
1200	2017-04-14	0.965 8	1.393 0	1.107 4	1.651 5	1.388 3	1.486 2	5.905
1201	2017-04-15	0.854 7	1.556 1	0.974 7	1.407 3	1.388 3	1.486 2	6.395
1202	2017-04-16	1.019 3	1.239 5	1.140 2	1.407 3	1.080 1	1.070 8	5.002
1203	2017-04-17	1.019 3	1.239 5	1.119 0	1.651 5	1.388 3	1.486 2	5.445
1204	2017-04-18	0.854 7	0.990 8	1.027 0	1.651 5	1.388 3	1.638 9	4.805
1205	2017-04-19	0.965 8	0.835 9	1.119 0	1.407 3	0.919 5	0.476 5	3.297
1206	2017-04-20	1.019 3	0.990 8	0.974 7	1.407 3	1.388 3	1.394 2	4.635
1207	2017-04-21	0.890 9	0.990 8	1.058 0	1.009 3	1.388 3	1.486 2	4.699
1208	2017-04-22	0.890 9	1.239 5	1.027 0	1.227 3	1.388 3	1.638 9	5.551
1209	2017-04-23	0.854 7	0.990 8	1.119 0	1.407 3	1.346 4	1.638 9	4.784
1210	2017-04-24	0.965 8	0.990 8	1.107 4	1.227 3	1.388 3	1.638 9	4.805
1211	2017-04-25	0.854 7	0.835 9	1.140 2	0.687 6	1.388 3	1.070 8	3.945
1212	2017-04-26	0.854 7	0.990 8	1.140 2	0.687 6	1.388 3	1.638 9	4.805
1213	2017-04-27	0.854 7	1.239 5	1.119 0	1.009 3	1.388 3	1.638 9	5.551
1214	2017-04-28	0.854 7	1.556 1	1.107 4	1.602 8	1.388 3	1.638 9	6.501
1215	2017-04-29	0.854 7	1.785 9	1.107 4	1.651 5	1.388 3	1.638 9	7.190

序号	日期	O_3气象污染分指数						O_3气象污染综合指数
		平均相对湿度	日最高气温	平均风速	平均本站气压	边界层厚度	短波辐射通量	
1216	2017-04-30	0.854 7	1.239 5	1.119 0	1.407 3	1.017 7	1.638 9	5.367
1217	2017-05-01	0.854 7	1.239 5	1.027 0	1.009 3	0.741 2	1.638 9	5.229
1218	2017-05-02	0.965 8	1.556 1	1.107 4	1.009 3	1.346 4	1.394 2	6.310
1219	2017-05-03	1.019 3	1.239 5	1.140 2	1.009 3	1.388 3	1.394 2	5.381
1220	2017-05-04	0.965 8	0.990 8	1.107 4	1.009 3	1.388 3	1.638 9	4.805
1221	2017-05-05	0.890 9	0.835 9	1.027 0	1.009 3	1.388 3	1.638 9	4.340
1222	2017-05-06	0.854 7	1.393 0	1.119 0	1.227 3	1.388 3	1.638 9	6.012
1223	2017-05-07	0.854 7	1.556 1	0.974 7	1.227 3	1.388 3	1.638 9	6.501
1224	2017-05-08	0.965 8	1.785 9	1.107 4	1.407 3	1.388 3	1.394 2	7.020
1225	2017-05-09	1.049 1	1.239 5	1.027 0	1.407 3	1.346 4	1.638 9	5.530
1226	2017-05-10	0.965 8	1.556 1	1.050 3	1.602 8	1.388 3	1.638 9	6.501
1227	2017-05-11	0.854 7	1.785 9	1.027 0	1.602 8	1.346 4	1.638 9	7.170
1228	2017-05-12	0.854 7	1.556 1	1.027 0	1.602 8	1.388 3	1.638 9	6.501
1229	2017-05-13	0.854 7	1.239 5	1.027 0	1.602 8	1.388 3	1.638 9	5.551
1230	2017-05-14	0.854 7	1.239 5	1.027 0	1.009 3	1.388 3	1.638 9	5.551
1231	2017-05-15	0.965 8	1.239 5	1.119 0	1.009 3	1.388 3	1.638 9	5.551
1232	2017-05-16	0.965 8	1.785 9	1.027 0	1.407 3	1.388 3	1.638 9	7.190
1233	2017-05-17	1.049 1	1.785 9	1.119 0	1.651 5	1.346 4	1.638 9	7.170
1234	2017-05-18	1.049 1	1.785 9	1.027 0	1.602 8	1.346 4	1.638 9	7.170
1235	2017-05-19	1.049 1	1.785 9	1.119 0	1.602 8	1.388 3	1.486 2	7.084
1236	2017-05-20	1.049 1	1.785 9	1.119 0	1.407 3	1.346 4	1.638 9	7.170
1237	2017-05-21	1.029 9	1.393 0	1.027 0	1.407 3	0.919 5	1.486 2	5.672
1238	2017-05-22	0.909 0	0.990 8	1.058 0	1.227 3	0.601 5	0.422 9	3.566
1239	2017-05-23	1.029 9	1.393 0	0.949 7	1.009 3	1.210 2	1.638 9	5.923
1240	2017-05-24	0.890 9	1.785 9	1.107 4	1.407 3	1.388 3	1.638 9	7.190
1241	2017-05-25	0.890 9	1.393 0	1.027 0	1.227 3	1.210 2	1.638 9	5.923
1242	2017-05-26	0.890 9	1.556 1	1.107 4	1.407 3	1.080 1	1.638 9	6.347
1243	2017-05-27	1.019 3	1.785 9	1.050 3	1.651 5	0.919 5	1.638 9	6.957
1244	2017-05-28	1.049 1	1.785 9	1.140 2	1.651 5	1.017 7	1.638 9	7.006
1245	2017-05-29	0.965 8	1.239 5	1.027 0	1.227 3	1.203 0	1.394 2	5.289
1246	2017-05-30	1.089 3	1.239 5	1.058 0	1.602 8	1.017 7	1.070 8	4.971
1247	2017-05-31	1.019 3	1.785 9	1.140 2	1.651 5	1.346 4	1.638 9	7.170
1248	2017-06-01	0.965 8	1.556 1	1.027 0	1.651 5	1.346 4	1.638 9	6.480
1249	2017-06-02	1.049 1	1.239 5	1.027 0	1.602 8	1.203 0	1.193 7	5.149
1250	2017-06-03	0.965 8	1.239 5	1.050 3	1.227 3	1.346 4	1.638 9	5.530
1251	2017-06-04	0.890 9	1.785 9	1.107 4	1.227 3	1.388 3	1.638 9	7.190
1252	2017-06-05	0.965 8	1.556 1	1.107 4	1.227 3	1.346 4	1.394 2	6.310

续表

序号	日期	O₃气象污染分指数						O₃气象污染综合指数
		平均相对湿度	日最高气温	平均风速	平均本站气压	边界层厚度	短波辐射通量	
1253	2017-06-06	0.909 0	0.990 8	0.873 7	1.227 3	0.741 2	0.422 9	3.636
1254	2017-06-07	1.029 9	1.393 0	1.107 4	1.407 3	1.388 3	1.638 9	6.012
1255	2017-06-08	0.890 9	1.785 9	1.027 0	1.602 8	1.388 3	1.638 9	7.190
1256	2017-06-09	0.890 9	1.785 9	1.107 4	1.651 5	1.388 3	1.638 9	7.190
1257	2017-06-10	0.854 7	1.785 9	1.027 0	1.407 3	1.210 2	1.638 9	7.102
1258	2017-06-11	0.890 9	1.556 1	1.058 0	1.407 3	1.080 1	1.638 9	6.347
1259	2017-06-12	1.049 1	1.239 5	1.027 0	1.227 3	1.017 7	1.394 2	5.196
1260	2017-06-13	1.019 3	1.239 5	0.769 1	1.009 3	1.080 1	1.486 2	5.291
1261	2017-06-14	0.965 8	1.785 9	1.058 0	1.227 3	1.346 4	1.638 9	7.170
1262	2017-06-15	0.890 9	1.785 9	1.058 0	1.602 8	1.346 4	1.638 9	7.170
1263	2017-06-16	0.854 7	1.785 9	1.119 0	1.602 8	1.388 3	1.638 9	7.190
1264	2017-06-17	0.854 7	1.785 9	1.119 0	1.651 5	1.388 3	1.638 9	7.190
1265	2017-06-18	0.854 7	1.785 9	1.027 0	1.651 5	1.388 3	1.394 2	7.020
1266	2017-06-19	1.049 1	1.785 9	1.107 4	1.651 5	1.388 3	1.638 9	7.190
1267	2017-06-20	1.049 1	1.785 9	1.027 0	1.651 5	0.447 8	0.422 9	5.875
1268	2017-06-21	1.019 3	1.785 9	1.027 0	1.651 5	1.388 3	1.638 9	7.190
1269	2017-06-22	0.909 0	1.393 0	1.107 4	1.602 8	0.447 8	0.422 9	4.696
1270	2017-06-23	0.909 0	1.239 5	1.140 2	1.651 5	1.017 7	1.070 8	4.971
1271	2017-06-24	1.094 4	1.239 5	1.140 2	1.651 5	1.203 0	0.725 4	4.823
1272	2017-06-25	1.125 0	1.556 1	0.974 7	1.651 5	1.346 4	1.486 2	6.374
1273	2017-06-26	1.019 3	1.785 9	1.050 3	1.602 8	1.388 3	1.638 9	7.190
1274	2017-06-27	1.019 3	1.785 9	1.140 2	1.602 8	1.346 4	1.638 9	7.170
1275	2017-06-28	1.049 1	1.785 9	1.027 0	1.602 8	1.388 3	1.486 2	7.084
1276	2017-06-29	1.019 3	1.785 9	1.107 4	1.602 8	1.388 3	1.486 2	7.084
1277	2017-06-30	1.019 3	1.785 9	1.050 3	1.651 5	1.388 3	1.394 2	7.020
1278	2017-07-01	1.019 3	1.785 9	1.140 2	1.651 5	1.388 3	1.486 2	7.084
1279	2017-07-02	1.019 3	1.785 9	1.119 0	1.651 5	1.080 1	1.486 2	6.931
1280	2017-07-03	1.089 3	1.785 9	1.058 0	1.651 5	1.080 1	1.486 2	6.931
1281	2017-07-04	1.089 3	1.785 9	1.050 3	1.602 8	1.203 0	1.193 7	6.788
1282	2017-07-05	1.089 3	1.785 9	1.107 4	1.602 8	1.203 0	1.394 2	6.928
1283	2017-07-06	0.909 0	1.393 0	1.058 0	1.651 5	0.447 8	0.422 9	4.696
1284	2017-07-07	1.094 4	1.785 9	1.140 2	1.651 5	1.346 4	1.638 9	7.170
1285	2017-07-08	1.125 0	1.785 9	1.050 3	1.651 5	1.346 4	1.638 9	7.170
1286	2017-07-09	1.089 3	1.785 9	1.119 0	1.651 5	1.388 3	1.638 9	7.190
1287	2017-07-10	1.029 9	1.785 9	0.949 7	1.651 5	1.388 3	1.638 9	7.190
1288	2017-07-11	1.029 9	1.785 9	1.119 0	1.651 5	1.388 3	1.638 9	7.190
1289	2017-07-12	1.029 9	1.785 9	1.027 0	1.651 5	1.388 3	1.638 9	7.190

续表

序号	日期	O₃气象污染分指数						O₃气象污染综合指数
		平均相对湿度	日最高气温	平均风速	平均本站气压	边界层厚度	短波辐射通量	
1290	2017-07-13	1.029 9	1.785 9	1.119 0	1.651 5	1.346 4	1.638 9	7.170
1291	2017-07-14	1.019 3	1.785 9	1.140 2	1.651 5	1.346 4	1.394 2	6.999
1292	2017-07-15	1.094 4	1.785 9	1.140 2	1.602 8	1.210 2	1.070 8	6.706
1293	2017-07-16	1.094 4	1.785 9	1.119 0	1.407 3	1.210 2	1.638 9	7.102
1294	2017-07-17	1.089 3	1.785 9	0.974 7	1.407 3	1.210 2	1.486 2	6.995
1295	2017-07-18	1.094 4	1.785 9	0.769 1	1.602 8	1.210 2	0.896 0	6.584
1296	2017-07-19	0.909 0	1.785 9	1.058 0	1.651 5	1.346 4	1.193 7	6.860
1297	2017-07-20	1.089 3	1.785 9	1.119 0	1.651 5	1.346 4	1.394 2	6.999
1298	2017-07-21	0.909 0	1.785 9	1.027 0	1.602 8	1.017 7	0.622 5	6.298
1299	2017-07-22	0.909 0	1.239 5	0.949 7	1.407 3	0.919 5	1.193 7	5.008
1300	2017-07-23	1.094 4	1.393 0	0.769 1	1.602 8	1.080 1	1.070 8	5.462
1301	2017-07-24	1.094 4	1.556 1	0.769 1	1.651 5	0.919 5	0.896 0	5.750
1302	2017-07-25	1.089 3	1.393 0	0.873 7	1.407 3	1.080 1	1.486 2	5.752
1303	2017-07-26	1.094 4	1.239 5	1.058 0	1.602 8	1.017 7	0.422 9	4.520
1304	2017-07-27	0.909 0	1.239 5	0.769 1	1.602 8	0.741 2	0.896 0	4.712
1305	2017-07-28	1.094 4	1.556 1	0.873 7	1.227 3	0.919 5	0.622 5	5.560
1306	2017-07-29	1.094 4	1.239 5	1.107 4	1.407 3	1.210 2	1.638 9	5.462
1307	2017-07-30	1.094 4	1.393 0	1.058 0	1.602 8	1.017 7	1.638 9	5.827
1308	2017-07-31	1.094 4	1.556 1	0.949 7	1.602 8	1.017 7	1.486 2	6.210
1309	2017-08-01	0.909 0	1.785 9	1.140 2	1.602 8	1.080 1	1.638 9	7.037
1310	2017-08-02	0.909 0	1.785 9	1.107 4	1.651 5	1.017 7	0.725 4	6.370
1311	2017-08-03	0.909 0	1.785 9	1.107 4	1.651 5	1.346 4	1.486 2	7.063
1312	2017-08-04	1.089 3	1.785 9	1.050 3	1.651 5	1.210 2	1.638 9	7.102
1313	2017-08-05	0.909 0	1.785 9	1.140 2	1.651 5	1.203 0	1.193 7	6.788
1314	2017-08-06	1.029 9	1.785 9	1.050 3	1.651 5	1.346 4	1.638 9	7.170
1315	2017-08-07	1.029 9	1.785 9	1.058 0	1.651 5	1.346 4	1.638 9	7.170
1316	2017-08-08	1.125 0	1.785 9	1.058 0	1.651 5	1.346 4	1.486 2	7.063
1317	2017-08-09	0.909 0	1.393 0	1.058 0	1.651 5	1.210 2	1.193 7	5.613
1318	2017-08-10	1.094 4	1.785 9	1.058 0	1.651 5	1.210 2	1.486 2	6.995
1319	2017-08-11	0.909 0	1.785 9	1.119 0	1.651 5	1.210 2	1.394 2	6.931
1320	2017-08-12	1.094 4	1.556 1	1.107 4	1.602 8	1.017 7	0.896 0	5.799
1321	2017-08-13	0.909 0	1.556 1	1.058 0	1.602 8	1.080 1	0.725 4	5.711
1322	2017-08-14	1.094 4	1.393 0	0.949 7	1.602 8	1.210 2	1.394 2	5.752
1323	2017-08-15	1.094 4	1.556 1	0.949 7	1.602 8	1.203 0	1.486 2	6.302
1324	2017-08-16	0.909 0	1.785 9	1.050 3	1.602 8	1.017 7	0.896 0	6.488
1325	2017-08-17	1.089 3	1.556 1	0.769 1	1.407 3	1.080 1	1.394 2	6.177
1326	2017-08-18	1.094 4	1.393 0	0.949 7	1.407 3	1.203 0	1.193 7	5.609

续表

序号	日期	O₃ 气象污染分指数						O₃ 气象污染综合指数
		平均相对湿度	日最高气温	平均风速	平均本站气压	边界层厚度	短波辐射通量	
1327	2017-08-19	0.909 0	1.393 0	0.949 7	1.407 3	1.080 1	1.070 8	5.462
1328	2017-08-20	1.094 4	1.556 1	0.949 7	1.602 8	1.203 0	1.070 8	6.013
1329	2017-08-21	1.094 4	1.785 9	0.873 7	1.602 8	1.080 1	1.193 7	6.727
1330	2017-08-22	0.909 0	1.556 1	0.949 7	1.407 3	0.741 2	0.622 5	5.471
1331	2017-08-23	1.094 4	1.785 9	0.974 7	1.602 8	0.919 5	0.622 5	6.249
1332	2017-08-24	1.029 9	1.785 9	1.107 4	1.407 3	1.080 1	1.486 2	6.931
1333	2017-08-25	0.965 8	1.785 9	0.769 1	1.227 3	1.210 2	1.638 9	7.102
1334	2017-08-26	1.019 3	1.393 0	0.873 7	1.009 3	1.080 1	0.896 0	5.341
1335	2017-08-27	0.909 0	0.990 8	1.050 3	1.009 3	0.447 8	0.422 9	3.490
1336	2017-08-28	1.094 4	1.239 5	1.050 3	1.009 3	1.017 7	0.896 0	4.849
1337	2017-08-29	1.019 3	1.239 5	1.107 4	0.837 2	1.346 4	0.896 0	5.013
1338	2017-08-30	1.125 0	1.239 5	1.027 0	1.009 3	1.080 1	1.486 2	5.291
1339	2017-08-31	0.909 0	1.239 5	1.058 0	1.009 3	1.017 7	1.394 2	5.196
1340	2017-09-01	0.909 0	1.239 5	0.949 7	1.227 3	1.017 7	1.394 2	5.196
1341	2017-09-02	1.094 4	1.393 0	1.050 3	1.227 3	1.210 2	1.394 2	5.752
1342	2017-09-03	1.094 4	1.393 0	0.769 1	1.227 3	1.210 2	1.193 7	5.613
1343	2017-09-04	1.094 4	1.239 5	1.058 0	1.227 3	1.203 0	1.193 7	5.149
1344	2017-09-05	1.089 3	1.393 0	0.974 7	1.407 3	1.203 0	1.070 8	5.524
1345	2017-09-06	1.125 0	1.556 1	0.949 7	1.407 3	1.346 4	1.394 2	6.310
1346	2017-09-07	1.094 4	1.556 1	1.058 0	1.602 8	0.919 5	1.394 2	6.097
1347	2017-09-08	0.909 0	1.785 9	1.050 3	1.407 3	0.919 5	1.394 2	6.787
1348	2017-09-09	1.089 3	1.785 9	1.058 0	1.407 3	1.203 0	1.193 7	6.788
1349	2017-09-10	1.089 3	1.239 5	1.058 0	1.227 3	1.017 7	0.725 4	4.730
1350	2017-09-11	1.089 3	1.393 0	1.058 0	1.227 3	1.210 2	1.394 2	5.752
1351	2017-09-12	1.089 3	1.393 0	0.974 7	1.009 3	1.080 1	1.193 7	5.548
1352	2017-09-13	1.125 0	1.785 9	1.050 3	0.837 2	1.203 0	1.070 8	6.703
1353	2017-09-14	1.029 9	1.556 1	1.107 4	0.837 2	1.203 0	1.193 7	6.099
1354	2017-09-15	1.125 0	1.393 0	0.769 1	1.009 3	0.741 2	0.622 5	4.982
1355	2017-09-16	1.094 4	1.393 0	0.769 1	1.227 3	0.919 5	0.725 4	5.142
1356	2017-09-17	1.049 1	1.393 0	1.050 3	1.227 3	1.203 0	1.394 2	5.749
1357	2017-09-18	1.019 3	1.556 1	0.974 7	1.602 8	0.919 5	1.193 7	5.957
1358	2017-09-19	0.890 9	1.556 1	0.974 7	1.407 3	1.346 4	1.394 2	6.310
1359	2017-09-20	1.049 1	1.393 0	0.974 7	1.009 3	1.210 2	1.193 7	5.613
1360	2017-09-21	1.029 9	1.556 1	1.027 0	1.407 3	1.346 4	1.070 8	6.084
1361	2017-09-22	1.019 3	1.393 0	1.140 2	1.407 3	1.346 4	1.394 2	5.820
1362	2017-09-23	1.029 9	1.393 0	1.058 0	1.227 3	1.203 0	1.070 8	5.524
1363	2017-09-24	1.089 3	1.393 0	0.974 7	1.407 3	1.017 7	0.725 4	5.191

序号	日期	O₃气象污染分指数						O₃气象污染综合指数
		平均相对湿度	日最高气温	平均风速	平均本站气压	边界层厚度	短波辐射通量	
1364	2017-09-25	1.094 4	1.393 0	0.949 7	1.227 3	1.210 2	1.070 8	5.527
1365	2017-09-26	1.125 0	1.239 5	1.119 0	1.227 3	1.210 2	0.725 4	4.826
1366	2017-09-27	1.019 3	0.990 8	1.107 4	1.009 3	1.210 2	1.193 7	4.406
1367	2017-09-28	0.854 7	0.990 8	1.119 0	1.009 3	1.346 4	1.193 7	4.474
1368	2017-09-29	1.049 1	1.393 0	1.107 4	1.227 3	0.741 2	1.193 7	5.379
1369	2017-09-30	1.125 0	1.239 5	1.119 0	1.009 3	1.210 2	1.070 8	5.067
1370	2017-10-01	1.029 9	1.239 5	0.949 7	1.227 3	1.210 2	0.896 0	4.945
1371	2017-10-02	0.965 8	0.835 9	1.027 0	0.687 6	1.203 0	0.422 9	3.401
1372	2017-10-03	1.049 1	0.835 9	0.949 7	0.515 2	1.210 2	0.896 0	3.734
1373	2017-10-04	1.029 9	0.990 8	1.050 3	0.515 2	1.203 0	0.896 0	4.196
1374	2017-10-05	1.029 9	0.990 8	1.107 4	0.687 6	1.203 0	1.070 8	4.317
1375	2017-10-06	1.125 0	0.990 8	1.058 0	0.837 2	1.080 1	1.070 8	4.256
1376	2017-10-07	0.909 0	0.835 9	1.050 3	0.837 2	0.447 8	0.422 9	3.025
1377	2017-10-08	0.909 0	0.685 7	0.769 1	0.687 6	0.447 8	0.422 9	2.575
1378	2017-10-09	0.909 0	0.685 7	1.140 2	0.687 6	0.447 8	0.422 9	2.575
1379	2017-10-10	0.909 0	0.529 9	1.119 0	0.515 2	0.601 5	0.422 9	2.184
1380	2017-10-11	0.909 0	0.685 7	0.769 1	0.515 2	1.080 1	0.725 4	3.100
1381	2017-10-12	1.089 3	0.835 9	0.873 7	0.620 5	1.017 7	0.725 4	3.520
1382	2017-10-13	0.909 0	0.835 9	0.873 7	0.687 6	1.017 7	0.896 0	3.639
1383	2017-10-14	1.089 3	0.835 9	1.058 0	0.515 2	1.080 1	0.422 9	3.340
1384	2017-10-15	0.909 0	0.835 9	0.769 1	0.515 2	0.601 5	0.476 5	3.139
1385	2017-10-16	0.909 0	0.835 9	1.058 0	0.493 7	1.017 7	0.476 5	3.346
1386	2017-10-17	0.909 0	0.835 9	0.769 1	0.515 2	0.919 5	0.476 5	3.297
1387	2017-10-18	0.909 0	0.685 7	0.769 1	0.620 5	0.447 8	0.422 9	2.575
1388	2017-10-19	0.909 0	0.835 9	0.769 1	0.687 6	0.447 8	0.622 5	3.164
1389	2017-10-20	0.909 0	0.990 8	0.974 7	0.837 2	0.601 5	0.622 5	3.706
1390	2017-10-21	1.094 4	0.835 9	1.050 3	0.687 6	0.919 5	0.476 5	3.297
1391	2017-10-22	1.019 3	0.685 7	0.949 7	0.620 5	1.080 1	0.725 4	3.100
1392	2017-10-23	1.019 3	0.685 7	0.949 7	0.620 5	1.080 1	0.896 0	3.219
1393	2017-10-24	1.125 0	0.835 9	0.949 7	0.515 2	0.601 5	0.725 4	3.312
1394	2017-10-25	1.089 3	0.685 7	0.873 7	0.620 5	0.447 8	0.422 9	2.575
1395	2017-10-26	0.909 0	0.835 9	0.769 1	0.837 2	0.601 5	0.422 9	3.102
1396	2017-10-27	0.909 0	0.835 9	0.949 7	0.837 2	0.447 8	0.622 5	3.164
1397	2017-10-28	1.029 9	0.835 9	1.027 0	0.620 5	1.203 0	0.725 4	3.612
1398	2017-10-29	0.854 7	0.685 7	1.027 0	0.493 7	1.210 2	0.896 0	3.284
1399	2017-10-30	0.965 8	0.685 7	1.050 3	0.515 2	0.741 2	0.896 0	3.050
1400	2017-10-31	1.019 3	0.685 7	1.058 0	0.687 6	0.601 5	0.725 4	2.862

续表

序号	日期	O₃气象污染分指数						O₃气象污染综合指数
		平均相对湿度	日最高气温	平均风速	平均本站气压	边界层厚度	短波辐射通量	
1401	2017-11-01	1.029 9	0.835 9	0.873 7	0.837 2	0.741 2	0.725 4	3.382
1402	2017-11-02	1.094 4	0.835 9	1.050 3	1.009 3	1.017 7	0.725 4	3.520
1403	2017-11-03	1.019 3	0.685 7	1.050 3	0.493 7	1.346 4	0.725 4	3.233
1404	2017-11-04	1.019 3	0.685 7	0.974 7	0.493 7	0.741 2	0.725 4	2.931
1405	2017-11-05	1.049 1	0.685 7	1.119 0	0.620 5	0.919 5	0.622 5	2.949
1406	2017-11-06	1.125 0	0.685 7	0.873 7	0.837 2	0.601 5	0.476 5	2.689
1407	2017-11-07	1.019 3	0.835 9	1.058 0	0.837 2	1.017 7	0.725 4	3.520
1408	2017-11-08	0.965 8	0.685 7	1.107 4	0.620 5	0.919 5	0.725 4	3.020
1409	2017-11-09	1.094 4	0.685 7	1.058 0	0.837 2	0.919 5	0.422 9	2.809
1410	2017-11-10	0.890 9	0.685 7	1.027 0	0.620 5	1.388 3	0.725 4	3.254
1411	2017-11-11	0.965 8	0.529 9	0.949 7	0.515 2	0.741 2	0.725 4	2.464
1412	2017-11-12	1.029 9	0.529 9	0.974 7	0.837 2	0.601 5	0.422 9	2.184
1413	2017-11-13	1.049 1	0.685 7	1.058 0	0.837 2	1.346 4	0.725 4	3.233
1414	2017-11-14	0.854 7	0.468 6	0.974 7	0.620 5	1.080 1	0.725 4	2.449
1415	2017-11-15	0.854 7	0.468 6	1.050 3	0.620 5	0.741 2	0.725 4	2.280
1416	2017-11-16	1.019 3	0.529 9	0.769 1	0.687 6	0.447 8	0.476 5	2.145
1417	2017-11-17	0.965 8	0.468 6	1.027 0	0.620 5	1.210 2	0.476 5	2.340
1418	2017-11-18	0.854 7	0.448 8	1.027 0	0.493 7	1.203 0	0.725 4	2.451
1419	2017-11-19	0.965 8	0.468 6	0.769 1	0.515 2	0.447 8	0.476 5	1.961
1420	2017-11-20	1.049 1	0.529 9	0.769 1	0.515 2	0.447 8	0.622 5	2.246
1421	2017-11-21	1.125 0	0.529 9	1.058 0	0.687 6	0.741 2	0.622 5	2.392
1422	2017-11-22	0.854 7	0.529 9	1.119 0	0.620 5	1.346 4	0.622 5	2.694
1423	2017-11-23	0.854 7	0.468 6	1.027 0	0.620 5	1.210 2	0.622 5	2.442
1424	2017-11-24	0.854 7	0.468 6	1.119 0	0.620 5	1.203 0	0.622 5	2.439
1425	2017-11-25	0.965 8	0.529 9	0.873 7	0.837 2	0.447 8	0.476 5	2.145
1426	2017-11-26	0.854 7	0.468 6	1.027 0	0.493 7	1.080 1	0.622 5	2.377
1427	2017-11-27	1.089 3	0.468 6	1.050 3	0.687 6	0.601 5	0.476 5	2.037
1428	2017-11-28	1.049 1	0.529 9	1.027 0	0.620 5	0.919 5	0.622 5	2.481
1429	2017-11-29	0.854 7	0.448 8	0.769 1	0.493 7	0.741 2	0.422 9	2.010
1430	2017-11-30	0.854 7	0.448 8	0.974 7	0.493 7	0.741 2	0.622 5	2.149
1431	2017-12-01	0.890 9	0.468 6	0.974 7	0.493 7	0.601 5	0.622 5	2.139
1432	2017-12-02	1.089 3	0.468 6	0.873 7	0.620 5	0.447 8	0.476 5	1.961
1433	2017-12-03	1.125 0	0.468 6	0.949 7	0.515 2	0.919 5	0.476 5	2.196
1434	2017-12-04	0.854 7	0.448 8	1.027 0	0.493 7	1.210 2	0.622 5	2.383
1435	2017-12-05	0.890 9	0.468 6	0.974 7	0.620 5	0.601 5	0.622 5	2.139
1436	2017-12-06	0.890 9	0.529 9	0.873 7	0.687 6	0.601 5	0.476 5	2.221
1437	2017-12-07	0.854 7	0.468 6	1.027 0	0.493 7	1.210 2	0.476 5	2.340

序号	日期	O₃气象污染分指数						O₃气象污染综合指数
		平均相对湿度	日最高气温	平均风速	平均本站气压	边界层厚度	短波辐射通量	
1438	2017-12-08	0.854 7	0.468 6	1.107 4	0.515 2	0.601 5	0.476 5	2.037
1439	2017-12-09	0.965 8	0.468 6	0.949 7	1.009 3	0.447 8	0.476 5	1.961
1440	2017-12-10	0.854 7	0.468 6	1.027 0	0.687 6	1.210 2	0.622 5	2.442
1441	2017-12-11	0.854 7	0.448 8	1.140 2	0.493 7	1.080 1	0.476 5	2.216
1442	2017-12-12	0.854 7	0.448 8	0.769 1	0.493 7	0.741 2	0.422 9	2.010
1443	2017-12-13	1.049 1	0.448 8	0.769 1	0.493 7	0.447 8	0.422 9	1.864
1444	2017-12-14	1.029 9	0.448 8	0.769 1	0.493 7	0.447 8	0.422 9	1.864
1445	2017-12-15	1.029 9	0.448 8	1.119 0	0.493 7	0.919 5	0.476 5	2.136
1446	2017-12-16	0.854 7	0.448 8	1.027 0	0.493 7	1.210 2	0.622 5	2.383
1447	2017-12-17	0.854 7	0.468 6	1.050 3	0.493 7	0.447 8	0.476 5	1.961
1448	2017-12-18	0.854 7	0.468 6	1.027 0	0.493 7	0.741 2	0.476 5	2.107
1449	2017-12-19	0.854 7	0.468 6	1.027 0	0.493 7	0.601 5	0.476 5	2.037
1450	2017-12-20	0.890 9	0.529 9	1.107 4	0.493 7	0.601 5	0.476 5	2.221
1451	2017-12-21	0.965 8	0.529 9	0.974 7	0.515 2	0.447 8	0.422 9	2.107
1452	2017-12-22	0.890 9	0.529 9	1.058 0	0.620 5	0.447 8	0.476 5	2.145
1453	2017-12-23	1.049 1	0.468 6	0.769 1	0.687 6	0.447 8	0.422 9	1.923
1454	2017-12-24	0.854 7	0.468 6	1.027 0	0.620 5	1.203 0	0.476 5	2.337
1455	2017-12-25	0.854 7	0.468 6	0.769 1	0.515 2	0.447 8	0.476 5	1.961
1456	2017-12-26	1.019 3	0.448 8	1.058 0	0.493 7	1.017 7	0.476 5	2.185
1457	2017-12-27	1.089 3	0.448 8	0.974 7	0.515 2	0.447 8	0.422 9	1.864
1458	2017-12-28	0.909 0	0.448 8	0.873 7	0.515 2	0.447 8	0.422 9	1.864
1459	2017-12-29	0.909 0	0.448 8	0.873 7	0.493 7	0.447 8	0.422 9	1.864
1460	2017-12-30	1.094 4	0.468 6	0.873 7	0.493 7	0.741 2	0.422 9	2.069
1461	2017-12-31	1.029 9	0.468 6	0.769 1	0.515 2	0.447 8	0.622 5	2.062
1462	2018-01-01	1.029 9	0.448 8	0.873 7	0.515 2	0.601 5	0.476 5	1.978
1463	2018-01-02	1.019 3	0.448 8	0.769 1	0.493 7	0.919 5	0.422 9	2.099
1464	2018-01-03	0.854 7	0.448 8	1.027 0	0.493 7	0.919 5	0.476 5	2.136
1465	2018-01-04	0.854 7	0.448 8	1.058 0	0.493 7	0.741 2	0.422 9	2.010
1466	2018-01-05	0.890 9	0.448 8	0.769 1	0.515 2	0.447 8	0.476 5	1.901
1467	2018-01-06	0.890 9	0.448 8	0.769 1	0.515 2	0.447 8	0.476 5	1.901
1468	2018-01-07	1.019 3	0.448 8	0.949 7	0.687 6	0.447 8	0.422 9	1.864
1469	2018-01-08	0.854 7	0.448 8	1.027 0	0.837 2	1.388 3	0.622 5	2.471
1470	2018-01-09	0.854 7	0.448 8	1.027 0	0.687 6	1.388 3	0.622 5	2.471
1471	2018-01-10	0.854 7	0.448 8	1.027 0	0.515 2	1.388 3	0.622 5	2.471
1472	2018-01-11	0.854 7	0.448 8	1.027 0	0.493 7	1.210 2	0.622 5	2.383
1473	2018-01-12	0.854 7	0.448 8	1.140 2	0.493 7	0.447 8	0.622 5	2.003
1474	2018-01-13	1.049 1	0.448 8	1.050 3	0.515 2	0.447 8	0.476 5	1.901

续表

序号	日期	O₃气象污染分指数						O₃气象污染综合指数
		平均相对湿度	日最高气温	平均风速	平均本站气压	边界层厚度	短波辐射通量	
1475	2018-01-14	1.019 3	0.468 6	0.974 7	0.687 6	0.447 8	0.476 5	1.961
1476	2018-01-15	1.125 0	0.448 8	0.974 7	0.620 5	0.601 5	0.422 9	1.940
1477	2018-01-16	1.019 3	0.468 6	1.050 3	0.837 2	0.601 5	0.622 5	2.139
1478	2018-01-17	1.029 9	0.448 8	0.769 1	0.837 2	0.447 8	0.422 9	1.864
1479	2018-01-18	0.965 8	0.468 6	1.050 3	0.620 5	0.447 8	0.622 5	2.062
1480	2018-01-19	1.049 1	0.529 9	0.769 1	0.687 6	0.447 8	0.622 5	2.246
1481	2018-01-20	1.049 1	0.448 8	1.027 0	0.620 5	0.919 5	0.622 5	2.238
1482	2018-01-21	1.029 9	0.448 8	1.140 2	0.620 5	0.919 5	0.422 9	2.099
1483	2018-01-22	0.909 0	0.448 8	1.050 3	0.620 5	1.017 7	0.422 9	2.148
1484	2018-01-23	0.854 7	0.448 8	1.119 0	0.493 7	1.203 0	0.725 4	2.451
1485	2018-01-24	0.965 8	0.448 8	0.769 1	0.493 7	0.741 2	0.725 4	2.221
1486	2018-01-25	0.890 9	0.448 8	0.974 7	0.493 7	1.017 7	0.725 4	2.358
1487	2018-01-26	1.019 3	0.448 8	0.769 1	0.493 7	0.601 5	0.476 5	1.978
1488	2018-01-27	1.125 0	0.448 8	0.949 7	0.493 7	0.601 5	0.422 9	1.940
1489	2018-01-28	0.890 9	0.448 8	1.027 0	0.493 7	1.080 1	0.725 4	2.390
1490	2018-01-29	0.854 7	0.448 8	1.119 0	0.493 7	0.919 5	0.725 4	2.310
1491	2018-01-30	0.890 9	0.448 8	0.769 1	0.515 2	0.447 8	0.725 4	2.075
1492	2018-01-31	0.854 7	0.448 8	1.050 3	0.493 7	0.601 5	0.725 4	2.151
1493	2018-02-01	0.890 9	0.468 6	0.949 7	0.515 2	0.601 5	0.725 4	2.211
1494	2018-02-02	0.854 7	0.448 8	1.027 0	0.493 7	1.346 4	0.896 0	2.641
1495	2018-02-03	0.854 7	0.448 8	1.140 2	0.493 7	1.203 0	0.896 0	2.570
1496	2018-02-04	0.854 7	0.448 8	1.050 3	0.493 7	0.919 5	0.896 0	2.428
1497	2018-02-05	0.854 7	0.448 8	1.027 0	0.493 7	1.210 2	0.896 0	2.573
1498	2018-02-06	0.854 7	0.448 8	0.769 1	0.493 7	0.601 5	0.725 4	2.151
1499	2018-02-07	0.890 9	0.448 8	1.027 0	0.620 5	1.203 0	0.896 0	2.570
1500	2018-02-08	1.019 3	0.448 8	1.107 4	0.687 6	0.741 2	0.725 4	2.221
1501	2018-02-09	0.854 7	0.468 6	1.027 0	0.687 6	1.203 0	0.622 5	2.439
1502	2018-02-10	0.854 7	0.448 8	1.119 0	0.493 7	1.346 4	0.896 0	2.641
1503	2018-02-11	0.854 7	0.448 8	1.140 2	0.515 2	1.388 3	0.896 0	2.662
1504	2018-02-12	0.854 7	0.468 6	1.140 2	0.620 5	0.919 5	0.896 0	2.488
1505	2018-02-13	0.854 7	0.685 7	1.119 0	1.227 3	0.447 8	0.896 0	2.904
1506	2018-02-14	0.854 7	0.468 6	1.027 0	0.837 2	1.080 1	0.725 4	2.449
1507	2018-02-15	1.019 3	0.468 6	0.769 1	0.620 5	0.919 5	0.896 0	2.488
1508	2018-02-16	0.854 7	0.468 6	1.119 0	0.687 6	1.017 7	1.070 8	2.658
1509	2018-02-17	1.029 9	0.448 8	1.050 3	0.620 5	0.447 8	0.476 5	1.901
1510	2018-02-18	1.029 9	0.529 9	0.769 1	0.620 5	0.601 5	0.725 4	2.394
1511	2018-02-19	0.909 0	0.448 8	1.050 3	0.620 5	0.601 5	0.725 4	2.151

序号	日期	O₃气象污染分指数						O₃气象污染综合指数
		平均相对湿度	日最高气温	平均风速	平均本站气压	边界层厚度	短波辐射通量	
1512	2018-02-20	1.125 0	0.468 6	0.949 7	0.515 2	1.210 2	0.896 0	2.632
1513	2018-02-21	0.890 9	0.529 9	0.949 7	0.620 5	1.080 1	0.896 0	2.752
1514	2018-02-22	0.890 9	0.529 9	0.974 7	0.837 2	1.210 2	0.896 0	2.816
1515	2018-02-23	0.965 8	0.529 9	1.027 0	0.837 2	1.017 7	0.725 4	2.602
1516	2018-02-24	0.890 9	0.448 8	1.027 0	0.493 7	1.210 2	1.070 8	2.695
1517	2018-02-25	1.019 3	0.529 9	1.107 4	0.620 5	0.741 2	1.070 8	2.705
1518	2018-02-26	1.125 0	0.529 9	0.769 1	0.837 2	0.601 5	0.896 0	2.513
1519	2018-02-27	1.125 0	0.468 6	1.027 0	0.687 6	0.741 2	0.622 5	2.209
1520	2018-02-28	1.049 1	0.468 6	0.873 7	1.227 3	1.017 7	0.725 4	2.418
1521	2018-03-01	0.854 7	0.468 6	1.027 0	0.837 2	1.388 3	1.070 8	2.843
1522	2018-03-02	0.965 8	0.685 7	1.119 0	1.227 3	1.017 7	1.070 8	3.310
1523	2018-03-03	1.094 4	0.529 9	1.140 2	1.602 8	0.919 5	0.476 5	2.380
1524	2018-03-04	1.049 1	0.529 9	1.027 0	0.837 2	1.080 1	0.422 9	2.422
1525	2018-03-05	1.049 1	0.468 6	1.140 2	0.493 7	1.080 1	1.070 8	2.689
1526	2018-03-06	1.019 3	0.448 8	1.027 0	0.493 7	1.017 7	0.896 0	2.477
1527	2018-03-07	1.029 9	0.448 8	1.058 0	0.515 2	0.919 5	0.725 4	2.310
1528	2018-03-08	1.049 1	0.468 6	1.107 4	0.493 7	1.210 2	1.070 8	2.754
1529	2018-03-09	0.965 8	0.685 7	1.027 0	0.620 5	0.919 5	1.070 8	3.261
1530	2018-03-10	1.019 3	0.529 9	1.119 0	0.687 6	0.601 5	1.070 8	2.635
1531	2018-03-11	1.019 3	0.529 9	1.058 0	0.620 5	0.601 5	0.725 4	2.394
1532	2018-03-12	1.089 3	0.685 7	1.050 3	1.227 3	0.447 8	0.896 0	2.904
1533	2018-03-13	1.029 9	0.835 9	0.769 1	1.407 3	0.447 8	1.070 8	3.476
1534	2018-03-14	1.125 0	0.990 8	1.058 0	1.407 3	0.601 5	0.896 0	3.896
1535	2018-03-15	1.049 1	0.685 7	1.027 0	0.620 5	1.388 3	1.070 8	3.494
1536	2018-03-16	1.049 1	0.529 9	1.058 0	0.493 7	1.017 7	1.193 7	2.928
1537	2018-03-17	1.089 3	0.448 8	0.949 7	0.620 5	0.601 5	0.422 9	1.940
1538	2018-03-18	1.094 4	0.468 6	0.769 1	0.620 5	0.601 5	1.070 8	2.451
1539	2018-03-19	1.125 0	0.685 7	0.949 7	0.620 5	1.210 2	1.193 7	3.491
1540	2018-03-20	0.890 9	0.529 9	1.107 4	0.493 7	1.210 2	0.725 4	2.698
1541	2018-03-21	0.890 9	0.529 9	0.769 1	0.687 6	1.017 7	1.193 7	2.928
1542	2018-03-22	0.890 9	0.835 9	1.050 3	1.009 3	0.741 2	1.070 8	3.623
1543	2018-03-23	0.965 8	0.835 9	1.050 3	1.009 3	0.741 2	0.896 0	3.501
1544	2018-03-24	0.965 8	0.990 8	1.058 0	0.687 6	1.080 1	1.193 7	4.342
1545	2018-03-25	0.854 7	1.239 5	1.119 0	0.837 2	1.017 7	1.193 7	5.057
1546	2018-03-26	0.965 8	1.239 5	1.027 0	1.227 3	1.080 1	1.070 8	5.002
1547	2018-03-27	1.049 1	1.556 1	1.027 0	1.602 8	1.203 0	1.394 2	6.238
1548	2018-03-28	0.965 8	0.990 8	1.027 0	1.227 3	0.919 5	1.193 7	4.262

序号	日期	O₃气象污染分指数						O₃气象污染综合指数
		平均相对湿度	日最高气温	平均风速	平均本站气压	边界层厚度	短波辐射通量	
1549	2018-03-29	0.854 7	0.835 9	1.027 0	0.620 5	1.017 7	1.394 2	3.986
1550	2018-03-30	0.854 7	0.835 9	1.140 2	0.687 6	0.601 5	1.193 7	3.639
1551	2018-03-31	1.019 3	0.990 8	0.769 1	1.227 3	0.741 2	1.070 8	4.087
1552	2018-04-01	1.125 0	1.393 0	0.974 7	1.407 3	1.210 2	1.193 7	5.613
1553	2018-04-02	1.029 9	1.785 9	1.107 4	1.602 8	1.203 0	1.394 2	6.928
1554	2018-04-03	0.890 9	0.990 8	1.027 0	0.687 6	1.388 3	0.476 5	3.996
1555	2018-04-04	1.089 3	0.529 9	1.140 2	0.515 2	1.346 4	0.896 0	2.884
1556	2018-04-05	0.909 0	0.468 6	0.873 7	0.687 6	1.203 0	1.070 8	2.751
1557	2018-04-06	0.854 7	0.529 9	1.027 0	0.687 6	1.388 3	1.394 2	3.252
1558	2018-04-07	0.854 7	0.685 7	1.027 0	0.837 2	1.346 4	1.486 2	3.763
1559	2018-04-08	0.890 9	0.835 9	1.027 0	1.227 3	1.210 2	1.486 2	4.145
1560	2018-04-09	0.965 8	0.990 8	1.140 2	1.602 8	1.017 7	1.394 2	4.450
1561	2018-04-10	0.965 8	1.239 5	1.027 0	1.651 5	1.388 3	1.486 2	5.445
1562	2018-04-11	0.854 7	0.990 8	1.107 4	1.227 3	1.388 3	1.394 2	4.635
1563	2018-04-12	0.854 7	0.835 9	1.027 0	0.837 2	0.601 5	1.394 2	3.778
1564	2018-04-13	0.909 0	0.685 7	1.050 3	0.687 6	0.741 2	0.422 9	2.721
1565	2018-04-14	0.965 8	0.835 9	1.027 0	1.009 3	1.388 3	1.638 9	4.340
1566	2018-04-15	0.854 7	0.990 8	0.949 7	0.837 2	1.388 3	1.486 2	4.699
1567	2018-04-16	0.890 9	0.990 8	1.027 0	1.009 3	1.346 4	1.486 2	4.678
1568	2018-04-17	0.965 8	1.239 5	1.027 0	1.227 3	1.210 2	1.394 2	5.292
1569	2018-04-18	1.049 1	1.393 0	1.140 2	1.407 3	1.210 2	1.486 2	5.817
1570	2018-04-19	1.019 3	1.393 0	1.027 0	1.227 3	0.741 2	1.394 2	5.519
1571	2018-04-20	1.049 1	1.785 9	1.119 0	1.407 3	1.210 2	1.486 2	6.995
1572	2018-04-21	0.909 0	0.990 8	1.058 0	1.227 3	0.741 2	0.422 9	3.636
1573	2018-04-22	1.089 3	0.685 7	1.027 0	0.837 2	0.741 2	0.422 9	2.721
1574	2018-04-23	1.094 4	0.835 9	1.107 4	0.837 2	1.080 1	1.070 8	3.791
1575	2018-04-24	0.965 8	0.990 8	1.050 3	0.837 2	1.346 4	1.638 9	4.784
1576	2018-04-25	0.890 9	1.239 5	1.058 0	1.009 3	1.388 3	1.638 9	5.551
1577	2018-04-26	1.019 3	1.239 5	1.058 0	1.227 3	1.203 0	1.394 2	5.289
1578	2018-04-27	0.890 9	1.239 5	1.119 0	0.837 2	1.080 1	1.638 9	5.398
1579	2018-04-28	1.049 1	1.556 1	1.058 0	1.407 3	1.080 1	1.394 2	6.177
1580	2018-04-29	1.049 1	1.556 1	1.058 0	1.651 5	1.210 2	1.394 2	6.242
1581	2018-04-30	1.019 3	1.239 5	1.027 0	1.227 3	1.017 7	1.394 2	5.196
1582	2018-05-01	1.125 0	0.990 8	1.050 3	1.009 3	1.210 2	1.193 7	4.406
1583	2018-05-02	1.019 3	0.990 8	1.058 0	1.009 3	1.388 3	1.638 9	4.805
1584	2018-05-03	0.854 7	0.990 8	1.107 4	1.009 3	1.388 3	1.638 9	4.805
1585	2018-05-04	0.965 8	1.393 0	1.027 0	1.407 3	1.210 2	1.638 9	5.923

序号	日期	O₃ 气象污染分指数						O₃ 气象污染综合指数
		平均相对湿度	日最高气温	平均风速	平均本站气压	边界层厚度	短波辐射通量	
1586	2018-05-05	1.049 1	1.239 5	1.027 0	1.602 8	1.346 4	1.394 2	5.360
1587	2018-05-06	1.019 3	1.393 0	1.058 0	1.407 3	1.388 3	1.638 9	6.012
1588	2018-05-07	0.965 8	1.239 5	1.027 0	1.227 3	1.017 7	1.486 2	5.260
1589	2018-05-08	0.890 9	1.239 5	1.107 4	0.837 2	1.203 0	1.638 9	5.459
1590	2018-05-09	0.965 8	1.393 0	0.974 7	0.837 2	1.203 0	1.638 9	5.919
1591	2018-05-10	0.965 8	1.393 0	1.119 0	1.009 3	1.346 4	1.486 2	5.884
1592	2018-05-11	1.029 9	1.239 5	1.140 2	1.227 3	1.388 3	1.070 8	5.156
1593	2018-05-12	1.089 3	1.239 5	1.119 0	1.602 8	1.346 4	1.394 2	5.360
1594	2018-05-13	1.125 0	1.393 0	1.107 4	1.651 5	1.210 2	1.486 2	5.817
1595	2018-05-14	1.019 3	1.785 9	1.027 0	1.651 5	1.346 4	1.638 9	7.170
1596	2018-05-15	1.089 3	1.556 1	1.140 2	1.651 5	1.017 7	0.725 4	5.680
1597	2018-05-16	0.909 0	1.239 5	0.974 7	1.651 5	0.741 2	1.394 2	5.059
1598	2018-05-17	1.125 0	0.990 8	1.119 0	1.651 5	1.080 1	1.193 7	4.342
1599	2018-05-18	1.019 3	1.239 5	0.949 7	1.407 3	1.203 0	1.486 2	5.353
1600	2018-05-19	0.965 8	1.393 0	1.050 3	1.009 3	1.080 1	1.486 2	5.752
1601	2018-05-20	0.909 0	0.990 8	0.974 7	1.009 3	1.017 7	1.070 8	4.225
1602	2018-05-21	1.094 4	0.835 9	1.107 4	1.009 3	0.919 5	0.476 5	3.297
1603	2018-05-22	1.029 9	1.239 5	1.058 0	1.227 3	1.388 3	1.638 9	5.551
1604	2018-05-23	1.029 9	1.556 1	1.058 0	1.227 3	1.346 4	1.638 9	6.480
1605	2018-05-24	0.965 8	1.785 9	1.119 0	1.651 5	1.346 4	1.638 9	7.170
1606	2018-05-25	1.029 9	1.556 1	1.140 2	1.651 5	1.210 2	1.638 9	6.412
1607	2018-05-26	1.089 3	1.393 0	1.140 2	1.602 8	1.210 2	1.193 7	5.613
1608	2018-05-27	0.854 7	1.785 9	1.140 2	1.602 8	1.388 3	1.638 9	7.190
1609	2018-05-28	0.854 7	1.393 0	1.119 0	1.602 8	1.388 3	1.638 9	6.012
1610	2018-05-29	0.854 7	1.556 1	0.974 7	1.407 3	1.388 3	1.638 9	6.501
1611	2018-05-30	0.890 9	1.785 9	0.974 7	1.227 3	1.388 3	1.638 9	7.190
1612	2018-05-31	0.890 9	1.785 9	0.873 7	1.227 3	1.388 3	1.638 9	7.190
1613	2018-06-01	0.854 7	1.785 9	1.107 4	1.227 3	1.388 3	1.638 9	7.190
1614	2018-06-02	0.890 9	1.785 9	1.107 4	1.407 3	1.388 3	1.638 9	7.190
1615	2018-06-03	0.965 8	1.556 1	1.027 0	1.407 3	1.388 3	1.193 7	6.191
1616	2018-06-04	0.890 9	1.785 9	1.107 4	1.602 8	1.388 3	1.638 9	7.190
1617	2018-06-05	0.854 7	1.785 9	1.027 0	1.651 5	1.388 3	1.638 9	7.190
1618	2018-06-06	0.854 7	1.785 9	1.119 0	1.651 5	1.388 3	1.638 9	7.190
1619	2018-06-07	1.125 0	1.785 9	1.027 0	1.407 3	1.388 3	1.638 9	7.190
1620	2018-06-08	1.019 3	1.556 1	1.107 4	1.407 3	1.388 3	1.486 2	6.395
1621	2018-06-09	0.909 0	1.239 5	1.050 3	1.407 3	0.601 5	0.422 9	4.313
1622	2018-06-10	0.909 0	0.990 8	0.974 7	1.651 5	1.017 7	0.896 0	4.103

续表

序号	日期	O₃ 气象污染分指数						O₃ 气象污染综合指数
		平均相对湿度	日最高气温	平均风速	平均本站气压	边界层厚度	短波辐射通量	
1623	2018-06-11	0.909 0	1.239 5	1.050 3	1.651 5	1.080 1	1.638 9	5.398
1624	2018-06-12	1.125 0	1.785 9	1.119 0	1.651 5	1.080 1	1.486 2	6.931
1625	2018-06-13	0.909 0	1.239 5	0.974 7	1.651 5	0.741 2	0.622 5	4.521
1626	2018-06-14	1.125 0	1.393 0	1.107 4	1.651 5	1.080 1	1.638 9	5.858
1627	2018-06-15	1.089 3	1.393 0	1.027 0	1.407 3	0.919 5	1.638 9	5.778
1628	2018-06-16	1.089 3	1.556 1	0.949 7	1.602 8	1.346 4	1.193 7	6.170
1629	2018-06-17	0.909 0	1.393 0	1.107 4	1.602 8	1.346 4	1.070 8	5.595
1630	2018-06-18	1.094 4	1.785 9	1.058 0	1.651 5	1.346 4	1.394 2	6.999
1631	2018-06-19	1.089 3	1.556 1	1.140 2	1.651 5	1.203 0	1.638 9	6.409
1632	2018-06-20	1.029 9	1.785 9	0.873 7	1.651 5	1.388 3	1.638 9	7.190
1633	2018-06-21	1.019 3	1.785 9	1.119 0	1.651 5	0.919 5	1.486 2	6.851
1634	2018-06-22	1.029 9	1.785 9	0.974 7	1.651 5	1.346 4	1.070 8	6.774
1635	2018-06-23	1.049 1	1.785 9	1.058 0	1.651 5	1.346 4	1.638 9	7.170
1636	2018-06-24	0.965 8	1.785 9	1.140 2	1.651 5	1.210 2	1.193 7	6.792
1637	2018-06-25	1.125 0	1.556 1	1.119 0	1.651 5	1.210 2	1.070 8	6.017
1638	2018-06-26	1.094 4	1.785 9	1.058 0	1.651 5	1.346 4	1.638 9	7.170
1639	2018-06-27	1.049 1	1.785 9	1.140 2	1.651 5	1.388 3	1.638 9	7.190
1640	2018-06-28	0.890 9	1.785 9	1.027 0	1.651 5	1.388 3	1.638 9	7.190
1641	2018-06-29	0.890 9	1.785 9	1.119 0	1.651 5	1.388 3	1.638 9	7.190
1642	2018-06-30	1.049 1	1.785 9	1.027 0	1.651 5	1.346 4	1.638 9	7.170
1643	2018-07-01	1.089 3	1.785 9	1.027 0	1.602 8	1.017 7	1.638 9	7.006
1644	2018-07-02	1.094 4	1.785 9	1.119 0	1.651 5	1.203 0	1.638 9	7.098
1645	2018-07-03	1.094 4	1.785 9	1.107 4	1.651 5	1.017 7	1.193 7	6.696
1646	2018-07-04	1.125 0	1.785 9	1.058 0	1.651 5	1.388 3	1.394 2	7.020
1647	2018-07-05	1.019 3	1.785 9	0.949 7	1.651 5	1.346 4	1.486 2	7.063
1648	2018-07-06	1.125 0	1.785 9	1.140 2	1.602 8	1.017 7	1.638 9	7.006
1649	2018-07-07	0.909 0	1.556 1	1.119 0	1.602 8	1.203 0	1.394 2	6.238
1650	2018-07-08	0.909 0	1.393 0	1.050 3	1.602 8	1.203 0	1.070 8	5.524
1651	2018-07-09	0.909 0	1.239 5	1.107 4	1.407 3	1.017 7	0.622 5	4.659
1652	2018-07-10	0.909 0	1.393 0	1.050 3	1.227 3	1.210 2	1.638 9	5.923
1653	2018-07-11	0.909 0	1.239 5	1.058 0	1.407 3	1.017 7	0.896 0	4.849
1654	2018-07-12	0.909 0	1.785 9	0.949 7	1.602 8	1.017 7	1.193 7	6.696
1655	2018-07-13	0.909 0	1.393 0	1.050 3	1.651 5	0.601 5	0.725 4	4.984
1656	2018-07-14	0.909 0	1.393 0	0.769 1	1.651 5	1.017 7	1.193 7	5.517
1657	2018-07-15	0.909 0	1.785 9	1.058 0	1.651 5	1.203 0	1.193 7	6.788
1658	2018-07-16	0.909 0	1.785 9	1.119 0	1.651 5	0.741 2	0.896 0	6.351
1659	2018-07-17	0.909 0	1.556 1	1.058 0	1.651 5	0.601 5	0.622 5	5.401

续表

序号	日期	O₃气象污染分指数						O₃气象污染综合指数
		平均相对湿度	日最高气温	平均风速	平均本站气压	边界层厚度	短波辐射通量	
1660	2018-07-18	0.909 0	1.785 9	1.058 0	1.651 5	1.017 7	1.394 2	6.835
1661	2018-07-19	0.909 0	1.785 9	1.140 2	1.651 5	0.919 5	0.896 0	6.440
1662	2018-07-20	1.089 3	1.785 9	1.027 0	1.651 5	1.210 2	1.486 2	6.995
1663	2018-07-21	1.089 3	1.785 9	1.027 0	1.651 5	1.210 2	1.394 2	6.931
1664	2018-07-22	1.094 4	1.785 9	1.107 4	1.602 8	1.203 0	1.394 2	6.928
1665	2018-07-23	1.094 4	1.785 9	1.140 2	1.602 8	1.203 0	1.638 9	7.098
1666	2018-07-24	0.909 0	1.785 9	1.027 0	1.651 5	0.919 5	0.622 5	6.249
1667	2018-07-25	0.909 0	1.556 1	1.058 0	1.651 5	0.919 5	1.193 7	5.957
1668	2018-07-26	0.909 0	1.785 9	1.058 0	1.602 8	1.210 2	1.638 9	7.102
1669	2018-07-27	0.909 0	1.785 9	1.107 4	1.407 3	1.080 1	1.394 2	6.867
1670	2018-07-28	0.909 0	1.785 9	1.058 0	1.602 8	1.017 7	1.486 2	6.900
1671	2018-07-29	0.909 0	1.785 9	0.949 7	1.602 8	1.080 1	1.486 2	6.931
1672	2018-07-30	1.094 4	1.785 9	0.974 7	1.651 5	1.017 7	1.486 2	6.900
1673	2018-07-31	0.909 0	1.785 9	0.769 1	1.602 8	1.210 2	1.486 2	6.995
1674	2018-08-01	0.909 0	1.785 9	0.769 1	1.602 8	1.210 2	1.486 2	6.995
1675	2018-08-02	1.094 4	1.785 9	0.873 7	1.602 8	1.080 1	1.638 9	7.037
1676	2018-08-03	1.125 0	1.785 9	0.949 7	1.602 8	1.080 1	1.638 9	7.037
1677	2018-08-04	1.089 3	1.785 9	1.058 0	1.651 5	1.203 0	1.638 9	7.098
1678	2018-08-05	0.909 0	1.785 9	1.140 2	1.602 8	1.203 0	1.486 2	6.992
1679	2018-08-06	0.909 0	1.556 1	1.107 4	1.602 8	1.017 7	1.193 7	6.006
1680	2018-08-07	0.909 0	1.556 1	0.974 7	1.651 5	0.741 2	0.725 4	5.542
1681	2018-08-08	0.909 0	1.393 0	1.050 3	1.602 8	0.741 2	0.622 5	4.982
1682	2018-08-09	0.909 0	1.785 9	0.769 1	1.602 8	0.919 5	1.394 2	6.787
1683	2018-08-10	0.909 0	1.785 9	0.769 1	1.602 8	0.919 5	1.486 2	6.851
1684	2018-08-11	0.909 0	1.785 9	1.050 3	1.651 5	0.741 2	0.896 0	6.351
1685	2018-08-12	0.909 0	1.785 9	0.974 7	1.651 5	1.017 7	0.896 0	6.488
1686	2018-08-13	0.909 0	1.785 9	0.769 1	1.651 5	1.080 1	1.193 7	6.727
1687	2018-08-14	0.909 0	1.239 5	1.058 0	1.651 5	0.447 8	0.422 9	4.236
1688	2018-08-15	1.094 4	1.556 1	1.027 0	1.407 3	1.346 4	1.070 8	6.084
1689	2018-08-16	1.125 0	1.556 1	1.140 2	1.227 3	1.210 2	1.486 2	6.306
1690	2018-08-17	1.125 0	1.785 9	0.873 7	1.227 3	0.919 5	1.486 2	6.851
1691	2018-08-18	0.909 0	1.393 0	1.058 0	1.407 3	0.919 5	1.193 7	5.468
1692	2018-08-19	0.909 0	1.239 5	1.058 0	1.407 3	0.601 5	0.422 9	4.313
1693	2018-08-20	0.909 0	1.556 1	1.140 2	1.651 5	1.203 0	1.486 2	6.302
1694	2018-08-21	1.125 0	1.785 9	1.107 4	1.651 5	1.203 0	1.486 2	6.992
1695	2018-08-22	0.909 0	1.393 0	0.769 1	1.407 3	0.601 5	0.476 5	4.810
1696	2018-08-23	1.094 4	1.785 9	0.873 7	1.602 8	1.203 0	1.486 2	6.992

续表

序号	日期	O₃气象污染分指数						O₃气象污染综合指数
		平均相对湿度	日最高气温	平均风速	平均本站气压	边界层厚度	短波辐射通量	
1697	2018-08-24	1.125 0	1.785 9	0.949 7	1.602 8	1.210 2	1.486 2	6.995
1698	2018-08-25	1.125 0	1.785 9	1.058 0	1.407 3	1.080 1	1.486 2	6.931
1699	2018-08-26	1.089 3	1.785 9	1.058 0	1.407 3	1.080 1	1.193 7	6.727
1700	2018-08-27	1.125 0	1.556 1	1.107 4	1.227 3	1.017 7	1.394 2	6.146
1701	2018-08-28	0.909 0	1.556 1	0.873 7	1.407 3	1.080 1	1.193 7	6.037
1702	2018-08-29	1.089 3	1.556 1	1.107 4	1.407 3	1.203 0	1.486 2	6.302
1703	2018-08-30	0.909 0	1.239 5	1.107 4	1.227 3	0.447 8	0.422 9	4.236
1704	2018-08-31	1.094 4	1.556 1	0.949 7	1.227 3	1.080 1	1.394 2	6.177
1705	2018-09-01	1.094 4	1.393 0	1.058 0	1.227 3	1.080 1	1.193 7	5.548
1706	2018-09-02	0.909 0	1.239 5	1.058 0	1.651 5	1.017 7	0.896 0	4.849
1707	2018-09-03	1.089 3	1.556 1	1.140 2	1.651 5	1.210 2	1.486 2	6.306
1708	2018-09-04	0.965 8	1.556 1	1.119 0	1.651 5	1.210 2	1.486 2	6.306
1709	2018-09-05	1.049 1	1.785 9	0.949 7	1.651 5	1.203 0	1.486 2	6.992
1710	2018-09-06	0.965 8	1.393 0	1.027 0	1.651 5	1.388 3	1.486 2	5.905
1711	2018-09-07	0.965 8	1.393 0	1.140 2	1.227 3	1.346 4	1.486 2	5.884
1712	2018-09-08	1.049 1	1.393 0	1.050 3	1.009 3	1.346 4	1.394 2	5.820
1713	2018-09-09	1.089 3	1.393 0	1.050 3	0.837 2	1.210 2	1.394 2	5.752
1714	2018-09-10	1.029 9	1.393 0	1.050 3	0.837 2	1.346 4	1.394 2	5.820
1715	2018-09-11	1.029 9	1.393 0	1.107 4	1.009 3	1.346 4	1.193 7	5.681
1716	2018-09-12	1.029 9	1.393 0	1.107 4	1.009 3	1.080 1	1.070 8	5.462
1717	2018-09-13	1.125 0	1.393 0	0.873 7	1.009 3	1.017 7	0.896 0	5.310
1718	2018-09-14	1.094 4	1.393 0	0.873 7	1.009 3	1.203 0	1.070 8	5.524
1719	2018-09-15	1.019 3	0.990 8	1.140 2	0.837 2	0.919 5	0.896 0	4.054
1720	2018-09-16	0.965 8	1.239 5	1.058 0	0.837 2	1.080 1	1.193 7	5.088
1721	2018-09-17	1.019 3	1.393 0	0.873 7	0.837 2	0.741 2	1.070 8	5.294
1722	2018-09-18	1.089 3	0.990 8	1.050 3	0.837 2	0.741 2	0.476 5	3.673
1723	2018-09-19	0.909 0	0.990 8	0.769 1	1.009 3	0.601 5	0.422 9	3.566
1724	2018-09-20	0.909 0	0.990 8	0.769 1	1.227 3	0.601 5	0.622 5	3.706
1725	2018-09-21	1.049 1	1.239 5	1.140 2	1.227 3	1.346 4	1.394 2	5.360
1726	2018-09-22	0.890 9	1.239 5	0.769 1	1.009 3	1.346 4	1.394 2	5.360
1727	2018-09-23	0.890 9	0.990 8	1.140 2	0.837 2	1.346 4	1.394 2	4.614
1728	2018-09-24	0.965 8	0.990 8	1.058 0	0.687 6	1.203 0	1.193 7	4.403
1729	2018-09-25	1.089 3	0.990 8	0.769 1	0.687 6	1.210 2	1.070 8	4.321
1730	2018-09-26	1.029 9	0.990 8	0.769 1	0.687 6	1.210 2	1.070 8	4.321
1731	2018-09-27	1.089 3	0.990 8	1.107 4	0.837 2	1.210 2	0.896 0	4.199
1732	2018-09-28	1.089 3	0.990 8	1.058 0	1.009 3	1.203 0	1.070 8	4.317
1733	2018-09-29	1.049 1	0.990 8	1.119 0	1.009 3	1.080 1	1.193 7	4.342

序号	日期	O_3 气象污染分指数						O_3 气象污染综合指数
		平均相对湿度	日最高气温	平均风速	平均本站气压	边界层厚度	短波辐射通量	
1734	2018-09-30	0.965 8	0.990 8	1.027 0	1.227 3	1.388 3	1.193 7	4.495
1735	2018-10-01	0.965 8	1.239 5	1.119 0	1.009 3	1.346 4	1.193 7	5.220
1736	2018-10-02	0.965 8	1.239 5	0.974 7	0.837 2	1.210 2	1.193 7	5.152
1737	2018-10-03	1.019 3	1.239 5	0.949 7	0.687 6	1.080 1	1.070 8	5.002
1738	2018-10-04	1.019 3	1.239 5	1.107 4	0.687 6	1.017 7	0.896 0	4.849
1739	2018-10-05	1.125 0	1.239 5	0.769 1	0.837 2	0.741 2	0.896 0	4.712
1740	2018-10-06	0.965 8	0.835 9	1.027 0	0.837 2	1.203 0	1.070 8	3.853
1741	2018-10-07	0.890 9	0.990 8	0.873 7	0.687 6	1.203 0	1.070 8	4.317
1742	2018-10-08	0.965 8	0.990 8	0.873 7	0.837 2	1.080 1	1.070 8	4.256
1743	2018-10-09	0.890 9	0.685 7	1.027 0	0.687 6	1.388 3	1.070 8	3.494
1744	2018-10-10	0.890 9	0.835 9	0.949 7	0.620 5	1.346 4	1.070 8	3.924
1745	2018-10-11	0.890 9	0.835 9	1.050 3	0.515 2	1.203 0	1.070 8	3.853
1746	2018-10-12	1.049 1	0.835 9	0.974 7	0.515 2	0.919 5	0.896 0	3.590
1747	2018-10-13	1.019 3	0.990 8	1.050 3	0.687 6	0.919 5	0.725 4	3.936
1748	2018-10-14	1.029 9	0.835 9	0.974 7	0.687 6	0.741 2	0.622 5	3.310
1749	2018-10-15	1.125 0	0.835 9	0.974 7	0.687 6	0.919 5	0.476 5	3.297
1750	2018-10-16	0.909 0	0.835 9	1.050 3	0.687 6	0.919 5	0.422 9	3.260
1751	2018-10-17	1.125 0	0.835 9	0.949 7	0.620 5	1.210 2	0.896 0	3.734
1752	2018-10-18	1.125 0	0.835 9	0.769 1	0.515 2	0.919 5	0.896 0	3.590
1753	2018-10-19	1.049 1	0.835 9	0.769 1	0.515 2	0.741 2	0.896 0	3.501
1754	2018-10-20	1.125 0	0.835 9	0.769 1	0.515 2	0.919 5	0.725 4	3.471
1755	2018-10-21	1.125 0	0.835 9	0.873 7	0.687 6	0.919 5	0.476 5	3.297
1756	2018-10-22	1.094 4	0.835 9	1.058 0	0.837 2	1.080 1	0.725 4	3.551
1757	2018-10-23	0.854 7	0.835 9	1.058 0	0.837 2	1.080 1	0.896 0	3.670
1758	2018-10-24	1.049 1	0.990 8	0.974 7	1.009 3	0.601 5	0.896 0	3.896
1759	2018-10-25	1.094 4	0.835 9	0.974 7	1.009 3	1.017 7	0.422 9	3.309
1760	2018-10-26	0.854 7	0.685 7	1.027 0	0.837 2	1.388 3	0.896 0	3.372
1761	2018-10-27	0.890 9	0.835 9	1.058 0	0.837 2	1.388 3	0.896 0	3.823
1762	2018-10-28	0.854 7	0.835 9	1.027 0	1.227 3	1.388 3	0.896 0	3.823
1763	2018-10-29	0.854 7	0.685 7	1.027 0	0.837 2	1.080 1	0.896 0	3.219
1764	2018-10-30	1.049 1	0.685 7	0.873 7	0.620 5	1.017 7	0.896 0	3.188
1765	2018-10-31	1.029 9	0.835 9	0.769 1	0.515 2	0.601 5	0.725 4	3.312
1766	2018-11-01	1.029 9	0.835 9	0.769 1	0.515 2	0.601 5	0.725 4	3.312
1767	2018-11-02	1.125 0	0.835 9	1.050 3	0.620 5	0.601 5	0.476 5	3.139
1768	2018-11-03	1.125 0	0.835 9	1.050 3	0.687 6	0.741 2	0.622 5	3.310
1769	2018-11-04	0.909 0	0.685 7	1.050 3	0.620 5	0.741 2	0.422 9	2.721
1770	2018-11-05	1.125 0	0.529 9	1.050 3	0.493 7	0.919 5	0.476 5	2.380

续表

序号	日期	O₃气象污染分指数						O₃气象污染综合指数
		平均相对湿度	日最高气温	平均风速	平均本站气压	边界层厚度	短波辐射通量	
1771	2018-11-06	1.019 3	0.529 9	0.974 7	0.493 7	0.601 5	0.422 9	2.184
1772	2018-11-07	1.029 9	0.529 9	0.769 1	0.515 2	0.601 5	0.622 5	2.323
1773	2018-11-08	1.125 0	0.685 7	1.050 3	0.837 2	0.741 2	0.422 9	2.721
1774	2018-11-09	1.019 3	0.685 7	1.058 0	0.837 2	1.017 7	0.725 4	3.069
1775	2018-11-10	1.049 1	0.685 7	0.949 7	0.515 2	0.919 5	0.622 5	2.949
1776	2018-11-11	1.089 3	0.685 7	0.769 1	0.620 5	0.741 2	0.422 9	2.721
1777	2018-11-12	1.094 4	0.685 7	0.949 7	0.687 6	0.601 5	0.476 5	2.689
1778	2018-11-13	0.909 0	0.685 7	0.873 7	0.687 6	0.447 8	0.476 5	2.612
1779	2018-11-14	0.909 0	0.529 9	0.769 1	0.620 5	0.447 8	0.422 9	2.107
1780	2018-11-15	1.094 4	0.529 9	1.058 0	0.515 2	0.741 2	0.422 9	2.253
1781	2018-11-16	0.854 7	0.529 9	1.058 0	0.493 7	0.919 5	0.725 4	2.553
1782	2018-11-17	1.019 3	0.529 9	1.050 3	0.620 5	0.601 5	0.476 5	2.221
1783	2018-11-18	1.125 0	0.529 9	0.769 1	0.687 6	0.919 5	0.622 5	2.481
1784	2018-11-19	1.125 0	0.685 7	1.058 0	0.687 6	0.601 5	0.622 5	2.790
1785	2018-11-20	1.125 0	0.529 9	0.873 7	0.687 6	0.741 2	0.422 9	2.253
1786	2018-11-21	1.125 0	0.529 9	0.873 7	0.515 2	1.017 7	0.476 5	2.428
1787	2018-11-22	1.125 0	0.529 9	0.769 1	0.515 2	0.601 5	0.622 5	2.323
1788	2018-11-23	1.029 9	0.529 9	1.058 0	0.687 6	0.601 5	0.422 9	2.184
1789	2018-11-24	1.019 3	0.529 9	0.949 7	0.620 5	0.601 5	0.622 5	2.323
1790	2018-11-25	1.089 3	0.685 7	0.769 1	0.687 6	0.447 8	0.476 5	2.612
1791	2018-11-26	0.909 0	0.468 6	0.949 7	0.837 2	0.447 8	0.422 9	1.923
1792	2018-11-27	0.965 8	0.529 9	1.107 4	0.515 2	0.741 2	0.622 5	2.392
1793	2018-11-28	1.019 3	0.529 9	0.769 1	0.620 5	0.447 8	0.422 9	2.107
1794	2018-11-29	1.029 9	0.529 9	0.949 7	0.515 2	0.601 5	0.476 5	2.221
1795	2018-11-30	1.094 4	0.529 9	0.769 1	0.515 2	0.447 8	0.476 5	2.145
1796	2018-12-01	1.094 4	0.529 9	0.873 7	0.620 5	0.601 5	0.422 9	2.184
1797	2018-12-02	0.909 0	0.529 9	0.873 7	0.837 2	0.447 8	0.422 9	2.107
1798	2018-12-03	0.890 9	0.468 6	1.027 0	0.687 6	0.919 5	0.422 9	2.158
1799	2018-12-04	0.854 7	0.448 8	1.058 0	0.493 7	1.017 7	0.476 5	2.185
1800	2018-12-05	1.019 3	0.448 8	0.974 7	0.493 7	0.601 5	0.422 9	1.940
1801	2018-12-06	0.890 9	0.448 8	1.027 0	0.493 7	1.388 3	0.622 5	2.471
1802	2018-12-07	0.854 7	0.448 8	1.107 4	0.493 7	1.346 4	0.622 5	2.451
1803	2018-12-08	0.854 7	0.448 8	1.107 4	0.493 7	1.080 1	0.622 5	2.318
1804	2018-12-09	0.890 9	0.448 8	0.974 7	0.493 7	0.447 8	0.422 9	1.864
1805	2018-12-10	1.049 1	0.448 8	0.769 1	0.493 7	0.447 8	0.422 9	1.864
1806	2018-12-11	0.854 7	0.448 8	1.027 0	0.493 7	0.741 2	0.476 5	2.047
1807	2018-12-12	0.890 9	0.448 8	0.949 7	0.493 7	0.447 8	0.476 5	1.901

续表

序号	日期	O₃气象污染分指数						O₃气象污染综合指数
		平均相对湿度	日最高气温	平均风速	平均本站气压	边界层厚度	短波辐射通量	
1808	2018-12-13	0.890 9	0.448 8	1.107 4	0.493 7	0.601 5	0.476 5	1.978
1809	2018-12-14	1.049 1	0.448 8	0.949 7	0.493 7	0.447 8	0.422 9	1.864
1810	2018-12-15	1.029 9	0.448 8	1.050 3	0.515 2	0.447 8	0.422 9	1.864
1811	2018-12-16	1.125 0	0.468 6	0.769 1	0.687 6	0.447 8	0.476 5	1.961
1812	2018-12-17	0.854 7	0.529 9	1.050 3	0.687 6	0.601 5	0.476 5	2.221
1813	2018-12-18	0.965 8	0.529 9	0.873 7	0.837 2	0.447 8	0.476 5	2.145
1814	2018-12-19	1.049 1	0.529 9	0.769 1	0.687 6	0.447 8	0.476 5	2.145
1815	2018-12-20	1.019 3	0.529 9	1.050 3	0.687 6	0.447 8	0.422 9	2.107
1816	2018-12-21	1.019 3	0.529 9	0.873 7	0.620 5	0.447 8	0.476 5	2.145
1817	2018-12-22	0.890 9	0.529 9	1.050 3	0.515 2	0.447 8	0.422 9	2.107
1818	2018-12-23	0.854 7	0.448 8	1.027 0	0.493 7	1.203 0	0.622 5	2.379
1819	2018-12-24	0.890 9	0.448 8	0.974 7	0.515 2	0.447 8	0.422 9	1.864
1820	2018-12-25	0.890 9	0.448 8	1.140 2	0.620 5	0.741 2	0.476 5	2.047
1821	2018-12-26	0.890 9	0.448 8	1.058 0	0.493 7	1.017 7	0.422 9	2.148
1822	2018-12-27	0.854 7	0.448 8	1.027 0	0.493 7	1.210 2	0.476 5	2.281
1823	2018-12-28	0.854 7	0.448 8	1.027 0	0.493 7	0.919 5	0.622 5	2.238
1824	2018-12-29	0.854 7	0.448 8	1.107 4	0.493 7	0.741 2	0.622 5	2.149
1825	2018-12-30	0.854 7	0.448 8	0.949 7	0.493 7	0.447 8	0.476 5	1.901
1826	2018-12-31	1.049 1	0.448 8	0.769 1	0.493 7	0.447 8	0.422 9	1.864
1827	2019-01-01	0.965 8	0.448 8	0.873 7	0.493 7	0.447 8	0.422 9	1.864
1828	2019-01-02	0.965 8	0.448 8	0.769 1	0.493 7	0.447 8	0.725 4	2.075
1829	2019-01-03	1.019 3	0.448 8	0.873 7	0.493 7	0.447 8	0.422 9	1.864
1830	2019-01-04	0.854 7	0.448 8	1.119 0	0.493 7	0.601 5	0.476 5	1.978
1831	2019-01-05	0.854 7	0.448 8	0.949 7	0.493 7	0.447 8	0.476 5	1.901
1832	2019-01-06	0.890 9	0.448 8	0.769 1	0.493 7	0.447 8	0.422 9	1.864
1833	2019-01-07	0.854 7	0.448 8	1.050 3	0.493 7	0.447 8	0.422 9	1.864
1834	2019-01-08	0.854 7	0.448 8	1.119 0	0.493 7	0.919 5	0.622 5	2.238
1835	2019-01-09	0.854 7	0.448 8	0.873 7	0.493 7	0.447 8	0.476 5	1.901
1836	2019-01-10	0.965 8	0.448 8	0.974 7	0.515 2	0.447 8	0.422 9	1.864
1837	2019-01-11	1.089 3	0.468 6	0.769 1	0.620 5	0.447 8	0.422 9	1.923
1838	2019-01-12	0.909 0	0.448 8	1.050 3	0.620 5	0.447 8	0.422 9	1.864
1839	2019-01-13	1.094 4	0.468 6	0.873 7	0.515 2	0.447 8	0.622 5	2.062
1840	2019-01-14	1.029 9	0.468 6	0.974 7	0.515 2	0.601 5	0.476 5	2.037
1841	2019-01-15	0.854 7	0.448 8	1.027 0	0.493 7	1.346 4	0.725 4	2.522
1842	2019-01-16	0.854 7	0.448 8	1.058 0	0.493 7	0.447 8	0.622 5	2.003
1843	2019-01-17	0.854 7	0.468 6	0.769 1	0.620 5	0.447 8	0.622 5	2.062
1844	2019-01-18	0.890 9	0.468 6	0.949 7	0.620 5	0.447 8	0.422 9	1.923

续表

序号	日期	O₃气象污染分指数						O₃气象污染综合指数
		平均相对湿度	日最高气温	平均风速	平均本站气压	边界层厚度	短波辐射通量	
1845	2019-01-19	0.854 7	0.468 6	1.050 3	0.515 2	0.919 5	0.476 5	2.196
1846	2019-01-20	0.854 7	0.468 6	1.027 0	0.493 7	1.017 7	0.725 4	2.418
1847	2019-01-21	0.854 7	0.529 9	1.058 0	0.620 5	0.447 8	0.725 4	2.318
1848	2019-01-22	0.854 7	0.529 9	0.873 7	0.837 2	0.447 8	0.725 4	2.318
1849	2019-01-23	0.854 7	0.529 9	1.107 4	0.620 5	0.601 5	0.622 5	2.323
1850	2019-01-24	1.125 0	0.468 6	1.058 0	0.515 2	0.741 2	0.422 9	2.069
1851	2019-01-25	0.854 7	0.448 8	1.050 3	0.493 7	1.203 0	0.725 4	2.451
1852	2019-01-26	0.854 7	0.468 6	0.949 7	0.493 7	0.601 5	0.725 4	2.211
1853	2019-01-27	0.890 9	0.468 6	1.107 4	0.620 5	0.741 2	0.622 5	2.209
1854	2019-01-28	0.854 7	0.468 6	1.027 0	0.515 2	0.741 2	0.725 4	2.280
1855	2019-01-29	0.890 9	0.468 6	0.974 7	0.620 5	0.447 8	0.622 5	2.062
1856	2019-01-30	0.854 7	0.468 6	1.027 0	0.493 7	1.080 1	0.422 9	2.238
1857	2019-01-31	0.854 7	0.448 8	1.140 2	0.493 7	1.203 0	0.622 5	2.379
1858	2019-02-01	0.965 8	0.468 6	1.058 0	0.687 6	0.601 5	0.725 4	2.211
1859	2019-02-02	1.089 3	0.448 8	1.058 0	1.009 3	0.919 5	0.622 5	2.238
1860	2019-02-03	0.890 9	0.529 9	1.027 0	0.687 6	1.346 4	0.725 4	2.765
1861	2019-02-04	1.049 1	0.468 6	0.769 1	0.687 6	0.601 5	0.725 4	2.211
1862	2019-02-05	1.125 0	0.448 8	1.119 0	1.009 3	0.741 2	0.622 5	2.149
1863	2019-02-06	0.965 8	0.448 8	1.058 0	0.687 6	1.080 1	0.725 4	2.390
1864	2019-02-07	0.854 7	0.448 8	1.027 0	0.493 7	1.203 0	0.896 0	2.570
1865	2019-02-08	0.854 7	0.448 8	0.769 1	0.493 7	0.919 5	0.725 4	2.310
1866	2019-02-09	0.854 7	0.448 8	1.119 0	0.493 7	1.080 1	0.725 4	2.390
1867	2019-02-10	0.854 7	0.448 8	0.769 1	0.493 7	0.741 2	0.476 5	2.047
1868	2019-02-11	1.049 1	0.448 8	0.873 7	0.493 7	0.741 2	0.725 4	2.221
1869	2019-02-12	1.089 3	0.448 8	1.119 0	0.493 7	1.017 7	0.422 9	2.148
1870	2019-02-13	1.029 9	0.448 8	0.974 7	0.493 7	1.203 0	0.725 4	2.451
1871	2019-02-14	1.089 3	0.448 8	1.058 0	0.493 7	1.017 7	0.422 9	2.148
1872	2019-02-15	1.019 3	0.448 8	1.027 0	0.493 7	1.203 0	0.896 0	2.570
1873	2019-02-16	0.854 7	0.448 8	1.027 0	0.493 7	1.017 7	1.070 8	2.599
1874	2019-02-17	0.854 7	0.468 6	1.058 0	0.493 7	0.601 5	1.070 8	2.451
1875	2019-02-18	0.890 9	0.468 6	0.873 7	0.620 5	0.447 8	0.422 9	1.923
1876	2019-02-19	1.094 4	0.448 8	1.050 3	0.687 6	0.741 2	0.622 5	2.149
1877	2019-02-20	1.125 0	0.529 9	0.974 7	0.515 2	0.919 5	1.070 8	2.793
1878	2019-02-21	1.125 0	0.529 9	0.974 7	0.515 2	0.601 5	0.896 0	2.513
1879	2019-02-22	1.029 9	0.529 9	0.873 7	0.515 2	0.447 8	0.476 5	2.145
1880	2019-02-23	0.890 9	0.685 7	0.769 1	0.515 2	0.741 2	0.896 0	3.050
1881	2019-02-24	0.965 8	0.529 9	0.873 7	0.687 6	0.601 5	0.725 4	2.394

序号	日期	O₃气象污染分指数						O₃气象污染综合指数
		平均相对湿度	日最高气温	平均风速	平均本站气压	边界层厚度	短波辐射通量	
1882	2019-02-25	0.890 9	0.529 9	1.058 0	0.515 2	0.601 5	0.725 4	2.394
1883	2019-02-26	0.890 9	0.529 9	0.873 7	0.515 2	0.601 5	0.725 4	2.394
1884	2019-02-27	0.965 8	0.685 7	0.769 1	0.687 6	0.741 2	1.070 8	3.172
1885	2019-02-28	1.049 1	0.685 7	0.769 1	0.687 6	0.919 5	0.896 0	3.139
1886	2019-03-01	1.019 3	0.685 7	0.873 7	0.687 6	0.741 2	0.725 4	2.931
1887	2019-03-02	1.049 1	0.835 9	0.949 7	0.837 2	1.017 7	0.896 0	3.639
1888	2019-03-03	1.049 1	0.685 7	1.058 0	1.227 3	1.017 7	0.725 4	3.069
1889	2019-03-04	1.019 3	0.685 7	1.050 3	1.009 3	0.919 5	1.070 8	3.261
1890	2019-03-05	0.965 8	0.835 9	1.119 0	1.009 3	1.346 4	1.070 8	3.924
1891	2019-03-06	0.854 7	0.685 7	1.027 0	0.620 5	1.388 3	1.193 7	3.580
1892	2019-03-07	1.049 1	0.685 7	0.974 7	0.515 2	1.080 1	1.193 7	3.426
1893	2019-03-08	0.890 9	0.685 7	1.107 4	0.687 6	1.017 7	1.070 8	3.310
1894	2019-03-09	0.890 9	0.685 7	1.050 3	0.837 2	1.080 1	0.622 5	3.029
1895	2019-03-10	1.019 3	0.685 7	1.107 4	1.009 3	0.601 5	0.896 0	2.981
1896	2019-03-11	1.049 1	0.835 9	1.027 0	1.227 3	1.388 3	1.193 7	4.030
1897	2019-03-12	0.854 7	0.685 7	1.119 0	0.837 2	1.388 3	1.394 2	3.719
1898	2019-03-13	0.854 7	0.685 7	1.107 4	0.687 6	1.346 4	1.193 7	3.559
1899	2019-03-14	0.854 7	0.685 7	1.050 3	0.687 6	1.388 3	1.193 7	3.580
1900	2019-03-15	0.854 7	0.685 7	1.027 0	0.687 6	1.346 4	1.394 2	3.699
1901	2019-03-16	0.890 9	0.835 9	1.107 4	0.837 2	1.210 2	1.193 7	3.942
1902	2019-03-17	0.890 9	0.990 8	1.058 0	0.687 6	1.203 0	1.193 7	4.403
1903	2019-03-18	0.965 8	0.990 8	1.140 2	1.227 3	1.203 0	0.896 0	4.196
1904	2019-03-19	0.965 8	1.239 5	1.119 0	1.407 3	1.346 4	1.070 8	5.135
1905	2019-03-20	1.029 9	0.835 9	1.107 4	1.651 5	1.017 7	0.896 0	3.639
1906	2019-03-21	0.854 7	0.529 9	1.027 0	0.837 2	1.388 3	1.394 2	3.252
1907	2019-03-22	0.854 7	0.685 7	0.873 7	0.620 5	1.388 3	1.394 2	3.719
1908	2019-03-23	0.854 7	0.529 9	1.027 0	0.515 2	1.388 3	1.394 2	3.252
1909	2019-03-24	0.854 7	0.835 9	1.027 0	1.009 3	1.210 2	1.394 2	4.081
1910	2019-03-25	0.890 9	0.990 8	0.873 7	1.227 3	1.346 4	1.394 2	4.614
1911	2019-03-26	0.965 8	0.835 9	1.119 0	1.227 3	0.601 5	1.193 7	3.639
1912	2019-03-27	0.965 8	0.990 8	1.027 0	1.009 3	0.919 5	1.193 7	4.262
1913	2019-03-28	0.854 7	0.529 9	1.027 0	0.837 2	1.080 1	1.070 8	2.873
1914	2019-03-29	0.890 9	0.685 7	1.027 0	1.009 3	1.388 3	1.070 8	3.494
1915	2019-03-30	0.854 7	0.529 9	1.027 0	0.687 6	1.388 3	1.486 2	3.316
1916	2019-03-31	0.854 7	0.685 7	0.974 7	0.620 5	1.388 3	1.486 2	3.784
1917	2019-04-01	0.854 7	0.685 7	1.058 0	0.620 5	1.210 2	1.394 2	3.631
1918	2019-04-02	0.854 7	0.835 9	1.119 0	0.620 5	1.203 0	1.394 2	4.078

续表

序号	日期	O₃气象污染分指数						O₃气象污染综合指数
		平均相对湿度	日最高气温	平均风速	平均本站气压	边界层厚度	短波辐射通量	
1919	2019-04-03	0.890 9	0.835 9	1.050 3	0.620 5	1.080 1	1.394 2	4.017
1920	2019-04-04	0.890 9	1.239 5	1.027 0	1.227 3	1.203 0	1.394 2	5.289
1921	2019-04-05	0.854 7	0.990 8	1.027 0	1.227 3	1.388 3	1.394 2	4.635
1922	2019-04-06	0.854 7	0.835 9	1.119 0	1.227 3	1.203 0	1.394 2	4.078
1923	2019-04-07	0.854 7	0.835 9	1.119 0	1.227 3	0.741 2	1.193 7	3.708
1924	2019-04-08	0.854 7	0.685 7	1.027 0	0.837 2	1.017 7	1.193 7	3.395
1925	2019-04-09	1.029 9	0.529 9	1.027 0	0.687 6	1.346 4	0.725 4	2.765
1926	2019-04-10	1.049 1	0.835 9	1.058 0	0.837 2	1.388 3	1.486 2	4.234
1927	2019-04-11	1.049 1	0.685 7	1.107 4	1.009 3	1.388 3	1.193 7	3.580
1928	2019-04-12	1.019 3	0.990 8	1.027 0	1.009 3	1.388 3	1.193 7	4.495
1929	2019-04-13	1.029 9	0.835 9	1.050 3	1.009 3	1.203 0	0.476 5	3.439
1930	2019-04-14	0.854 7	0.990 8	1.119 0	0.837 2	1.388 3	1.638 9	4.805
1931	2019-04-15	0.854 7	1.239 5	1.027 0	1.227 3	1.388 3	1.486 2	5.445
1932	2019-04-16	1.049 1	1.239 5	1.119 0	1.407 3	1.203 0	1.394 2	5.289
1933	2019-04-17	1.049 1	1.556 1	1.027 0	1.651 5	1.210 2	1.486 2	6.306
1934	2019-04-18	0.965 8	1.239 5	1.027 0	1.227 3	1.210 2	1.486 2	5.356
1935	2019-04-19	0.854 7	0.835 9	0.974 7	0.837 2	0.919 5	1.486 2	4.001
1936	2019-04-20	1.019 3	0.685 7	0.769 1	1.227 3	0.741 2	0.422 9	2.721
1937	2019-04-21	1.029 9	0.835 9	1.107 4	1.009 3	0.741 2	1.486 2	3.912
1938	2019-04-22	1.125 0	1.239 5	1.058 0	1.227 3	1.210 2	1.394 2	5.292
1939	2019-04-23	1.094 4	1.239 5	1.140 2	1.407 3	1.017 7	1.394 2	5.196
1940	2019-04-24	1.125 0	0.990 8	1.027 0	1.227 3	0.741 2	0.725 4	3.847
1941	2019-04-25	1.029 9	0.685 7	1.119 0	1.009 3	1.388 3	1.638 9	3.890
1942	2019-04-26	1.029 9	0.835 9	1.050 3	0.687 6	1.388 3	1.486 2	4.234
1943	2019-04-27	0.909 0	0.685 7	1.050 3	0.687 6	1.017 7	0.422 9	2.858
1944	2019-04-28	1.089 3	0.685 7	0.974 7	0.837 2	1.080 1	1.394 2	3.566
1945	2019-04-29	1.125 0	0.990 8	0.769 1	1.227 3	1.017 7	1.394 2	4.450
1946	2019-04-30	0.965 8	0.990 8	1.119 0	1.227 3	1.388 3	1.638 9	4.805
1947	2019-05-01	0.854 7	1.393 0	1.058 0	1.009 3	1.388 3	1.638 9	6.012
1948	2019-05-02	0.854 7	1.556 1	1.107 4	1.227 3	1.388 3	1.638 9	6.501
1949	2019-05-03	0.854 7	1.556 1	1.027 0	1.009 3	1.388 3	1.638 9	6.501
1950	2019-05-04	0.965 8	1.393 0	1.119 0	1.227 3	1.346 4	1.193 7	5.681
1951	2019-05-05	0.890 9	0.990 8	1.027 0	0.837 2	1.388 3	1.638 9	4.805
1952	2019-05-06	0.890 9	0.990 8	0.974 7	0.620 5	1.388 3	1.638 9	4.805
1953	2019-05-07	0.854 7	1.393 0	1.140 2	1.009 3	1.388 3	1.638 9	6.012
1954	2019-05-08	0.890 9	0.990 8	1.058 0	1.407 3	1.080 1	1.070 8	4.256
1955	2019-05-09	0.965 8	1.556 1	0.949 7	1.602 8	1.388 3	1.638 9	6.501

续表

序号	日期	O₃ 气象污染分指数						O₃ 气象污染综合指数
		平均相对湿度	日最高气温	平均风速	平均本站气压	边界层厚度	短波辐射通量	
1956	2019-05-10	0.965 8	1.393 0	1.027 0	1.407 3	1.388 3	1.486 2	5.905
1957	2019-05-11	1.019 3	1.393 0	1.107 4	1.227 3	1.203 0	1.486 2	5.813
1958	2019-05-12	1.125 0	1.239 5	1.107 4	1.227 3	1.080 1	0.725 4	4.762
1959	2019-05-13	0.854 7	1.239 5	1.140 2	1.227 3	1.388 3	1.638 9	5.551
1960	2019-05-14	0.965 8	1.239 5	1.119 0	1.407 3	1.080 1	1.486 2	5.291
1961	2019-05-15	1.019 3	1.785 9	1.140 2	1.602 8	1.388 3	1.486 2	7.084
1962	2019-05-16	1.019 3	1.785 9	1.027 0	1.602 8	1.346 4	1.638 9	7.170
1963	2019-05-17	1.125 0	1.785 9	1.027 0	1.602 8	1.388 3	1.638 9	7.190
1964	2019-05-18	1.125 0	1.239 5	1.027 0	1.407 3	1.080 1	1.193 7	5.088
1965	2019-05-19	1.019 3	1.239 5	1.027 0	1.407 3	1.388 3	1.638 9	5.551
1966	2019-05-20	0.854 7	1.239 5	1.027 0	1.227 3	1.388 3	1.638 9	5.551
1967	2019-05-21	0.854 7	1.556 1	0.873 7	1.602 8	1.388 3	1.638 9	6.501
1968	2019-05-22	0.854 7	1.785 9	0.949 7	1.651 5	1.388 3	1.638 9	7.190
1969	2019-05-23	0.890 9	1.785 9	0.974 7	1.651 5	1.080 1	1.638 9	7.037
1970	2019-05-24	0.854 7	1.785 9	1.027 0	1.651 5	1.388 3	1.486 2	7.084
1971	2019-05-25	0.965 8	1.785 9	1.027 0	1.651 5	1.388 3	1.638 9	7.190
1972	2019-05-26	1.094 4	1.556 1	1.140 2	1.651 5	1.080 1	0.422 9	5.501
1973	2019-05-27	0.890 9	1.393 0	1.027 0	1.227 3	1.388 3	1.638 9	6.012
1974	2019-05-28	0.854 7	1.785 9	1.107 4	1.227 3	1.388 3	1.638 9	7.190
1975	2019-05-29	0.890 9	1.785 9	0.949 7	1.407 3	1.346 4	1.638 9	7.170
1976	2019-05-30	0.854 7	1.556 1	1.140 2	1.602 8	1.388 3	1.486 2	6.395
1977	2019-05-31	0.854 7	1.556 1	0.769 1	1.407 3	1.388 3	1.638 9	6.501
1978	2019-06-01	0.890 9	1.556 1	1.058 0	1.651 5	1.203 0	0.725 4	5.772
1979	2019-06-02	1.049 1	1.785 9	1.107 4	1.651 5	1.346 4	1.638 9	7.170
1980	2019-06-03	0.965 8	1.785 9	1.027 0	1.651 5	1.388 3	1.638 9	7.190
1981	2019-06-04	1.125 0	1.239 5	1.027 0	1.602 8	0.741 2	1.394 2	5.059
1982	2019-06-05	1.089 3	1.239 5	0.949 7	1.407 3	0.601 5	0.476 5	4.350
1983	2019-06-06	0.909 0	0.990 8	0.769 1	1.407 3	0.919 5	1.070 8	4.176
1984	2019-06-07	1.089 3	1.556 1	1.058 0	1.602 8	1.203 0	1.638 9	6.409
1985	2019-06-08	0.965 8	1.785 9	1.050 3	1.651 5	1.388 3	1.638 9	7.190
1986	2019-06-09	0.965 8	1.556 1	1.027 0	1.651 5	1.388 3	1.638 9	6.501
1987	2019-06-10	1.019 3	1.785 9	1.058 0	1.602 8	1.388 3	1.638 9	7.190
1988	2019-06-11	1.029 9	1.556 1	1.119 0	1.602 8	0.919 5	1.638 9	6.267
1989	2019-06-12	1.019 3	1.785 9	1.058 0	1.651 5	0.447 8	0.422 9	5.875
1990	2019-06-13	1.019 3	1.785 9	0.974 7	1.651 5	1.388 3	1.638 9	7.190
1991	2019-06-14	1.125 0	1.785 9	1.058 0	1.651 5	1.388 3	1.638 9	7.190
1992	2019-06-15	1.049 1	1.556 1	1.119 0	1.602 8	1.080 1	1.638 9	6.347

续表

序号	日期	O₃气象污染分指数						O₃气象污染综合指数
		平均相对湿度	日最高气温	平均风速	平均本站气压	边界层厚度	短波辐射通量	
1993	2019-06-16	1.125 0	0.990 8	1.027 0	1.227 3	1.203 0	1.193 7	4.403
1994	2019-06-17	1.029 9	1.556 1	0.949 7	1.407 3	1.017 7	1.638 9	6.316
1995	2019-06-18	1.029 9	1.785 9	1.058 0	1.651 5	1.203 0	1.638 9	7.098
1996	2019-06-19	0.909 0	1.393 0	1.058 0	1.602 8	0.919 5	1.486 2	5.672
1997	2019-06-20	1.125 0	1.785 9	0.769 1	1.651 5	1.210 2	1.394 2	6.931
1998	2019-06-21	1.019 3	1.556 1	1.119 0	1.407 3	0.919 5	1.486 2	6.161
1999	2019-06-22	0.890 9	1.785 9	0.949 7	1.407 3	1.388 3	1.638 9	7.190
2000	2019-06-23	1.049 1	1.785 9	1.119 0	1.407 3	1.210 2	1.638 9	7.102
2001	2019-06-24	0.965 8	1.785 9	1.107 4	1.602 8	1.388 3	1.638 9	7.190
2002	2019-06-25	0.965 8	1.785 9	1.119 0	1.602 8	1.388 3	1.486 2	7.084
2003	2019-06-26	1.049 1	1.785 9	1.119 0	1.651 5	1.346 4	1.638 9	7.170
2004	2019-06-27	1.049 1	1.785 9	1.140 2	1.651 5	1.388 3	1.486 2	7.084
2005	2019-06-28	1.019 3	1.556 1	0.873 7	1.651 5	1.388 3	1.070 8	6.105
2006	2019-06-29	1.049 1	1.785 9	1.050 3	1.651 5	1.388 3	1.638 9	7.190
2007	2019-06-30	0.890 9	1.785 9	1.119 0	1.651 5	1.388 3	1.638 9	7.190
2008	2019-07-01	1.049 1	1.785 9	1.107 4	1.602 8	1.388 3	1.638 9	7.190
2009	2019-07-02	1.019 3	1.785 9	1.140 2	1.602 8	1.346 4	1.486 2	7.063
2010	2019-07-03	0.965 8	1.785 9	0.949 7	1.602 8	1.388 3	1.638 9	7.190
2011	2019-07-04	0.890 9	1.785 9	1.027 0	1.651 5	1.388 3	1.638 9	7.190
2012	2019-07-05	1.125 0	1.785 9	1.140 2	1.651 5	1.346 4	1.070 8	6.774
2013	2019-07-06	0.909 0	0.990 8	1.050 3	1.651 5	1.017 7	0.422 9	3.774
2014	2019-07-07	0.909 0	1.239 5	0.949 7	1.407 3	1.346 4	1.638 9	5.530
2015	2019-07-08	1.089 3	1.556 1	0.769 1	1.407 3	1.346 4	1.638 9	6.480
2016	2019-07-09	1.089 3	1.393 0	0.949 7	1.602 8	0.447 8	0.476 5	4.734
2017	2019-07-10	1.094 4	1.393 0	1.107 4	1.602 8	1.210 2	1.638 9	5.923
2018	2019-07-11	1.089 3	1.393 0	0.873 7	1.602 8	1.388 3	1.638 9	6.012
2019	2019-07-12	1.125 0	1.785 9	0.974 7	1.651 5	1.388 3	1.638 9	7.190
2020	2019-07-13	1.125 0	1.785 9	1.058 0	1.651 5	1.210 2	1.394 2	6.931
2021	2019-07-14	1.089 3	1.785 9	1.119 0	1.651 5	1.210 2	1.394 2	6.931
2022	2019-07-15	1.125 0	1.785 9	1.140 2	1.651 5	1.210 2	1.486 2	6.995
2023	2019-07-16	1.029 9	1.785 9	1.140 2	1.407 3	1.080 1	1.193 7	6.727
2024	2019-07-17	1.094 4	1.556 1	0.873 7	1.602 8	1.080 1	0.896 0	5.830
2025	2019-07-18	1.094 4	1.785 9	0.949 7	1.602 8	1.080 1	1.193 7	6.727
2026	2019-07-19	1.089 3	1.785 9	1.140 2	1.651 5	1.080 1	1.193 7	6.727
2027	2019-07-20	0.909 0	1.393 0	0.949 7	1.651 5	0.601 5	0.422 9	4.773
2028	2019-07-21	1.094 4	1.785 9	0.974 7	1.651 5	1.210 2	1.638 9	7.102
2029	2019-07-22	1.089 3	1.785 9	0.949 7	1.651 5	1.346 4	1.193 7	6.860

续表

序号	日期	O₃气象污染分指数						O₃气象污染综合指数
		平均相对湿度	日最高气温	平均风速	平均本站气压	边界层厚度	短波辐射通量	
2030	2019-07-23	0.909 0	1.785 9	1.050 3	1.651 5	1.203 0	1.394 2	6.928
2031	2019-07-24	1.089 3	1.785 9	0.769 1	1.651 5	1.346 4	1.638 9	7.170
2032	2019-07-25	1.125 0	1.785 9	1.058 0	1.651 5	1.210 2	1.394 2	6.931
2033	2019-07-26	1.089 3	1.785 9	1.107 4	1.651 5	1.210 2	1.638 9	7.102
2034	2019-07-27	1.089 3	1.785 9	1.119 0	1.651 5	1.210 2	1.638 9	7.102
2035	2019-07-28	1.094 4	1.785 9	1.058 0	1.651 5	1.203 0	1.486 2	6.992
2036	2019-07-29	0.909 0	1.556 1	0.769 1	1.651 5	0.447 8	0.422 9	5.186
2037	2019-07-30	0.909 0	1.785 9	0.974 7	1.651 5	1.017 7	1.638 9	7.006
2038	2019-07-31	0.909 0	1.785 9	0.769 1	1.651 5	1.203 0	1.486 2	6.992
2039	2019-08-01	1.089 3	1.785 9	0.949 7	1.602 8	1.210 2	1.486 2	6.995
2040	2019-08-02	0.909 0	1.393 0	1.140 2	1.407 3	0.447 8	0.422 9	4.696
2041	2019-08-03	0.909 0	1.556 1	0.769 1	1.407 3	1.203 0	1.486 2	6.302
2042	2019-08-04	0.909 0	1.393 0	0.769 1	1.407 3	0.919 5	0.896 0	5.261
2043	2019-08-05	0.909 0	1.556 1	0.769 1	1.407 3	0.741 2	0.896 0	5.661
2044	2019-08-06	0.909 0	1.785 9	0.769 1	1.602 8	1.080 1	1.070 8	6.641
2045	2019-08-07	0.909 0	1.556 1	0.949 7	1.651 5	0.601 5	0.622 5	5.401
2046	2019-08-08	0.909 0	1.785 9	0.949 7	1.602 8	1.017 7	1.394 2	6.835
2047	2019-08-09	0.909 0	1.785 9	1.140 2	1.651 5	1.080 1	1.070 8	6.641
2048	2019-08-10	0.909 0	1.393 0	1.058 0	1.651 5	0.447 8	0.422 9	4.696
2049	2019-08-11	0.909 0	1.239 5	1.119 0	1.651 5	1.080 1	0.422 9	4.551
2050	2019-08-12	0.909 0	1.239 5	1.027 0	1.651 5	1.346 4	0.422 9	4.683
2051	2019-08-13	1.094 4	1.393 0	1.058 0	1.651 5	1.203 0	1.193 7	5.609
2052	2019-08-14	1.094 4	1.785 9	0.873 7	1.651 5	1.203 0	1.486 2	6.992
2053	2019-08-15	1.089 3	1.785 9	1.050 3	1.651 5	0.919 5	1.486 2	6.851
2054	2019-08-16	1.019 3	1.393 0	1.119 0	1.651 5	1.346 4	1.638 9	5.991
2055	2019-08-17	0.965 8	1.556 1	1.119 0	1.651 5	1.210 2	1.638 9	6.412
2056	2019-08-18	1.125 0	1.785 9	0.949 7	1.602 8	1.017 7	1.486 2	6.900
2057	2019-08-19	1.125 0	1.785 9	1.058 0	1.407 3	1.017 7	1.394 2	6.835
2058	2019-08-20	1.094 4	1.239 5	1.058 0	1.407 3	1.080 1	0.725 4	4.762
2059	2019-08-21	1.125 0	1.556 1	1.050 3	1.407 3	1.203 0	1.638 9	6.409
2060	2019-08-22	1.019 3	1.393 0	0.974 7	1.227 3	1.203 0	1.486 2	5.813
2061	2019-08-23	1.019 3	1.556 1	0.974 7	1.227 3	1.203 0	1.486 2	6.302
2062	2019-08-24	1.029 9	1.556 1	0.949 7	1.227 3	1.210 2	1.486 2	6.306
2063	2019-08-25	1.125 0	1.556 1	0.949 7	1.227 3	1.203 0	1.394 2	6.238
2064	2019-08-26	0.909 0	1.239 5	0.873 7	1.227 3	0.741 2	0.422 9	4.382
2065	2019-08-27	1.125 0	1.785 9	1.050 3	1.407 3	1.346 4	1.486 2	7.063
2066	2019-08-28	0.965 8	1.556 1	1.119 0	1.602 8	1.388 3	1.486 2	6.395

序号	日期	O₃ 气象污染分指数						O₃ 气象污染综合指数
		平均相对湿度	日最高气温	平均风速	平均本站气压	边界层厚度	短波辐射通量	
2067	2019-08-29	0.965 8	1.393 0	1.107 4	1.407 3	1.388 3	1.486 2	5.905
2068	2019-08-30	1.049 1	1.393 0	1.107 4	1.227 3	1.346 4	1.486 2	5.884
2069	2019-08-31	1.019 3	1.556 1	0.974 7	1.009 3	1.388 3	1.486 2	6.395
2070	2019-09-01	1.019 3	1.556 1	1.058 0	1.009 3	1.210 2	1.394 2	6.242
2071	2019-09-02	1.125 0	1.785 9	0.949 7	1.009 3	1.080 1	1.394 2	6.867
2072	2019-09-03	1.125 0	1.785 9	1.050 3	1.009 3	1.017 7	1.394 2	6.835
2073	2019-09-04	1.029 9	1.556 1	0.769 1	1.227 3	1.203 0	1.394 2	6.238
2074	2019-09-05	1.019 3	1.556 1	0.974 7	1.407 3	1.203 0	1.394 2	6.238
2075	2019-09-06	1.125 0	1.785 9	1.050 3	1.407 3	1.203 0	1.193 7	6.788
2076	2019-09-07	1.125 0	1.785 9	0.974 7	1.651 5	1.203 0	1.193 7	6.788
2077	2019-09-08	1.019 3	1.785 9	0.974 7	1.651 5	1.017 7	1.193 7	6.696
2078	2019-09-09	1.089 3	1.785 9	1.050 3	1.407 3	1.017 7	1.070 8	6.610
2079	2019-09-10	1.089 3	1.239 5	1.107 4	1.009 3	1.203 0	1.070 8	5.063
2080	2019-09-11	1.125 0	0.990 8	0.949 7	0.687 6	0.919 5	0.622 5	3.864
2081	2019-09-12	1.125 0	0.990 8	0.873 7	1.009 3	1.203 0	1.070 8	4.317
2082	2019-09-13	0.909 0	0.990 8	0.949 7	1.227 3	0.741 2	0.725 4	3.847
2083	2019-09-14	1.125 0	1.556 1	0.769 1	1.009 3	1.210 2	1.193 7	6.102
2084	2019-09-15	1.125 0	1.393 0	1.058 0	1.227 3	1.203 0	1.193 7	5.609
2085	2019-09-16	1.125 0	1.239 5	1.140 2	1.009 3	1.080 1	1.394 2	5.227
2086	2019-09-17	0.909 0	1.239 5	1.050 3	0.837 2	0.741 2	0.896 0	4.712
2087	2019-09-18	1.019 3	1.239 5	1.107 4	0.620 5	1.210 2	1.394 2	5.292
2088	2019-09-19	1.019 3	0.990 8	1.050 3	0.687 6	0.741 2	0.725 4	3.847
2089	2019-09-20	1.125 0	1.239 5	0.769 1	0.837 2	0.919 5	1.070 8	4.922
2090	2019-09-21	1.094 4	1.393 0	0.769 1	0.687 6	1.017 7	1.070 8	5.431
2091	2019-09-22	1.094 4	1.393 0	0.873 7	0.687 6	1.203 0	1.193 7	5.609
2092	2019-09-23	1.029 9	1.556 1	0.873 7	0.837 2	1.203 0	1.193 7	6.099
2093	2019-09-24	1.029 9	1.556 1	1.050 3	0.837 2	0.919 5	1.193 7	5.957
2094	2019-09-25	1.125 0	1.556 1	0.769 1	0.687 6	1.203 0	1.193 7	6.099
2095	2019-09-26	1.125 0	1.556 1	0.949 7	0.687 6	1.080 1	1.193 7	6.037
2096	2019-09-27	1.094 4	1.393 0	0.949 7	0.687 6	1.203 0	1.193 7	5.609
2097	2019-09-28	1.094 4	1.556 1	0.769 1	1.009 3	0.919 5	0.896 0	5.750
2098	2019-09-29	1.125 0	1.556 1	0.949 7	1.009 3	1.210 2	1.070 8	6.017
2099	2019-09-30	1.019 3	1.556 1	1.140 2	1.009 3	1.346 4	1.070 8	6.084
2100	2019-10-01	1.029 9	1.556 1	1.058 0	1.009 3	1.080 1	0.896 0	5.830
2101	2019-10-02	1.089 3	1.556 1	0.949 7	1.227 3	0.919 5	0.896 0	5.750
2102	2019-10-03	1.125 0	1.556 1	1.050 3	1.227 3	0.919 5	0.896 0	5.750
2103	2019-10-04	1.029 9	0.990 8	1.027 0	0.687 6	1.017 7	0.422 9	3.774

序号	日期	O₃气象污染分指数						O₃气象污染综合指数
		平均相对湿度	日最高气温	平均风速	平均本站气压	边界层厚度	短波辐射通量	
2104	2019-10-05	0.965 8	0.835 9	1.050 3	0.515 2	1.080 1	1.193 7	3.877
2105	2019-10-06	1.019 3	0.835 9	1.058 0	0.620 5	0.919 5	0.422 9	3.260
2106	2019-10-07	1.029 9	0.990 8	1.140 2	0.837 2	1.017 7	1.070 8	4.225
2107	2019-10-08	0.890 9	0.990 8	1.140 2	0.620 5	1.210 2	1.070 8	4.321
2108	2019-10-09	1.019 3	1.239 5	1.050 3	0.837 2	1.210 2	0.725 4	4.826
2109	2019-10-10	1.094 4	0.835 9	0.769 1	1.009 3	1.080 1	0.725 4	3.551
2110	2019-10-11	1.029 9	0.835 9	1.058 0	0.837 2	0.919 5	0.725 4	3.471
2111	2019-10-12	1.049 1	0.835 9	1.050 3	0.687 6	1.017 7	0.725 4	3.520
2112	2019-10-13	1.089 3	0.685 7	1.107 4	0.515 2	1.080 1	0.422 9	2.890
2113	2019-10-14	1.019 3	0.685 7	0.873 7	0.493 7	1.080 1	1.070 8	3.341
2114	2019-10-15	1.029 9	0.835 9	0.873 7	0.493 7	0.919 5	0.896 0	3.590
2115	2019-10-16	1.019 3	0.685 7	1.107 4	0.515 2	0.741 2	0.422 9	2.721
2116	2019-10-17	0.909 0	0.685 7	0.873 7	0.515 2	0.601 5	0.422 9	2.651
2117	2019-10-18	0.909 0	0.835 9	0.769 1	0.620 5	0.741 2	0.622 5	3.310
2118	2019-10-19	0.909 0	0.990 8	0.974 7	0.687 6	0.741 2	0.622 5	3.775
2119	2019-10-20	1.125 0	0.990 8	0.873 7	0.837 2	0.919 5	0.896 0	4.054
2120	2019-10-21	1.019 3	0.990 8	0.949 7	0.687 6	0.919 5	0.896 0	4.054
2121	2019-10-22	1.094 4	0.990 8	0.769 1	0.837 2	0.741 2	0.725 4	3.847
2122	2019-10-23	0.909 0	0.990 8	0.769 1	0.837 2	0.601 5	0.476 5	3.604
2123	2019-10-24	1.094 4	0.990 8	1.119 0	0.687 6	0.741 2	0.422 9	3.636
2124	2019-10-25	0.965 8	0.685 7	1.027 0	0.515 2	1.210 2	0.896 0	3.284
2125	2019-10-26	1.029 9	0.835 9	1.058 0	0.620 5	1.017 7	0.896 0	3.639
2126	2019-10-27	1.029 9	0.835 9	0.949 7	1.009 3	0.741 2	0.896 0	3.501
2127	2019-10-28	0.854 7	0.685 7	1.027 0	1.227 3	1.388 3	0.896 0	3.372
2128	2019-10-29	0.854 7	0.835 9	0.873 7	0.837 2	0.601 5	0.896 0	3.431
2129	2019-10-30	1.049 1	0.990 8	0.769 1	1.009 3	0.447 8	0.725 4	3.701
2130	2019-10-31	0.965 8	1.239 5	0.769 1	0.837 2	0.601 5	0.725 4	4.523
2131	2019-11-01	1.019 3	0.835 9	1.058 0	0.620 5	0.741 2	0.622 5	3.310
2132	2019-11-02	1.019 3	0.835 9	0.873 7	0.687 6	0.601 5	0.422 9	3.102
2133	2019-11-03	0.965 8	0.685 7	1.050 3	0.515 2	1.017 7	0.422 9	2.858
2134	2019-11-04	0.909 0	0.685 7	0.769 1	0.515 2	0.447 8	0.622 5	2.714
2135	2019-11-05	1.094 4	0.835 9	0.949 7	0.620 5	0.741 2	0.622 5	3.310
2136	2019-11-06	1.094 4	0.685 7	0.873 7	0.837 2	0.447 8	0.422 9	2.575
2137	2019-11-07	1.049 1	0.685 7	1.058 0	0.515 2	1.210 2	0.725 4	3.165
2138	2019-11-08	0.909 0	0.685 7	0.769 1	0.620 5	0.447 8	0.622 5	2.714
2139	2019-11-09	0.909 0	0.685 7	0.769 1	0.687 6	0.601 5	0.422 9	2.651
2140	2019-11-10	1.125 0	0.685 7	1.027 0	1.407 3	1.210 2	0.422 9	2.954

续表

序号	日期	O₃气象污染分指数						O₃气象污染综合指数
		平均相对湿度	日最高气温	平均风速	平均本站气压	边界层厚度	短波辐射通量	
2141	2019-11-11	0.965 8	0.835 9	0.769 1	1.009 3	0.919 5	0.622 5	3.399
2142	2019-11-12	1.049 1	0.835 9	0.974 7	1.009 3	0.741 2	0.476 5	3.209
2143	2019-11-13	0.854 7	0.685 7	1.027 0	0.620 5	1.388 3	0.725 4	3.254
2144	2019-11-14	0.965 8	0.529 9	0.949 7	0.837 2	0.447 8	0.622 5	2.246
2145	2019-11-15	1.125 0	0.529 9	1.107 4	0.837 2	0.919 5	0.622 5	2.481
2146	2019-11-16	1.089 3	0.529 9	1.107 4	0.837 2	0.741 2	0.422 9	2.253
2147	2019-11-17	1.049 1	0.529 9	1.119 0	0.837 2	1.203 0	0.422 9	2.483
2148	2019-11-18	0.854 7	0.468 6	1.027 0	0.493 7	1.388 3	0.725 4	2.602
2149	2019-11-19	0.890 9	0.468 6	0.769 1	0.493 7	0.601 5	0.725 4	2.211
2150	2019-11-20	1.019 3	0.529 9	0.769 1	0.515 2	0.447 8	0.476 5	2.145
2151	2019-11-21	1.089 3	0.529 9	0.873 7	0.620 5	0.447 8	0.422 9	2.107
2152	2019-11-22	0.909 0	0.685 7	0.949 7	0.687 6	0.601 5	0.476 5	2.689
2153	2019-11-23	0.909 0	0.685 7	1.050 3	0.837 2	0.447 8	0.422 9	2.575
2154	2019-11-24	0.890 9	0.529 9	1.027 0	0.493 7	1.346 4	0.622 5	2.694
2155	2019-11-25	0.854 7	0.448 8	0.974 7	0.493 7	0.741 2	0.622 5	2.149
2156	2019-11-26	0.890 9	0.468 6	1.050 3	0.493 7	0.447 8	0.476 5	1.961
2157	2019-11-27	0.854 7	0.468 6	0.974 7	0.493 7	1.203 0	0.622 5	2.439
2158	2019-11-28	1.029 9	0.448 8	0.769 1	0.493 7	0.601 5	0.476 5	1.978
2159	2019-11-29	1.125 0	0.468 6	0.769 1	0.493 7	0.741 2	0.422 9	2.069
2160	2019-11-30	0.909 0	0.448 8	0.974 7	0.493 7	0.741 2	0.422 9	2.010
2161	2019-12-01	0.890 9	0.468 6	1.058 0	0.515 2	0.741 2	0.476 5	2.107
2162	2019-12-02	0.854 7	0.468 6	1.058 0	0.515 2	0.919 5	0.622 5	2.297
2163	2019-12-03	0.890 9	0.529 9	0.769 1	0.620 5	0.601 5	0.476 5	2.221
2164	2019-12-04	0.965 8	0.529 9	0.873 7	0.493 7	0.447 8	0.476 5	2.145
2165	2019-12-05	1.019 3	0.448 8	1.107 4	0.493 7	0.919 5	0.476 5	2.136
2166	2019-12-06	1.029 9	0.448 8	1.107 4	0.493 7	0.601 5	0.476 5	1.978
2167	2019-12-07	1.094 4	0.468 6	0.769 1	0.493 7	0.447 8	0.422 9	1.923
2168	2019-12-08	0.909 0	0.448 8	0.769 1	0.620 5	0.447 8	0.422 9	1.864
2169	2019-12-09	0.909 0	0.448 8	0.873 7	0.687 6	0.447 8	0.476 5	1.901
2170	2019-12-10	0.909 0	0.448 8	0.949 7	0.837 2	0.741 2	0.422 9	2.010
2171	2019-12-11	0.890 9	0.468 6	1.027 0	0.620 5	0.919 5	0.622 5	2.297
2172	2019-12-12	0.890 9	0.468 6	0.949 7	0.515 2	0.447 8	0.476 5	1.961
2173	2019-12-13	0.965 8	0.529 9	1.058 0	0.620 5	0.741 2	0.476 5	2.291
2174	2019-12-14	0.965 8	0.468 6	0.873 7	0.493 7	0.601 5	0.422 9	2.000
2175	2019-12-15	1.125 0	0.468 6	0.769 1	0.515 2	0.447 8	0.422 9	1.923
2176	2019-12-16	0.909 0	0.448 8	0.873 7	0.687 6	0.447 8	0.422 9	1.864
2177	2019-12-17	1.019 3	0.448 8	1.027 0	0.515 2	1.080 1	0.476 5	2.216

序号	日期	O₃气象污染分指数						O₃气象污染综合指数
		平均相对湿度	日最高气温	平均风速	平均本站气压	边界层厚度	短波辐射通量	
2178	2019-12-18	0.965 8	0.448 8	0.974 7	0.493 7	0.447 8	0.422 9	1.864
2179	2019-12-19	0.890 9	0.448 8	1.119 0	0.493 7	0.601 5	0.476 5	1.978
2180	2019-12-20	1.049 1	0.448 8	0.873 7	0.493 7	0.447 8	0.476 5	1.901
2181	2019-12-21	1.019 3	0.468 6	0.769 1	0.620 5	0.447 8	0.476 5	1.961
2182	2019-12-22	1.089 3	0.448 8	0.769 1	0.687 6	0.447 8	0.422 9	1.864
2183	2019-12-23	0.909 0	0.448 8	0.949 7	0.515 2	0.447 8	0.422 9	1.864
2184	2019-12-24	1.094 4	0.448 8	0.873 7	0.515 2	0.447 8	0.422 9	1.864
2185	2019-12-25	1.019 3	0.468 6	0.949 7	0.620 5	0.447 8	0.422 9	1.923
2186	2019-12-26	0.965 8	0.448 8	0.873 7	0.515 2	0.741 2	0.476 5	2.047
2187	2019-12-27	1.019 3	0.468 6	0.949 7	0.687 6	0.447 8	0.476 5	1.961
2188	2019-12-28	1.089 3	0.468 6	0.769 1	0.687 6	0.447 8	0.422 9	1.923
2189	2019-12-29	1.094 4	0.448 8	0.974 7	0.837 2	0.447 8	0.422 9	1.864
2190	2019-12-30	0.854 7	0.448 8	1.027 0	0.493 7	1.210 2	0.622 5	2.383
2191	2019-12-31	0.854 7	0.448 8	1.050 3	0.493 7	0.447 8	0.622 5	2.003
2192	2020-01-01	0.965 8	0.448 8	0.769 1	0.493 7	0.447 8	0.422 9	1.864
2193	2020-01-02	1.049 1	0.448 8	0.769 1	0.493 7	0.447 8	0.422 9	1.864
2194	2020-01-03	1.049 1	0.468 6	0.769 1	0.493 7	0.447 8	0.422 9	1.923
2195	2020-01-04	1.019 3	0.529 9	0.769 1	0.515 2	0.447 8	0.476 5	2.145
2196	2020-01-05	0.909 0	0.448 8	0.974 7	0.493 7	0.601 5	0.422 9	1.940
2197	2020-01-06	0.909 0	0.448 8	0.949 7	0.515 2	0.447 8	0.422 9	1.864
2198	2020-01-07	1.029 9	0.448 8	1.107 4	0.620 5	0.741 2	0.422 9	2.010
2199	2020-01-08	0.965 8	0.468 6	1.140 2	0.515 2	0.601 5	0.622 5	2.139
2200	2020-01-09	1.125 0	0.468 6	0.769 1	0.515 2	0.447 8	0.422 9	1.923
2201	2020-01-10	1.029 9	0.468 6	0.873 7	0.515 2	0.601 5	0.622 5	2.139
2202	2020-01-11	0.965 8	0.448 8	0.873 7	0.515 2	0.447 8	0.422 9	1.864
2203	2020-01-12	1.049 1	0.448 8	0.769 1	0.620 5	0.447 8	0.422 9	1.864
2204	2020-01-13	0.890 9	0.448 8	1.119 0	0.515 2	0.919 5	0.622 5	2.238
2205	2020-01-14	0.890 9	0.448 8	0.873 7	0.493 7	0.447 8	0.622 5	2.003
2206	2020-01-15	1.019 3	0.448 8	0.769 1	0.493 7	0.447 8	0.422 9	1.864
2207	2020-01-16	1.089 3	0.448 8	0.769 1	0.493 7	0.447 8	0.422 9	1.864
2208	2020-01-17	1.125 0	0.448 8	0.769 1	0.515 2	0.447 8	0.422 9	1.864
2209	2020-01-18	0.909 0	0.448 8	1.050 3	0.620 5	0.447 8	0.422 9	1.864
2210	2020-01-19	1.029 9	0.468 6	0.949 7	0.687 6	0.741 2	0.622 5	2.209
2211	2020-01-20	0.854 7	0.468 6	1.140 2	0.515 2	0.741 2	0.725 4	2.280
2212	2020-01-21	1.029 9	0.448 8	0.769 1	0.515 2	0.447 8	0.422 9	1.864
2213	2020-01-22	0.909 0	0.468 6	0.769 1	0.620 5	0.447 8	0.422 9	1.923
2214	2020-01-23	1.089 3	0.529 9	0.949 7	0.515 2	0.601 5	0.476 5	2.221

续表

序号	日期	O₃ 气象污染分指数						O₃ 气象污染综合指数
		平均相对湿度	日最高气温	平均风速	平均本站气压	边界层厚度	短波辐射通量	
2215	2020-01-24	1.029 9	0.448 8	1.058 0	0.493 7	0.741 2	0.622 5	2.149
2216	2020-01-25	1.089 3	0.468 6	0.769 1	0.493 7	0.447 8	0.476 5	1.961
2217	2020-01-26	0.909 0	0.448 8	0.769 1	0.493 7	0.601 5	0.476 5	1.978
2218	2020-01-27	1.094 4	0.468 6	0.769 1	0.515 2	0.447 8	0.422 9	1.923
2219	2020-01-28	1.089 3	0.468 6	0.769 1	0.620 5	0.601 5	0.422 9	2.000
2220	2020-01-29	1.089 3	0.468 6	0.873 7	0.515 2	0.919 5	0.622 5	2.297
2221	2020-01-30	1.029 9	0.468 6	0.769 1	0.515 2	0.741 2	0.725 4	2.280
2222	2020-01-31	1.125 0	0.529 9	0.769 1	0.620 5	0.601 5	0.622 5	2.323
2223	2020-02-01	0.890 9	0.468 6	1.058 0	0.515 2	1.017 7	0.725 4	2.418
2224	2020-02-02	0.909 0	0.448 8	1.058 0	0.515 2	1.017 7	0.422 9	2.148
2225	2020-02-03	0.965 8	0.448 8	1.140 2	0.515 2	0.741 2	0.725 4	2.221
2226	2020-02-04	1.049 1	0.448 8	1.107 4	0.493 7	1.017 7	0.896 0	2.477
2227	2020-02-05	0.909 0	0.448 8	1.140 2	0.493 7	1.080 1	0.476 5	2.216
2228	2020-02-06	1.094 4	0.448 8	1.050 3	0.493 7	0.919 5	0.476 5	2.136
2229	2020-02-07	1.094 4	0.448 8	0.873 7	0.493 7	0.447 8	0.622 5	2.003
2230	2020-02-08	1.125 0	0.468 6	0.769 1	0.493 7	0.447 8	0.896 0	2.253
2231	2020-02-09	1.094 4	0.468 6	0.949 7	0.620 5	0.447 8	0.896 0	2.253
2232	2020-02-10	1.089 3	0.685 7	0.769 1	0.837 2	0.447 8	0.725 4	2.785
2233	2020-02-11	1.094 4	0.685 7	0.769 1	0.837 2	0.447 8	0.725 4	2.785
2234	2020-02-12	0.909 0	0.685 7	0.769 1	1.009 3	0.447 8	0.622 5	2.714
2235	2020-02-13	0.909 0	0.529 9	1.058 0	1.227 3	0.601 5	0.622 5	2.323
2236	2020-02-14	0.909 0	0.529 9	1.027 0	0.687 6	0.601 5	0.422 9	2.184
2237	2020-02-15	1.049 1	0.448 8	1.027 0	0.493 7	1.388 3	0.896 0	2.662
2238	2020-02-16	0.965 8	0.448 8	1.027 0	0.515 2	1.388 3	1.070 8	2.784
2239	2020-02-17	0.890 9	0.468 6	1.027 0	0.493 7	0.919 5	1.070 8	2.609
2240	2020-02-18	1.019 3	0.529 9	0.949 7	0.515 2	0.447 8	0.896 0	2.437
2241	2020-02-19	0.909 0	0.468 6	0.949 7	0.620 5	0.601 5	0.896 0	2.329
2242	2020-02-20	0.909 0	0.448 8	0.873 7	0.493 7	0.447 8	0.622 5	2.003
2243	2020-02-21	1.094 4	0.529 9	1.058 0	0.515 2	1.388 3	0.896 0	2.905
2244	2020-02-22	0.854 7	0.529 9	1.119 0	0.493 7	1.210 2	1.070 8	2.938
2245	2020-02-23	0.965 8	0.685 7	1.107 4	0.687 6	0.741 2	0.896 0	3.050
2246	2020-02-24	1.125 0	0.529 9	1.119 0	0.837 2	0.601 5	0.422 9	2.184
2247	2020-02-25	0.965 8	0.529 9	0.974 7	0.620 5	1.017 7	0.896 0	2.721
2248	2020-02-26	1.029 9	0.529 9	1.050 3	0.493 7	1.080 1	0.896 0	2.752
2249	2020-02-27	1.019 3	0.468 6	1.058 0	0.493 7	0.919 5	0.725 4	2.369
2250	2020-02-28	1.094 4	0.468 6	1.107 4	0.687 6	0.741 2	0.896 0	2.399
2251	2020-02-29	0.909 0	0.468 6	0.769 1	0.837 2	0.741 2	0.476 5	2.107

序号	日期	O₃气象污染分指数						O₃气象污染综合指数
		平均相对湿度	日最高气温	平均风速	平均本站气压	边界层厚度	短波辐射通量	
2252	2020-03-01	1.029 9	0.529 9	1.119 0	0.620 5	1.388 3	1.070 8	3.027
2253	2020-03-02	1.049 1	0.529 9	1.027 0	0.620 5	1.346 4	1.070 8	3.006
2254	2020-03-03	1.019 3	0.529 9	1.027 0	0.620 5	1.388 3	1.193 7	3.112
2255	2020-03-04	0.854 7	0.468 6	1.027 0	0.493 7	1.346 4	1.193 7	2.908
2256	2020-03-05	0.965 8	0.529 9	1.119 0	0.620 5	1.017 7	0.896 0	2.721
2257	2020-03-06	1.019 3	0.685 7	1.058 0	1.009 3	1.080 1	0.896 0	3.219
2258	2020-03-07	1.094 4	0.685 7	1.107 4	1.009 3	1.017 7	1.070 8	3.310
2259	2020-03-08	0.909 0	0.529 9	1.050 3	1.009 3	0.601 5	0.725 4	2.394
2260	2020-03-09	0.909 0	0.529 9	1.058 0	0.837 2	0.741 2	0.476 5	2.291
2261	2020-03-10	1.029 9	0.529 9	1.140 2	0.837 2	1.388 3	1.193 7	3.112
2262	2020-03-11	0.965 8	0.835 9	1.119 0	1.009 3	1.203 0	1.193 7	3.938
2263	2020-03-12	1.049 1	0.685 7	1.119 0	0.837 2	1.080 1	0.725 4	3.100
2264	2020-03-13	0.890 9	0.529 9	1.058 0	0.515 2	1.388 3	1.193 7	3.112
2265	2020-03-14	0.854 7	0.685 7	1.140 2	0.837 2	1.388 3	1.394 2	3.719
2266	2020-03-15	0.890 9	0.685 7	1.027 0	0.837 2	1.210 2	1.193 7	3.491
2267	2020-03-16	0.965 8	0.685 7	1.140 2	0.687 6	0.919 5	1.193 7	3.346
2268	2020-03-17	0.965 8	0.990 8	1.050 3	1.009 3	1.210 2	1.193 7	4.406
2269	2020-03-18	0.854 7	1.239 5	1.027 0	1.651 5	1.388 3	1.394 2	5.381
2270	2020-03-19	0.854 7	0.835 9	1.027 0	1.009 3	1.388 3	1.394 2	4.170
2271	2020-03-20	0.854 7	0.990 8	1.107 4	1.602 8	1.203 0	1.193 7	4.403
2272	2020-03-21	0.854 7	0.685 7	1.027 0	1.227 3	1.080 1	1.193 7	3.426
2273	2020-03-22	0.965 8	0.990 8	1.058 0	0.837 2	1.203 0	1.394 2	4.543
2274	2020-03-23	0.890 9	0.835 9	1.027 0	0.837 2	0.601 5	1.394 2	3.778
2275	2020-03-24	0.965 8	0.835 9	1.119 0	1.009 3	1.080 1	0.896 0	3.670
2276	2020-03-25	0.965 8	0.990 8	0.974 7	1.227 3	1.080 1	1.070 8	4.256
2277	2020-03-26	1.049 1	0.685 7	1.027 0	0.837 2	1.210 2	0.422 9	2.954
2278	2020-03-27	0.854 7	0.685 7	1.027 0	0.515 2	1.388 3	1.486 2	3.784
2279	2020-03-28	0.854 7	0.685 7	1.107 4	0.515 2	1.346 4	1.486 2	3.763
2280	2020-03-29	0.854 7	0.835 9	1.119 0	0.687 6	1.203 0	1.070 8	3.853
2281	2020-03-30	0.965 8	0.835 9	1.119 0	0.837 2	1.203 0	1.070 8	3.853
2282	2020-03-31	1.019 3	0.835 9	1.058 0	1.009 3	1.210 2	1.070 8	3.856
2283	2020-04-01	0.854 7	0.685 7	1.140 2	0.620 5	1.388 3	1.394 2	3.719
2284	2020-04-02	0.890 9	0.835 9	1.140 2	0.620 5	1.388 3	1.486 2	4.234
2285	2020-04-03	0.890 9	0.990 8	1.058 0	0.687 6	1.388 3	1.486 2	4.699
2286	2020-04-04	0.890 9	0.835 9	1.027 0	0.515 2	1.346 4	1.486 2	4.213
2287	2020-04-05	0.890 9	0.835 9	1.058 0	0.515 2	1.017 7	1.486 2	4.050
2288	2020-04-06	1.049 1	0.990 8	1.050 3	0.837 2	0.919 5	1.070 8	4.176

续表

序号	日期	O₃气象污染分指数						O₃气象污染综合指数
		平均相对湿度	日最高气温	平均风速	平均本站气压	边界层厚度	短波辐射通量	
2289	2020-04-07	0.965 8	0.835 9	1.027 0	0.837 2	1.203 0	1.070 8	3.853
2290	2020-04-08	0.854 7	0.685 7	1.107 4	0.687 6	1.080 1	1.394 2	3.566
2291	2020-04-09	1.019 3	0.685 7	1.058 0	0.515 2	1.346 4	1.193 7	3.559
2292	2020-04-10	1.049 1	0.685 7	1.050 3	0.515 2	1.388 3	1.394 2	3.719
2293	2020-04-11	0.854 7	0.990 8	1.107 4	0.620 5	1.388 3	1.638 9	4.805
2294	2020-04-12	0.854 7	0.990 8	1.107 4	0.837 2	1.346 4	1.638 9	4.784
2295	2020-04-13	0.890 9	1.239 5	0.949 7	0.837 2	1.210 2	1.486 2	5.356
2296	2020-04-14	0.890 9	1.239 5	1.027 0	1.227 3	1.388 3	1.486 2	5.445
2297	2020-04-15	0.890 9	1.239 5	1.027 0	1.407 3	1.210 2	1.394 2	5.292
2298	2020-04-16	1.019 3	0.835 9	1.027 0	1.407 3	1.388 3	1.394 2	4.170
2299	2020-04-17	0.965 8	0.835 9	1.027 0	1.009 3	1.388 3	1.394 2	4.170
2300	2020-04-18	1.019 3	0.990 8	0.949 7	0.837 2	1.210 2	1.070 8	4.321
2301	2020-04-19	1.019 3	0.835 9	1.058 0	1.227 3	1.388 3	1.193 7	4.030
2302	2020-04-20	0.854 7	0.835 9	1.027 0	1.009 3	1.388 3	1.638 9	4.340
2303	2020-04-21	0.854 7	0.685 7	1.027 0	0.687 6	1.388 3	1.638 9	3.890
2304	2020-04-22	0.854 7	0.685 7	1.027 0	0.687 6	1.388 3	1.638 9	3.890
2305	2020-04-23	0.854 7	0.835 9	1.027 0	0.687 6	1.388 3	1.638 9	4.340
2306	2020-04-24	0.854 7	1.239 5	1.027 0	1.407 3	1.388 3	1.638 9	5.551
2307	2020-04-25	0.854 7	0.990 8	1.027 0	1.227 3	1.388 3	1.638 9	4.805
2308	2020-04-26	0.854 7	0.990 8	1.119 0	0.837 2	1.388 3	1.638 9	4.805
2309	2020-04-27	0.890 9	0.990 8	0.949 7	0.687 6	1.388 3	1.638 9	4.805
2310	2020-04-28	0.890 9	1.393 0	1.140 2	1.009 3	1.346 4	1.638 9	5.991
2311	2020-04-29	0.890 9	1.556 1	1.027 0	1.407 3	1.210 2	1.486 2	6.306
2312	2020-04-30	0.965 8	1.785 9	1.107 4	1.602 8	1.346 4	1.638 9	7.170
2313	2020-05-01	1.049 1	1.785 9	1.119 0	1.651 5	1.388 3	1.486 2	7.084
2314	2020-05-02	1.029 9	1.785 9	1.027 0	1.651 5	1.210 2	1.638 9	7.102
2315	2020-05-03	1.094 4	0.990 8	1.107 4	1.602 8	0.919 5	1.394 2	4.401
2316	2020-05-04	0.909 0	0.835 9	1.058 0	1.009 3	1.017 7	0.725 4	3.520
2317	2020-05-05	0.909 0	0.990 8	1.058 0	1.227 3	1.080 1	1.638 9	4.652
2318	2020-05-06	1.029 9	1.239 5	1.107 4	1.009 3	0.919 5	1.638 9	5.318
2319	2020-05-07	1.089 3	0.835 9	0.949 7	1.227 3	0.919 5	0.422 9	3.260
2320	2020-05-08	0.909 0	0.835 9	1.058 0	1.227 3	0.601 5	0.422 9	3.102
2321	2020-05-09	0.909 0	0.835 9	1.050 3	1.407 3	0.919 5	1.193 7	3.797
2322	2020-05-10	1.049 1	1.239 5	1.119 0	1.407 3	1.388 3	1.638 9	5.551
2323	2020-05-11	0.854 7	1.239 5	1.027 0	1.602 8	1.388 3	1.638 9	5.551
2324	2020-05-12	0.854 7	1.239 5	1.119 0	1.407 3	1.388 3	1.638 9	5.551
2325	2020-05-13	1.019 3	1.393 0	1.058 0	1.407 3	1.203 0	1.638 9	5.919

序号	日期	O₃气象污染分指数						O₃气象污染综合指数
		平均相对湿度	日最高气温	平均风速	平均本站气压	边界层厚度	短波辐射通量	
2326	2020-05-14	1.019 3	1.393 0	1.027 0	1.602 8	1.346 4	1.638 9	5.991
2327	2020-05-15	1.089 3	0.990 8	1.119 0	1.602 8	0.741 2	1.638 9	4.483
2328	2020-05-16	0.909 0	0.990 8	1.058 0	1.651 5	1.346 4	1.486 2	4.678
2329	2020-05-17	1.049 1	0.990 8	0.873 7	1.651 5	1.210 2	1.070 8	4.321
2330	2020-05-18	0.854 7	1.239 5	1.027 0	1.651 5	1.388 3	1.638 9	5.551
2331	2020-05-19	0.890 9	1.393 0	1.058 0	1.602 8	1.388 3	1.638 9	6.012
2332	2020-05-20	0.965 8	1.556 1	1.058 0	1.602 8	1.210 2	1.486 2	6.306
2333	2020-05-21	1.089 3	0.990 8	1.119 0	1.602 8	0.741 2	1.070 8	4.087
2334	2020-05-22	1.125 0	1.393 0	1.058 0	1.651 5	1.388 3	1.638 9	6.012
2335	2020-05-23	1.125 0	1.239 5	0.974 7	1.602 8	1.388 3	1.638 9	5.551
2336	2020-05-24	1.019 3	1.393 0	0.974 7	1.227 3	1.388 3	1.638 9	6.012
2337	2020-05-25	1.089 3	1.239 5	1.050 3	1.227 3	1.346 4	1.394 2	5.360
2338	2020-05-26	1.089 3	1.239 5	0.974 7	1.227 3	1.388 3	1.638 9	5.551
2339	2020-05-27	1.049 1	1.393 0	1.027 0	1.602 8	1.388 3	1.638 9	6.012
2340	2020-05-28	1.049 1	1.785 9	1.140 2	1.602 8	1.388 3	1.638 9	7.190
2341	2020-05-29	1.029 9	1.785 9	1.058 0	1.602 8	1.388 3	1.638 9	7.190
2342	2020-05-30	1.049 1	1.556 1	1.027 0	1.407 3	1.388 3	1.394 2	6.331
2343	2020-05-31	1.049 1	1.393 0	1.027 0	1.407 3	1.388 3	1.486 2	5.905
2344	2020-06-01	1.049 1	1.785 9	1.027 0	1.602 8	1.388 3	1.638 9	7.190
2345	2020-06-02	1.019 3	1.785 9	1.058 0	1.651 5	1.388 3	1.638 9	7.190
2346	2020-06-03	0.965 8	1.785 9	0.974 7	1.651 5	1.388 3	1.638 9	7.190
2347	2020-06-04	0.965 8	1.393 0	1.119 0	1.651 5	1.017 7	1.638 9	5.827
2348	2020-06-05	0.890 9	1.393 0	1.027 0	1.407 3	1.080 1	1.638 9	5.858
2349	2020-06-06	0.965 8	1.556 1	1.050 3	1.407 3	0.919 5	1.638 9	6.267
2350	2020-06-07	1.019 3	1.785 9	1.050 3	1.651 5	1.346 4	1.638 9	7.170
2351	2020-06-08	0.890 9	1.785 9	1.140 2	1.602 8	1.388 3	1.638 9	7.190
2352	2020-06-09	1.125 0	1.556 1	1.140 2	1.407 3	1.203 0	1.070 8	6.013
2353	2020-06-10	1.125 0	1.785 9	0.974 7	1.602 8	1.388 3	1.638 9	7.190
2354	2020-06-11	1.089 3	1.785 9	1.119 0	1.651 5	1.080 1	1.193 7	6.727
2355	2020-06-12	1.029 9	1.556 1	0.974 7	1.651 5	1.210 2	1.394 2	6.242
2356	2020-06-13	1.019 3	1.785 9	1.050 3	1.651 5	1.388 3	1.486 2	7.084
2357	2020-06-14	0.854 7	1.785 9	1.107 4	1.407 3	1.388 3	1.638 9	7.190
2358	2020-06-15	0.890 9	1.785 9	0.949 7	1.602 8	1.388 3	1.638 9	7.190
2359	2020-06-16	0.890 9	1.785 9	1.050 3	1.602 8	1.388 3	1.394 2	7.020
2360	2020-06-17	1.049 1	1.556 1	1.119 0	1.651 5	1.346 4	0.896 0	5.963
2361	2020-06-18	1.089 3	1.556 1	1.107 4	1.651 5	1.388 3	1.193 7	6.191
2362	2020-06-19	1.125 0	1.785 9	1.050 3	1.602 8	1.388 3	1.638 9	7.190

序号	日期	O₃ 气象污染分指数						O₃ 气象污染综合指数
		平均相对湿度	日最高气温	平均风速	平均本站气压	边界层厚度	短波辐射通量	
2363	2020-06-20	1.019 3	1.785 9	1.119 0	1.602 8	1.388 3	1.486 2	7.084
2364	2020-06-21	1.049 1	1.785 9	1.027 0	1.651 5	1.388 3	1.638 9	7.190
2365	2020-06-22	1.019 3	1.785 9	1.119 0	1.651 5	1.388 3	1.638 9	7.190
2366	2020-06-23	1.125 0	1.393 0	1.140 2	1.651 5	1.210 2	1.070 8	5.527
2367	2020-06-24	1.089 3	1.393 0	0.974 7	1.651 5	1.203 0	1.638 9	5.919
2368	2020-06-25	1.125 0	1.393 0	1.119 0	1.651 5	1.203 0	1.638 9	5.919
2369	2020-06-26	0.909 0	1.393 0	0.769 1	1.651 5	0.919 5	1.070 8	5.382
2370	2020-06-27	1.094 4	1.556 1	1.050 3	1.651 5	1.203 0	1.486 2	6.302
2371	2020-06-28	1.029 9	1.785 9	0.974 7	1.602 8	1.017 7	1.394 2	6.835
2372	2020-06-29	1.094 4	1.393 0	0.873 7	1.651 5	1.210 2	1.070 8	5.527
2373	2020-06-30	1.029 9	1.785 9	1.058 0	1.651 5	1.388 3	1.486 2	7.084
2374	2020-07-01	1.019 3	1.785 9	1.107 4	1.651 5	1.388 3	1.486 2	7.084
2375	2020-07-02	1.125 0	1.393 0	1.119 0	1.602 8	1.203 0	1.394 2	5.749
2376	2020-07-03	1.094 4	1.239 5	1.107 4	1.407 3	1.080 1	0.896 0	4.880
2377	2020-07-04	1.089 3	1.556 1	1.058 0	1.602 8	1.346 4	1.193 7	6.170
2378	2020-07-05	1.094 4	1.556 1	1.140 2	1.651 5	1.203 0	1.193 7	6.099
2379	2020-07-06	1.094 4	1.785 9	1.050 3	1.651 5	1.346 4	1.638 9	7.170
2380	2020-07-07	1.029 9	1.785 9	0.873 7	1.602 8	1.346 4	1.638 9	7.170
2381	2020-07-08	1.089 3	1.785 9	1.119 0	1.602 8	1.210 2	1.638 9	7.102
2382	2020-07-09	0.909 0	1.239 5	1.107 4	1.651 5	1.080 1	0.422 9	4.551
2383	2020-07-10	0.909 0	1.239 5	1.050 3	1.651 5	1.203 0	1.070 8	5.063
2384	2020-07-11	0.909 0	1.393 0	0.974 7	1.602 8	1.080 1	1.070 8	5.462
2385	2020-07-12	0.909 0	1.239 5	0.949 7	1.602 8	1.017 7	0.476 5	4.557
2386	2020-07-13	0.909 0	1.556 1	0.769 1	1.602 8	1.346 4	1.486 2	6.374
2387	2020-07-14	1.094 4	1.785 9	0.769 1	1.602 8	1.346 4	1.486 2	7.063
2388	2020-07-15	1.125 0	1.785 9	0.974 7	1.651 5	1.388 3	1.638 9	7.190
2389	2020-07-16	1.029 9	1.785 9	0.974 7	1.651 5	1.388 3	1.638 9	7.190
2390	2020-07-17	1.125 0	1.785 9	1.119 0	1.651 5	1.203 0	0.896 0	6.581
2391	2020-07-18	1.094 4	1.393 0	1.058 0	1.651 5	1.203 0	1.070 8	5.524
2392	2020-07-19	1.125 0	1.556 1	0.949 7	1.651 5	1.388 3	1.486 2	6.395
2393	2020-07-20	1.029 9	1.785 9	1.050 3	1.651 5	1.388 3	1.638 9	7.190
2394	2020-07-21	1.019 3	1.785 9	1.140 2	1.407 3	1.388 3	1.394 2	7.020
2395	2020-07-22	1.019 3	1.785 9	1.107 4	1.602 8	1.346 4	1.638 9	7.170
2396	2020-07-23	1.029 9	1.556 1	1.058 0	1.407 3	1.346 4	1.638 9	6.480
2397	2020-07-24	1.019 3	1.785 9	1.058 0	1.602 8	1.388 3	1.638 9	7.190
2398	2020-07-25	1.049 1	1.785 9	0.949 7	1.651 5	1.388 3	1.486 2	7.084
2399	2020-07-26	1.089 3	1.556 1	1.050 3	1.602 8	0.741 2	0.422 9	5.332

续表

序号	日期	O₃气象污染分指数						O₃气象污染综合指数
		平均相对湿度	日最高气温	平均风速	平均本站气压	边界层厚度	短波辐射通量	
2400	2020-07-27	0.909 0	1.239 5	0.769 1	1.602 8	1.080 1	0.725 4	4.762
2401	2020-07-28	1.094 4	1.556 1	0.949 7	1.602 8	1.210 2	1.193 7	6.102
2402	2020-07-29	1.094 4	1.785 9	0.769 1	1.407 3	1.346 4	1.394 2	6.999
2403	2020-07-30	1.125 0	1.785 9	1.140 2	1.407 3	1.346 4	1.486 2	7.063
2404	2020-07-31	0.909 0	1.556 1	1.050 3	1.407 3	1.203 0	1.070 8	6.013
2405	2020-08-01	0.909 0	1.785 9	1.058 0	1.602 8	1.346 4	1.394 2	6.999
2406	2020-08-02	0.909 0	1.785 9	0.873 7	1.651 5	1.346 4	1.486 2	7.063
2407	2020-08-03	1.094 4	1.785 9	0.974 7	1.651 5	1.203 0	1.394 2	6.928
2408	2020-08-04	1.094 4	1.785 9	0.949 7	1.651 5	1.388 3	1.486 2	7.084
2409	2020-08-05	0.909 0	1.556 1	0.974 7	1.602 8	0.601 5	0.422 9	5.262
2410	2020-08-06	0.909 0	1.556 1	1.058 0	1.602 8	0.919 5	0.896 0	5.750
2411	2020-08-07	1.094 4	1.556 1	1.140 2	1.651 5	1.080 1	1.486 2	6.241
2412	2020-08-08	1.094 4	1.556 1	1.058 0	1.651 5	1.080 1	1.486 2	6.241
2413	2020-08-09	1.094 4	1.785 9	0.974 7	1.651 5	1.210 2	1.486 2	6.995
2414	2020-08-10	1.094 4	1.556 1	0.873 7	1.651 5	1.203 0	1.394 2	6.238
2415	2020-08-11	0.909 0	1.785 9	0.769 1	1.651 5	1.080 1	1.193 7	6.727
2416	2020-08-12	0.909 0	1.556 1	1.107 4	1.602 8	0.601 5	0.622 5	5.401
2417	2020-08-13	0.909 0	1.393 0	1.050 3	1.651 5	1.017 7	1.070 8	5.431
2418	2020-08-14	0.909 0	1.785 9	0.949 7	1.651 5	0.919 5	1.193 7	6.647
2419	2020-08-15	0.909 0	1.556 1	1.058 0	1.651 5	0.919 5	0.725 4	5.631
2420	2020-08-16	0.909 0	1.239 5	0.769 1	1.407 3	0.741 2	0.725 4	4.593
2421	2020-08-17	0.909 0	1.393 0	0.769 1	1.407 3	0.601 5	0.622 5	4.912
2422	2020-08-18	0.909 0	1.785 9	1.119 0	1.602 8	0.601 5	0.725 4	6.162
2423	2020-08-19	0.909 0	0.990 8	1.058 0	1.227 3	0.601 5	0.422 9	3.566
2424	2020-08-20	1.094 4	1.239 5	0.769 1	1.009 3	1.017 7	1.070 8	4.971
2425	2020-08-21	1.089 3	1.239 5	0.949 7	1.009 3	1.080 1	1.486 2	5.291
2426	2020-08-22	1.089 3	1.393 0	0.873 7	1.227 3	1.017 7	1.394 2	5.657
2427	2020-08-23	0.909 0	1.393 0	1.058 0	1.602 8	1.017 7	1.193 7	5.517
2428	2020-08-24	0.909 0	1.556 1	1.027 0	1.651 5	1.017 7	1.070 8	5.921
2429	2020-08-25	1.094 4	1.785 9	0.769 1	1.651 5	0.447 8	1.070 8	6.326
2430	2020-08-26	0.909 0	1.393 0	0.769 1	1.651 5	0.447 8	0.725 4	4.907
2431	2020-08-27	0.909 0	1.556 1	0.873 7	1.651 5	1.203 0	1.193 7	6.099
2432	2020-08-28	1.094 4	1.556 1	0.769 1	1.651 5	1.017 7	1.394 2	6.146
2433	2020-08-29	1.094 4	1.393 0	1.050 3	1.407 3	0.919 5	1.193 7	5.468
2434	2020-08-30	1.094 4	1.556 1	1.140 2	1.227 3	0.919 5	1.193 7	5.957
2435	2020-08-31	1.094 4	1.393 0	1.058 0	1.227 3	0.919 5	0.896 0	5.261
2436	2020-09-01	1.089 3	1.785 9	0.949 7	1.407 3	1.203 0	1.486 2	6.992

续表

序号	日期	O₃气象污染分指数						O₃气象污染综合指数
		平均相对湿度	日最高气温	平均风速	平均本站气压	边界层厚度	短波辐射通量	
2437	2020-09-02	1.125 0	1.393 0	1.140 2	1.407 3	1.346 4	1.394 2	5.820
2438	2020-09-03	1.049 1	1.393 0	1.027 0	1.602 8	1.346 4	1.486 2	5.884
2439	2020-09-04	1.019 3	1.556 1	1.050 3	1.602 8	1.346 4	1.486 2	6.374
2440	2020-09-05	1.019 3	1.785 9	0.769 1	1.602 8	1.017 7	1.394 2	6.835
2441	2020-09-06	1.094 4	1.556 1	1.140 2	1.407 3	0.919 5	1.193 7	5.957
2442	2020-09-07	1.094 4	1.556 1	0.949 7	1.602 8	1.017 7	1.193 7	6.006
2443	2020-09-08	1.019 3	1.556 1	1.058 0	1.407 3	1.346 4	1.394 2	6.310
2444	2020-09-09	1.019 3	1.556 1	1.058 0	1.407 3	1.210 2	1.394 2	6.242
2445	2020-09-10	1.029 9	1.239 5	1.107 4	1.407 3	1.346 4	1.394 2	5.360
2446	2020-09-11	1.094 4	1.239 5	1.058 0	1.009 3	1.210 2	1.070 8	5.067
2447	2020-09-12	1.089 3	1.239 5	1.140 2	0.837 2	1.080 1	0.896 0	4.880
2448	2020-09-13	0.909 0	1.239 5	1.050 3	0.837 2	1.080 1	1.193 7	5.088
2449	2020-09-14	0.909 0	0.990 8	0.769 1	1.009 3	0.741 2	0.622 5	3.775
2450	2020-09-15	0.909 0	0.990 8	0.974 7	1.407 3	0.447 8	0.422 9	3.490
2451	2020-09-16	1.029 9	1.239 5	1.107 4	1.407 3	1.346 4	1.394 2	5.360
2452	2020-09-17	1.049 1	1.239 5	1.058 0	1.227 3	1.210 2	1.394 2	5.292
2453	2020-09-18	1.019 3	1.239 5	1.058 0	1.227 3	1.203 0	1.394 2	5.289
2454	2020-09-19	1.125 0	1.393 0	0.949 7	1.009 3	0.919 5	1.193 7	5.468
2455	2020-09-20	1.029 9	1.239 5	1.050 3	0.837 2	1.017 7	1.193 7	5.057
2456	2020-09-21	1.125 0	1.239 5	1.058 0	1.009 3	0.919 5	1.193 7	5.008
2457	2020-09-22	1.094 4	1.239 5	0.974 7	0.837 2	0.919 5	0.896 0	4.800
2458	2020-09-23	0.909 0	0.990 8	0.873 7	0.837 2	0.447 8	0.422 9	3.490
2459	2020-09-24	0.909 0	0.990 8	0.769 1	1.009 3	0.919 5	0.622 5	3.864
2460	2020-09-25	0.909 0	0.990 8	0.769 1	1.009 3	0.919 5	0.896 0	4.054
2461	2020-09-26	0.909 0	1.239 5	0.769 1	0.837 2	0.919 5	1.193 7	5.008
2462	2020-09-27	1.094 4	1.239 5	0.873 7	0.837 2	1.080 1	1.070 8	5.002
2463	2020-09-28	1.094 4	1.239 5	0.949 7	1.009 3	1.203 0	1.070 8	5.063
2464	2020-09-29	1.094 4	0.990 8	1.050 3	1.009 3	0.741 2	0.422 9	3.636
2465	2020-09-30	1.089 3	0.990 8	0.769 1	1.009 3	1.017 7	1.070 8	4.225
2466	2020-10-01	0.909 0	0.835 9	0.769 1	1.227 3	0.447 8	0.422 9	3.025
2467	2020-10-02	1.125 0	0.835 9	1.058 0	1.009 3	1.210 2	1.193 7	3.942
2468	2020-10-03	1.029 9	0.990 8	1.058 0	1.009 3	1.203 0	1.070 8	4.317
2469	2020-10-04	0.854 7	0.835 9	1.027 0	0.687 6	1.388 3	1.193 7	4.030
2470	2020-10-05	1.049 1	0.835 9	0.974 7	0.620 5	1.203 0	1.193 7	3.938
2471	2020-10-06	1.029 9	0.835 9	0.974 7	0.620 5	1.017 7	0.896 0	3.639
2472	2020-10-07	1.029 9	0.990 8	1.050 3	0.620 5	0.919 5	0.896 0	4.054
2473	2020-10-08	1.094 4	0.835 9	0.769 1	0.515 2	0.601 5	0.422 9	3.102

序号	日期	O₃气象污染分指数						O₃气象污染综合指数
		平均相对湿度	日最高气温	平均风速	平均本站气压	边界层厚度	短波辐射通量	
2474	2020-10-09	1.094 4	0.990 8	0.949 7	0.687 6	0.919 5	0.896 0	4.054
2475	2020-10-10	1.094 4	0.990 8	1.050 3	0.837 2	0.919 5	0.725 4	3.936
2476	2020-10-11	1.029 9	0.990 8	1.140 2	0.837 2	1.017 7	0.725 4	3.984
2477	2020-10-12	0.965 8	0.835 9	1.058 0	0.687 6	1.080 1	1.070 8	3.791
2478	2020-10-13	0.965 8	0.835 9	0.873 7	0.687 6	1.203 0	1.070 8	3.853
2479	2020-10-14	1.019 3	0.685 7	1.119 0	0.515 2	1.210 2	0.622 5	3.093
2480	2020-10-15	0.909 0	0.685 7	0.949 7	0.620 5	1.017 7	0.896 0	3.188
2481	2020-10-16	1.029 9	0.835 9	1.058 0	0.620 5	1.203 0	1.070 8	3.853
2482	2020-10-17	0.965 8	0.990 8	1.058 0	0.687 6	0.919 5	1.070 8	4.176
2483	2020-10-18	1.125 0	0.990 8	0.769 1	0.687 6	0.601 5	0.896 0	3.896
2484	2020-10-19	0.909 0	0.990 8	0.769 1	0.620 5	0.601 5	0.725 4	3.777
2485	2020-10-20	1.029 9	0.835 9	1.058 0	0.687 6	1.080 1	0.476 5	3.377
2486	2020-10-21	0.965 8	0.685 7	1.119 0	0.837 2	1.210 2	1.070 8	3.405
2487	2020-10-22	0.965 8	0.685 7	1.058 0	0.687 6	1.210 2	0.896 0	3.284
2488	2020-10-23	0.890 9	0.685 7	0.974 7	0.620 5	1.017 7	0.896 0	3.188
2489	2020-10-24	1.019 3	0.835 9	0.974 7	0.687 6	0.601 5	0.725 4	3.312
2490	2020-10-25	1.019 3	0.835 9	0.769 1	0.837 2	0.601 5	0.476 5	3.139
2491	2020-10-26	1.125 0	0.990 8	0.769 1	0.837 2	0.601 5	0.476 5	3.604
2492	2020-10-27	0.854 7	0.835 9	1.107 4	0.620 5	1.017 7	0.896 0	3.639
2493	2020-10-28	0.965 8	0.835 9	0.769 1	0.515 2	0.741 2	0.725 4	3.382
2494	2020-10-29	1.125 0	0.835 9	0.769 1	0.515 2	0.741 2	0.476 5	3.209
2495	2020-10-30	1.089 3	0.835 9	0.769 1	0.515 2	0.741 2	0.725 4	3.382
2496	2020-10-31	1.089 3	0.835 9	0.949 7	0.837 2	0.741 2	0.622 5	3.310
2497	2020-11-01	0.965 8	0.835 9	0.974 7	0.687 6	1.080 1	0.725 4	3.551
2498	2020-11-02	0.854 7	0.685 7	1.027 0	0.620 5	1.346 4	0.896 0	3.352
2499	2020-11-03	0.890 9	0.685 7	0.769 1	0.515 2	0.919 5	0.725 4	3.020
2500	2020-11-04	1.019 3	0.685 7	0.949 7	0.687 6	0.601 5	0.622 5	2.790
2501	2020-11-05	1.029 9	0.685 7	0.873 7	0.687 6	0.601 5	0.476 5	2.689
2502	2020-11-06	1.019 3	0.835 9	0.949 7	0.837 2	1.017 7	0.725 4	3.520
2503	2020-11-07	0.890 9	0.835 9	1.107 4	0.687 6	1.210 2	0.725 4	3.616
2504	2020-11-08	0.854 7	0.685 7	1.119 0	0.493 7	0.919 5	0.725 4	3.020
2505	2020-11-09	0.965 8	0.685 7	0.769 1	0.515 2	0.601 5	0.725 4	2.862
2506	2020-11-10	1.029 9	0.835 9	0.769 1	0.515 2	0.447 8	0.622 5	3.164
2507	2020-11-11	1.125 0	0.835 9	0.873 7	0.515 2	0.601 5	0.422 9	3.102
2508	2020-11-12	1.049 1	0.835 9	1.050 3	0.515 2	0.741 2	0.476 5	3.209
2509	2020-11-13	1.019 3	0.685 7	1.058 0	0.493 7	0.741 2	0.725 4	2.931
2510	2020-11-14	1.094 4	0.685 7	0.873 7	0.515 2	0.447 8	0.422 9	2.575

序号	日期	O₃气象污染分指数						O₃气象污染综合指数
		平均相对湿度	日最高气温	平均风速	平均本站气压	边界层厚度	短波辐射通量	
2511	2020-11-15	1.089 3	0.685 7	0.769 1	0.620 5	0.447 8	0.422 9	2.575
2512	2020-11-16	0.909 0	0.685 7	1.050 3	0.515 2	0.601 5	0.422 9	2.651
2513	2020-11-17	0.909 0	0.529 9	0.769 1	0.837 2	0.601 5	0.422 9	2.184
2514	2020-11-18	0.909 0	0.529 9	1.119 0	1.407 3	0.741 2	0.422 9	2.253
2515	2020-11-19	1.125 0	0.529 9	1.027 0	1.009 3	0.919 5	0.422 9	2.342
2516	2020-11-20	1.019 3	0.468 6	1.107 4	0.515 2	0.741 2	0.622 5	2.209
2517	2020-11-21	1.094 4	0.448 8	0.974 7	0.515 2	0.447 8	0.422 9	1.864
2518	2020-11-22	1.019 3	0.448 8	1.107 4	0.493 7	1.080 1	0.622 5	2.318
2519	2020-11-23	0.965 8	0.468 6	1.058 0	0.493 7	0.919 5	0.622 5	2.297
2520	2020-11-24	1.094 4	0.468 6	0.769 1	0.493 7	0.601 5	0.476 5	2.037
2521	2020-11-25	1.125 0	0.529 9	0.769 1	0.493 7	0.601 5	0.422 9	2.184
2522	2020-11-26	1.049 1	0.468 6	1.050 3	0.493 7	1.017 7	0.422 9	2.207
2523	2020-11-27	1.019 3	0.468 6	1.119 0	0.493 7	1.017 7	0.622 5	2.346
2524	2020-11-28	0.965 8	0.448 8	1.119 0	0.493 7	0.919 5	0.476 5	2.136
2525	2020-11-29	1.029 9	0.448 8	0.769 1	0.493 7	0.741 2	0.476 5	2.047
2526	2020-11-30	0.965 8	0.448 8	0.873 7	0.493 7	0.601 5	0.622 5	2.080
2527	2020-12-01	1.029 9	0.448 8	0.769 1	0.493 7	0.447 8	0.422 9	1.864
2528	2020-12-02	1.019 3	0.448 8	1.050 3	0.493 7	0.741 2	0.422 9	2.010
2529	2020-12-03	0.890 9	0.448 8	1.027 0	0.493 7	0.919 5	0.622 5	2.238
2530	2020-12-04	0.890 9	0.448 8	1.050 3	0.493 7	0.741 2	0.622 5	2.149
2531	2020-12-05	1.049 1	0.468 6	0.769 1	0.493 7	0.447 8	0.476 5	1.961
2532	2020-12-06	1.049 1	0.468 6	0.949 7	0.515 2	0.601 5	0.422 9	2.000
2533	2020-12-07	0.854 7	0.448 8	1.027 0	0.493 7	1.080 1	0.622 5	2.318
2534	2020-12-08	0.965 8	0.448 8	0.873 7	0.493 7	0.447 8	0.422 9	1.864
2535	2020-12-09	1.019 3	0.468 6	0.769 1	0.620 5	0.447 8	0.422 9	1.923
2536	2020-12-10	1.125 0	0.468 6	0.769 1	0.620 5	0.447 8	0.422 9	1.923
2537	2020-12-11	1.125 0	0.468 6	0.949 7	0.687 6	0.447 8	0.476 5	1.961
2538	2020-12-12	0.909 0	0.448 8	0.949 7	0.687 6	0.447 8	0.422 9	1.864
2539	2020-12-13	0.854 7	0.448 8	1.027 0	0.493 7	1.210 2	0.622 5	2.383
2540	2020-12-14	0.890 9	0.448 8	0.949 7	0.493 7	0.919 5	0.476 5	2.136
2541	2020-12-15	0.890 9	0.448 8	0.769 1	0.493 7	0.447 8	0.476 5	1.901
2542	2020-12-16	0.890 9	0.448 8	0.769 1	0.493 7	0.447 8	0.476 5	1.901
2543	2020-12-17	1.049 1	0.448 8	0.769 1	0.493 7	0.447 8	0.476 5	1.901
2544	2020-12-18	0.854 7	0.448 8	1.119 0	0.493 7	0.919 5	0.476 5	2.136
2545	2020-12-19	1.049 1	0.448 8	0.769 1	0.493 7	0.447 8	0.422 9	1.864
2546	2020-12-20	1.019 3	0.448 8	0.873 7	0.493 7	0.447 8	0.476 5	1.901
2547	2020-12-21	1.019 3	0.468 6	0.769 1	0.493 7	0.447 8	0.422 9	1.923

序号	日期	O₃气象污染分指数						O₃气象污染综合指数
		平均相对湿度	日最高气温	平均风速	平均本站气压	边界层厚度	短波辐射通量	
2548	2020-12-22	1.029 9	0.468 6	0.769 1	0.687 6	0.447 8	0.422 9	1.923
2549	2020-12-23	0.965 8	0.468 6	1.050 3	0.687 6	0.601 5	0.476 5	2.037
2550	2020-12-24	0.854 7	0.448 8	1.050 3	0.620 5	0.741 2	0.476 5	2.047
2551	2020-12-25	0.890 9	0.468 6	0.949 7	0.620 5	0.447 8	0.476 5	1.961
2552	2020-12-26	1.029 9	0.468 6	0.769 1	0.687 6	0.447 8	0.422 9	1.923
2553	2020-12-27	1.089 3	0.468 6	0.769 1	0.687 6	0.447 8	0.422 9	1.923
2554	2020-12-28	1.019 3	0.448 8	1.140 2	0.515 2	0.919 5	0.422 9	2.099
2555	2020-12-29	0.854 7	0.448 8	1.027 0	0.493 7	1.388 3	0.622 5	2.471
2556	2020-12-30	0.854 7	0.448 8	1.027 0	0.493 7	1.203 0	0.622 5	2.379
2557	2020-12-31	0.890 9	0.448 8	0.769 1	0.493 7	0.447 8	0.622 5	2.003
2558	2021-01-01	0.965 8	0.448 8	0.769 1	0.515 2	0.447 8	0.476 5	1.901
2559	2021-01-02	1.089 3	0.448 8	0.769 1	0.493 7	0.447 8	0.422 9	1.864
2560	2021-01-03	1.019 3	0.448 8	0.769 1	0.493 7	0.447 8	0.476 5	1.901
2561	2021-01-04	0.854 7	0.448 8	1.140 2	0.493 7	0.919 5	0.422 9	2.099
2562	2021-01-05	0.854 7	0.448 8	1.140 2	0.493 7	0.741 2	0.622 5	2.149
2563	2021-01-06	0.854 7	0.448 8	1.027 0	0.493 7	1.388 3	0.622 5	2.471
2564	2021-01-07	0.854 7	0.448 8	1.027 0	0.493 7	1.210 2	0.622 5	2.383
2565	2021-01-08	0.854 7	0.448 8	1.058 0	0.493 7	0.919 5	0.622 5	2.238
2566	2021-01-09	0.854 7	0.448 8	0.974 7	0.493 7	0.601 5	0.622 5	2.080
2567	2021-01-10	0.854 7	0.448 8	1.119 0	0.493 7	0.601 5	0.622 5	2.080
2568	2021-01-11	0.890 9	0.448 8	1.027 0	0.515 2	0.601 5	0.622 5	2.080
2569	2021-01-12	0.854 7	0.468 6	0.873 7	1.227 3	0.447 8	0.622 5	2.062
2570	2021-01-13	0.854 7	0.529 9	1.107 4	1.227 3	0.447 8	0.622 5	2.246
2571	2021-01-14	1.094 4	0.448 8	1.107 4	1.009 3	0.447 8	0.422 9	1.864
2572	2021-01-15	1.029 9	0.448 8	1.119 0	0.620 5	1.017 7	0.622 5	2.287
2573	2021-01-16	0.890 9	0.448 8	1.140 2	0.493 7	1.080 1	0.622 5	2.318
2574	2021-01-17	0.854 7	0.448 8	1.050 3	0.515 2	0.601 5	0.622 5	2.080
2575	2021-01-18	0.965 8	0.468 6	1.027 0	0.620 5	0.919 5	0.622 5	2.297
2576	2021-01-19	1.125 0	0.448 8	1.027 0	0.493 7	0.741 2	0.476 5	2.047
2577	2021-01-20	1.094 4	0.448 8	0.769 1	0.620 5	0.447 8	0.422 9	1.864
2578	2021-01-21	1.029 9	0.448 8	0.769 1	0.687 6	0.447 8	0.422 9	1.864
2579	2021-01-22	1.125 0	0.448 8	1.058 0	0.620 5	0.601 5	0.622 5	2.080
2580	2021-01-23	1.125 0	0.468 6	0.769 1	0.620 5	0.447 8	0.422 9	1.923
2581	2021-01-24	1.125 0	0.448 8	0.769 1	0.515 2	0.447 8	0.422 9	1.864
2582	2021-01-25	1.029 9	0.468 6	0.769 1	0.515 2	0.447 8	0.422 9	1.923
2583	2021-01-26	1.089 3	0.468 6	0.769 1	0.620 5	0.741 2	0.725 4	2.280
2584	2021-01-27	1.019 3	0.468 6	1.058 0	0.687 6	0.741 2	0.422 9	2.069

续表

序号	日期	O₃ 气象污染分指数						O₃ 气象污染综合指数
		平均相对湿度	日最高气温	平均风速	平均本站气压	边界层厚度	短波辐射通量	
2585	2021-01-28	0.854 7	0.448 8	1.027 0	0.515 2	1.388 3	0.725 4	2.543
2586	2021-01-29	0.854 7	0.448 8	0.769 1	0.620 5	0.447 8	0.725 4	2.075
2587	2021-01-30	1.049 1	0.468 6	1.140 2	0.620 5	0.447 8	0.622 5	2.062
2588	2021-01-31	1.089 3	0.448 8	1.058 0	0.687 6	0.447 8	0.622 5	2.003
2589	2021-02-01	0.890 9	0.448 8	1.027 0	0.620 5	0.919 5	0.896 0	2.428
2590	2021-02-02	0.854 7	0.448 8	1.119 0	0.493 7	0.601 5	0.725 4	2.151
2591	2021-02-03	0.890 9	0.468 6	1.107 4	0.620 5	0.741 2	0.725 4	2.280
2592	2021-02-04	0.854 7	0.529 9	1.107 4	0.620 5	0.601 5	0.725 4	2.394
2593	2021-02-05	0.890 9	0.685 7	0.873 7	1.009 3	0.741 2	0.725 4	2.931
2594	2021-02-06	0.890 9	0.685 7	1.058 0	1.009 3	0.741 2	0.725 4	2.931
2595	2021-02-07	0.965 8	0.468 6	1.058 0	0.493 7	1.210 2	0.725 4	2.514
2596	2021-02-08	1.049 1	0.529 9	0.974 7	0.493 7	0.741 2	0.725 4	2.464
2597	2021-02-09	0.965 8	0.529 9	1.050 3	0.620 5	0.601 5	0.622 5	2.323
2598	2021-02-10	1.049 1	0.685 7	0.873 7	0.687 6	0.447 8	0.725 4	2.785
2599	2021-02-11	1.019 3	0.685 7	1.140 2	0.837 2	0.601 5	0.622 5	2.790
2600	2021-02-12	1.029 9	0.685 7	0.769 1	0.837 2	0.447 8	0.476 5	2.612
2601	2021-02-13	0.909 0	0.529 9	0.769 1	0.687 6	0.447 8	0.422 9	2.107
2602	2021-02-14	1.089 3	0.468 6	1.119 0	0.837 2	0.919 5	0.422 9	2.158
2603	2021-02-15	0.854 7	0.468 6	1.119 0	0.687 6	1.210 2	0.896 0	2.632
2604	2021-02-16	0.854 7	0.448 8	1.027 0	0.620 5	1.388 3	1.070 8	2.784
2605	2021-02-17	0.854 7	0.448 8	1.107 4	0.493 7	1.203 0	1.070 8	2.691
2606	2021-02-18	0.965 8	0.529 9	0.949 7	0.515 2	0.447 8	0.896 0	2.437
2607	2021-02-19	0.965 8	0.835 9	0.949 7	1.227 3	0.601 5	0.896 0	3.431
2608	2021-02-20	0.854 7	0.990 8	1.107 4	1.602 8	0.741 2	0.896 0	3.965
2609	2021-02-21	0.854 7	0.990 8	0.769 1	1.651 5	0.919 5	0.896 0	4.054
2610	2021-02-22	1.049 1	0.685 7	1.027 0	0.620 5	1.210 2	1.070 8	3.405
2611	2021-02-23	1.029 9	0.448 8	1.027 0	0.493 7	0.919 5	0.622 5	2.238
2612	2021-02-24	1.125 0	0.448 8	0.949 7	0.515 2	0.919 5	0.725 4	2.310
2613	2021-02-25	1.094 4	0.529 9	0.949 7	0.515 2	0.919 5	0.896 0	2.672
2614	2021-02-26	1.089 3	0.529 9	0.873 7	0.515 2	0.601 5	0.896 0	2.513
2615	2021-02-27	1.049 1	0.685 7	1.058 0	0.620 5	1.017 7	1.070 8	3.310
2616	2021-02-28	1.094 4	0.468 6	1.107 4	0.620 5	0.447 8	0.422 9	1.923
2617	2021-03-01	1.125 0	0.468 6	1.119 0	0.493 7	1.017 7	1.070 8	2.658
2618	2021-03-02	1.094 4	0.448 8	1.058 0	0.515 2	0.741 2	1.070 8	2.461
2619	2021-03-03	0.909 0	0.468 6	1.058 0	0.687 6	1.017 7	0.896 0	2.537
2620	2021-03-04	0.909 0	0.685 7	0.769 1	1.009 3	0.741 2	0.896 0	3.050
2621	2021-03-05	1.094 4	0.529 9	1.107 4	0.687 6	1.017 7	0.422 9	2.391

续表

序号	日期	O₃气象污染分指数						O₃气象污染综合指数
		平均相对湿度	日最高气温	平均风速	平均本站气压	边界层厚度	短波辐射通量	
2622	2021-03-06	0.890 9	0.448 8	1.107 4	0.493 7	1.203 0	1.070 8	2.691
2623	2021-03-07	1.019 3	0.468 6	0.974 7	0.493 7	0.741 2	1.070 8	2.521
2624	2021-03-08	1.125 0	0.529 9	1.050 3	0.515 2	0.601 5	0.725 4	2.394
2625	2021-03-09	1.089 3	0.685 7	0.769 1	0.620 5	0.601 5	0.622 5	2.790
2626	2021-03-10	1.089 3	0.835 9	1.107 4	0.620 5	1.080 1	0.725 4	3.551
2627	2021-03-11	1.125 0	0.835 9	1.058 0	0.620 5	1.203 0	0.896 0	3.731
2628	2021-03-12	1.089 3	0.685 7	1.107 4	0.620 5	0.919 5	0.622 5	2.949
2629	2021-03-13	1.029 9	0.685 7	0.873 7	0.620 5	0.741 2	0.896 0	3.050
2630	2021-03-14	1.089 3	0.685 7	1.107 4	1.009 3	1.080 1	0.476 5	2.927
2631	2021-03-15	1.049 1	0.685 7	1.027 0	1.009 3	1.210 2	1.193 7	3.491
2632	2021-03-16	0.854 7	0.685 7	1.140 2	0.687 6	1.017 7	1.193 7	3.395
2633	2021-03-17	0.854 7	0.685 7	1.058 0	0.687 6	0.741 2	0.725 4	2.931
2634	2021-03-18	0.965 8	0.529 9	0.769 1	0.620 5	1.017 7	0.896 0	2.721
2635	2021-03-19	1.089 3	0.529 9	0.769 1	0.687 6	1.080 1	0.896 0	2.752
2636	2021-03-20	1.019 3	0.685 7	1.027 0	0.837 2	1.388 3	1.193 7	3.580
2637	2021-03-21	0.854 7	0.529 9	1.027 0	0.620 5	1.388 3	1.394 2	3.252
2638	2021-03-22	0.854 7	0.835 9	1.140 2	0.687 6	1.210 2	1.394 2	4.081
2639	2021-03-23	0.890 9	0.990 8	1.050 3	1.227 3	0.741 2	1.394 2	4.312
2640	2021-03-24	0.965 8	0.835 9	1.119 0	1.009 3	1.017 7	1.193 7	3.846
2641	2021-03-25	0.965 8	0.990 8	0.974 7	0.837 2	0.919 5	1.193 7	4.262
2642	2021-03-26	1.125 0	0.835 9	1.058 0	1.009 3	0.919 5	0.422 9	3.260
2643	2021-03-27	0.909 0	0.835 9	1.058 0	1.407 3	1.017 7	1.070 8	3.760
2644	2021-03-28	0.965 8	0.835 9	1.027 0	1.651 5	1.388 3	1.486 2	4.234
2645	2021-03-29	0.854 7	0.835 9	1.050 3	1.227 3	1.210 2	1.394 2	4.081
2646	2021-03-30	1.049 1	0.990 8	1.058 0	1.227 3	1.203 0	1.394 2	4.543
2647	2021-03-31	0.965 8	0.990 8	1.058 0	1.227 3	1.017 7	1.070 8	4.225
2648	2021-04-01	0.854 7	0.835 9	1.119 0	0.837 2	0.741 2	1.193 7	3.708
2649	2021-04-02	1.019 3	0.685 7	0.769 1	0.837 2	1.017 7	0.422 9	2.858
2650	2021-04-03	1.049 1	0.685 7	1.107 4	0.620 5	1.388 3	1.394 2	3.719
2651	2021-04-04	0.965 8	0.835 9	0.873 7	0.515 2	1.346 4	1.486 2	4.213
2652	2021-04-05	0.965 8	0.835 9	1.140 2	0.687 6	1.203 0	0.622 5	3.540
2653	2021-04-06	0.965 8	0.835 9	0.873 7	0.687 6	1.210 2	1.193 7	3.942
2654	2021-04-07	0.965 8	0.835 9	1.027 0	0.620 5	0.741 2	1.394 2	3.848
2655	2021-04-08	0.965 8	0.835 9	1.058 0	0.620 5	0.919 5	1.394 2	3.937
2656	2021-04-09	0.890 9	0.835 9	1.027 0	0.620 5	0.601 5	0.896 0	3.431
2657	2021-04-10	0.965 8	0.990 8	1.050 3	0.620 5	1.346 4	1.070 8	4.389
2658	2021-04-11	1.049 1	0.835 9	1.119 0	0.687 6	1.203 0	0.622 5	3.540

续表

| 序号 | 日期 | O₃气象污染分指数 | | | | | | O₃气象污染综合指数 |
		平均相对湿度	日最高气温	平均风速	平均本站气压	边界层厚度	短波辐射通量	
2659	2021-04-12	1.029 9	0.835 9	1.027 0	1.009 3	1.080 1	0.725 4	3.551
2660	2021-04-13	0.854 7	0.685 7	1.027 0	0.687 6	1.388 3	1.638 9	3.890
2661	2021-04-14	0.854 7	0.990 8	1.119 0	1.009 3	1.388 3	1.638 9	4.805
2662	2021-04-15	1.049 1	0.990 8	1.027 0	1.407 3	1.388 3	1.486 2	4.699
2663	2021-04-16	0.854 7	0.835 9	1.107 4	1.009 3	1.388 3	1.638 9	4.340
2664	2021-04-17	0.854 7	0.835 9	1.027 0	0.687 6	1.388 3	1.638 9	4.340
2665	2021-04-18	0.854 7	1.239 5	1.027 0	1.009 3	1.210 2	1.486 2	5.356
2666	2021-04-19	0.890 9	1.239 5	0.949 7	1.227 3	1.210 2	1.394 2	5.292
2667	2021-04-20	1.049 1	1.239 5	1.119 0	1.009 3	1.203 0	1.193 7	5.149
2668	2021-04-21	1.029 9	0.990 8	1.058 0	0.837 2	1.203 0	0.622 5	4.005
2669	2021-04-22	1.094 4	0.835 9	1.107 4	1.009 3	1.017 7	0.725 4	3.520
2670	2021-04-23	1.094 4	0.685 7	1.027 0	0.837 2	1.346 4	1.394 2	3.699
2671	2021-04-24	1.089 3	0.835 9	0.949 7	0.620 5	1.210 2	1.193 7	3.942
2672	2021-04-25	1.029 9	0.835 9	1.107 4	0.620 5	1.080 1	1.394 2	4.017
2673	2021-04-26	0.965 8	0.835 9	1.050 3	0.837 2	1.017 7	1.193 7	3.846
2674	2021-04-27	1.049 1	0.990 8	1.058 0	1.009 3	1.388 3	1.638 9	4.805
2675	2021-04-28	0.854 7	0.990 8	1.140 2	1.009 3	1.388 3	1.638 9	4.805
2676	2021-04-29	0.854 7	0.990 8	1.119 0	1.651 5	1.388 3	1.486 2	4.699
2677	2021-04-30	1.029 9	0.685 7	1.050 3	1.407 3	1.388 3	1.193 7	3.580
2678	2021-05-01	0.965 8	0.835 9	1.027 0	1.227 3	1.388 3	1.638 9	4.340
2679	2021-05-02	0.965 8	0.835 9	0.974 7	0.837 2	1.346 4	1.638 9	4.320
2680	2021-05-03	1.049 1	0.990 8	1.027 0	1.227 3	1.346 4	1.486 2	4.678
2681	2021-05-04	0.854 7	0.990 8	1.027 0	1.227 3	1.388 3	1.638 9	4.805
2682	2021-05-05	0.854 7	1.393 0	1.027 0	1.227 3	1.388 3	1.638 9	6.012
2683	2021-05-06	0.854 7	1.556 1	1.027 0	1.651 5	1.388 3	1.638 9	6.501
2684	2021-05-07	0.854 7	1.239 5	1.027 0	1.602 8	1.388 3	1.638 9	5.551
2685	2021-05-08	0.854 7	1.239 5	1.027 0	1.651 5	1.388 3	1.638 9	5.551
2686	2021-05-09	0.854 7	1.239 5	1.107 4	1.407 3	1.203 0	1.638 9	5.459
2687	2021-05-10	0.965 8	0.990 8	1.027 0	1.227 3	1.080 1	1.638 9	4.652
2688	2021-05-11	1.029 9	0.990 8	1.107 4	1.227 3	0.741 2	1.638 9	4.483
2689	2021-05-12	1.029 9	1.239 5	1.050 3	1.407 3	1.017 7	1.486 2	5.260
2690	2021-05-13	1.094 4	1.239 5	1.050 3	1.407 3	0.741 2	1.394 2	5.059
2691	2021-05-14	1.094 4	1.239 5	1.058 0	1.602 8	1.017 7	1.638 9	5.367
2692	2021-05-15	0.909 0	0.835 9	1.107 4	1.407 3	1.017 7	0.422 9	3.309
2693	2021-05-16	0.965 8	0.990 8	1.027 0	1.227 3	1.210 2	1.070 8	4.321
2694	2021-05-17	0.890 9	1.556 1	1.058 0	1.407 3	1.388 3	1.638 9	6.501
2695	2021-05-18	0.965 8	1.785 9	1.119 0	1.602 8	1.388 3	1.638 9	7.190

续表

序号	日期	O₃气象污染分指数						O₃气象污染综合指数
		平均相对湿度	日最高气温	平均风速	平均本站气压	边界层厚度	短波辐射通量	
2696	2021-05-19	0.965 8	1.556 1	1.027 0	1.602 8	1.388 3	1.638 9	6.501
2697	2021-05-20	1.125 0	1.239 5	1.140 2	1.602 8	1.388 3	1.394 2	5.381
2698	2021-05-21	1.029 9	1.556 1	1.050 3	1.602 8	1.346 4	1.638 9	6.480
2699	2021-05-22	1.029 9	1.785 9	1.140 2	1.651 5	1.388 3	1.638 9	7.190
2700	2021-05-23	1.019 3	1.393 0	1.027 0	1.227 3	1.388 3	1.638 9	6.012
2701	2021-05-24	0.965 8	1.239 5	0.974 7	1.407 3	1.388 3	1.486 2	5.445
2702	2021-05-25	0.854 7	1.556 1	1.119 0	1.651 5	1.388 3	1.638 9	6.501
2703	2021-05-26	0.965 8	1.393 0	1.107 4	1.651 5	1.388 3	1.638 9	6.012
2704	2021-05-27	1.049 1	1.556 1	1.107 4	1.651 5	1.388 3	1.394 2	6.331
2705	2021-05-28	0.854 7	1.393 0	1.027 0	1.651 5	1.388 3	1.638 9	6.012
2706	2021-05-29	0.965 8	1.239 5	1.027 0	1.651 5	1.210 2	1.638 9	5.462
2707	2021-05-30	1.019 3	1.239 5	1.119 0	1.602 8	1.017 7	1.638 9	5.367
2708	2021-05-31	1.125 0	0.990 8	1.107 4	1.602 8	0.741 2	1.193 7	4.173
2709	2021-06-01	1.029 9	1.393 0	1.107 4	1.407 3	1.080 1	1.638 9	5.858
2710	2021-06-02	1.089 3	0.990 8	1.058 0	1.602 8	1.203 0	1.070 8	4.317
2711	2021-06-03	0.890 9	1.239 5	1.119 0	1.651 5	1.388 3	1.638 9	5.551
2712	2021-06-04	0.854 7	1.556 1	1.027 0	1.651 5	1.388 3	1.638 9	6.501
2713	2021-06-05	0.854 7	1.785 9	0.974 7	1.651 5	1.388 3	1.638 9	7.190
2714	2021-06-06	0.890 9	1.785 9	1.119 0	1.651 5	0.919 5	1.394 2	6.787
2715	2021-06-07	1.049 1	1.239 5	1.027 0	1.227 3	0.741 2	1.193 7	4.919
2716	2021-06-08	1.089 3	1.393 0	1.050 3	1.227 3	0.919 5	1.638 9	5.778
2717	2021-06-09	1.089 3	1.393 0	1.107 4	1.407 3	1.203 0	1.486 2	5.813
2718	2021-06-10	1.125 0	1.556 1	1.140 2	1.602 8	1.388 3	1.486 2	6.395
2719	2021-06-11	0.965 8	1.785 9	0.949 7	1.407 3	1.388 3	1.638 9	7.190
2720	2021-06-12	1.049 1	1.785 9	1.058 0	1.602 8	1.346 4	1.486 2	7.063
2721	2021-06-13	1.125 0	1.785 9	1.027 0	1.651 5	1.203 0	1.070 8	6.703
2722	2021-06-14	0.909 0	1.239 5	1.119 0	1.651 5	0.601 5	0.422 9	4.313
2723	2021-06-15	1.089 3	1.239 5	1.119 0	1.651 5	0.919 5	1.638 9	5.318
2724	2021-06-16	0.909 0	0.990 8	0.873 7	1.651 5	1.017 7	1.070 8	4.225
2725	2021-06-17	1.125 0	1.556 1	1.119 0	1.651 5	1.388 3	1.638 9	6.501
2726	2021-06-18	0.965 8	1.785 9	1.119 0	1.651 5	1.388 3	1.638 9	7.190
2727	2021-06-19	0.890 9	1.785 9	1.058 0	1.651 5	1.388 3	1.638 9	7.190
2728	2021-06-20	0.890 9	1.785 9	0.974 7	1.651 5	1.388 3	1.638 9	7.190
2729	2021-06-21	0.965 8	1.785 9	1.119 0	1.651 5	1.346 4	1.638 9	7.170
2730	2021-06-22	1.049 1	1.393 0	1.140 2	1.407 3	1.203 0	1.638 9	5.919
2731	2021-06-23	1.029 9	1.239 5	1.050 3	1.227 3	0.919 5	1.193 7	5.008
2732	2021-06-24	1.125 0	1.239 5	0.769 1	1.407 3	0.919 5	0.896 0	4.800

续表

序号	日期	O₃气象污染分指数						O₃气象污染综合指数
		平均相对湿度	日最高气温	平均风速	平均本站气压	边界层厚度	短波辐射通量	
2733	2021-06-25	0.909 0	1.393 0	1.058 0	1.651 5	1.346 4	1.070 8	5.595
2734	2021-06-26	1.094 4	1.556 1	1.107 4	1.651 5	1.346 4	1.394 2	6.310
2735	2021-06-27	1.089 3	1.556 1	0.974 7	1.651 5	1.210 2	1.486 2	6.306
2736	2021-06-28	1.089 3	1.556 1	1.107 4	1.651 5	1.080 1	1.486 2	6.241
2737	2021-06-29	1.094 4	1.393 0	1.119 0	1.651 5	1.203 0	1.070 8	5.524
2738	2021-06-30	1.089 3	1.556 1	1.058 0	1.651 5	1.210 2	1.486 2	6.306
2739	2021-07-01	1.089 3	1.556 1	1.027 0	1.651 5	1.203 0	0.896 0	5.891
2740	2021-07-02	1.089 3	1.556 1	1.050 3	1.651 5	1.017 7	1.394 2	6.146
2741	2021-07-03	0.909 0	1.239 5	1.140 2	1.651 5	1.017 7	0.896 0	4.849
2742	2021-07-04	1.089 3	1.785 9	1.050 3	1.602 8	1.346 4	1.638 9	7.170
2743	2021-07-05	1.089 3	1.785 9	1.058 0	1.602 8	1.203 0	1.486 2	6.992
2744	2021-07-06	0.909 0	1.556 1	1.050 3	1.602 8	1.203 0	1.486 2	6.302
2745	2021-07-07	1.089 3	1.785 9	0.769 1	1.651 5	1.080 1	1.394 2	6.867
2746	2021-07-08	1.089 3	1.785 9	0.873 7	1.651 5	1.203 0	1.638 9	7.098
2747	2021-07-09	1.089 3	1.785 9	1.058 0	1.651 5	1.203 0	1.486 2	6.992
2748	2021-07-10	1.094 4	1.785 9	1.119 0	1.651 5	1.017 7	1.638 9	7.006
2749	2021-07-11	0.909 0	1.785 9	1.140 2	1.651 5	1.346 4	1.486 2	7.063
2750	2021-07-12	0.909 0	1.393 0	1.027 0	1.651 5	1.017 7	0.422 9	4.980
2751	2021-07-13	0.909 0	1.785 9	1.140 2	1.651 5	1.210 2	1.486 2	6.995
2752	2021-07-14	0.909 0	1.556 1	1.058 0	1.651 5	1.080 1	1.486 2	6.241
2753	2021-07-15	0.909 0	1.556 1	1.058 0	1.407 3	1.080 1	1.486 2	6.241
2754	2021-07-16	1.094 4	1.556 1	1.140 2	1.407 3	1.017 7	1.070 8	5.921
2755	2021-07-17	0.909 0	1.556 1	1.140 2	1.407 3	1.203 0	1.486 2	6.302
2756	2021-07-18	1.094 4	1.556 1	1.140 2	1.407 3	1.017 7	1.486 2	6.210
2757	2021-07-19	1.094 4	1.556 1	1.027 0	1.227 3	0.919 5	1.070 8	5.872
2758	2021-07-20	1.089 3	1.785 9	1.119 0	1.227 3	1.080 1	1.486 2	6.931
2759	2021-07-21	0.909 0	1.393 0	1.050 3	1.227 3	0.741 2	0.622 5	4.982
2760	2021-07-22	1.089 3	1.556 1	1.050 3	1.407 3	0.741 2	0.725 4	5.542
2761	2021-07-23	1.094 4	1.556 1	0.873 7	1.407 3	1.080 1	1.486 2	6.241
2762	2021-07-24	1.094 4	1.785 9	1.107 4	1.602 8	1.203 0	1.638 9	7.098
2763	2021-07-25	1.089 3	1.785 9	1.119 0	1.651 5	1.210 2	1.638 9	7.102
2764	2021-07-26	1.089 3	1.785 9	1.119 0	1.651 5	1.210 2	1.486 2	6.995
2765	2021-07-27	1.094 4	1.556 1	1.119 0	1.651 5	1.080 1	1.070 8	5.952
2766	2021-07-28	0.909 0	1.393 0	0.949 7	1.651 5	0.741 2	0.725 4	5.053
2767	2021-07-29	0.909 0	1.239 5	1.058 0	1.651 5	0.447 8	0.422 9	4.236
2768	2021-07-30	0.909 0	1.239 5	1.119 0	1.651 5	1.017 7	0.422 9	4.520
2769	2021-07-31	0.909 0	1.785 9	0.949 7	1.651 5	0.919 5	1.486 2	6.851

续表

序号	日期	O₃ 气象污染分指数						O₃ 气象污染综合指数
		平均相对湿度	日最高气温	平均风速	平均本站气压	边界层厚度	短波辐射通量	
2770	2021-08-01	1.029 9	1.785 9	0.873 7	1.651 5	1.210 2	1.638 9	7.102
2771	2021-08-02	1.089 3	1.785 9	0.873 7	1.651 5	1.210 2	1.394 2	6.931
2772	2021-08-03	1.094 4	1.556 1	1.058 0	1.602 8	0.919 5	1.070 8	5.872
2773	2021-08-04	0.909 0	1.393 0	1.058 0	1.651 5	1.017 7	1.193 7	5.517
2774	2021-08-05	0.909 0	1.393 0	1.058 0	1.651 5	0.919 5	1.193 7	5.468
2775	2021-08-06	1.089 3	1.556 1	0.769 1	1.651 5	1.017 7	1.394 2	6.146
2776	2021-08-07	1.094 4	1.785 9	0.769 1	1.602 8	1.203 0	1.486 2	6.992
2777	2021-08-08	1.094 4	1.785 9	0.769 1	1.602 8	1.080 1	1.394 2	6.867
2778	2021-08-09	1.125 0	1.785 9	0.873 7	1.651 5	1.080 1	1.486 2	6.931
2779	2021-08-10	1.089 3	1.785 9	0.769 1	1.602 8	0.741 2	1.394 2	6.698
2780	2021-08-11	1.094 4	1.556 1	1.058 0	1.227 3	0.919 5	1.193 7	5.957
2781	2021-08-12	1.094 4	1.393 0	1.107 4	1.227 3	1.017 7	1.394 2	5.657
2782	2021-08-13	1.094 4	1.393 0	0.949 7	1.407 3	1.080 1	1.394 2	5.688
2783	2021-08-14	1.094 4	1.393 0	0.974 7	1.227 3	1.017 7	1.193 7	5.517
2784	2021-08-15	1.089 3	1.393 0	1.107 4	1.227 3	1.080 1	1.394 2	5.688
2785	2021-08-16	1.094 4	1.393 0	1.058 0	1.227 3	1.017 7	1.070 8	5.431
2786	2021-08-17	1.094 4	1.393 0	1.058 0	1.227 3	1.017 7	1.193 7	5.517
2787	2021-08-18	1.089 3	1.393 0	0.949 7	1.227 3	1.203 0	1.394 2	5.749
2788	2021-08-19	0.909 0	1.239 5	0.974 7	1.407 3	0.447 8	0.422 9	4.236
2789	2021-08-20	0.909 0	1.393 0	0.949 7	1.602 8	0.741 2	0.896 0	5.172
2790	2021-08-21	1.094 4	1.785 9	0.769 1	1.651 5	1.017 7	1.394 2	6.835
2791	2021-08-22	0.909 0	1.556 1	1.107 4	1.651 5	1.203 0	1.394 2	6.238
2792	2021-08-23	0.909 0	1.556 1	0.873 7	1.602 8	1.080 1	1.070 8	5.952
2793	2021-08-24	1.094 4	1.393 0	1.107 4	1.651 5	1.203 0	1.486 2	5.813
2794	2021-08-25	1.125 0	1.393 0	0.873 7	1.651 5	1.203 0	1.486 2	5.813
2795	2021-08-26	1.029 9	1.393 0	0.873 7	1.407 3	1.203 0	1.486 2	5.813
2796	2021-08-27	1.094 4	1.393 0	0.873 7	1.227 3	1.080 1	1.394 2	5.688
2797	2021-08-28	1.089 3	1.393 0	0.769 1	1.227 3	1.017 7	0.896 0	5.310
2798	2021-08-29	1.094 4	1.239 5	0.974 7	1.009 3	0.919 5	0.896 0	4.800
2799	2021-08-30	0.909 0	1.393 0	0.769 1	1.009 3	1.017 7	1.070 8	5.431
2800	2021-08-31	1.089 3	1.239 5	1.050 3	1.009 3	1.017 7	0.725 4	4.730
2801	2021-09-01	1.094 4	1.393 0	0.769 1	1.227 3	0.919 5	1.394 2	5.608
2802	2021-09-02	1.089 3	1.393 0	0.769 1	1.407 3	1.017 7	1.394 2	5.657
2803	2021-09-03	1.089 3	1.393 0	0.769 1	1.407 3	0.919 5	1.070 8	5.382
2804	2021-09-04	0.909 0	1.239 5	0.873 7	1.009 3	0.447 8	0.422 9	4.236
2805	2021-09-05	0.909 0	0.990 8	1.058 0	1.009 3	0.447 8	0.422 9	3.490
2806	2021-09-06	0.909 0	0.990 8	1.058 0	1.009 3	0.741 2	0.622 5	3.775

续表

序号	日期	O₃气象污染分指数						O₃气象污染综合指数
		平均相对湿度	日最高气温	平均风速	平均本站气压	边界层厚度	短波辐射通量	
2807	2021-09-07	1.094 4	1.239 5	0.974 7	1.227 3	0.919 5	1.394 2	5.147
2808	2021-09-08	1.094 4	1.556 1	1.050 3	1.407 3	1.017 7	1.394 2	6.146
2809	2021-09-09	1.089 3	1.556 1	1.140 2	1.407 3	1.080 1	1.070 8	5.952
2810	2021-09-10	0.909 0	1.556 1	0.949 7	1.407 3	0.741 2	1.070 8	5.783
2811	2021-09-11	1.094 4	1.556 1	0.769 1	1.407 3	0.919 5	0.896 0	5.750
2812	2021-09-12	0.909 0	1.393 0	1.119 0	1.227 3	0.919 5	0.896 0	5.261
2813	2021-09-13	1.094 4	1.393 0	0.949 7	0.837 2	0.919 5	0.725 4	5.142
2814	2021-09-14	1.125 0	1.393 0	1.050 3	0.837 2	1.017 7	1.193 7	5.517
2815	2021-09-15	1.089 3	1.393 0	1.050 3	1.009 3	0.741 2	1.193 7	5.379
2816	2021-09-16	0.909 0	0.990 8	0.873 7	1.009 3	0.741 2	0.422 9	3.636
2817	2021-09-17	1.089 3	1.239 5	0.949 7	1.009 3	1.080 1	1.193 7	5.088
2818	2021-09-18	0.909 0	0.990 8	0.769 1	1.009 3	0.601 5	0.476 5	3.604
2819	2021-09-19	0.909 0	0.990 8	0.873 7	1.407 3	0.601 5	0.422 9	3.566
2820	2021-09-20	0.909 0	0.835 9	1.027 0	1.651 5	1.210 0	0.422 9	3.405
2821	2021-09-21	1.094 4	1.239 5	0.873 7	1.651 5	1.080 1	1.193 7	5.088
2822	2021-09-22	1.094 4	1.393 0	0.769 1	1.227 3	0.601 5	1.193 7	5.310
2823	2021-09-23	1.094 4	1.393 0	1.058 0	0.837 2	0.741 2	0.622 5	4.982
2824	2021-09-24	0.909 0	0.990 8	0.949 7	0.837 2	0.601 5	0.422 9	3.566
2825	2021-09-25	0.909 0	0.990 8	0.769 1	0.687 6	1.080 1	0.896 0	4.134
2826	2021-09-26	0.909 0	0.990 8	0.873 7	0.837 2	0.447 8	0.422 9	3.490
2827	2021-09-27	0.909 0	1.239 5	0.769 1	1.009 3	0.741 2	1.070 8	4.833
2828	2021-09-28	0.909 0	0.990 8	0.873 7	1.227 3	0.741 2	0.422 9	3.636
2829	2021-09-29	1.094 4	1.393 0	0.974 7	1.407 3	0.741 2	1.070 8	5.294
2830	2021-09-30	0.909 0	1.239 5	1.107 4	1.407 3	0.919 5	0.725 4	4.682
2831	2021-10-01	1.089 3	0.990 8	0.949 7	1.227 3	1.017 7	0.896 0	4.103
2832	2021-10-02	0.909 0	1.239 5	0.949 7	1.407 3	0.741 2	0.896 0	4.712
2833	2021-10-03	1.089 3	0.990 8	1.050 3	1.227 3	0.447 8	0.422 9	3.490
2834	2021-10-04	1.029 9	0.835 9	1.058 0	0.620 5	0.741 2	0.422 9	3.171
2835	2021-10-05	0.909 0	0.529 9	0.949 7	0.515 2	0.601 5	0.422 9	2.184
2836	2021-10-06	0.909 0	0.529 9	1.107 4	0.620 5	0.601 5	0.422 9	2.184
2837	2021-10-07	1.094 4	0.835 9	0.873 7	0.687 6	0.601 5	1.070 8	3.553
2838	2021-10-08	1.094 4	0.990 8	0.769 1	0.687 6	0.741 2	0.896 0	3.965
2839	2021-10-09	0.909 0	0.685 7	0.769 1	0.687 6	0.447 8	0.422 9	2.575
2840	2021-10-10	1.029 9	0.685 7	1.140 2	0.515 2	1.017 7	0.622 5	2.997
2841	2021-10-11	1.125 0	0.835 9	0.769 1	0.515 2	0.919 5	1.070 8	3.711
2842	2021-10-12	1.125 0	0.835 9	0.769 1	0.515 2	0.741 2	1.070 8	3.623
2843	2021-10-13	1.125 0	0.990 8	0.769 1	0.620 5	0.741 2	0.896 0	3.965

序号	日期	O₃气象污染分指数						O₃气象污染综合指数
		平均相对湿度	日最高气温	平均风速	平均本站气压	边界层厚度	短波辐射通量	
2844	2021-10-14	1.094 4	0.835 9	0.873 7	0.620 5	0.447 8	0.422 9	3.025
2845	2021-10-15	1.029 9	0.990 8	1.119 0	0.493 7	1.203 0	0.622 5	4.005
2846	2021-10-16	0.890 9	0.685 7	1.027 0	0.493 7	1.346 4	1.070 8	3.473
2847	2021-10-17	1.019 3	0.685 7	1.058 0	0.620 5	1.017 7	0.896 0	3.188
2848	2021-10-18	1.029 9	0.685 7	0.769 1	0.620 5	0.741 2	0.725 4	2.931
2849	2021-10-19	0.965 8	0.685 7	1.058 0	0.493 7	1.210 2	1.070 8	3.405
2850	2021-10-20	1.089 3	0.685 7	0.769 1	0.620 5	0.741 2	0.896 0	3.050
2851	2021-10-21	1.089 3	0.835 9	0.949 7	0.620 5	0.919 5	0.896 0	3.590
2852	2021-10-22	0.965 8	0.835 9	0.873 7	0.493 7	1.017 7	0.896 0	3.639
2853	2021-10-23	1.029 9	0.835 9	1.058 0	0.515 2	0.741 2	0.896 0	3.501
2854	2021-10-24	1.094 4	0.835 9	0.769 1	0.620 5	0.601 5	0.622 5	3.241
2855	2021-10-25	1.094 4	0.835 9	0.949 7	0.837 2	0.447 8	0.422 9	3.025
2856	2021-10-26	1.019 3	0.990 8	1.058 0	0.687 6	0.919 5	0.896 0	4.054
2857	2021-10-27	0.965 8	0.990 8	0.769 1	0.620 5	0.601 5	0.896 0	3.896
2858	2021-10-28	1.089 3	0.835 9	0.769 1	0.620 5	0.447 8	0.422 9	3.025
2859	2021-10-29	0.909 0	0.835 9	0.769 1	0.687 6	0.447 8	0.476 5	3.063
2860	2021-10-30	0.909 0	0.835 9	0.769 1	0.687 6	0.447 8	0.422 9	3.025
2861	2021-10-31	1.089 3	0.685 7	1.050 3	0.493 7	0.919 5	0.422 9	2.809
2862	2021-11-01	1.094 4	0.685 7	0.949 7	0.515 2	0.919 5	0.725 4	3.020
2863	2021-11-02	0.909 0	0.685 7	0.873 7	0.687 6	0.601 5	0.422 9	2.651
2864	2021-11-03	0.909 0	0.529 9	0.949 7	0.837 2	0.601 5	0.725 4	2.394
2865	2021-11-04	0.909 0	0.685 7	0.769 1	1.009 3	0.447 8	0.725 4	2.785
2866	2021-11-05	0.909 0	0.685 7	0.769 1	0.837 2	0.447 8	0.476 5	2.612
2867	2021-11-06	0.909 0	0.835 9	0.974 7	0.620 5	1.017 7	0.422 9	3.309
2868	2021-11-07	0.909 0	0.529 9	1.027 0	0.515 2	0.601 5	0.422 9	2.184
2869	2021-11-08	1.049 1	0.468 6	1.119 0	0.687 6	0.741 2	0.725 4	2.280
2870	2021-11-09	0.965 8	0.529 9	1.027 0	1.009 3	0.919 5	0.725 4	2.553
2871	2021-11-10	0.965 8	0.685 7	1.058 0	0.837 2	0.919 5	0.725 4	3.020
2872	2021-11-11	0.965 8	0.529 9	1.119 0	0.687 6	1.080 1	0.725 4	2.633
2873	2021-11-12	0.965 8	0.685 7	0.949 7	0.837 2	0.601 5	0.725 4	2.862
2874	2021-11-13	1.019 3	0.685 7	0.769 1	1.009 3	0.601 5	0.622 5	2.790
2875	2021-11-14	1.019 3	0.835 9	0.769 1	0.837 2	0.447 8	0.622 5	3.164
2876	2021-11-15	1.089 3	0.529 9	1.058 0	0.620 5	0.919 5	0.422 9	2.342
2877	2021-11-16	0.909 0	0.529 9	0.769 1	0.515 2	0.447 8	0.476 5	2.145
2878	2021-11-17	0.909 0	0.685 7	0.974 7	0.837 2	0.447 8	0.476 5	2.612
2879	2021-11-18	0.909 0	0.529 9	0.769 1	1.009 3	0.447 8	0.476 5	2.145
2880	2021-11-19	1.125 0	0.529 9	1.140 2	0.687 6	1.203 0	0.476 5	2.521

序号	日期	O₃气象污染分指数						O₃气象污染综合指数
		平均相对湿度	日最高气温	平均风速	平均本站气压	边界层厚度	短波辐射通量	
2881	2021-11-20	1.029 9	0.529 9	0.949 7	0.687 6	0.601 5	0.422 9	2.184
2882	2021-11-21	1.029 9	0.468 6	1.027 0	0.620 5	1.388 3	0.476 5	2.429
2883	2021-11-22	0.854 7	0.448 8	1.027 0	0.515 2	1.388 3	0.725 4	2.543
2884	2021-11-23	0.965 8	0.529 9	0.974 7	0.620 5	0.447 8	0.622 5	2.246
2885	2021-11-24	1.029 9	0.529 9	0.949 7	0.837 2	0.447 8	0.622 5	2.246
2886	2021-11-25	1.019 3	0.685 7	0.769 1	0.620 5	0.447 8	0.476 5	2.612
2887	2021-11-26	1.019 3	0.685 7	1.058 0	0.493 7	0.601 5	0.622 5	2.790
2888	2021-11-27	1.089 3	0.529 9	0.769 1	0.493 7	0.447 8	0.476 5	2.145
2889	2021-11-28	0.909 0	0.685 7	0.949 7	0.515 2	0.601 5	0.422 9	2.651
2890	2021-11-29	0.909 0	0.468 6	1.058 0	0.620 5	0.601 5	0.422 9	2.000
2891	2021-11-30	1.049 1	0.468 6	1.027 0	0.515 2	1.210 2	0.622 5	2.442
2892	2021-12-01	1.049 1	0.529 9	0.873 7	0.620 5	0.601 5	0.622 5	2.323
2893	2021-12-02	0.965 8	0.529 9	1.140 2	0.837 2	0.741 2	0.476 5	2.291
2894	2021-12-03	0.890 9	0.529 9	1.058 0	0.620 5	0.447 8	0.476 5	2.145
2895	2021-12-04	1.125 0	0.685 7	0.769 1	0.620 5	0.447 8	0.476 5	2.612
2896	2021-12-05	1.094 4	0.529 9	0.769 1	0.687 6	0.447 8	0.422 9	2.107
2897	2021-12-06	1.049 1	0.529 9	1.119 0	0.493 7	0.741 2	0.476 5	2.291
2898	2021-12-07	1.029 9	0.529 9	0.873 7	0.493 7	0.447 8	0.476 5	2.145
2899	2021-12-08	1.089 3	0.529 9	0.769 1	0.493 7	0.447 8	0.422 9	2.107
2900	2021-12-09	0.909 0	0.468 6	0.769 1	0.493 7	0.447 8	0.422 9	1.923
2901	2021-12-10	1.094 4	0.529 9	0.974 7	0.493 7	0.447 8	0.422 9	2.107
2902	2021-12-11	0.909 0	0.529 9	0.769 1	0.493 7	0.741 2	0.422 9	2.253
2903	2021-12-12	0.854 7	0.468 6	1.027 0	0.493 7	1.203 0	0.622 5	2.439
2904	2021-12-13	1.049 1	0.468 6	0.949 7	0.687 6	0.601 5	0.476 5	2.037
2905	2021-12-14	1.089 3	0.468 6	0.769 1	0.837 2	0.447 8	0.422 9	1.923
2906	2021-12-15	1.094 4	0.468 6	0.769 1	0.687 6	0.447 8	0.422 9	1.923
2907	2021-12-16	1.019 3	0.468 6	1.027 0	0.493 7	1.210 2	0.476 5	2.340
2908	2021-12-17	0.854 7	0.448 8	1.027 0	0.493 7	1.203 0	0.622 5	2.379
2909	2021-12-18	0.965 8	0.468 6	1.107 4	0.620 5	0.741 2	0.476 5	2.107
2910	2021-12-19	1.019 3	0.529 9	0.949 7	1.009 3	0.447 8	0.476 5	2.145
2911	2021-12-20	1.029 9	0.529 9	0.769 1	1.009 3	0.447 8	0.476 5	2.145
2912	2021-12-21	1.029 9	0.529 9	1.027 0	0.687 6	0.741 2	0.476 5	2.291
2913	2021-12-22	1.125 0	0.468 6	1.058 0	0.515 2	0.601 5	0.422 9	2.000
2914	2021-12-23	1.125 0	0.448 8	1.107 4	0.493 7	0.919 5	0.422 9	2.099
2915	2021-12-24	0.854 7	0.448 8	1.107 4	0.493 7	1.346 4	0.476 5	2.349
2916	2021-12-25	0.854 7	0.448 8	1.027 0	0.493 7	1.203 0	0.622 5	2.379
2917	2021-12-26	0.854 7	0.448 8	0.974 7	0.493 7	0.601 5	0.622 5	2.080

续表

序号	日期	O₃气象污染分指数						O₃气象污染综合指数
		平均相对湿度	日最高气温	平均风速	平均本站气压	边界层厚度	短波辐射通量	
2918	2021-12-27	1.049 1	0.468 6	0.769 1	0.493 7	0.447 8	0.476 5	1.961
2919	2021-12-28	1.019 3	0.468 6	0.974 7	0.620 5	0.447 8	0.422 9	1.923
2920	2021-12-29	0.890 9	0.468 6	1.027 0	0.515 2	0.741 2	0.622 5	2.209
2921	2021-12-30	0.854 7	0.468 6	0.974 7	0.493 7	0.741 2	0.476 5	2.107
2922	2021-12-31	1.049 1	0.468 6	0.949 7	0.493 7	0.447 8	0.476 5	1.961

附表2　2014—2021年天津市PM₂.₅气象污染综合指数表

序号	日期	PM₂.₅气象污染分指数					PM₂.₅气象污染综合指数
		平均相对湿度	边界层厚度	平均气温	平均风速	平均本站气压	
1	2014-01-01	0.784 3	1.634 3	1.323 0	1.406 0	1.057 6	1.454
2	2014-01-02	1.047 2	1.634 3	1.353 1	1.118 6	1.146 1	1.462
3	2014-01-03	1.047 2	1.634 3	1.353 1	1.406 0	1.214 2	1.561
4	2014-01-04	1.114 8	1.634 3	1.353 1	0.911 7	1.214 2	1.435
5	2014-01-05	1.118 8	1.634 3	1.355 6	0.916 1	1.224 1	1.439
6	2014-01-06	1.182 7	1.634 3	1.355 6	1.138 9	1.165 0	1.509
7	2014-01-07	1.114 8	1.301 8	1.353 1	0.911 7	1.165 0	1.303
8	2014-01-08	0.784 3	0.997 7	1.355 6	0.911 7	0.941 7	1.052
9	2014-01-09	0.931 8	1.634 3	1.355 6	1.406 0	0.941 7	1.469
10	2014-01-10	1.114 8	1.634 3	1.355 6	1.406 0	0.941 7	1.519
11	2014-01-11	1.182 7	1.634 3	1.355 6	1.406 0	0.941 7	1.538
12	2014-01-12	0.784 3	1.301 8	1.355 6	0.916 1	0.941 7	1.164
13	2014-01-13	1.114 8	1.634 3	1.355 6	1.138 9	0.941 7	1.441
14	2014-01-14	1.118 8	1.634 3	1.355 6	1.406 0	0.941 7	1.521
15	2014-01-15	1.182 7	1.634 3	1.355 6	1.406 0	0.941 7	1.538
16	2014-01-16	1.182 7	1.634 3	1.355 6	0.973 0	1.165 0	1.460
17	2014-01-17	1.118 8	1.634 3	1.355 6	1.046 4	0.941 7	1.415
18	2014-01-18	1.114 8	1.301 8	1.355 6	0.911 7	0.941 7	1.254
19	2014-01-19	1.114 8	0.851 0	1.355 6	0.911 7	1.224 1	1.152
20	2014-01-20	0.611 8	0.851 0	1.353 1	0.727 0	0.941 7	0.898
21	2014-01-21	0.611 8	1.301 8	1.355 6	0.916 1	0.941 7	1.117
22	2014-01-22	0.931 8	1.634 3	1.355 6	1.406 0	1.224 1	1.531
23	2014-01-23	1.027 2	1.634 3	1.355 6	1.046 4	1.146 1	1.435
24	2014-01-24	1.027 2	1.634 3	1.353 1	1.046 4	1.057 6	1.416
25	2014-01-25	1.047 2	0.997 7	1.353 1	0.973 0	1.165 0	1.191
26	2014-01-26	1.118 8	1.011 4	1.355 6	1.138 9	0.941 7	1.215
27	2014-01-27	0.931 8	1.634 3	1.353 1	0.911 7	1.146 1	1.369

续表

序号	日期	PM$_{2.5}$气象污染分指数					PM$_{2.5}$气象污染综合指数
		平均相对湿度	边界层厚度	平均气温	平均风速	平均本站气压	
28	2014-01-28	1.110 6	0.866 1	1.353 1	0.911 7	1.165 0	1.143
29	2014-01-29	1.114 8	1.301 8	1.353 1	1.046 4	1.057 6	1.319
30	2014-01-30	1.047 2	1.011 4	1.353 1	0.847 3	1.146 1	1.155
31	2014-01-31	1.182 7	1.634 3	1.353 1	0.916 1	1.146 1	1.439
32	2014-02-01	1.182 7	0.997 7	1.353 1	1.138 9	1.057 6	1.254
33	2014-02-02	1.118 8	0.895 9	1.323 0	0.727 0	1.057 6	1.078
34	2014-02-03	0.611 8	0.837 3	1.353 1	0.727 0	1.165 0	0.942
35	2014-02-04	0.611 8	0.997 7	1.355 6	1.118 6	0.941 7	1.066
36	2014-02-05	0.931 8	1.011 4	1.355 6	1.138 9	0.941 7	1.164
37	2014-02-06	1.114 8	0.895 9	1.355 6	0.973 0	0.941 7	1.124
38	2014-02-07	1.182 7	1.301 8	1.355 6	0.916 1	1.165 0	1.323
39	2014-02-08	1.114 8	0.895 9	1.355 6	0.911 7	1.165 0	1.155
40	2014-02-09	0.784 3	1.301 8	1.355 6	0.727 0	0.941 7	1.109
41	2014-02-10	1.027 2	1.634 3	1.355 6	1.406 0	0.941 7	1.495
42	2014-02-11	1.047 2	1.634 3	1.355 6	1.138 9	0.941 7	1.423
43	2014-02-12	1.110 6	1.634 3	1.355 6	1.406 0	0.941 7	1.518
44	2014-02-13	1.118 8	0.895 9	1.355 6	0.911 7	0.941 7	1.107
45	2014-02-14	1.114 8	1.634 3	1.355 6	1.046 4	1.165 0	1.463
46	2014-02-15	1.114 8	1.634 3	1.353 1	1.046 4	1.224 1	1.476
47	2014-02-16	1.118 8	0.895 9	1.353 1	0.911 7	1.165 0	1.156
48	2014-02-17	0.784 3	0.895 9	1.353 1	0.847 3	0.941 7	0.996
49	2014-02-18	1.047 2	0.895 9	1.355 6	0.916 1	0.941 7	1.089
50	2014-02-19	1.118 8	0.895 9	1.355 6	1.118 6	0.941 7	1.168
51	2014-02-20	1.182 7	1.011 4	1.355 6	0.911 7	0.941 7	1.166
52	2014-02-21	1.118 8	1.634 3	1.353 1	1.406 0	1.165 0	1.570
53	2014-02-22	1.118 8	0.997 7	1.323 0	0.973 0	0.941 7	1.162
54	2014-02-23	1.182 7	1.301 8	1.353 1	1.046 4	0.941 7	1.312
55	2014-02-24	1.118 8	1.634 3	1.323 0	1.406 0	1.165 0	1.570
56	2014-02-25	1.118 8	1.301 8	1.323 0	1.406 0	1.165 0	1.449
57	2014-02-26	1.118 8	0.837 3	1.008 3	0.847 3	1.214 2	1.127
58	2014-02-27	0.784 3	0.866 1	1.323 0	0.727 0	1.165 0	0.999
59	2014-02-28	1.110 6	0.895 9	1.323 0	0.916 1	1.165 0	1.155
60	2014-03-01	1.110 6	0.866 1	1.323 0	0.911 7	1.224 1	1.156
61	2014-03-02	1.047 2	1.301 8	1.323 0	1.118 6	1.214 2	1.356
62	2014-03-03	1.084 1	0.866 1	1.323 0	1.046 4	1.214 2	1.186
63	2014-03-04	0.931 8	0.784 2	1.323 0	0.847 3	1.224 1	1.058
64	2014-03-05	0.931 8	0.837 3	1.323 0	0.973 0	0.941 7	1.052

序号	日期	PM$_{2.5}$气象污染分指数					PM$_{2.5}$气象污染综合指数
		平均相对湿度	边界层厚度	平均气温	平均风速	平均本站气压	
65	2014-03-06	0.784 3	0.837 3	1.353 1	0.834 1	0.941 7	0.971
66	2014-03-07	1.027 2	0.866 1	1.323 0	0.911 7	0.941 7	1.071
67	2014-03-08	1.110 6	0.997 7	1.323 0	0.973 0	1.224 1	1.222
68	2014-03-09	1.110 6	0.866 1	1.323 0	0.834 1	1.165 0	1.120
69	2014-03-10	1.118 8	1.301 8	1.323 0	1.046 4	1.224 1	1.356
70	2014-03-11	1.110 6	0.844 9	1.008 3	1.046 4	1.146 1	1.171
71	2014-03-12	0.611 8	0.837 3	1.008 3	0.847 3	1.224 1	0.990
72	2014-03-13	0.784 3	0.837 3	1.323 0	0.973 0	1.214 2	1.072
73	2014-03-14	0.611 8	0.851 0	1.008 3	0.727 0	1.146 1	0.943
74	2014-03-15	0.611 8	1.301 8	1.032 4	0.916 1	0.901 9	1.108
75	2014-03-16	1.027 2	1.634 3	1.008 3	0.727 0	1.057 6	1.322
76	2014-03-17	1.027 2	0.851 0	1.032 4	0.727 0	0.901 9	1.003
77	2014-03-18	0.784 3	1.011 4	1.008 3	0.834 1	1.214 2	1.095
78	2014-03-19	1.114 8	0.851 0	1.323 0	0.916 1	1.224 1	1.153
79	2014-03-20	0.611 8	0.837 3	1.008 3	0.847 3	1.165 0	0.977
80	2014-03-21	0.611 8	0.851 0	1.032 4	1.138 9	1.214 2	1.078
81	2014-03-22	0.784 3	0.844 9	1.032 4	0.727 0	1.146 1	0.988
82	2014-03-23	1.027 2	0.997 7	1.032 4	0.911 7	1.224 1	1.181
83	2014-03-24	1.047 2	0.895 9	1.032 4	0.847 3	1.057 6	1.094
84	2014-03-25	1.110 6	1.011 4	0.979 9	1.046 4	0.901 9	1.177
85	2014-03-26	1.114 8	1.011 4	0.979 9	0.916 1	0.901 9	1.140
86	2014-03-27	1.114 8	0.895 9	0.979 9	0.916 1	0.901 9	1.098
87	2014-03-28	1.118 8	1.011 4	1.032 4	1.406 0	0.785 7	1.259
88	2014-03-29	1.118 8	0.837 3	1.032 4	0.973 0	0.901 9	1.095
89	2014-03-30	1.047 2	0.837 3	0.979 9	0.916 1	1.057 6	1.093
90	2014-03-31	1.047 2	0.837 3	0.979 9	0.834 1	1.057 6	1.069
91	2014-04-01	1.047 2	0.837 3	0.979 9	1.118 6	0.901 9	1.118
92	2014-04-02	1.027 2	0.844 9	0.979 9	0.834 1	1.057 6	1.066
93	2014-04-03	0.611 8	0.784 2	1.032 4	0.727 0	1.224 1	0.935
94	2014-04-04	0.611 8	0.837 3	1.032 4	0.727 0	1.057 6	0.918
95	2014-04-05	0.611 8	0.837 3	1.032 4	0.727 0	1.224 1	0.955
96	2014-04-06	0.611 8	0.837 3	0.979 9	0.727 0	1.146 1	0.938
97	2014-04-07	0.931 8	1.011 4	0.979 9	0.916 1	1.057 6	1.125
98	2014-04-08	1.047 2	0.851 0	0.979 9	0.834 1	1.057 6	1.074
99	2014-04-09	1.027 2	0.784 2	0.748 5	0.727 0	0.901 9	0.978
100	2014-04-10	0.611 8	1.011 4	0.979 9	0.847 3	1.214 2	1.051
101	2014-04-11	0.931 8	0.997 7	1.032 4	0.973 0	1.146 1	1.156

序号	日期	PM$_{2.5}$ 气象污染分指数					PM$_{2.5}$ 气象污染综合指数
		平均相对湿度	边界层厚度	平均气温	平均风速	平均本站气压	
102	2014-04-12	1.027 2	1.011 4	1.032 4	0.973 0	1.057 6	1.167
103	2014-04-13	1.110 6	0.895 9	0.979 9	0.911 7	1.146 1	1.150
104	2014-04-14	1.110 6	0.866 1	0.748 5	0.727 0	1.057 6	1.065
105	2014-04-15	1.027 2	1.301 8	0.979 9	0.834 1	1.146 1	1.252
106	2014-04-16	0.611 8	0.997 7	0.979 9	1.046 4	1.057 6	1.070
107	2014-04-17	1.114 8	1.011 4	1.032 4	0.847 3	0.901 9	1.120
108	2014-04-18	1.114 8	1.011 4	1.032 4	0.847 3	1.146 1	1.174
109	2014-04-19	0.931 8	0.866 1	1.032 4	1.406 0	1.214 2	1.250
110	2014-04-20	1.027 2	0.837 3	1.032 4	1.138 9	1.146 1	1.172
111	2014-04-21	1.027 2	0.784 2	0.979 9	1.138 9	1.057 6	1.133
112	2014-04-22	0.931 8	0.784 2	0.748 5	0.916 1	1.057 6	1.042
113	2014-04-23	1.047 2	0.784 2	0.748 5	0.727 0	0.901 9	0.984
114	2014-04-24	1.027 2	0.851 0	0.748 5	0.727 0	1.057 6	1.037
115	2014-04-25	1.027 2	0.866 1	0.748 5	0.916 1	1.057 6	1.098
116	2014-04-26	1.182 7	0.997 7	1.032 4	0.847 3	1.214 2	1.203
117	2014-04-27	1.118 8	0.844 9	0.979 9	0.911 7	1.214 2	1.148
118	2014-04-28	1.027 2	0.784 2	0.979 9	0.847 3	1.146 1	1.067
119	2014-04-29	0.784 3	0.784 2	0.748 5	0.911 7	1.057 6	1.000
120	2014-04-30	0.784 3	0.837 3	0.748 5	0.834 1	0.785 7	0.937
121	2014-05-01	1.027 2	0.784 2	0.731 0	0.916 1	0.785 7	1.008
122	2014-05-02	0.611 8	0.784 2	0.979 9	0.727 0	1.057 6	0.899
123	2014-05-03	0.611 8	0.784 2	0.979 9	0.727 0	0.901 9	0.864
124	2014-05-04	0.611 8	0.784 2	1.032 4	0.727 0	1.146 1	0.918
125	2014-05-05	0.611 8	0.784 2	1.032 4	0.847 3	1.146 1	0.953
126	2014-05-06	0.931 8	0.997 7	0.979 9	0.727 0	0.785 7	1.004
127	2014-05-07	1.047 2	0.784 2	0.979 9	0.727 0	0.799 0	0.961
128	2014-05-08	1.027 2	0.851 0	0.979 9	0.834 1	1.057 6	1.068
129	2014-05-09	1.027 2	1.011 4	0.979 9	0.727 0	1.057 6	1.095
130	2014-05-10	1.027 2	0.997 7	0.979 9	0.727 0	1.057 6	1.090
131	2014-05-11	1.182 7	1.011 4	1.032 4	0.834 1	0.799 0	1.112
132	2014-05-12	1.027 2	0.784 2	0.748 5	0.727 0	0.768 3	0.949
133	2014-05-13	1.027 2	0.837 3	0.731 0	0.834 1	0.768 3	1.000
134	2014-05-14	0.611 8	0.837 3	0.748 5	0.727 0	0.799 0	0.861
135	2014-05-15	0.784 3	0.837 3	0.748 5	0.911 7	0.768 3	0.956
136	2014-05-16	0.931 8	0.851 0	0.748 5	0.916 1	0.799 0	1.009
137	2014-05-17	0.784 3	0.844 9	0.748 5	0.727 0	0.901 9	0.934
138	2014-05-18	0.784 3	0.837 3	0.731 0	0.916 1	0.785 7	0.961

序号	日期	PM$_{2.5}$气象污染分指数					PM$_{2.5}$气象污染综合指数
		平均相对湿度	边界层厚度	平均气温	平均风速	平均本站气压	
139	2014-05-19	1.047 2	0.837 3	0.715 6	0.916 1	0.768 3	1.029
140	2014-05-20	1.110 6	0.851 0	0.731 0	0.834 1	0.768 3	1.027
141	2014-05-21	1.110 6	1.011 4	0.715 6	0.727 0	0.799 0	1.061
142	2014-05-22	0.931 8	0.784 2	0.783 0	0.834 1	0.799 0	0.961
143	2014-05-23	0.931 8	0.784 2	0.783 0	0.727 0	0.901 9	0.952
144	2014-05-24	1.182 7	0.895 9	0.748 5	0.847 3	0.785 7	1.071
145	2014-05-25	1.047 2	0.784 2	0.731 0	1.406 0	0.799 0	1.160
146	2014-05-26	0.611 8	0.784 2	0.783 0	0.727 0	0.768 3	0.835
147	2014-05-27	0.611 8	0.784 2	0.783 0	0.727 0	0.768 3	0.835
148	2014-05-28	0.611 8	0.784 2	0.783 0	0.727 0	0.768 3	0.835
149	2014-05-29	0.611 8	0.784 2	0.783 0	0.911 7	0.768 3	0.889
150	2014-05-30	0.784 3	1.301 8	0.783 0	0.727 0	0.799 0	1.078
151	2014-05-31	1.047 2	0.844 9	0.783 0	0.727 0	0.785 7	0.980
152	2014-06-01	1.114 8	0.784 2	0.715 6	0.847 3	0.785 7	1.012
153	2014-06-02	1.047 2	0.784 2	0.748 5	0.916 1	0.901 9	1.039
154	2014-06-03	1.027 2	0.851 0	0.715 6	0.847 3	0.785 7	1.012
155	2014-06-04	1.047 2	0.851 0	0.731 0	1.138 9	0.799 0	1.106
156	2014-06-05	1.110 6	0.784 2	0.783 0	0.847 3	0.799 0	1.014
157	2014-06-06	1.114 8	0.851 0	0.715 6	0.834 1	0.768 3	1.029
158	2014-06-07	1.110 6	0.784 2	0.748 5	0.834 1	0.768 3	1.003
159	2014-06-08	1.110 6	0.784 2	0.731 0	1.118 6	0.768 3	1.086
160	2014-06-09	1.110 6	0.784 2	0.731 0	0.834 1	0.768 3	1.003
161	2014-06-10	1.084 1	0.844 9	0.731 0	0.916 1	0.785 7	1.046
162	2014-06-11	1.114 8	0.784 2	0.731 0	1.046 4	0.785 7	1.070
163	2014-06-12	1.047 2	0.784 2	0.783 0	0.911 7	0.799 0	1.015
164	2014-06-13	1.110 6	0.784 2	0.715 6	0.834 1	0.785 7	1.007
165	2014-06-14	1.110 6	0.851 0	0.783 0	1.138 9	0.799 0	1.123
166	2014-06-15	1.027 2	0.784 2	0.783 0	0.727 0	0.768 3	0.949
167	2014-06-16	1.114 8	0.837 3	0.715 6	0.727 0	0.768 3	0.992
168	2014-06-17	1.118 8	0.851 0	0.715 6	0.973 0	0.768 3	1.070
169	2014-06-18	1.182 7	0.844 9	0.731 0	0.973 0	0.768 3	1.086
170	2014-06-19	1.182 7	0.866 1	0.731 0	0.847 3	0.768 3	1.057
171	2014-06-20	1.182 7	0.837 3	0.748 5	0.847 3	0.799 0	1.053
172	2014-06-21	1.084 1	0.851 0	0.731 0	0.911 7	0.785 7	1.047
173	2014-06-22	1.118 8	0.844 9	0.731 0	0.911 7	0.785 7	1.054
174	2014-06-23	1.114 8	0.784 2	0.731 0	1.406 0	0.785 7	1.176
175	2014-06-24	1.047 2	0.837 3	0.783 0	0.847 3	0.799 0	1.016

续表

序号	日期	PM_{2.5}气象污染分指数					PM_{2.5}气象污染综合指数
		平均相对湿度	边界层厚度	平均气温	平均风速	平均本站气压	
176	2014-06-25	1.084 1	0.851 0	0.731 0	0.916 1	0.768 3	1.044
177	2014-06-26	1.118 8	0.837 3	0.715 6	0.911 7	0.768 3	1.047
178	2014-06-27	1.027 2	0.784 2	0.783 0	0.834 1	0.799 0	0.987
179	2014-06-28	0.931 8	0.784 2	0.783 0	0.973 0	0.799 0	1.002
180	2014-06-29	1.027 2	0.837 3	0.783 0	1.138 9	0.799 0	1.096
181	2014-06-30	0.931 8	0.837 3	0.783 0	0.973 0	0.799 0	1.021
182	2014-07-01	1.047 2	0.851 0	0.783 0	0.916 1	0.768 3	1.034
183	2014-07-02	1.182 7	0.851 0	0.731 0	0.911 7	0.768 3	1.070
184	2014-07-03	1.084 1	0.851 0	0.715 6	1.406 0	0.768 3	1.188
185	2014-07-04	1.182 7	0.844 9	0.783 0	1.138 9	0.768 3	1.134
186	2014-07-05	1.182 7	0.844 9	0.783 0	1.406 0	0.799 0	1.219
187	2014-07-06	1.084 1	0.851 0	0.783 0	0.911 7	0.799 0	1.050
188	2014-07-07	1.114 8	0.844 9	0.783 0	0.834 1	0.768 3	1.026
189	2014-07-08	1.110 6	0.851 0	0.783 0	0.916 1	0.768 3	1.051
190	2014-07-09	1.047 2	0.837 3	0.783 0	0.973 0	0.768 3	1.046
191	2014-07-10	1.027 2	0.784 2	0.783 0	0.847 3	0.768 3	0.984
192	2014-07-11	1.110 6	0.784 2	0.783 0	0.916 1	0.768 3	1.027
193	2014-07-12	1.047 2	0.784 2	0.783 0	0.911 7	0.768 3	1.009
194	2014-07-13	1.027 2	0.784 2	0.783 0	0.973 0	0.768 3	1.021
195	2014-07-14	1.027 2	0.784 2	0.783 0	0.847 3	0.768 3	0.984
196	2014-07-15	1.047 2	0.837 3	0.783 0	0.834 1	0.768 3	1.005
197	2014-07-16	1.084 1	0.837 3	0.715 6	0.834 1	0.768 3	1.015
198	2014-07-17	1.084 1	0.851 0	0.783 0	0.916 1	0.799 0	1.051
199	2014-07-18	1.084 1	0.784 2	0.783 0	0.911 7	0.799 0	1.025
200	2014-07-19	1.118 8	0.837 3	0.783 0	0.911 7	0.785 7	1.051
201	2014-07-20	1.118 8	0.784 2	0.783 0	0.727 0	0.799 0	0.981
202	2014-07-21	1.114 8	0.851 0	0.783 0	0.916 1	0.768 3	1.053
203	2014-07-22	1.114 8	1.634 3	0.783 0	1.138 9	0.799 0	1.410
204	2014-07-23	1.114 8	0.866 1	0.715 6	0.911 7	0.768 3	1.057
205	2014-07-24	1.084 1	0.895 9	0.715 6	1.046 4	0.799 0	1.106
206	2014-07-25	1.084 1	0.837 3	0.715 6	1.118 6	0.799 0	1.105
207	2014-07-26	1.047 2	0.851 0	0.783 0	0.847 3	0.785 7	1.018
208	2014-07-27	1.110 6	0.837 3	0.783 0	0.847 3	0.785 7	1.030
209	2014-07-28	1.110 6	0.784 2	0.783 0	0.847 3	0.799 0	1.014
210	2014-07-29	1.110 6	0.837 3	0.783 0	0.834 1	0.768 3	1.022
211	2014-07-30	1.118 8	0.844 9	0.783 0	0.911 7	0.768 3	1.050
212	2014-07-31	1.084 1	0.866 1	0.783 0	0.973 0	0.799 0	1.073

序号	日期	PM₂.₅气象污染分指数					PM₂.₅气象污染综合指数
		平均相对湿度	边界层厚度	平均气温	平均风速	平均本站气压	
213	2014-08-01	1.182 7	0.844 9	0.783 0	0.973 0	0.799 0	1.092
214	2014-08-02	1.118 8	0.844 9	0.783 0	0.973 0	0.768 3	1.068
215	2014-08-03	1.118 8	0.844 9	0.783 0	1.118 6	0.768 3	1.111
216	2014-08-04	1.182 7	1.301 8	0.715 6	0.847 3	0.768 3	1.215
217	2014-08-05	1.182 7	0.844 9	0.731 0	1.406 0	0.799 0	1.219
218	2014-08-06	1.118 8	0.844 9	0.715 6	1.138 9	0.785 7	1.121
219	2014-08-07	1.047 2	0.844 9	0.783 0	0.911 7	0.785 7	1.034
220	2014-08-08	1.110 6	0.851 0	0.715 6	1.046 4	0.785 7	1.093
221	2014-08-09	1.110 6	0.837 3	0.783 0	0.911 7	0.799 0	1.052
222	2014-08-10	1.047 2	0.866 1	0.783 0	0.911 7	0.768 3	1.038
223	2014-08-11	1.047 2	0.837 3	0.783 0	1.046 4	0.768 3	1.067
224	2014-08-12	1.047 2	0.837 3	0.783 0	1.046 4	0.799 0	1.074
225	2014-08-13	1.182 7	0.997 7	0.748 5	0.834 1	0.785 7	1.104
226	2014-08-14	1.118 8	0.866 1	0.731 0	1.138 9	0.785 7	1.128
227	2014-08-15	1.047 2	0.866 1	0.783 0	1.118 6	0.799 0	1.106
228	2014-08-16	1.110 6	0.844 9	0.783 0	1.138 9	0.785 7	1.118
229	2014-08-17	1.084 1	0.844 9	0.731 0	0.911 7	0.901 9	1.070
230	2014-08-18	1.118 8	0.844 9	0.731 0	1.138 9	0.901 9	1.146
231	2014-08-19	1.114 8	0.895 9	0.715 6	1.406 0	0.901 9	1.242
232	2014-08-20	1.114 8	0.844 9	0.783 0	0.847 3	0.785 7	1.034
233	2014-08-21	1.114 8	0.866 1	0.783 0	0.911 7	0.799 0	1.064
234	2014-08-22	1.114 8	0.866 1	0.783 0	1.046 4	0.799 0	1.103
235	2014-08-23	1.118 8	0.866 1	0.783 0	0.847 3	0.799 0	1.046
236	2014-08-24	1.182 7	0.851 0	0.731 0	0.911 7	0.799 0	1.077
237	2014-08-25	1.110 6	0.837 3	0.715 6	0.973 0	0.901 9	1.093
238	2014-08-26	1.110 6	0.851 0	0.715 6	1.406 0	0.901 9	1.224
239	2014-08-27	1.110 6	0.837 3	0.783 0	1.406 0	0.901 9	1.219
240	2014-08-28	1.118 8	0.851 0	0.715 6	1.046 4	1.057 6	1.156
241	2014-08-29	1.182 7	0.866 1	0.731 0	0.973 0	1.057 6	1.157
242	2014-08-30	1.084 1	0.866 1	0.715 6	0.911 7	1.057 6	1.112
243	2014-08-31	1.182 7	1.011 4	0.731 0	1.406 0	0.901 9	1.303
244	2014-09-01	1.182 7	1.011 4	0.731 0	1.406 0	0.901 9	1.303
245	2014-09-02	1.182 7	0.997 7	0.748 5	0.847 3	0.785 7	1.108
246	2014-09-03	1.110 6	0.866 1	0.731 0	0.973 0	0.785 7	1.077
247	2014-09-04	1.027 2	0.997 7	0.731 0	0.916 1	0.799 0	1.089
248	2014-09-05	1.118 8	0.895 9	0.715 6	0.916 1	0.785 7	1.074
249	2014-09-06	1.118 8	0.844 9	0.715 6	1.118 6	0.901 9	1.140

续表

序号	日期	PM$_{2.5}$气象污染分指数					PM$_{2.5}$气象污染综合指数
		平均相对湿度	边界层厚度	平均气温	平均风速	平均本站气压	
250	2014-09-07	1.084 1	0.866 1	0.715 6	1.118 6	0.785 7	1.113
251	2014-09-08	1.047 2	0.844 9	0.731 0	0.911 7	0.901 9	1.060
252	2014-09-09	1.110 6	0.866 1	0.731 0	1.118 6	0.901 9	1.146
253	2014-09-10	1.114 8	0.866 1	0.731 0	0.973 0	1.057 6	1.138
254	2014-09-11	1.114 8	0.866 1	0.731 0	0.847 3	1.057 6	1.102
255	2014-09-12	1.084 1	0.895 9	0.748 5	0.911 7	1.057 6	1.123
256	2014-09-13	1.114 8	0.844 9	0.748 5	1.118 6	1.057 6	1.173
257	2014-09-14	1.084 1	0.997 7	0.979 9	1.138 9	1.057 6	1.227
258	2014-09-15	1.110 6	1.011 4	0.979 9	1.118 6	1.146 1	1.252
259	2014-09-16	1.114 8	0.866 1	0.979 9	0.973 0	1.146 1	1.158
260	2014-09-17	1.118 8	1.301 8	0.979 9	1.046 4	1.214 2	1.354
261	2014-09-18	1.118 8	1.011 4	0.979 9	1.406 0	1.214 2	1.354
262	2014-09-19	1.084 1	0.866 1	0.748 5	1.118 6	0.901 9	1.138
263	2014-09-20	1.182 7	1.011 4	0.748 5	1.118 6	0.901 9	1.218
264	2014-09-21	1.182 7	0.997 7	0.748 5	0.847 3	1.057 6	1.168
265	2014-09-22	1.084 1	0.866 1	0.731 0	1.118 6	1.146 1	1.192
266	2014-09-23	1.182 7	0.997 7	0.748 5	0.911 7	1.057 6	1.187
267	2014-09-24	1.182 7	0.997 7	0.748 5	1.046 4	1.057 6	1.226
268	2014-09-25	1.182 7	0.866 1	0.748 5	1.046 4	1.057 6	1.179
269	2014-09-26	1.084 1	0.895 9	0.748 5	0.916 1	0.901 9	1.090
270	2014-09-27	1.114 8	0.866 1	0.748 5	1.118 6	1.057 6	1.181
271	2014-09-28	1.118 8	1.011 4	0.748 5	1.138 9	1.057 6	1.241
272	2014-09-29	1.118 8	0.866 1	0.979 9	0.916 1	1.146 1	1.142
273	2014-09-30	0.784 3	0.866 1	1.032 4	0.973 0	1.165 0	1.072
274	2014-10-01	1.182 7	1.301 8	1.032 4	1.046 4	1.057 6	1.337
275	2014-10-02	1.182 7	1.301 8	0.979 9	1.138 9	0.901 9	1.330
276	2014-10-03	1.084 1	0.851 0	0.979 9	0.911 7	1.146 1	1.126
277	2014-10-04	1.182 7	0.997 7	0.979 9	0.847 3	1.146 1	1.188
278	2014-10-05	1.118 8	0.844 9	0.979 9	0.847 3	1.224 1	1.132
279	2014-10-06	1.110 6	0.866 1	1.032 4	1.118 6	1.224 1	1.217
280	2014-10-07	1.110 6	0.997 7	0.979 9	0.973 0	1.214 2	1.220
281	2014-10-08	1.118 8	0.997 7	0.979 9	0.911 7	1.146 1	1.189
282	2014-10-09	1.084 1	1.301 8	0.979 9	1.406 0	1.146 1	1.435
283	2014-10-10	1.182 7	1.011 4	0.979 9	1.138 9	1.214 2	1.293
284	2014-10-11	1.182 7	0.844 9	0.979 9	1.046 4	1.214 2	1.205
285	2014-10-12	1.047 2	0.837 3	1.032 4	0.727 0	0.941 7	1.012
286	2014-10-13	0.931 8	0.895 9	1.008 3	0.973 0	1.165 0	1.123

续表

序号	日期	PM₂.₅气象污染分指数					PM₂.₅气象污染综合指数
		平均相对湿度	边界层厚度	平均气温	平均风速	平均本站气压	
287	2014-10-14	1.027 2	1.011 4	1.032 4	0.911 7	1.214 2	1.184
288	2014-10-15	0.931 8	0.851 0	0.979 9	0.847 3	1.057 6	1.046
289	2014-10-16	0.784 3	0.844 9	1.032 4	0.911 7	1.214 2	1.057
290	2014-10-17	1.027 2	1.634 3	0.979 9	0.973 0	1.057 6	1.394
291	2014-10-18	1.110 6	1.301 8	0.979 9	0.973 0	1.057 6	1.296
292	2014-10-19	1.118 8	0.997 7	0.979 9	0.847 3	1.057 6	1.151
293	2014-10-20	1.182 7	0.844 9	0.979 9	1.046 4	1.146 1	1.190
294	2014-10-21	0.784 3	0.997 7	1.032 4	0.973 0	1.224 1	1.132
295	2014-10-22	1.047 2	0.997 7	1.032 4	1.046 4	1.224 1	1.226
296	2014-10-23	1.182 7	1.301 8	1.032 4	1.406 0	1.057 6	1.443
297	2014-10-24	1.182 7	1.301 8	0.979 9	1.138 9	0.901 9	1.330
298	2014-10-25	1.182 7	1.301 8	1.032 4	1.406 0	0.901 9	1.408
299	2014-10-26	1.114 8	0.844 9	1.032 4	0.916 1	1.224 1	1.151
300	2014-10-27	1.027 2	1.011 4	1.008 3	1.118 6	0.941 7	1.184
301	2014-10-28	1.118 8	0.997 7	1.008 3	1.406 0	1.165 0	1.338
302	2014-10-29	1.118 8	1.301 8	1.032 4	1.406 0	1.224 1	1.462
303	2014-10-30	1.114 8	0.997 7	1.032 4	1.406 0	1.214 2	1.348
304	2014-10-31	1.182 7	1.634 3	1.032 4	0.973 0	1.214 2	1.471
305	2014-11-01	1.118 8	0.895 9	1.032 4	0.911 7	1.146 1	1.152
306	2014-11-02	0.611 8	0.866 1	1.008 3	0.727 0	1.224 1	0.965
307	2014-11-03	0.784 3	1.301 8	1.008 3	1.046 4	1.214 2	1.262
308	2014-11-04	0.931 8	0.997 7	1.008 3	0.847 3	1.057 6	1.099
309	2014-11-05	1.027 2	1.011 4	1.008 3	1.406 0	1.146 1	1.314
310	2014-11-06	0.611 8	0.895 9	1.008 3	0.916 1	0.941 7	0.969
311	2014-11-07	1.110 6	1.011 4	1.323 0	1.118 6	0.941 7	1.207
312	2014-11-08	1.110 6	1.301 8	1.008 3	1.406 0	1.165 0	1.446
313	2014-11-09	1.118 8	1.634 3	1.008 3	1.406 0	1.165 0	1.570
314	2014-11-10	1.118 8	1.634 3	1.008 3	1.118 6	1.214 2	1.496
315	2014-11-11	1.027 2	0.837 3	1.008 3	0.834 1	1.146 1	1.083
316	2014-11-12	0.611 8	0.851 0	1.323 0	0.727 0	1.224 1	0.960
317	2014-11-13	0.784 3	0.997 7	1.323 0	1.406 0	1.165 0	1.246
318	2014-11-14	0.784 3	1.301 8	1.323 0	1.406 0	1.165 0	1.357
319	2014-11-15	1.047 2	1.301 8	1.008 3	1.138 9	1.165 0	1.351
320	2014-11-16	1.110 6	0.997 7	1.008 3	0.834 1	1.165 0	1.168
321	2014-11-17	0.784 3	1.301 8	1.008 3	0.847 3	0.941 7	1.144
322	2014-11-18	1.027 2	1.634 3	1.323 0	1.406 0	0.941 7	1.495
323	2014-11-19	1.047 2	1.301 8	1.008 3	0.911 7	1.224 1	1.297

续表

序号	日期	PM2.5气象污染分指数					PM2.5气象污染综合指数
		平均相对湿度	边界层厚度	平均气温	平均风速	平均本站气压	
324	2014-11-20	1.118 8	1.634 3	1.323 0	1.046 4	1.146 1	1.460
325	2014-11-21	1.182 7	1.634 3	1.323 0	1.406 0	1.214 2	1.598
326	2014-11-22	1.027 2	1.301 8	1.323 0	0.916 1	1.165 0	1.280
327	2014-11-23	1.182 7	1.634 3	1.323 0	1.138 9	1.165 0	1.509
328	2014-11-24	1.114 8	1.301 8	1.323 0	1.046 4	1.165 0	1.342
329	2014-11-25	1.084 1	1.301 8	1.323 0	1.118 6	1.214 2	1.366
330	2014-11-26	1.084 1	1.634 3	1.323 0	1.046 4	1.057 6	1.431
331	2014-11-27	1.114 8	1.011 4	1.323 0	0.916 1	1.224 1	1.211
332	2014-11-28	1.182 7	1.634 3	1.323 0	0.973 0	1.214 2	1.471
333	2014-11-29	1.182 7	1.634 3	1.323 0	1.406 0	1.214 2	1.598
334	2014-11-30	1.047 2	0.784 2	1.323 0	0.727 0	1.214 2	1.053
335	2014-12-01	0.611 8	0.866 1	1.355 6	0.727 0	0.941 7	0.903
336	2014-12-02	0.611 8	0.997 7	1.355 6	0.911 7	1.165 0	1.054
337	2014-12-03	0.611 8	0.844 9	1.355 6	0.834 1	1.165 0	0.976
338	2014-12-04	0.611 8	0.844 9	1.355 6	0.834 1	1.165 0	0.976
339	2014-12-05	0.611 8	1.634 3	1.355 6	0.847 3	1.165 0	1.267
340	2014-12-06	0.931 8	1.634 3	1.355 6	0.973 0	1.165 0	1.392
341	2014-12-07	1.047 2	0.997 7	1.353 1	0.834 1	1.165 0	1.151
342	2014-12-08	0.784 3	1.634 3	1.355 6	1.138 9	0.941 7	1.351
343	2014-12-09	1.114 8	1.301 8	1.353 1	0.973 0	0.941 7	1.272
344	2014-12-10	1.118 8	0.851 0	1.353 1	0.847 3	1.165 0	1.121
345	2014-12-11	0.784 3	0.895 9	1.355 6	0.834 1	0.941 7	0.993
346	2014-12-12	0.611 8	0.997 7	1.355 6	0.847 3	1.165 0	1.035
347	2014-12-13	0.931 8	1.634 3	1.355 6	1.118 6	0.941 7	1.385
348	2014-12-14	0.784 3	1.634 3	1.353 1	1.118 6	1.165 0	1.394
349	2014-12-15	0.931 8	0.784 2	1.355 6	0.727 0	1.165 0	1.010
350	2014-12-16	0.611 8	0.851 0	1.355 6	0.847 3	0.941 7	0.933
351	2014-12-17	0.784 3	1.634 3	1.355 6	1.046 4	0.941 7	1.324
352	2014-12-18	1.027 2	1.634 3	1.355 6	1.118 6	1.165 0	1.460
353	2014-12-19	1.027 2	1.011 4	1.355 6	0.727 0	1.224 1	1.132
354	2014-12-20	0.611 8	1.011 4	1.355 6	0.834 1	0.941 7	0.987
355	2014-12-21	0.611 8	0.997 7	1.355 6	0.727 0	1.165 0	1.000
356	2014-12-22	0.784 3	1.634 3	1.353 1	1.046 4	1.224 1	1.386
357	2014-12-23	0.931 8	1.634 3	1.353 1	1.406 0	1.214 2	1.529
358	2014-12-24	0.784 3	1.634 3	1.353 1	0.911 7	0.941 7	1.284
359	2014-12-25	0.931 8	1.634 3	1.353 1	0.911 7	0.941 7	1.324
360	2014-12-26	1.047 2	1.634 3	1.353 1	1.046 4	0.941 7	1.396

续表

序号	日期	PM$_{2.5}$气象污染分指数					PM$_{2.5}$气象污染综合指数
		平均相对湿度	边界层厚度	平均气温	平均风速	平均本站气压	
361	2014-12-27	1.047 2	1.634 3	1.355 6	1.118 6	1.165 0	1.466
362	2014-12-28	1.047 2	1.634 3	1.353 1	1.406 0	1.214 2	1.561
363	2014-12-29	1.027 2	1.634 3	1.353 1	1.406 0	1.057 6	1.521
364	2014-12-30	1.047 2	0.866 1	1.353 1	0.911 7	1.146 1	1.121
365	2014-12-31	0.611 8	1.011 4	1.355 6	0.727 0	0.941 7	0.956
366	2015-01-01	0.611 8	1.301 8	1.355 6	1.046 4	0.941 7	1.155
367	2015-01-02	0.611 8	1.301 8	1.355 6	1.046 4	0.941 7	1.155
368	2015-01-03	1.027 2	1.634 3	1.355 6	0.916 1	1.146 1	1.397
369	2015-01-04	1.027 2	1.634 3	1.355 6	1.406 0	1.057 6	1.521
370	2015-01-05	1.047 2	0.895 9	1.323 0	0.916 1	1.146 1	1.134
371	2015-01-06	0.611 8	0.997 7	1.355 6	0.727 0	1.165 0	1.000
372	2015-01-07	0.931 8	1.634 3	1.355 6	0.911 7	0.941 7	1.324
373	2015-01-08	1.114 8	1.634 3	1.355 6	1.406 0	0.941 7	1.519
374	2015-01-09	0.784 3	1.634 3	1.353 1	0.834 1	0.941 7	1.261
375	2015-01-10	0.784 3	1.634 3	1.323 0	1.138 9	1.224 1	1.413
376	2015-01-11	1.027 2	0.997 7	1.353 1	0.911 7	0.941 7	1.119
377	2015-01-12	1.118 8	1.301 8	1.355 6	0.973 0	0.941 7	1.273
378	2015-01-13	1.114 8	1.634 3	1.355 6	1.046 4	0.941 7	1.414
379	2015-01-14	1.182 7	1.634 3	1.355 6	1.406 0	0.941 7	1.538
380	2015-01-15	1.182 7	1.634 3	1.355 6	1.118 6	1.165 0	1.503
381	2015-01-16	1.110 6	0.866 1	1.355 6	0.834 1	1.165 0	1.120
382	2015-01-17	0.784 3	1.301 8	1.355 6	0.916 1	0.941 7	1.164
383	2015-01-18	0.931 8	0.851 0	1.353 1	0.834 1	1.214 2	1.077
384	2015-01-19	0.931 8	1.301 8	1.353 1	0.916 1	1.165 0	1.254
385	2015-01-20	1.114 8	1.634 3	1.353 1	0.911 7	1.214 2	1.435
386	2015-01-21	1.027 2	1.011 4	1.353 1	0.847 3	1.165 0	1.154
387	2015-01-22	1.110 6	1.301 8	1.355 6	0.973 0	1.165 0	1.320
388	2015-01-23	1.047 2	1.634 3	1.353 1	1.138 9	1.146 1	1.468
389	2015-01-24	1.047 2	1.011 4	1.353 1	0.834 1	1.165 0	1.156
390	2015-01-25	1.114 8	1.634 3	1.353 1	1.138 9	1.165 0	1.490
391	2015-01-26	1.047 2	0.997 7	1.353 1	0.727 0	1.165 0	1.119
392	2015-01-27	0.611 8	0.866 1	1.355 6	0.727 0	0.941 7	0.903
393	2015-01-28	0.784 3	0.997 7	1.355 6	1.406 0	0.941 7	1.197
394	2015-01-29	1.027 2	0.895 9	1.355 6	0.847 3	0.941 7	1.063
395	2015-01-30	0.611 8	0.895 9	1.355 6	0.727 0	0.941 7	0.914
396	2015-01-31	0.611 8	1.301 8	1.355 6	1.138 9	0.941 7	1.182
397	2015-02-01	0.931 8	1.634 3	1.355 6	1.118 6	0.941 7	1.385

序号	日期	PM2.5 气象污染分指数					PM2.5 气象污染综合指数
		平均相对湿度	边界层厚度	平均气温	平均风速	平均本站气压	
398	2015-02-02	0.931 8	1.634 3	1.355 6	1.118 6	0.941 7	1.385
399	2015-02-03	1.027 2	1.634 3	1.353 1	0.911 7	0.941 7	1.351
400	2015-02-04	0.611 8	0.851 0	1.353 1	0.727 0	0.941 7	0.898
401	2015-02-05	0.611 8	1.011 4	1.353 1	0.834 1	0.941 7	0.987
402	2015-02-06	0.611 8	1.634 3	1.353 1	1.046 4	1.224 1	1.338
403	2015-02-07	0.784 3	0.784 2	1.353 1	0.834 1	1.165 0	1.001
404	2015-02-08	0.611 8	0.844 9	1.355 6	0.834 1	0.941 7	0.927
405	2015-02-09	0.611 8	1.301 8	1.355 6	1.138 9	0.941 7	1.182
406	2015-02-10	0.784 3	1.634 3	1.353 1	1.406 0	1.146 1	1.474
407	2015-02-11	0.784 3	1.011 4	1.323 0	1.118 6	1.057 6	1.143
408	2015-02-12	0.784 3	0.895 9	1.323 0	0.727 0	1.214 2	1.021
409	2015-02-13	1.047 2	1.301 8	1.353 1	0.916 1	1.146 1	1.281
410	2015-02-14	1.027 2	1.634 3	1.323 0	0.911 7	0.901 9	1.342
411	2015-02-15	1.047 2	1.301 8	1.323 0	0.727 0	1.146 1	1.226
412	2015-02-16	1.114 8	0.866 1	1.323 0	1.118 6	1.146 1	1.201
413	2015-02-17	0.931 8	0.895 9	1.323 0	0.973 0	1.224 1	1.136
414	2015-02-18	1.110 6	1.011 4	1.353 1	0.911 7	0.941 7	1.147
415	2015-02-19	1.027 2	0.997 7	1.353 1	0.847 3	0.941 7	1.100
416	2015-02-20	1.182 7	1.011 4	1.353 1	1.406 0	1.214 2	1.371
417	2015-02-21	1.182 7	0.851 0	1.353 1	0.834 1	1.146 1	1.130
418	2015-02-22	0.611 8	0.851 0	1.355 6	0.727 0	1.224 1	0.960
419	2015-02-23	0.931 8	1.301 8	1.353 1	1.046 4	1.214 2	1.303
420	2015-02-24	1.114 8	1.634 3	1.353 1	1.138 9	1.057 6	1.467
421	2015-02-25	1.027 2	0.895 9	1.323 0	0.727 0	1.146 1	1.073
422	2015-02-26	1.047 2	0.851 0	1.353 1	0.911 7	1.165 0	1.120
423	2015-02-27	1.027 2	0.851 0	1.353 1	0.847 3	0.941 7	1.047
424	2015-02-28	1.182 7	0.895 9	1.355 6	0.834 1	1.165 0	1.151
425	2015-03-01	0.784 3	0.866 1	1.323 0	0.847 3	1.214 2	1.045
426	2015-03-02	0.784 3	0.895 9	1.323 0	1.046 4	0.901 9	1.046
427	2015-03-03	0.611 8	0.784 2	1.323 0	0.727 0	1.214 2	0.933
428	2015-03-04	0.611 8	0.851 0	1.353 1	0.911 7	0.941 7	0.952
429	2015-03-05	0.784 3	0.844 9	1.353 1	0.847 3	1.165 0	1.027
430	2015-03-06	0.931 8	0.895 9	1.323 0	0.847 3	1.214 2	1.097
431	2015-03-07	1.047 2	1.011 4	1.323 0	0.973 0	1.146 1	1.192
432	2015-03-08	1.114 8	0.997 7	1.323 0	0.911 7	1.214 2	1.203
433	2015-03-09	0.611 8	0.784 2	1.353 1	0.834 1	0.941 7	0.905
434	2015-03-10	0.611 8	0.866 1	1.353 1	1.138 9	0.941 7	1.024

序号	日期	PM$_{2.5}$ 气象污染分指数					PM$_{2.5}$ 气象污染综合指数
		平均相对湿度	边界层厚度	平均气温	平均风速	平均本站气压	
435	2015-03-11	0.611 8	0.844 9	1.323 0	0.834 1	1.224 1	0.989
436	2015-03-12	0.931 8	0.997 7	1.323 0	0.911 7	1.146 1	1.138
437	2015-03-13	1.027 2	0.895 9	1.323 0	0.916 1	1.214 2	1.143
438	2015-03-14	0.931 8	0.844 9	1.323 0	1.138 9	1.214 2	1.164
439	2015-03-15	0.931 8	0.866 1	1.008 3	0.834 1	1.146 1	1.067
440	2015-03-16	1.114 8	0.866 1	1.032 4	0.911 7	0.901 9	1.086
441	2015-03-17	1.047 2	0.895 9	1.008 3	0.727 0	1.146 1	1.078
442	2015-03-18	0.784 3	1.301 8	1.008 3	1.406 0	1.057 6	1.333
443	2015-03-19	0.931 8	1.301 8	1.008 3	1.406 0	1.146 1	1.393
444	2015-03-20	0.611 8	0.837 3	1.032 4	1.046 4	1.146 1	1.031
445	2015-03-21	0.611 8	0.784 2	1.032 4	0.727 0	1.146 1	0.918
446	2015-03-22	0.611 8	0.866 1	1.008 3	0.847 3	1.165 0	0.987
447	2015-03-23	0.611 8	0.837 3	1.008 3	1.406 0	0.941 7	1.091
448	2015-03-24	0.931 8	0.997 7	1.008 3	0.911 7	0.941 7	1.093
449	2015-03-25	0.931 8	0.851 0	1.032 4	1.046 4	0.941 7	1.079
450	2015-03-26	0.611 8	0.851 0	1.032 4	0.847 3	0.941 7	0.933
451	2015-03-27	0.611 8	0.844 9	1.032 4	0.834 1	1.214 2	0.987
452	2015-03-28	0.931 8	0.784 2	0.979 9	0.727 0	0.901 9	0.952
453	2015-03-29	0.784 3	0.851 0	0.979 9	0.727 0	1.057 6	0.970
454	2015-03-30	0.931 8	0.851 0	0.979 9	0.834 1	0.785 7	0.982
455	2015-03-31	1.084 1	1.634 3	1.032 4	0.834 1	1.057 6	1.369
456	2015-04-01	1.027 2	0.844 9	1.008 3	0.911 7	1.214 2	1.123
457	2015-04-02	1.182 7	1.011 4	1.323 0	0.916 1	0.768 3	1.130
458	2015-04-03	1.114 8	0.866 1	1.008 3	0.727 0	0.901 9	1.032
459	2015-04-04	1.114 8	0.895 9	1.008 3	0.911 7	0.901 9	1.097
460	2015-04-05	0.931 8	0.784 2	1.032 4	0.727 0	1.057 6	0.986
461	2015-04-06	0.611 8	0.784 2	1.323 0	0.834 1	0.941 7	0.905
462	2015-04-07	0.931 8	0.784 2	1.008 3	1.046 4	0.941 7	1.054
463	2015-04-08	1.047 2	0.851 0	1.008 3	0.847 3	1.224 1	1.114
464	2015-04-09	1.114 8	0.851 0	1.008 3	0.847 3	1.214 2	1.131
465	2015-04-10	1.110 6	0.837 3	1.032 4	0.916 1	1.146 1	1.130
466	2015-04-11	1.114 8	0.844 9	1.032 4	0.727 0	1.146 1	1.078
467	2015-04-12	1.084 1	0.844 9	1.323 0	0.727 0	1.224 1	1.087
468	2015-04-13	1.047 2	0.851 0	1.008 3	0.727 0	1.224 1	1.079
469	2015-04-14	1.027 2	0.895 9	1.032 4	1.138 9	0.785 7	1.114
470	2015-04-15	1.027 2	0.851 0	0.979 9	0.727 0	0.768 3	0.973
471	2015-04-16	0.611 8	0.784 2	0.979 9	0.727 0	0.901 9	0.864

续表

序号	日期	PM$_{2.5}$ 气象污染分指数					PM$_{2.5}$ 气象污染综合指数
		平均相对湿度	边界层厚度	平均气温	平均风速	平均本站气压	
472	2015-04-17	0.784 3	0.895 9	0.979 9	0.847 3	0.901 9	0.988
473	2015-04-18	1.110 6	0.997 7	0.979 9	1.406 0	0.901 9	1.278
474	2015-04-19	1.110 6	0.844 9	1.032 4	1.138 9	1.057 6	1.178
475	2015-04-20	1.047 2	0.837 3	1.032 4	0.911 7	1.057 6	1.091
476	2015-04-21	0.784 3	0.784 2	0.748 5	0.727 0	0.901 9	0.912
477	2015-04-22	0.931 8	0.837 3	0.979 9	0.834 1	1.146 1	1.057
478	2015-04-23	0.931 8	0.851 0	0.748 5	0.727 0	1.057 6	1.011
479	2015-04-24	0.611 8	0.844 9	0.748 5	0.911 7	1.214 2	1.009
480	2015-04-25	0.784 3	0.851 0	0.731 0	0.834 1	1.057 6	1.002
481	2015-04-26	0.931 8	0.837 3	0.715 6	0.727 0	0.901 9	0.971
482	2015-04-27	1.027 2	0.837 3	0.731 0	0.727 0	0.799 0	0.975
483	2015-04-28	1.114 8	1.011 4	0.748 5	0.834 1	0.785 7	1.091
484	2015-04-29	1.114 8	0.866 1	0.748 5	0.973 0	0.901 9	1.104
485	2015-04-30	1.110 6	0.866 1	0.731 0	0.847 3	0.901 9	1.066
486	2015-05-01	1.047 2	0.837 3	0.731 0	0.727 0	0.785 7	0.978
487	2015-05-02	1.182 7	0.844 9	0.979 9	0.911 7	0.901 9	1.097
488	2015-05-03	0.784 3	0.784 2	0.748 5	0.727 0	0.901 9	0.912
489	2015-05-04	0.611 8	0.784 2	0.979 9	0.727 0	1.057 6	0.899
490	2015-05-05	0.784 3	0.784 2	0.748 5	0.916 1	0.799 0	0.945
491	2015-05-06	0.611 8	0.851 0	0.979 9	0.727 0	0.901 9	0.889
492	2015-05-07	1.114 8	0.851 0	0.979 9	1.138 9	0.901 9	1.147
493	2015-05-08	1.114 8	0.837 3	0.979 9	0.727 0	0.785 7	0.996
494	2015-05-09	1.027 2	0.866 1	1.032 4	0.727 0	1.146 1	1.062
495	2015-05-10	1.182 7	1.301 8	1.008 3	0.973 0	1.057 6	1.316
496	2015-05-11	1.118 8	0.837 3	1.032 4	0.973 0	0.785 7	1.069
497	2015-05-12	0.784 3	0.784 2	0.748 5	0.727 0	0.768 3	0.882
498	2015-05-13	0.931 8	0.866 1	0.731 0	0.834 1	0.768 3	0.984
499	2015-05-14	0.611 8	0.837 3	0.731 0	0.727 0	0.799 0	0.861
500	2015-05-15	0.931 8	0.784 2	0.748 5	1.046 4	1.057 6	1.080
501	2015-05-16	0.784 3	0.784 2	0.748 5	0.847 3	0.901 9	0.947
502	2015-05-17	1.047 2	0.837 3	0.715 6	0.727 0	0.768 3	0.974
503	2015-05-18	1.027 2	0.784 2	0.731 0	0.916 1	0.768 3	1.004
504	2015-05-19	0.611 8	0.784 2	0.731 0	0.727 0	0.785 7	0.839
505	2015-05-20	0.611 8	0.784 2	0.748 5	0.727 0	1.057 6	0.899
506	2015-05-21	0.611 8	0.784 2	0.731 0	0.727 0	0.901 9	0.864
507	2015-05-22	0.931 8	0.844 9	0.731 0	0.847 3	0.901 9	1.009
508	2015-05-23	1.027 2	0.851 0	0.731 0	0.916 1	0.785 7	1.032

序号	日期	PM$_{2.5}$气象污染分指数					PM$_{2.5}$气象污染综合指数
		平均相对湿度	边界层厚度	平均气温	平均风速	平均本站气压	
509	2015-05-24	0.931 8	0.784 2	0.715 6	0.847 3	0.799 0	0.965
510	2015-05-25	0.784 3	0.837 3	0.783 0	0.727 0	0.799 0	0.908
511	2015-05-26	0.931 8	0.784 2	0.783 0	0.727 0	0.799 0	0.930
512	2015-05-27	1.027 2	0.851 0	0.715 6	0.834 1	0.799 0	1.011
513	2015-05-28	1.047 2	0.844 9	0.715 6	0.834 1	0.768 3	1.008
514	2015-05-29	1.182 7	1.011 4	0.731 0	1.118 6	0.799 0	1.196
515	2015-05-30	1.118 8	0.851 0	0.731 0	0.847 3	0.785 7	1.037
516	2015-05-31	1.047 2	0.784 2	0.783 0	0.727 0	0.768 3	0.954
517	2015-06-01	1.047 2	0.784 2	0.783 0	0.834 1	0.768 3	0.986
518	2015-06-02	1.047 2	0.784 2	0.715 6	0.727 0	0.785 7	0.958
519	2015-06-03	0.784 3	0.784 2	0.715 6	0.911 7	0.901 9	0.966
520	2015-06-04	1.047 2	0.784 2	0.748 5	0.847 3	0.799 0	0.996
521	2015-06-05	1.047 2	0.837 3	0.731 0	1.046 4	0.768 3	1.067
522	2015-06-06	1.027 2	0.851 0	0.715 6	0.834 1	0.768 3	1.005
523	2015-06-07	1.027 2	0.784 2	0.731 0	1.046 4	0.785 7	1.046
524	2015-06-08	0.931 8	0.784 2	0.731 0	0.911 7	0.799 0	0.984
525	2015-06-09	0.931 8	0.837 3	0.783 0	0.727 0	0.768 3	0.942
526	2015-06-10	1.114 8	0.866 1	0.731 0	0.834 1	0.768 3	1.034
527	2015-06-11	1.047 2	0.784 2	0.731 0	0.916 1	0.768 3	1.010
528	2015-06-12	0.784 3	0.784 2	0.715 6	0.834 1	0.768 3	0.914
529	2015-06-13	1.110 6	0.837 3	0.731 0	0.916 1	0.768 3	1.046
530	2015-06-14	1.047 2	0.784 2	0.715 6	1.046 4	0.785 7	1.052
531	2015-06-15	1.047 2	0.784 2	0.715 6	0.916 1	0.799 0	1.017
532	2015-06-16	1.027 2	0.784 2	0.783 0	0.847 3	0.768 3	0.984
533	2015-06-17	1.027 2	0.837 3	0.783 0	0.911 7	0.768 3	1.022
534	2015-06-18	0.931 8	0.784 2	0.715 6	0.834 1	0.799 0	0.961
535	2015-06-19	1.047 2	0.866 1	0.731 0	0.727 0	0.785 7	0.988
536	2015-06-20	1.027 2	0.837 3	0.731 0	0.973 0	0.901 9	1.070
537	2015-06-21	1.027 2	0.837 3	0.715 6	0.911 7	0.785 7	1.026
538	2015-06-22	1.047 2	0.837 3	0.715 6	0.916 1	0.799 0	1.036
539	2015-06-23	1.027 2	0.844 9	0.783 0	0.847 3	0.799 0	1.013
540	2015-06-24	1.114 8	0.837 3	0.715 6	0.916 1	0.799 0	1.054
541	2015-06-25	1.114 8	0.851 0	0.715 6	0.911 7	0.768 3	1.051
542	2015-06-26	1.084 1	0.844 9	0.731 0	1.046 4	0.768 3	1.080
543	2015-06-27	1.114 8	0.851 0	0.783 0	0.916 1	0.768 3	1.053
544	2015-06-28	1.114 8	0.844 9	0.783 0	0.911 7	0.799 0	1.056
545	2015-06-29	1.084 1	0.851 0	0.731 0	0.973 0	0.799 0	1.068

续表

序号	日期	PM$_{2.5}$气象污染分指数					PM$_{2.5}$气象污染综合指数
		平均相对湿度	边界层厚度	平均气温	平均风速	平均本站气压	
546	2015-06-30	1.118 8	1.634 3	0.748 5	0.911 7	0.768 3	1.338
547	2015-07-01	1.110 6	0.784 2	0.731 0	1.046 4	0.768 3	1.065
548	2015-07-02	0.931 8	0.784 2	0.715 6	0.847 3	0.768 3	0.958
549	2015-07-03	0.931 8	0.837 3	0.715 6	0.727 0	0.785 7	0.946
550	2015-07-04	1.047 2	1.634 3	0.731 0	0.847 3	0.785 7	1.303
551	2015-07-05	1.110 6	0.837 3	0.731 0	0.916 1	0.785 7	1.050
552	2015-07-06	1.110 6	0.866 1	0.715 6	0.911 7	0.901 9	1.085
553	2015-07-07	1.110 6	0.844 9	0.715 6	0.916 1	0.785 7	1.053
554	2015-07-08	1.110 6	0.851 0	0.783 0	0.916 1	0.901 9	1.081
555	2015-07-09	1.027 2	0.851 0	0.783 0	0.847 3	0.901 9	1.038
556	2015-07-10	1.110 6	0.851 0	0.783 0	0.916 1	0.901 9	1.081
557	2015-07-11	1.110 6	0.784 2	0.783 0	0.973 0	0.799 0	1.051
558	2015-07-12	1.110 6	0.851 0	0.783 0	1.138 9	0.768 3	1.117
559	2015-07-13	0.931 8	0.784 2	0.783 0	1.118 6	0.768 3	1.037
560	2015-07-14	0.784 3	0.851 0	0.783 0	1.046 4	0.768 3	1.000
561	2015-07-15	1.110 6	0.837 3	0.783 0	1.138 9	0.799 0	1.119
562	2015-07-16	1.118 8	0.851 0	0.715 6	0.834 1	0.799 0	1.036
563	2015-07-17	1.084 1	0.851 0	0.715 6	0.847 3	0.799 0	1.031
564	2015-07-18	1.182 7	1.011 4	0.715 6	0.916 1	0.799 0	1.136
565	2015-07-19	1.182 7	0.844 9	0.715 6	1.046 4	0.799 0	1.114
566	2015-07-20	1.182 7	0.866 1	0.715 6	1.118 6	0.785 7	1.140
567	2015-07-21	1.084 1	0.844 9	0.783 0	0.847 3	0.799 0	1.029
568	2015-07-22	1.182 7	0.851 0	0.715 6	1.046 4	0.768 3	1.109
569	2015-07-23	1.084 1	0.837 3	0.783 0	1.118 6	0.768 3	1.099
570	2015-07-24	1.084 1	0.844 9	0.715 6	0.916 1	0.768 3	1.042
571	2015-07-25	1.084 1	0.837 3	0.783 0	1.406 0	0.768 3	1.183
572	2015-07-26	1.118 8	0.851 0	0.783 0	0.911 7	0.768 3	1.052
573	2015-07-27	1.118 8	0.851 0	0.783 0	0.973 0	0.768 3	1.070
574	2015-07-28	1.084 1	0.837 3	0.783 0	1.046 4	0.768 3	1.077
575	2015-07-29	1.084 1	0.844 9	0.783 0	0.911 7	0.768 3	1.041
576	2015-07-30	1.182 7	1.011 4	0.783 0	0.727 0	0.768 3	1.074
577	2015-07-31	1.084 1	0.851 0	0.715 6	0.911 7	0.799 0	1.050
578	2015-08-01	1.084 1	0.866 1	0.783 0	1.046 4	0.799 0	1.095
579	2015-08-02	1.182 7	0.997 7	0.715 6	1.046 4	0.768 3	1.163
580	2015-08-03	1.182 7	0.997 7	0.715 6	0.973 0	0.768 3	1.141
581	2015-08-04	1.114 8	0.895 9	0.715 6	0.973 0	0.768 3	1.086
582	2015-08-05	1.182 7	0.895 9	0.783 0	0.911 7	0.768 3	1.086

序号	日期	PM$_{2.5}$气象污染分指数					PM$_{2.5}$气象污染综合指数
		平均相对湿度	边界层厚度	平均气温	平均风速	平均本站气压	
583	2015-08-06	1.114 8	0.844 9	0.783 0	0.834 1	0.799 0	1.033
584	2015-08-07	1.084 1	0.866 1	0.783 0	0.911 7	0.901 9	1.078
585	2015-08-08	1.118 8	0.895 9	0.715 6	1.046 4	0.901 9	1.138
586	2015-08-09	1.118 8	0.866 1	0.783 0	1.406 0	0.901 9	1.232
587	2015-08-10	1.118 8	0.866 1	0.783 0	1.406 0	0.785 7	1.207
588	2015-08-11	1.084 1	0.837 3	0.783 0	0.916 1	0.785 7	1.043
589	2015-08-12	1.114 8	0.851 0	0.783 0	0.911 7	0.799 0	1.058
590	2015-08-13	1.110 6	0.851 0	0.783 0	0.847 3	0.768 3	1.031
591	2015-08-14	1.110 6	0.844 9	0.783 0	0.911 7	0.768 3	1.048
592	2015-08-15	1.047 2	0.851 0	0.783 0	1.046 4	0.768 3	1.072
593	2015-08-16	1.110 6	0.851 0	0.783 0	1.138 9	0.799 0	1.123
594	2015-08-17	1.114 8	0.851 0	0.783 0	0.911 7	0.799 0	1.058
595	2015-08-18	1.084 1	0.866 1	0.715 6	0.911 7	0.901 9	1.078
596	2015-08-19	1.182 7	1.011 4	0.731 0	0.973 0	0.901 9	1.176
597	2015-08-20	1.118 8	0.866 1	0.715 6	1.118 6	0.785 7	1.122
598	2015-08-21	1.047 2	0.851 0	0.783 0	1.046 4	0.799 0	1.079
599	2015-08-22	1.047 2	0.851 0	0.783 0	0.916 1	0.768 3	1.034
600	2015-08-23	1.118 8	0.895 9	0.715 6	1.046 4	0.785 7	1.112
601	2015-08-24	1.118 8	0.844 9	0.731 0	0.973 0	0.901 9	1.098
602	2015-08-25	1.114 8	0.895 9	0.715 6	1.046 4	0.785 7	1.111
603	2015-08-26	1.114 8	0.844 9	0.715 6	0.911 7	0.785 7	1.053
604	2015-08-27	1.110 6	0.844 9	0.715 6	0.973 0	0.785 7	1.070
605	2015-08-28	1.114 8	0.844 9	0.715 6	1.046 4	0.785 7	1.092
606	2015-08-29	1.114 8	0.844 9	0.715 6	0.911 7	0.785 7	1.053
607	2015-08-30	1.182 7	0.866 1	0.731 0	1.046 4	0.901 9	1.144
608	2015-08-31	1.182 7	1.301 8	0.748 5	1.118 6	0.901 9	1.324
609	2015-09-01	1.182 7	0.997 7	0.748 5	0.916 1	0.901 9	1.154
610	2015-09-02	1.084 1	0.895 9	0.731 0	1.046 4	0.901 9	1.128
611	2015-09-03	1.118 8	0.844 9	0.715 6	1.138 9	1.057 6	1.180
612	2015-09-04	1.182 7	1.301 8	0.731 0	0.916 1	0.901 9	1.265
613	2015-09-05	1.182 7	1.634 3	0.748 5	0.911 7	0.901 9	1.384
614	2015-09-06	1.114 8	0.895 9	0.748 5	1.138 9	0.901 9	1.164
615	2015-09-07	1.110 6	0.895 9	0.731 0	1.118 6	1.057 6	1.191
616	2015-09-08	1.110 6	0.866 1	0.731 0	1.046 4	1.057 6	1.159
617	2015-09-09	1.114 8	0.866 1	0.731 0	1.118 6	1.146 1	1.201
618	2015-09-10	1.118 8	0.895 9	0.979 9	0.916 1	1.214 2	1.168
619	2015-09-11	1.118 8	0.844 9	0.979 9	0.911 7	1.057 6	1.114

续表

序号	日期	PM_{2.5} 气象污染分指数					PM_{2.5} 气象污染综合指数
		平均相对湿度	边界层厚度	平均气温	平均风速	平均本站气压	
620	2015-09-12	1.047 2	0.837 3	0.979 9	0.727 0	1.057 6	1.037
621	2015-09-13	1.047 2	1.011 4	0.748 5	1.046 4	1.057 6	1.194
622	2015-09-14	1.110 6	0.895 9	0.748 5	0.911 7	1.146 1	1.150
623	2015-09-15	1.118 8	0.844 9	0.748 5	1.406 0	1.146 1	1.278
624	2015-09-16	1.118 8	0.844 9	0.748 5	1.406 0	1.146 1	1.278
625	2015-09-17	1.118 8	0.844 9	0.731 0	0.973 0	1.146 1	1.151
626	2015-09-18	1.118 8	0.895 9	0.731 0	1.118 6	1.057 6	1.193
627	2015-09-19	1.114 8	0.837 3	0.731 0	1.138 9	1.057 6	1.177
628	2015-09-20	1.114 8	0.844 9	0.748 5	0.911 7	1.057 6	1.113
629	2015-09-21	1.047 2	0.866 1	0.731 0	0.847 3	0.901 9	1.049
630	2015-09-22	1.118 8	0.895 9	0.731 0	0.834 1	0.901 9	1.075
631	2015-09-23	1.084 1	0.895 9	0.731 0	1.118 6	0.785 7	1.124
632	2015-09-24	1.182 7	1.011 4	0.731 0	0.911 7	0.785 7	1.132
633	2015-09-25	1.114 8	0.866 1	0.748 5	1.138 9	0.901 9	1.153
634	2015-09-26	1.110 6	1.011 4	0.748 5	1.046 4	1.057 6	1.212
635	2015-09-27	1.110 6	1.301 8	0.748 5	1.118 6	1.057 6	1.339
636	2015-09-28	1.182 7	0.997 7	0.979 9	0.911 7	1.214 2	1.221
637	2015-09-29	1.182 7	0.844 9	0.979 9	0.911 7	1.165 0	1.155
638	2015-09-30	1.182 7	0.895 9	0.979 9	1.138 9	1.146 1	1.236
639	2015-10-01	1.047 2	0.837 3	0.979 9	0.727 0	0.901 9	1.003
640	2015-10-02	1.047 2	1.011 4	0.979 9	0.916 1	0.901 9	1.122
641	2015-10-03	1.110 6	0.866 1	0.979 9	0.973 0	1.146 1	1.157
642	2015-10-04	1.118 8	0.997 7	0.748 5	1.138 9	1.214 2	1.270
643	2015-10-05	1.118 8	1.011 4	0.748 5	0.916 1	1.146 1	1.195
644	2015-10-06	1.118 8	0.895 9	0.748 5	1.046 4	1.057 6	1.172
645	2015-10-07	1.114 8	0.844 9	0.748 5	0.911 7	1.057 6	1.113
646	2015-10-08	0.611 8	0.784 2	0.979 9	0.727 0	1.146 1	0.918
647	2015-10-09	0.784 3	0.784 2	0.979 9	0.727 0	0.901 9	0.912
648	2015-10-10	0.611 8	0.784 2	1.032 4	0.727 0	1.057 6	0.899
649	2015-10-11	0.784 3	0.837 3	1.032 4	0.834 1	1.146 1	1.016
650	2015-10-12	0.784 3	0.895 9	0.979 9	1.046 4	1.214 2	1.115
651	2015-10-13	0.931 8	1.301 8	0.979 9	1.406 0	1.214 2	1.408
652	2015-10-14	1.110 6	1.634 3	0.979 9	1.046 4	1.146 1	1.458
653	2015-10-15	1.118 8	1.301 8	0.979 9	1.406 0	1.057 6	1.425
654	2015-10-16	1.114 8	0.997 7	0.979 9	1.046 4	1.146 1	1.227
655	2015-10-17	1.110 6	1.301 8	0.748 5	0.973 0	1.146 1	1.315
656	2015-10-18	1.047 2	0.844 9	0.979 9	0.834 1	1.224 1	1.108

序号	日期	PM$_{2.5}$气象污染分指数					PM$_{2.5}$气象污染综合指数
		平均相对湿度	边界层厚度	平均气温	平均风速	平均本站气压	
657	2015-10-19	1.118 8	1.301 8	1.032 4	1.406 0	1.146 1	1.444
658	2015-10-20	1.084 1	0.997 7	0.979 9	0.727 0	1.057 6	1.106
659	2015-10-21	1.114 8	0.997 7	1.032 4	1.046 4	1.214 2	1.242
660	2015-10-22	1.182 7	1.301 8	1.008 3	0.847 3	1.224 1	1.315
661	2015-10-23	1.182 7	1.301 8	1.032 4	1.138 9	1.146 1	1.384
662	2015-10-24	1.118 8	1.011 4	1.032 4	0.973 0	1.224 1	1.229
663	2015-10-25	1.047 2	0.895 9	1.032 4	1.138 9	1.165 0	1.203
664	2015-10-26	1.182 7	0.866 1	1.008 3	1.046 4	1.146 1	1.198
665	2015-10-27	0.931 8	0.866 1	1.008 3	0.916 1	1.057 6	1.072
666	2015-10-28	0.784 3	1.011 4	1.008 3	1.118 6	1.214 2	1.178
667	2015-10-29	0.784 3	0.844 9	1.008 3	0.727 0	1.165 0	0.992
668	2015-10-30	0.784 3	0.895 9	1.008 3	1.118 6	0.941 7	1.076
669	2015-10-31	1.110 6	1.301 8	1.008 3	1.406 0	0.941 7	1.397
670	2015-11-01	1.114 8	0.997 7	1.008 3	1.118 6	1.224 1	1.266
671	2015-11-02	1.114 8	1.634 3	1.008 3	1.118 6	1.214 2	1.495
672	2015-11-03	1.047 2	1.011 4	1.032 4	0.847 3	1.224 1	1.173
673	2015-11-04	1.110 6	0.997 7	1.032 4	1.138 9	1.224 1	1.270
674	2015-11-05	1.047 2	0.866 1	1.008 3	0.916 1	1.165 0	1.127
675	2015-11-06	1.084 1	1.011 4	1.323 0	0.727 0	0.941 7	1.085
676	2015-11-07	1.182 7	0.997 7	1.323 0	0.911 7	1.165 0	1.211
677	2015-11-08	1.182 7	1.301 8	1.323 0	1.406 0	1.165 0	1.466
678	2015-11-09	1.182 7	1.634 3	1.323 0	1.406 0	1.165 0	1.587
679	2015-11-10	1.084 1	1.301 8	1.323 0	1.118 6	0.941 7	1.306
680	2015-11-11	1.182 7	1.634 3	1.008 3	1.406 0	0.941 7	1.538
681	2015-11-12	1.182 7	1.634 3	1.008 3	1.406 0	0.941 7	1.538
682	2015-11-13	1.182 7	1.634 3	1.008 3	1.406 0	1.214 2	1.598
683	2015-11-14	1.182 7	1.634 3	1.008 3	1.046 4	1.146 1	1.478
684	2015-11-15	1.084 1	1.011 4	1.008 3	0.911 7	1.214 2	1.199
685	2015-11-16	0.931 8	0.997 7	1.008 3	0.911 7	1.214 2	1.153
686	2015-11-17	1.084 1	1.011 4	1.323 0	0.973 0	1.165 0	1.207
687	2015-11-18	1.084 1	0.997 7	1.323 0	1.118 6	1.165 0	1.244
688	2015-11-19	1.182 7	1.301 8	1.323 0	0.916 1	1.165 0	1.323
689	2015-11-20	1.182 7	1.634 3	1.353 1	0.911 7	1.165 0	1.442
690	2015-11-21	1.182 7	1.301 8	1.353 1	0.834 1	0.941 7	1.249
691	2015-11-22	1.182 7	0.997 7	1.355 6	0.911 7	0.941 7	1.162
692	2015-11-23	1.118 8	0.851 0	1.355 6	0.973 0	0.941 7	1.109
693	2015-11-24	1.047 2	0.866 1	1.355 6	1.046 4	0.941 7	1.116

续表

序号	日期	PM$_{2.5}$气象污染分指数					PM$_{2.5}$气象污染综合指数
		平均相对湿度	边界层厚度	平均气温	平均风速	平均本站气压	
694	2015-11-25	1.084 1	1.011 4	1.355 6	0.834 1	0.941 7	1.117
695	2015-11-26	1.027 2	0.997 7	1.355 6	0.727 0	0.941 7	1.065
696	2015-11-27	1.114 8	1.634 3	1.355 6	1.046 4	1.165 0	1.463
697	2015-11-28	1.084 1	1.634 3	1.355 6	1.406 0	0.941 7	1.511
698	2015-11-29	1.084 1	1.634 3	1.353 1	1.138 9	1.165 0	1.482
699	2015-11-30	1.182 7	1.634 3	1.353 1	1.046 4	1.224 1	1.495
700	2015-12-01	1.182 7	1.634 3	1.353 1	1.046 4	1.214 2	1.493
701	2015-12-02	1.114 8	0.866 1	1.353 1	0.834 1	1.214 2	1.132
702	2015-12-03	0.611 8	0.851 0	1.353 1	0.727 0	1.224 1	0.960
703	2015-12-04	0.931 8	1.301 8	1.353 1	0.834 1	1.165 0	1.230
704	2015-12-05	1.110 6	1.634 3	1.353 1	1.046 4	0.941 7	1.413
705	2015-12-06	1.118 8	1.634 3	1.353 1	1.046 4	0.941 7	1.415
706	2015-12-07	1.118 8	1.634 3	1.323 0	1.406 0	0.941 7	1.521
707	2015-12-08	1.182 7	1.634 3	1.353 1	1.406 0	0.941 7	1.538
708	2015-12-09	1.182 7	1.634 3	1.323 0	1.406 0	1.224 1	1.600
709	2015-12-10	1.114 8	1.301 8	1.323 0	0.847 3	1.224 1	1.297
710	2015-12-11	1.110 6	0.997 7	1.353 1	1.406 0	0.941 7	1.287
711	2015-12-12	1.118 8	1.634 3	1.353 1	1.406 0	1.165 0	1.570
712	2015-12-13	1.118 8	1.634 3	1.353 1	1.118 6	1.165 0	1.485
713	2015-12-14	1.182 7	1.011 4	1.353 1	1.406 0	1.224 1	1.373
714	2015-12-15	1.110 6	0.837 3	1.355 6	0.727 0	1.165 0	1.078
715	2015-12-16	0.611 8	0.784 2	1.355 6	0.727 0	0.941 7	0.873
716	2015-12-17	0.931 8	1.301 8	1.355 6	0.973 0	0.941 7	1.221
717	2015-12-18	1.027 2	1.634 3	1.353 1	1.118 6	0.941 7	1.411
718	2015-12-19	1.182 7	1.634 3	1.353 1	1.118 6	0.941 7	1.454
719	2015-12-20	1.084 1	1.634 3	1.353 1	1.406 0	1.165 0	1.560
720	2015-12-21	1.182 7	1.634 3	1.355 6	1.406 0	1.165 0	1.587
721	2015-12-22	1.182 7	1.634 3	1.353 1	1.406 0	1.165 0	1.587
722	2015-12-23	1.182 7	1.634 3	1.353 1	1.138 9	1.165 0	1.509
723	2015-12-24	1.182 7	1.301 8	1.353 1	1.118 6	1.165 0	1.382
724	2015-12-25	1.182 7	1.634 3	1.355 6	1.118 6	1.214 2	1.514
725	2015-12-26	1.182 7	1.011 4	1.355 6	0.916 1	1.224 1	1.230
726	2015-12-27	0.931 8	1.011 4	1.355 6	0.973 0	0.941 7	1.116
727	2015-12-28	1.118 8	1.634 3	1.355 6	1.118 6	0.941 7	1.436
728	2015-12-29	1.182 7	1.634 3	1.355 6	1.118 6	0.941 7	1.454
729	2015-12-30	1.114 8	0.997 7	1.353 1	0.973 0	0.941 7	1.161
730	2015-12-31	1.047 2	1.634 3	1.353 1	1.118 6	0.941 7	1.417

序号	日期	PM$_{2.5}$气象污染分指数					PM$_{2.5}$气象污染综合指数
		平均相对湿度	边界层厚度	平均气温	平均风速	平均本站气压	
731	2016-01-01	1.118 8	1.634 3	1.353 1	1.138 9	1.224 1	1.504
732	2016-01-02	1.084 1	1.634 3	1.353 1	1.406 0	1.214 2	1.571
733	2016-01-03	1.182 7	1.634 3	1.353 1	1.118 6	1.214 2	1.514
734	2016-01-04	1.114 8	0.895 9	1.355 6	1.138 9	0.941 7	1.172
735	2016-01-05	0.611 8	1.301 8	1.355 6	0.973 0	0.941 7	1.134
736	2016-01-06	0.931 8	1.301 8	1.355 6	1.046 4	0.941 7	1.243
737	2016-01-07	0.611 8	1.011 4	1.355 6	0.727 0	0.941 7	0.956
738	2016-01-08	0.784 3	1.301 8	1.355 6	0.834 1	1.165 0	1.189
739	2016-01-09	1.047 2	1.634 3	1.355 6	1.406 0	1.224 1	1.563
740	2016-01-10	1.110 6	1.011 4	1.355 6	0.847 3	0.941 7	1.128
741	2016-01-11	0.784 3	0.895 9	1.355 6	0.911 7	0.941 7	1.015
742	2016-01-12	0.611 8	1.011 4	1.355 6	0.834 1	0.941 7	0.987
743	2016-01-13	0.784 3	1.301 8	1.355 6	1.406 0	1.224 1	1.370
744	2016-01-14	0.931 8	1.634 3	1.355 6	1.406 0	1.214 2	1.529
745	2016-01-15	1.047 2	1.634 3	1.355 6	1.406 0	1.146 1	1.546
746	2016-01-16	1.118 8	1.301 8	1.355 6	0.847 3	1.214 2	1.296
747	2016-01-17	1.114 8	0.866 1	1.355 6	0.911 7	1.165 0	1.144
748	2016-01-18	0.784 3	0.837 3	1.355 6	0.727 0	1.165 0	0.989
749	2016-01-19	0.784 3	1.301 8	1.355 6	1.406 0	0.941 7	1.308
750	2016-01-20	1.027 2	1.634 3	1.355 6	0.911 7	0.941 7	1.351
751	2016-01-21	1.084 1	1.301 8	1.355 6	0.911 7	0.941 7	1.245
752	2016-01-22	0.784 3	0.837 3	1.355 6	0.727 0	0.941 7	0.940
753	2016-01-23	0.611 8	0.784 2	1.355 6	0.727 0	0.941 7	0.873
754	2016-01-24	0.611 8	0.866 1	1.355 6	0.727 0	0.941 7	0.903
755	2016-01-25	0.611 8	1.301 8	1.355 6	0.911 7	0.941 7	1.116
756	2016-01-26	0.611 8	0.997 7	1.355 6	0.847 3	1.165 0	1.035
757	2016-01-27	0.784 3	1.634 3	1.355 6	1.406 0	1.165 0	1.478
758	2016-01-28	1.047 2	1.634 3	1.355 6	0.973 0	0.941 7	1.374
759	2016-01-29	0.931 8	0.895 9	1.355 6	0.847 3	0.941 7	1.037
760	2016-01-30	1.047 2	1.301 8	1.355 6	1.118 6	0.941 7	1.296
761	2016-01-31	0.784 3	0.997 7	1.355 6	0.847 3	0.941 7	1.033
762	2016-02-01	0.784 3	0.997 7	1.355 6	0.973 0	0.941 7	1.070
763	2016-02-02	0.611 8	1.301 8	1.355 6	1.118 6	0.941 7	1.176
764	2016-02-03	0.784 3	1.301 8	1.355 6	1.406 0	1.165 0	1.357
765	2016-02-04	0.611 8	0.997 7	1.353 1	0.834 1	0.941 7	0.982
766	2016-02-05	0.611 8	0.866 1	1.355 6	0.727 0	0.941 7	0.903
767	2016-02-06	0.611 8	1.011 4	1.355 6	0.911 7	0.941 7	1.010

续表

序号	日期	PM₂.₅气象污染分指数					PM₂.₅气象污染综合指数
		平均相对湿度	边界层厚度	平均气温	平均风速	平均本站气压	
768	2016-02-07	0.611 8	1.301 8	1.355 6	0.973 0	1.214 2	1.194
769	2016-02-08	0.611 8	1.301 8	1.353 1	0.973 0	1.057 6	1.159
770	2016-02-09	0.784 3	1.301 8	1.353 1	0.916 1	1.214 2	1.224
771	2016-02-10	0.931 8	1.634 3	1.323 0	1.138 9	1.146 1	1.436
772	2016-02-11	1.182 7	1.634 3	1.323 0	1.118 6	1.057 6	1.479
773	2016-02-12	1.182 7	1.634 3	1.323 0	1.118 6	1.057 6	1.479
774	2016-02-13	1.118 8	0.851 0	1.353 1	0.727 0	1.224 1	1.099
775	2016-02-14	0.611 8	0.837 3	1.355 6	0.727 0	0.941 7	0.893
776	2016-02-15	0.784 3	0.837 3	1.355 6	0.834 1	1.165 0	1.020
777	2016-02-16	0.931 8	0.866 1	1.353 1	0.847 3	1.224 1	1.088
778	2016-02-17	0.931 8	0.997 7	1.323 0	1.138 9	1.224 1	1.221
779	2016-02-18	0.784 3	0.844 9	1.323 0	0.847 3	1.214 2	1.038
780	2016-02-19	0.611 8	0.844 9	1.323 0	0.727 0	1.165 0	0.944
781	2016-02-20	0.611 8	0.837 3	1.353 1	0.847 3	0.941 7	0.928
782	2016-02-21	1.047 2	0.866 1	1.353 1	0.916 1	1.165 0	1.127
783	2016-02-22	1.027 2	0.866 1	1.323 0	0.911 7	1.165 0	1.120
784	2016-02-23	0.611 8	0.784 2	1.353 1	0.727 0	0.941 7	0.873
785	2016-02-24	0.611 8	0.851 0	1.353 1	1.406 0	0.941 7	1.096
786	2016-02-25	0.784 3	0.844 9	1.353 1	0.911 7	0.941 7	0.997
787	2016-02-26	0.931 8	0.866 1	1.353 1	0.911 7	1.165 0	1.094
788	2016-02-27	1.027 2	0.866 1	1.323 0	0.834 1	1.224 1	1.110
789	2016-02-28	1.027 2	0.784 2	1.353 1	0.727 0	0.941 7	0.987
790	2016-02-29	0.611 8	0.837 3	1.353 1	0.973 0	0.941 7	0.965
791	2016-03-01	1.027 2	1.011 4	1.323 0	0.973 0	1.224 1	1.204
792	2016-03-02	0.931 8	1.301 8	1.008 3	0.911 7	1.146 1	1.248
793	2016-03-03	1.047 2	1.634 3	1.008 3	1.138 9	0.901 9	1.414
794	2016-03-04	1.182 7	0.997 7	1.323 0	0.727 0	1.057 6	1.133
795	2016-03-05	0.784 3	0.837 3	1.008 3	0.847 3	1.146 1	1.020
796	2016-03-06	0.931 8	0.895 9	1.008 3	0.973 0	1.146 1	1.119
797	2016-03-07	0.784 3	0.837 3	1.008 3	0.727 0	1.214 2	1.000
798	2016-03-08	0.611 8	0.784 2	1.323 0	0.834 1	0.941 7	0.905
799	2016-03-09	0.611 8	0.784 2	1.353 1	0.727 0	0.941 7	0.873
800	2016-03-10	0.611 8	0.784 2	1.353 1	0.834 1	0.941 7	0.905
801	2016-03-11	0.784 3	0.837 3	1.323 0	1.406 0	1.224 1	1.201
802	2016-03-12	1.027 2	0.895 9	1.323 0	0.916 1	1.146 1	1.128
803	2016-03-13	0.931 8	0.837 3	1.323 0	0.834 1	1.224 1	1.074
804	2016-03-14	0.931 8	0.895 9	1.008 3	0.911 7	1.224 1	1.118

序号	日期	PM$_{2.5}$气象污染分指数					PM$_{2.5}$气象污染综合指数
		平均相对湿度	边界层厚度	平均气温	平均风速	平均本站气压	
805	2016-03-15	0.784 3	0.866 1	1.008 3	0.727 0	1.146 1	0.995
806	2016-03-16	1.047 2	0.895 9	1.008 3	0.911 7	1.057 6	1.113
807	2016-03-17	1.047 2	1.011 4	1.032 4	0.911 7	0.901 9	1.121
808	2016-03-18	1.047 2	0.895 9	1.032 4	1.118 6	0.901 9	1.139
809	2016-03-19	0.784 3	1.011 4	1.008 3	0.727 0	1.214 2	1.063
810	2016-03-20	0.931 8	0.997 7	1.008 3	1.138 9	1.165 0	1.208
811	2016-03-21	0.784 3	1.011 4	1.032 4	0.973 0	1.224 1	1.137
812	2016-03-22	1.027 2	0.895 9	1.032 4	0.727 0	1.214 2	1.088
813	2016-03-23	0.784 3	0.784 2	1.008 3	0.834 1	0.941 7	0.952
814	2016-03-24	0.611 8	0.784 2	1.008 3	0.911 7	0.941 7	0.927
815	2016-03-25	0.784 3	0.784 2	1.008 3	1.046 4	1.165 0	1.063
816	2016-03-26	0.611 8	0.837 3	1.008 3	0.911 7	1.224 1	1.009
817	2016-03-27	0.611 8	0.837 3	1.032 4	0.973 0	1.146 1	1.010
818	2016-03-28	0.611 8	0.866 1	0.979 9	0.834 1	0.901 9	0.926
819	2016-03-29	0.611 8	0.784 2	0.979 9	0.847 3	1.057 6	0.934
820	2016-03-30	0.784 3	1.011 4	0.979 9	0.834 1	1.057 6	1.060
821	2016-03-31	1.027 2	0.837 3	0.979 9	0.727 0	0.785 7	0.972
822	2016-04-01	0.931 8	0.784 2	0.979 9	0.834 1	0.785 7	0.958
823	2016-04-02	0.784 3	0.784 2	1.032 4	0.916 1	1.146 1	1.021
824	2016-04-03	0.611 8	0.784 2	0.979 9	1.046 4	1.214 2	1.027
825	2016-04-04	0.931 8	0.837 3	1.032 4	0.847 3	1.057 6	1.041
826	2016-04-05	1.047 2	0.895 9	0.979 9	0.727 0	0.901 9	1.024
827	2016-04-06	1.110 6	0.866 1	0.979 9	0.911 7	0.785 7	1.059
828	2016-04-07	0.931 8	0.784 2	0.979 9	1.406 0	0.901 9	1.151
829	2016-04-08	0.611 8	0.837 3	0.979 9	0.727 0	1.057 6	0.918
830	2016-04-09	0.784 3	0.997 7	1.032 4	0.727 0	0.901 9	0.989
831	2016-04-10	0.611 8	0.844 9	1.032 4	0.727 0	1.146 1	0.940
832	2016-04-11	0.784 3	1.011 4	1.008 3	0.834 1	1.146 1	1.080
833	2016-04-12	1.110 6	0.997 7	1.032 4	1.138 9	0.785 7	1.174
834	2016-04-13	1.118 8	0.784 2	0.979 9	1.046 4	0.768 3	1.068
835	2016-04-14	0.611 8	0.866 1	0.979 9	0.727 0	1.057 6	0.929
836	2016-04-15	0.931 8	0.895 9	0.979 9	1.046 4	0.901 9	1.086
837	2016-04-16	1.047 2	0.784 2	1.032 4	0.727 0	0.785 7	0.958
838	2016-04-17	0.611 8	0.784 2	0.979 9	0.727 0	0.901 9	0.864
839	2016-04-18	0.611 8	0.784 2	0.979 9	0.727 0	0.901 9	0.864
840	2016-04-19	1.027 2	0.851 0	1.032 4	0.834 1	1.057 6	1.068
841	2016-04-20	0.931 8	0.866 1	0.979 9	0.973 0	0.901 9	1.054

续表

序号	日期	PM2.5 气象污染分指数					PM2.5 气象污染综合指数
		平均相对湿度	边界层厚度	平均气温	平均风速	平均本站气压	
842	2016-04-21	0.784 3	0.784 2	0.748 5	0.834 1	0.768 3	0.914
843	2016-04-22	0.611 8	0.784 2	0.748 5	0.727 0	0.785 7	0.839
844	2016-04-23	0.611 8	0.844 9	0.979 9	0.834 1	1.057 6	0.952
845	2016-04-24	0.931 8	0.837 3	0.979 9	0.847 3	0.901 9	1.007
846	2016-04-25	1.027 2	0.837 3	0.748 5	0.834 1	0.901 9	1.029
847	2016-04-26	1.027 2	1.301 8	0.979 9	0.727 0	1.057 6	1.201
848	2016-04-27	1.047 2	0.895 9	0.979 9	0.916 1	1.057 6	1.114
849	2016-04-28	1.027 2	0.895 9	0.979 9	0.847 3	1.057 6	1.088
850	2016-04-29	1.047 2	0.837 3	0.748 5	0.727 0	0.785 7	0.978
851	2016-04-30	1.110 6	0.895 9	0.731 0	0.727 0	0.768 3	1.012
852	2016-05-01	1.047 2	0.784 2	0.715 6	0.834 1	0.768 3	0.986
853	2016-05-02	1.118 8	0.895 9	0.979 9	0.727 0	0.799 0	1.021
854	2016-05-03	0.931 8	0.784 2	0.979 9	0.727 0	0.768 3	0.923
855	2016-05-04	0.611 8	0.851 0	0.748 5	0.916 1	0.799 0	0.922
856	2016-05-05	1.047 2	0.851 0	0.748 5	0.916 1	0.768 3	1.034
857	2016-05-06	0.611 8	0.784 2	0.979 9	0.727 0	0.901 9	0.864
858	2016-05-07	0.611 8	0.837 3	0.748 5	0.847 3	1.146 1	0.973
859	2016-05-08	0.931 8	0.784 2	0.748 5	0.727 0	1.057 6	0.986
860	2016-05-09	1.047 2	0.851 0	0.979 9	0.973 0	0.901 9	1.080
861	2016-05-10	1.027 2	0.784 2	0.748 5	1.046 4	0.785 7	1.046
862	2016-05-11	1.110 6	1.301 8	0.731 0	0.727 0	0.768 3	1.160
863	2016-05-12	1.114 8	0.784 2	0.979 9	0.834 1	0.785 7	1.008
864	2016-05-13	1.027 2	0.837 3	0.979 9	0.916 1	1.214 2	1.122
865	2016-05-14	1.182 7	0.895 9	1.032 4	0.916 1	1.146 1	1.171
866	2016-05-15	1.110 6	0.784 2	0.979 9	0.911 7	0.901 9	1.055
867	2016-05-16	0.611 8	0.784 2	0.748 5	0.727 0	0.785 7	0.839
868	2016-05-17	0.931 8	0.784 2	0.731 0	0.727 0	0.785 7	0.927
869	2016-05-18	0.931 8	0.837 3	0.731 0	0.916 1	0.901 9	1.027
870	2016-05-19	0.784 3	0.851 0	0.731 0	0.834 1	1.057 6	1.002
871	2016-05-20	0.931 8	0.895 9	0.731 0	0.834 1	1.057 6	1.058
872	2016-05-21	0.931 8	0.851 0	0.731 0	0.834 1	1.146 1	1.062
873	2016-05-22	0.784 3	0.851 0	0.731 0	1.046 4	1.146 1	1.083
874	2016-05-23	1.047 2	0.851 0	0.748 5	1.406 0	0.901 9	1.207
875	2016-05-24	1.027 2	0.784 2	0.748 5	0.847 3	0.768 3	0.984
876	2016-05-25	0.784 3	0.784 2	0.731 0	1.046 4	0.799 0	0.983
877	2016-05-26	0.784 3	0.784 2	0.731 0	0.916 1	0.785 7	0.942
878	2016-05-27	0.931 8	0.851 0	0.731 0	0.847 3	0.901 9	1.012

序号	日期	PM_{2.5}气象污染分指数					PM_{2.5}气象污染综合指数
		平均相对湿度	边界层厚度	平均气温	平均风速	平均本站气压	
879	2016-05-28	1.027 2	0.837 3	0.731 0	0.847 3	0.799 0	1.010
880	2016-05-29	1.047 2	0.851 0	0.731 0	0.727 0	0.799 0	0.985
881	2016-05-30	1.027 2	0.784 2	0.783 0	0.834 1	0.768 3	0.980
882	2016-05-31	0.784 3	0.866 1	0.731 0	0.727 0	0.785 7	0.916
883	2016-06-01	0.611 8	0.851 0	0.731 0	0.911 7	0.901 9	0.943
884	2016-06-02	0.611 8	0.837 3	0.715 6	1.046 4	0.901 9	0.977
885	2016-06-03	0.931 8	0.784 2	0.731 0	1.046 4	0.799 0	1.023
886	2016-06-04	1.027 2	0.837 3	0.731 0	0.847 3	0.799 0	1.010
887	2016-06-05	1.047 2	0.851 0	0.731 0	0.834 1	0.901 9	1.039
888	2016-06-06	1.114 8	0.784 2	0.731 0	0.916 1	0.785 7	1.032
889	2016-06-07	1.084 1	1.011 4	0.748 5	0.916 1	0.901 9	1.132
890	2016-06-08	1.118 8	0.784 2	0.731 0	0.916 1	0.785 7	1.033
891	2016-06-09	1.027 2	0.784 2	0.783 0	0.727 0	0.799 0	0.956
892	2016-06-10	1.047 2	0.784 2	0.783 0	0.834 1	0.768 3	0.986
893	2016-06-11	0.931 8	0.784 2	0.715 6	0.916 1	0.799 0	0.985
894	2016-06-12	1.027 2	0.837 3	0.715 6	0.973 0	0.799 0	1.047
895	2016-06-13	1.110 6	0.866 1	0.731 0	0.834 1	0.768 3	1.033
896	2016-06-14	1.182 7	0.895 9	0.748 5	0.847 3	0.768 3	1.067
897	2016-06-15	1.110 6	0.837 3	0.731 0	0.847 3	0.768 3	1.026
898	2016-06-16	0.931 8	0.784 2	0.783 0	1.046 4	0.768 3	1.016
899	2016-06-17	0.784 3	0.784 2	0.783 0	0.727 0	0.768 3	0.882
900	2016-06-18	1.118 8	0.997 7	0.731 0	1.046 4	0.768 3	1.145
901	2016-06-19	1.114 8	0.784 2	0.715 6	0.911 7	0.799 0	1.034
902	2016-06-20	1.110 6	0.837 3	0.783 0	0.727 0	0.768 3	0.991
903	2016-06-21	1.084 1	0.837 3	0.783 0	0.847 3	0.768 3	1.019
904	2016-06-22	1.114 8	0.837 3	0.783 0	0.834 1	0.768 3	1.024
905	2016-06-23	1.114 8	0.851 0	0.715 6	1.138 9	0.768 3	1.118
906	2016-06-24	0.931 8	0.784 2	0.783 0	0.973 0	0.799 0	1.002
907	2016-06-25	0.784 3	0.784 2	0.783 0	0.973 0	0.799 0	0.961
908	2016-06-26	0.784 3	0.784 2	0.783 0	0.916 1	0.799 0	0.945
909	2016-06-27	1.047 2	0.844 9	0.715 6	0.834 1	0.768 3	1.008
910	2016-06-28	1.182 7	0.837 3	0.731 0	0.834 1	0.799 0	1.049
911	2016-06-29	1.182 7	0.837 3	0.715 6	1.118 6	0.768 3	1.126
912	2016-06-30	1.182 7	0.851 0	0.715 6	0.916 1	0.768 3	1.071
913	2016-07-01	1.084 1	0.837 3	0.715 6	0.973 0	0.768 3	1.056
914	2016-07-02	1.114 8	0.784 2	0.783 0	1.046 4	0.799 0	1.073
915	2016-07-03	1.114 8	0.837 3	0.783 0	0.727 0	0.799 0	0.999

续表

序号	日期	PM₂.₅ 气象污染分指数					PM₂.₅ 气象污染综合指数
		平均相对湿度	边界层厚度	平均气温	平均风速	平均本站气压	
916	2016-07-04	1.114 8	0.844 9	0.783 0	0.916 1	0.785 7	1.054
917	2016-07-05	1.114 8	0.851 0	0.715 6	0.973 0	0.901 9	1.099
918	2016-07-06	1.110 6	0.837 3	0.783 0	1.046 4	0.901 9	1.114
919	2016-07-07	1.114 8	0.837 3	0.783 0	0.911 7	0.901 9	1.076
920	2016-07-08	1.118 8	0.837 3	0.783 0	0.847 3	0.785 7	1.032
921	2016-07-09	1.118 8	0.784 2	0.783 0	1.138 9	0.799 0	1.101
922	2016-07-10	1.110 6	0.837 3	0.783 0	0.916 1	0.768 3	1.046
923	2016-07-11	1.110 6	0.784 2	0.783 0	0.834 1	0.768 3	1.003
924	2016-07-12	1.084 1	1.011 4	0.783 0	0.911 7	0.768 3	1.101
925	2016-07-13	1.047 2	0.837 3	0.783 0	1.046 4	0.768 3	1.067
926	2016-07-14	1.114 8	0.895 9	0.783 0	1.046 4	0.799 0	1.114
927	2016-07-15	1.182 7	0.837 3	0.748 5	0.911 7	0.768 3	1.065
928	2016-07-16	1.118 8	0.837 3	0.731 0	1.118 6	0.768 3	1.108
929	2016-07-17	1.110 6	0.837 3	0.783 0	1.046 4	0.799 0	1.091
930	2016-07-18	1.114 8	0.844 9	0.783 0	0.916 1	0.785 7	1.054
931	2016-07-19	1.182 7	1.011 4	0.783 0	0.834 1	0.799 0	1.112
932	2016-07-20	1.182 7	0.851 0	0.731 0	0.727 0	0.768 3	1.016
933	2016-07-21	1.182 7	0.997 7	0.715 6	0.911 7	0.768 3	1.123
934	2016-07-22	1.182 7	0.895 9	0.783 0	1.406 0	0.768 3	1.231
935	2016-07-23	1.182 7	0.866 1	0.783 0	0.911 7	0.768 3	1.075
936	2016-07-24	1.182 7	0.895 9	0.783 0	0.973 0	0.768 3	1.104
937	2016-07-25	1.182 7	1.634 3	0.783 0	0.973 0	0.768 3	1.373
938	2016-07-26	1.084 1	0.851 0	0.783 0	0.847 3	0.768 3	1.024
939	2016-07-27	1.182 7	0.866 1	0.783 0	0.911 7	0.768 3	1.075
940	2016-07-28	1.084 1	0.844 9	0.783 0	0.916 1	0.768 3	1.042
941	2016-07-29	1.182 7	0.844 9	0.783 0	1.046 4	0.768 3	1.107
942	2016-07-30	1.182 7	0.895 9	0.783 0	0.727 0	0.799 0	1.039
943	2016-07-31	1.182 7	1.634 3	0.783 0	0.911 7	0.785 7	1.359
944	2016-08-01	1.182 7	0.866 1	0.783 0	1.138 9	0.785 7	1.146
945	2016-08-02	1.182 7	0.851 0	0.783 0	0.911 7	0.785 7	1.074
946	2016-08-03	1.084 1	0.844 9	0.783 0	1.406 0	0.785 7	1.189
947	2016-08-04	1.182 7	0.866 1	0.783 0	1.138 9	0.785 7	1.146
948	2016-08-05	1.182 7	0.844 9	0.783 0	0.973 0	0.785 7	1.090
949	2016-08-06	1.182 7	0.844 9	0.783 0	1.118 6	0.799 0	1.135
950	2016-08-07	1.182 7	0.866 1	0.783 0	1.046 4	0.799 0	1.122
951	2016-08-08	1.118 8	0.866 1	0.715 6	0.847 3	0.785 7	1.043
952	2016-08-09	1.182 7	0.866 1	0.783 0	1.138 9	0.785 7	1.146

续表

序号	日期	PM$_{2.5}$气象污染分指数					PM$_{2.5}$气象污染综合指数
		平均相对湿度	边界层厚度	平均气温	平均风速	平均本站气压	
953	2016-08-10	1.182 7	0.851 0	0.783 0	1.046 4	0.799 0	1.116
954	2016-08-11	1.182 7	0.844 9	0.783 0	0.973 0	0.799 0	1.092
955	2016-08-12	1.182 7	0.997 7	0.783 0	0.911 7	0.799 0	1.130
956	2016-08-13	1.182 7	0.997 7	0.783 0	1.118 6	0.799 0	1.191
957	2016-08-14	1.118 8	0.997 7	0.783 0	1.138 9	0.799 0	1.179
958	2016-08-15	1.182 7	1.634 3	0.731 0	0.973 0	0.785 7	1.377
959	2016-08-16	1.118 8	0.895 9	0.715 6	1.406 0	0.799 0	1.220
960	2016-08-17	1.084 1	0.895 9	0.783 0	1.138 9	0.768 3	1.126
961	2016-08-18	1.182 7	1.634 3	0.715 6	1.138 9	0.768 3	1.422
962	2016-08-19	1.182 7	0.895 9	0.731 0	0.911 7	0.799 0	1.093
963	2016-08-20	1.118 8	0.895 9	0.715 6	1.406 0	0.785 7	1.217
964	2016-08-21	1.084 1	1.011 4	0.783 0	1.046 4	0.785 7	1.145
965	2016-08-22	1.118 8	1.011 4	0.783 0	1.046 4	0.901 9	1.180
966	2016-08-23	1.084 1	0.844 9	0.783 0	0.973 0	0.799 0	1.065
967	2016-08-24	1.182 7	1.634 3	0.783 0	1.406 0	0.768 3	1.500
968	2016-08-25	1.114 8	0.837 3	0.715 6	0.847 3	0.785 7	1.031
969	2016-08-26	1.110 6	0.851 0	0.731 0	1.046 4	1.057 6	1.153
970	2016-08-27	1.047 2	0.866 1	0.731 0	1.138 9	0.901 9	1.134
971	2016-08-28	1.027 2	0.851 0	0.731 0	1.046 4	0.901 9	1.096
972	2016-08-29	1.047 2	0.851 0	0.715 6	1.118 6	0.901 9	1.123
973	2016-08-30	1.110 6	0.866 1	0.715 6	1.118 6	0.799 0	1.123
974	2016-08-31	1.027 2	0.851 0	0.715 6	0.916 1	0.768 3	1.029
975	2016-09-01	0.611 8	0.837 3	0.731 0	0.911 7	0.768 3	0.909
976	2016-09-02	1.047 2	0.851 0	0.731 0	1.118 6	0.768 3	1.093
977	2016-09-03	1.114 8	0.844 9	0.715 6	1.046 4	0.799 0	1.095
978	2016-09-04	1.118 8	0.844 9	0.715 6	0.834 1	0.785 7	1.031
979	2016-09-05	1.114 8	0.844 9	0.715 6	0.973 0	0.901 9	1.096
980	2016-09-06	1.110 6	0.895 9	0.715 6	1.046 4	0.785 7	1.110
981	2016-09-07	1.114 8	0.844 9	0.731 0	1.406 0	0.799 0	1.201
982	2016-09-08	1.114 8	0.844 9	0.731 0	1.406 0	0.799 0	1.201
983	2016-09-09	1.110 6	1.011 4	0.731 0	1.406 0	0.785 7	1.257
984	2016-09-10	1.114 8	0.844 9	0.731 0	0.973 0	0.785 7	1.071
985	2016-09-11	1.182 7	0.895 9	0.748 5	0.916 1	0.901 9	1.117
986	2016-09-12	1.084 1	0.866 1	0.731 0	1.046 4	1.057 6	1.152
987	2016-09-13	1.084 1	0.866 1	0.731 0	1.138 9	1.146 1	1.198
988	2016-09-14	1.084 1	0.844 9	0.731 0	0.973 0	1.057 6	1.122
989	2016-09-15	1.084 1	0.866 1	0.715 6	0.973 0	1.057 6	1.130

续表

序号	日期	PM₂.₅气象污染分指数					PM₂.₅气象污染综合指数
		平均相对湿度	边界层厚度	平均气温	平均风速	平均本站气压	
990	2016-09-16	1.118 8	0.866 1	0.715 6	0.916 1	0.901 9	1.089
991	2016-09-17	1.110 6	0.844 9	0.731 0	0.847 3	1.057 6	1.093
992	2016-09-18	1.084 1	0.895 9	0.748 5	1.046 4	1.146 1	1.182
993	2016-09-19	1.114 8	0.851 0	0.748 5	1.046 4	1.214 2	1.189
994	2016-09-20	1.047 2	0.851 0	0.748 5	1.118 6	1.214 2	1.192
995	2016-09-21	1.047 2	0.866 1	0.748 5	0.973 0	1.146 1	1.139
996	2016-09-22	1.110 6	0.895 9	0.748 5	0.916 1	1.057 6	1.131
997	2016-09-23	1.114 8	1.011 4	0.748 5	1.046 4	0.901 9	1.179
998	2016-09-24	1.118 8	0.895 9	0.731 0	0.916 1	0.901 9	1.099
999	2016-09-25	1.084 1	0.895 9	0.731 0	0.916 1	0.901 9	1.090
1000	2016-09-26	1.182 7	1.011 4	0.731 0	0.973 0	0.901 9	1.176
1001	2016-09-27	1.047 2	0.844 9	0.979 9	0.727 0	1.146 1	1.060
1002	2016-09-28	0.784 3	0.844 9	0.979 9	0.847 3	1.224 1	1.040
1003	2016-09-29	1.047 2	1.011 4	0.979 9	1.118 6	1.146 1	1.235
1004	2016-09-30	1.110 6	1.011 4	0.748 5	1.046 4	1.057 6	1.212
1005	2016-10-01	1.110 6	0.997 7	0.748 5	0.911 7	1.057 6	1.167
1006	2016-10-02	1.084 1	1.011 4	0.748 5	0.847 3	0.901 9	1.112
1007	2016-10-03	1.182 7	0.866 1	0.748 5	0.973 0	0.901 9	1.123
1008	2016-10-04	1.118 8	0.851 0	0.748 5	0.727 0	1.057 6	1.062
1009	2016-10-05	1.084 1	0.866 1	0.979 9	1.138 9	1.146 1	1.198
1010	2016-10-06	1.084 1	0.866 1	0.979 9	0.727 0	1.224 1	1.095
1011	2016-10-07	1.182 7	1.011 4	0.979 9	0.973 0	1.146 1	1.229
1012	2016-10-08	1.027 2	0.837 3	1.032 4	0.727 0	1.214 2	1.066
1013	2016-10-09	1.114 8	1.011 4	1.032 4	1.118 6	1.224 1	1.271
1014	2016-10-10	1.114 8	1.011 4	1.032 4	0.911 7	1.146 1	1.193
1015	2016-10-11	1.084 1	1.011 4	1.032 4	1.138 9	1.214 2	1.266
1016	2016-10-12	1.084 1	1.011 4	1.032 4	1.406 0	1.224 1	1.346
1017	2016-10-13	1.182 7	1.301 8	0.979 9	1.406 0	1.146 1	1.462
1018	2016-10-14	1.110 6	0.895 9	0.979 9	0.911 7	1.214 2	1.165
1019	2016-10-15	1.084 1	0.997 7	0.979 9	1.406 0	1.214 2	1.339
1020	2016-10-16	1.182 7	0.997 7	0.979 9	1.406 0	1.146 1	1.351
1021	2016-10-17	1.182 7	0.866 1	0.979 9	0.973 0	1.214 2	1.191
1022	2016-10-18	1.182 7	1.301 8	0.979 9	1.118 6	1.146 1	1.378
1023	2016-10-19	1.182 7	1.301 8	0.979 9	1.406 0	1.057 6	1.443
1024	2016-10-20	1.114 8	0.895 9	1.032 4	0.727 0	1.214 2	1.112
1025	2016-10-21	1.114 8	0.997 7	1.032 4	0.911 7	1.146 1	1.188
1026	2016-10-22	1.118 8	0.866 1	1.008 3	0.911 7	1.214 2	1.156

序号	日期	PM$_{2.5}$气象污染分指数					PM$_{2.5}$气象污染综合指数
		平均相对湿度	边界层厚度	平均气温	平均风速	平均本站气压	
1027	2016-10-23	0.931 8	0.895 9	1.008 3	1.118 6	1.224 1	1.178
1028	2016-10-24	1.118 8	1.301 8	1.008 3	1.406 0	1.146 1	1.444
1029	2016-10-25	1.182 7	1.634 3	1.008 3	1.138 9	1.057 6	1.485
1030	2016-10-26	1.084 1	0.866 1	1.032 4	0.911 7	1.224 1	1.149
1031	2016-10-27	1.084 1	1.301 8	1.008 3	1.046 4	1.165 0	1.334
1032	2016-10-28	1.027 2	0.866 1	1.008 3	0.727 0	0.941 7	1.017
1033	2016-10-29	0.931 8	0.866 1	1.008 3	1.118 6	0.941 7	1.105
1034	2016-10-30	1.110 6	0.844 9	1.008 3	0.727 0	1.165 0	1.081
1035	2016-10-31	0.611 8	0.837 3	1.323 0	0.727 0	0.941 7	0.893
1036	2016-11-01	1.027 2	1.011 4	1.323 0	1.138 9	0.941 7	1.190
1037	2016-11-02	1.114 8	1.634 3	1.323 0	1.118 6	1.165 0	1.484
1038	2016-11-03	1.182 7	1.634 3	1.008 3	1.046 4	1.146 1	1.478
1039	2016-11-04	1.182 7	1.634 3	1.008 3	1.406 0	0.785 7	1.504
1040	2016-11-05	1.084 1	1.011 4	1.008 3	0.916 1	1.057 6	1.166
1041	2016-11-06	1.027 2	0.895 9	1.008 3	0.847 3	1.165 0	1.112
1042	2016-11-07	1.110 6	0.895 9	1.008 3	0.727 0	0.941 7	1.051
1043	2016-11-08	1.027 2	0.997 7	1.323 0	1.406 0	0.941 7	1.264
1044	2016-11-09	1.114 8	0.866 1	1.323 0	0.916 1	0.941 7	1.096
1045	2016-11-10	1.118 8	0.851 0	1.323 0	0.847 3	1.057 6	1.097
1046	2016-11-11	1.118 8	1.634 3	1.008 3	1.118 6	1.057 6	1.462
1047	2016-11-12	1.118 8	0.997 7	1.008 3	0.911 7	1.146 1	1.189
1048	2016-11-13	1.182 7	1.634 3	1.008 3	1.118 6	1.146 1	1.499
1049	2016-11-14	0.931 8	1.011 4	1.008 3	0.834 1	1.214 2	1.135
1050	2016-11-15	1.027 2	1.011 4	1.008 3	0.834 1	1.165 0	1.150
1051	2016-11-16	1.118 8	1.634 3	1.008 3	1.406 0	1.214 2	1.580
1052	2016-11-17	1.182 7	1.301 8	1.008 3	0.973 0	1.214 2	1.350
1053	2016-11-18	1.182 7	1.634 3	1.008 3	1.118 6	1.057 6	1.479
1054	2016-11-19	1.084 1	1.301 8	1.008 3	0.834 1	1.146 1	1.267
1055	2016-11-20	1.182 7	1.301 8	1.323 0	0.834 1	1.224 1	1.312
1056	2016-11-21	1.182 7	0.895 9	1.353 1	0.727 0	0.941 7	1.070
1057	2016-11-22	0.784 3	0.866 1	1.355 6	0.727 0	0.941 7	0.950
1058	2016-11-23	0.931 8	0.895 9	1.355 6	0.911 7	0.941 7	1.056
1059	2016-11-24	1.114 8	1.634 3	1.355 6	1.406 0	0.941 7	1.519
1060	2016-11-25	1.118 8	1.634 3	1.353 1	1.046 4	1.165 0	1.464
1061	2016-11-26	1.118 8	1.634 3	1.323 0	1.406 0	1.214 2	1.580
1062	2016-11-27	0.784 3	0.997 7	1.323 0	0.727 0	1.165 0	1.047
1063	2016-11-28	1.027 2	1.634 3	1.353 1	1.118 6	0.941 7	1.411

续表

序号	日期	PM₂.₅气象污染分指数					PM₂.₅气象污染综合指数
		平均相对湿度	边界层厚度	平均气温	平均风速	平均本站气压	
1064	2016-11-29	1.110 6	1.634 3	1.323 0	0.911 7	0.941 7	1.373
1065	2016-11-30	1.182 7	1.011 4	1.323 0	1.046 4	1.224 1	1.268
1066	2016-12-01	0.931 8	1.301 8	1.323 0	0.973 0	0.941 7	1.221
1067	2016-12-02	1.047 2	1.634 3	1.323 0	1.406 0	0.941 7	1.501
1068	2016-12-03	1.182 7	1.634 3	1.323 0	1.046 4	1.214 2	1.493
1069	2016-12-04	1.182 7	1.634 3	1.323 0	1.138 9	1.057 6	1.485
1070	2016-12-05	0.784 3	0.895 9	1.323 0	0.847 3	1.165 0	1.046
1071	2016-12-06	1.114 8	1.634 3	1.353 1	1.118 6	1.224 1	1.497
1072	2016-12-07	1.084 1	1.634 3	1.323 0	1.118 6	1.224 1	1.489
1073	2016-12-08	1.047 2	0.866 1	1.323 0	0.727 0	1.146 1	1.067
1074	2016-12-09	0.784 3	0.997 7	1.353 1	1.138 9	1.165 0	1.168
1075	2016-12-10	1.110 6	1.634 3	1.355 6	1.406 0	0.941 7	1.518
1076	2016-12-11	1.084 1	1.634 3	1.353 1	1.118 6	1.224 1	1.489
1077	2016-12-12	1.084 1	1.634 3	1.323 0	0.973 0	1.224 1	1.446
1078	2016-12-13	1.110 6	0.866 1	1.353 1	1.406 0	0.941 7	1.239
1079	2016-12-14	0.784 3	0.997 7	1.355 6	1.138 9	0.941 7	1.119
1080	2016-12-15	0.931 8	1.301 8	1.355 6	0.847 3	0.941 7	1.185
1081	2016-12-16	1.047 2	1.634 3	1.353 1	0.847 3	1.165 0	1.386
1082	2016-12-17	1.084 1	1.634 3	1.353 1	1.406 0	1.214 2	1.571
1083	2016-12-18	1.182 7	1.634 3	1.353 1	1.406 0	1.224 1	1.600
1084	2016-12-19	1.182 7	1.634 3	1.355 6	1.118 6	1.224 1	1.516
1085	2016-12-20	1.182 7	1.634 3	1.355 6	1.406 0	0.941 7	1.538
1086	2016-12-21	1.182 7	1.634 3	1.353 1	1.406 0	1.165 0	1.587
1087	2016-12-22	1.114 8	0.895 9	1.353 1	0.834 1	1.224 1	1.145
1088	2016-12-23	0.784 3	1.634 3	1.355 6	0.916 1	0.941 7	1.285
1089	2016-12-24	1.110 6	1.634 3	1.355 6	1.046 4	0.941 7	1.413
1090	2016-12-25	1.118 8	1.634 3	1.353 1	1.406 0	0.941 7	1.521
1091	2016-12-26	1.182 7	1.634 3	1.353 1	1.406 0	0.941 7	1.538
1092	2016-12-27	1.084 1	1.634 3	1.355 6	1.406 0	0.941 7	1.511
1093	2016-12-28	1.114 8	1.634 3	1.355 6	0.916 1	0.941 7	1.376
1094	2016-12-29	0.931 8	1.634 3	1.355 6	1.118 6	0.941 7	1.385
1095	2016-12-30	1.182 7	1.634 3	1.355 6	1.406 0	0.941 7	1.538
1096	2016-12-31	1.182 7	1.634 3	1.355 6	1.406 0	1.165 0	1.587
1097	2017-01-01	1.182 7	1.634 3	1.355 6	1.406 0	1.224 1	1.600
1098	2017-01-02	1.182 7	1.634 3	1.355 6	1.406 0	1.165 0	1.587
1099	2017-01-03	1.182 7	1.634 3	1.355 6	1.118 6	1.224 1	1.516
1100	2017-01-04	1.182 7	1.634 3	1.355 6	1.406 0	1.165 0	1.587

序号	日期	PM$_{2.5}$气象污染分指数					PM$_{2.5}$气象污染综合指数
		平均相对湿度	边界层厚度	平均气温	平均风速	平均本站气压	
1101	2017-01-05	1.118 8	1.634 3	1.323 0	1.138 9	0.941 7	1.442
1102	2017-01-06	1.084 1	1.634 3	1.353 1	1.406 0	1.165 0	1.560
1103	2017-01-07	1.182 7	1.634 3	1.353 1	1.406 0	1.224 1	1.600
1104	2017-01-08	1.182 7	1.301 8	1.353 1	0.911 7	1.214 2	1.332
1105	2017-01-09	0.931 8	0.997 7	1.353 1	0.834 1	1.165 0	1.119
1106	2017-01-10	0.784 3	0.895 9	1.353 1	0.727 0	1.165 0	1.010
1107	2017-01-11	1.110 6	1.634 3	1.355 6	0.973 0	1.165 0	1.441
1108	2017-01-12	1.110 6	1.634 3	1.355 6	1.406 0	1.214 2	1.578
1109	2017-01-13	0.611 8	0.997 7	1.353 1	0.727 0	1.224 1	1.013
1110	2017-01-14	0.784 3	1.634 3	1.355 6	0.847 3	0.941 7	1.265
1111	2017-01-15	1.118 8	1.634 3	1.355 6	1.138 9	0.941 7	1.442
1112	2017-01-16	1.084 1	1.634 3	1.355 6	1.118 6	0.941 7	1.427
1113	2017-01-17	1.084 1	1.634 3	1.355 6	1.406 0	0.941 7	1.511
1114	2017-01-18	1.047 2	1.301 8	1.355 6	1.406 0	0.941 7	1.380
1115	2017-01-19	1.027 2	0.837 3	1.355 6	0.727 0	0.941 7	1.006
1116	2017-01-20	0.611 8	1.011 4	1.355 6	0.834 1	0.941 7	0.987
1117	2017-01-21	0.611 8	0.844 9	1.355 6	0.727 0	0.941 7	0.895
1118	2017-01-22	0.611 8	0.997 7	1.355 6	0.916 1	0.941 7	1.006
1119	2017-01-23	1.047 2	1.634 3	1.355 6	1.406 0	0.941 7	1.501
1120	2017-01-24	1.114 8	1.634 3	1.355 6	1.138 9	0.941 7	1.441
1121	2017-01-25	1.114 8	1.634 3	1.355 6	1.118 6	0.941 7	1.435
1122	2017-01-26	1.110 6	1.301 8	1.353 1	0.847 3	1.224 1	1.296
1123	2017-01-27	0.611 8	1.301 8	1.353 1	0.834 1	0.941 7	1.093
1124	2017-01-28	1.047 2	1.301 8	1.353 1	0.911 7	1.214 2	1.295
1125	2017-01-29	0.784 3	0.837 3	1.355 6	0.727 0	1.165 0	0.989
1126	2017-01-30	0.611 8	1.301 8	1.355 6	0.847 3	0.941 7	1.097
1127	2017-01-31	0.611 8	1.301 8	1.355 6	0.973 0	0.941 7	1.134
1128	2017-02-01	0.611 8	0.997 7	1.355 6	1.138 9	0.941 7	1.072
1129	2017-02-02	1.027 2	1.634 3	1.355 6	1.118 6	0.941 7	1.411
1130	2017-02-03	1.110 6	1.634 3	1.353 1	1.046 4	1.224 1	1.475
1131	2017-02-04	1.084 1	1.634 3	1.353 1	1.046 4	1.146 1	1.451
1132	2017-02-05	0.931 8	0.997 7	1.323 0	0.834 1	1.214 2	1.130
1133	2017-02-06	0.784 3	0.895 9	1.353 1	0.847 3	0.941 7	0.996
1134	2017-02-07	1.047 2	1.634 3	1.353 1	1.138 9	0.941 7	1.423
1135	2017-02-08	0.611 8	0.866 1	1.353 1	0.727 0	0.941 7	0.903
1136	2017-02-09	0.611 8	0.837 3	1.355 6	0.727 0	1.165 0	0.942
1137	2017-02-10	0.611 8	0.851 0	1.353 1	0.727 0	0.941 7	0.898

续表

序号	日期	PM$_{2.5}$ 气象污染分指数					PM$_{2.5}$ 气象污染综合指数
		平均相对湿度	边界层厚度	平均气温	平均风速	平均本站气压	
1138	2017-02-11	0.611 8	1.634 3	1.353 1	1.046 4	1.165 0	1.325
1139	2017-02-12	0.931 8	1.634 3	1.353 1	1.118 6	1.165 0	1.434
1140	2017-02-13	1.110 6	1.634 3	1.353 1	0.911 7	0.941 7	1.373
1141	2017-02-14	1.084 1	1.634 3	1.355 6	1.406 0	0.941 7	1.511
1142	2017-02-15	1.118 8	1.634 3	1.323 0	1.118 6	1.214 2	1.496
1143	2017-02-16	1.047 2	1.011 4	1.323 0	0.911 7	1.146 1	1.174
1144	2017-02-17	0.611 8	0.851 0	1.353 1	0.973 0	0.941 7	0.970
1145	2017-02-18	0.931 8	1.301 8	1.323 0	1.046 4	1.224 1	1.305
1146	2017-02-19	1.027 2	0.844 9	1.323 0	0.834 1	0.785 7	1.006
1147	2017-02-20	0.611 8	0.837 3	1.353 1	0.727 0	0.941 7	0.893
1148	2017-02-21	1.047 2	0.997 7	1.355 6	1.118 6	0.941 7	1.185
1149	2017-02-22	1.182 7	0.895 9	1.355 6	1.118 6	1.224 1	1.247
1150	2017-02-23	0.931 8	0.997 7	1.353 1	0.834 1	0.941 7	1.070
1151	2017-02-24	0.931 8	0.895 9	1.323 0	1.138 9	1.224 1	1.184
1152	2017-02-25	0.784 3	0.895 9	1.323 0	1.118 6	1.224 1	1.138
1153	2017-02-26	0.931 8	0.895 9	1.323 0	1.138 9	1.224 1	1.184
1154	2017-02-27	0.931 8	0.997 7	1.008 3	0.911 7	1.214 2	1.153
1155	2017-02-28	0.611 8	0.866 1	1.008 3	1.138 9	1.146 1	1.069
1156	2017-03-01	0.784 3	0.784 2	1.323 0	0.727 0	1.224 1	0.983
1157	2017-03-02	0.611 8	0.997 7	1.323 0	0.834 1	1.214 2	1.042
1158	2017-03-03	0.931 8	0.997 7	1.323 0	0.911 7	1.057 6	1.118
1159	2017-03-04	1.027 2	1.301 8	1.323 0	1.138 9	1.146 1	1.341
1160	2017-03-05	0.931 8	0.784 2	1.323 0	0.834 1	1.224 1	1.054
1161	2017-03-06	0.611 8	0.784 2	1.323 0	0.727 0	1.214 2	0.933
1162	2017-03-07	0.611 8	0.784 2	1.323 0	0.727 0	1.224 1	0.935
1163	2017-03-08	0.611 8	0.837 3	1.323 0	0.916 1	1.146 1	0.993
1164	2017-03-09	0.611 8	0.866 1	1.008 3	0.916 1	1.057 6	0.984
1165	2017-03-10	0.611 8	1.011 4	1.008 3	1.138 9	1.057 6	1.102
1166	2017-03-11	0.611 8	0.997 7	1.032 4	1.138 9	1.146 1	1.117
1167	2017-03-12	0.611 8	0.837 3	1.008 3	0.727 0	1.224 1	0.955
1168	2017-03-13	0.611 8	0.844 9	1.008 3	0.911 7	1.165 0	0.999
1169	2017-03-14	0.784 3	0.844 9	1.323 0	0.834 1	1.165 0	1.023
1170	2017-03-15	0.931 8	0.866 1	1.008 3	0.911 7	1.224 1	1.107
1171	2017-03-16	0.784 3	0.844 9	1.008 3	0.834 1	1.146 1	1.019
1172	2017-03-17	1.047 2	1.011 4	1.008 3	0.916 1	1.146 1	1.176
1173	2017-03-18	1.110 6	1.301 8	1.008 3	0.973 0	1.224 1	1.333
1174	2017-03-19	1.110 6	0.844 9	1.032 4	0.911 7	1.224 1	1.148

续表

序号	日期	PM$_{2.5}$气象污染分指数					PM$_{2.5}$气象污染综合指数
		平均相对湿度	边界层厚度	平均气温	平均风速	平均本站气压	
1175	2017-03-20	1.027 2	1.011 4	1.008 3	0.834 1	1.214 2	1.161
1176	2017-03-21	1.027 2	0.866 1	1.008 3	1.138 9	1.224 1	1.200
1177	2017-03-22	1.027 2	1.011 4	1.008 3	0.916 1	1.214 2	1.185
1178	2017-03-23	1.118 8	0.997 7	1.008 3	0.916 1	1.224 1	1.207
1179	2017-03-24	1.182 7	1.011 4	1.323 0	0.834 1	1.224 1	1.206
1180	2017-03-25	1.084 1	0.866 1	1.008 3	1.138 9	1.214 2	1.213
1181	2017-03-26	0.784 3	0.784 2	1.008 3	0.834 1	1.214 2	1.012
1182	2017-03-27	0.784 3	0.837 3	1.008 3	0.727 0	1.214 2	1.000
1183	2017-03-28	1.027 2	0.844 9	1.008 3	0.911 7	1.214 2	1.123
1184	2017-03-29	1.047 2	0.844 9	1.032 4	0.727 0	1.214 2	1.075
1185	2017-03-30	1.047 2	0.997 7	1.032 4	0.847 3	1.224 1	1.168
1186	2017-03-31	0.931 8	0.837 3	1.008 3	0.834 1	1.224 1	1.074
1187	2017-04-01	0.611 8	0.837 3	1.032 4	0.834 1	1.146 1	0.969
1188	2017-04-02	0.931 8	1.011 4	0.979 9	0.911 7	1.146 1	1.143
1189	2017-04-03	1.027 2	0.844 9	0.979 9	0.834 1	1.146 1	1.086
1190	2017-04-04	1.027 2	0.866 1	0.979 9	0.834 1	1.057 6	1.074
1191	2017-04-05	1.084 1	0.851 0	1.032 4	0.916 1	1.057 6	1.108
1192	2017-04-06	1.114 8	0.866 1	0.979 9	1.046 4	0.901 9	1.126
1193	2017-04-07	1.047 2	0.997 7	1.032 4	0.916 1	1.057 6	1.151
1194	2017-04-08	1.027 2	0.895 9	1.032 4	1.046 4	1.146 1	1.166
1195	2017-04-09	0.931 8	0.844 9	1.032 4	0.911 7	1.214 2	1.097
1196	2017-04-10	0.784 3	0.844 9	1.032 4	0.973 0	0.901 9	1.006
1197	2017-04-11	0.611 8	0.784 2	0.979 9	0.916 1	1.057 6	0.954
1198	2017-04-12	0.784 3	0.784 2	0.979 9	0.727 0	1.057 6	0.946
1199	2017-04-13	1.027 2	0.997 7	1.032 4	1.046 4	0.901 9	1.150
1200	2017-04-14	0.931 8	0.784 2	0.748 5	0.916 1	0.768 3	0.978
1201	2017-04-15	0.611 8	0.784 2	0.748 5	1.046 4	0.785 7	0.932
1202	2017-04-16	1.047 2	0.866 1	0.748 5	0.847 3	0.785 7	1.023
1203	2017-04-17	1.047 2	0.784 2	0.748 5	0.834 1	0.768 3	0.986
1204	2017-04-18	0.611 8	0.784 2	0.979 9	0.727 0	0.768 3	0.835
1205	2017-04-19	0.931 8	1.011 4	0.979 9	0.834 1	0.785 7	1.041
1206	2017-04-20	1.047 2	0.784 2	0.979 9	1.046 4	0.785 7	1.052
1207	2017-04-21	0.784 3	0.784 2	0.979 9	0.911 7	1.057 6	1.000
1208	2017-04-22	0.784 3	0.784 2	0.979 9	0.727 0	0.901 9	0.912
1209	2017-04-23	0.611 8	0.837 3	0.979 9	0.834 1	0.785 7	0.890
1210	2017-04-24	0.931 8	0.784 2	0.979 9	0.916 1	0.901 9	1.008
1211	2017-04-25	0.611 8	0.784 2	0.979 9	0.847 3	1.214 2	0.968

续表

序号	日期	PM$_{2.5}$气象污染分指数					PM$_{2.5}$气象污染综合指数
		平均相对湿度	边界层厚度	平均气温	平均风速	平均本站气压	
1212	2017-04-26	0.611 8	0.784 2	0.979 9	0.847 3	1.214 2	0.968
1213	2017-04-27	0.611 8	0.784 2	0.748 5	0.834 1	1.057 6	0.930
1214	2017-04-28	0.611 8	0.784 2	0.748 5	0.916 1	0.799 0	0.897
1215	2017-04-29	0.611 8	0.784 2	0.715 6	0.916 1	0.768 3	0.890
1216	2017-04-30	0.611 8	0.895 9	0.748 5	0.834 1	0.785 7	0.911
1217	2017-05-01	0.611 8	0.997 7	0.748 5	0.727 0	1.057 6	0.976
1218	2017-05-02	0.931 8	0.837 3	0.748 5	0.916 1	1.057 6	1.061
1219	2017-05-03	1.047 2	0.784 2	0.748 5	0.847 3	1.057 6	1.053
1220	2017-05-04	0.931 8	0.784 2	0.979 9	0.916 1	1.057 6	1.042
1221	2017-05-05	0.784 3	0.784 2	0.979 9	0.727 0	1.057 6	0.946
1222	2017-05-06	0.611 8	0.784 2	0.748 5	0.834 1	0.901 9	0.896
1223	2017-05-07	0.611 8	0.784 2	0.731 0	1.046 4	0.901 9	0.958
1224	2017-05-08	0.931 8	0.784 2	0.731 0	0.916 1	0.785 7	0.982
1225	2017-05-09	1.027 2	0.837 3	0.748 5	0.727 0	0.785 7	0.972
1226	2017-05-10	0.931 8	0.784 2	0.731 0	0.973 0	0.799 0	1.002
1227	2017-05-11	0.611 8	0.837 3	0.715 6	0.727 0	0.799 0	0.861
1228	2017-05-12	0.611 8	0.784 2	0.731 0	0.727 0	0.799 0	0.842
1229	2017-05-13	0.611 8	0.784 2	0.748 5	0.727 0	0.799 0	0.842
1230	2017-05-14	0.611 8	0.784 2	0.748 5	0.727 0	1.057 6	0.899
1231	2017-05-15	0.931 8	0.784 2	0.748 5	0.834 1	1.057 6	1.018
1232	2017-05-16	0.931 8	0.784 2	0.731 0	0.727 0	0.785 7	0.927
1233	2017-05-17	1.027 2	0.837 3	0.715 6	0.834 1	0.768 3	1.000
1234	2017-05-18	1.027 2	0.837 3	0.783 0	0.727 0	0.799 0	0.975
1235	2017-05-19	1.027 2	0.784 2	0.783 0	0.834 1	0.799 0	0.987
1236	2017-05-20	1.027 2	0.837 3	0.783 0	0.834 1	0.785 7	1.003
1237	2017-05-21	1.110 6	1.011 4	0.731 0	0.727 0	0.785 7	1.058
1238	2017-05-22	1.182 7	1.301 8	0.979 9	0.911 7	0.901 9	1.263
1239	2017-05-23	1.110 6	0.851 0	0.748 5	1.138 9	1.057 6	1.180
1240	2017-05-24	0.784 3	0.784 2	0.715 6	0.916 1	0.785 7	0.942
1241	2017-05-25	0.784 3	0.851 0	0.748 5	0.727 0	0.901 9	0.936
1242	2017-05-26	0.784 3	0.866 1	0.748 5	0.916 1	0.785 7	0.971
1243	2017-05-27	1.047 2	1.011 4	0.715 6	0.973 0	0.768 3	1.109
1244	2017-05-28	1.027 2	0.895 9	0.783 0	0.847 3	0.768 3	1.025
1245	2017-05-29	0.931 8	0.844 9	0.731 0	0.727 0	0.901 9	0.974
1246	2017-05-30	1.118 8	0.895 9	0.748 5	0.911 7	0.799 0	1.076
1247	2017-05-31	1.047 2	0.837 3	0.715 6	0.847 3	0.768 3	1.009
1248	2017-06-01	0.931 8	0.837 3	0.731 0	0.727 0	0.768 3	0.942

序号	日期	PM$_{2.5}$气象污染分指数					PM$_{2.5}$气象污染综合指数
		平均相对湿度	边界层厚度	平均气温	平均风速	平均本站气压	
1249	2017-06-02	1.027 2	0.844 9	0.748 5	0.727 0	0.799 0	0.978
1250	2017-06-03	0.931 8	0.837 3	0.748 5	0.973 0	0.901 9	1.044
1251	2017-06-04	0.784 3	0.784 2	0.731 0	0.916 1	0.901 9	0.967
1252	2017-06-05	0.931 8	0.837 3	0.715 6	0.916 1	0.901 9	1.027
1253	2017-06-06	1.182 7	0.997 7	0.979 9	1.118 6	0.901 9	1.213
1254	2017-06-07	1.110 6	0.784 2	0.748 5	0.916 1	0.785 7	1.031
1255	2017-06-08	0.784 3	0.784 2	0.783 0	0.727 0	0.799 0	0.889
1256	2017-06-09	0.784 3	0.784 2	0.783 0	0.916 1	0.768 3	0.938
1257	2017-06-10	0.611 8	0.851 0	0.715 6	0.727 0	0.785 7	0.863
1258	2017-06-11	0.784 3	0.866 1	0.731 0	0.911 7	0.785 7	0.970
1259	2017-06-12	1.027 2	0.895 9	0.731 0	0.727 0	0.901 9	1.019
1260	2017-06-13	1.047 2	0.866 1	0.748 5	1.406 0	1.057 6	1.247
1261	2017-06-14	0.931 8	0.837 3	0.715 6	0.911 7	0.901 9	1.026
1262	2017-06-15	0.784 3	0.837 3	0.783 0	0.911 7	0.799 0	0.963
1263	2017-06-16	0.611 8	0.784 2	0.783 0	0.834 1	0.799 0	0.873
1264	2017-06-17	0.611 8	0.784 2	0.783 0	0.834 1	0.768 3	0.866
1265	2017-06-18	0.611 8	0.784 2	0.783 0	0.727 0	0.768 3	0.835
1266	2017-06-19	1.027 2	0.784 2	0.783 0	0.916 1	0.768 3	1.004
1267	2017-06-20	1.027 2	1.634 3	0.783 0	0.727 0	0.768 3	1.258
1268	2017-06-21	1.047 2	0.784 2	0.783 0	0.727 0	0.768 3	0.954
1269	2017-06-22	1.182 7	1.634 3	0.748 5	0.916 1	0.799 0	1.363
1270	2017-06-23	1.182 7	0.895 9	0.748 5	0.847 3	0.768 3	1.067
1271	2017-06-24	1.084 1	0.844 9	0.731 0	0.847 3	0.768 3	1.022
1272	2017-06-25	1.114 8	0.837 3	0.715 6	1.046 4	0.768 3	1.086
1273	2017-06-26	1.047 2	0.784 2	0.783 0	0.973 0	0.799 0	1.033
1274	2017-06-27	1.047 2	0.837 3	0.783 0	0.847 3	0.799 0	1.016
1275	2017-06-28	1.027 2	0.784 2	0.783 0	0.727 0	0.799 0	0.956
1276	2017-06-29	1.047 2	0.784 2	0.783 0	0.916 1	0.799 0	1.017
1277	2017-06-30	1.047 2	0.784 2	0.783 0	0.973 0	0.768 3	1.026
1278	2017-07-01	1.047 2	0.784 2	0.783 0	0.847 3	0.768 3	0.990
1279	2017-07-02	1.047 2	0.866 1	0.783 0	0.834 1	0.768 3	1.016
1280	2017-07-03	1.118 8	0.866 1	0.783 0	0.911 7	0.768 3	1.058
1281	2017-07-04	1.118 8	0.844 9	0.783 0	0.973 0	0.799 0	1.075
1282	2017-07-05	1.118 8	0.844 9	0.783 0	0.916 1	0.799 0	1.058
1283	2017-07-06	1.182 7	1.634 3	0.715 6	0.911 7	0.768 3	1.355
1284	2017-07-07	1.084 1	0.837 3	0.783 0	0.847 3	0.768 3	1.019
1285	2017-07-08	1.114 8	0.837 3	0.783 0	0.973 0	0.768 3	1.064

续表

序号	日期	PM$_{2.5}$气象污染分指数					PM$_{2.5}$气象污染综合指数
		平均相对湿度	边界层厚度	平均气温	平均风速	平均本站气压	
1286	2017-07-09	1.118 8	0.784 2	0.783 0	0.834 1	0.768 3	1.005
1287	2017-07-10	1.110 6	0.784 2	0.783 0	1.138 9	0.768 3	1.092
1288	2017-07-11	1.110 6	0.784 2	0.783 0	0.834 1	0.768 3	1.003
1289	2017-07-12	1.110 6	0.784 2	0.783 0	0.727 0	0.768 3	0.972
1290	2017-07-13	1.110 6	0.837 3	0.783 0	0.834 1	0.768 3	1.022
1291	2017-07-14	1.047 2	0.837 3	0.783 0	0.847 3	0.768 3	1.009
1292	2017-07-15	1.084 1	0.851 0	0.783 0	0.847 3	0.799 0	1.031
1293	2017-07-16	1.084 1	0.851 0	0.783 0	0.834 1	0.785 7	1.024
1294	2017-07-17	1.118 8	0.851 0	0.783 0	1.046 4	0.785 7	1.096
1295	2017-07-18	1.084 1	0.851 0	0.783 0	1.406 0	0.799 0	1.194
1296	2017-07-19	1.182 7	0.837 3	0.783 0	0.911 7	0.768 3	1.065
1297	2017-07-20	1.118 8	0.837 3	0.783 0	0.834 1	0.768 3	1.025
1298	2017-07-21	1.182 7	0.895 9	0.715 6	0.727 0	0.799 0	1.039
1299	2017-07-22	1.182 7	1.011 4	0.731 0	1.138 9	0.785 7	1.199
1300	2017-07-23	1.084 1	0.866 1	0.715 6	1.406 0	0.799 0	1.200
1301	2017-07-24	1.084 1	1.011 4	0.783 0	1.406 0	0.768 3	1.246
1302	2017-07-25	1.118 8	0.866 1	0.783 0	1.118 6	0.785 7	1.122
1303	2017-07-26	1.084 1	0.895 9	0.731 0	0.911 7	0.799 0	1.066
1304	2017-07-27	1.182 7	0.997 7	0.731 0	1.406 0	0.799 0	1.275
1305	2017-07-28	1.084 1	1.011 4	0.715 6	1.118 6	0.901 9	1.191
1306	2017-07-29	1.084 1	0.851 0	0.731 0	0.916 1	0.785 7	1.048
1307	2017-07-30	1.084 1	0.895 9	0.731 0	0.911 7	0.799 0	1.066
1308	2017-07-31	1.084 1	0.895 9	0.715 6	1.138 9	0.799 0	1.133
1309	2017-08-01	1.182 7	0.866 1	0.783 0	0.847 3	0.799 0	1.063
1310	2017-08-02	1.182 7	0.895 9	0.783 0	0.916 1	0.768 3	1.088
1311	2017-08-03	1.182 7	0.837 3	0.783 0	0.916 1	0.768 3	1.066
1312	2017-08-04	1.118 8	0.851 0	0.783 0	0.973 0	0.768 3	1.070
1313	2017-08-05	1.182 7	0.844 9	0.783 0	0.847 3	0.768 3	1.049
1314	2017-08-06	1.110 6	0.837 3	0.783 0	0.973 0	0.768 3	1.063
1315	2017-08-07	1.110 6	0.837 3	0.783 0	0.911 7	0.768 3	1.045
1316	2017-08-08	1.114 8	0.837 3	0.783 0	0.911 7	0.768 3	1.046
1317	2017-08-09	1.182 7	0.851 0	0.715 6	0.911 7	0.768 3	1.070
1318	2017-08-10	1.084 1	0.851 0	0.783 0	0.911 7	0.768 3	1.043
1319	2017-08-11	1.182 7	0.851 0	0.783 0	0.834 1	0.768 3	1.047
1320	2017-08-12	1.084 1	0.895 9	0.783 0	0.916 1	0.799 0	1.067
1321	2017-08-13	1.182 7	0.866 1	0.715 6	0.911 7	0.799 0	1.082
1322	2017-08-14	1.084 1	0.851 0	0.715 6	1.138 9	0.799 0	1.116

序号	日期	PM$_{2.5}$气象污染分指数					PM$_{2.5}$气象污染综合指数
		平均相对湿度	边界层厚度	平均气温	平均风速	平均本站气压	
1323	2017-08-15	1.084 1	0.844 9	0.715 6	1.138 9	0.799 0	1.114
1324	2017-08-16	1.182 7	0.895 9	0.715 6	0.973 0	0.799 0	1.111
1325	2017-08-17	1.118 8	0.866 1	0.715 6	1.406 0	0.785 7	1.207
1326	2017-08-18	1.084 1	0.844 9	0.715 6	1.138 9	0.785 7	1.111
1327	2017-08-19	1.182 7	0.866 1	0.715 6	1.138 9	0.785 7	1.146
1328	2017-08-20	1.084 1	0.844 9	0.783 0	1.138 9	0.799 0	1.114
1329	2017-08-21	1.084 1	0.866 1	0.783 0	1.118 6	0.799 0	1.116
1330	2017-08-22	1.182 7	0.997 7	0.783 0	1.138 9	0.785 7	1.194
1331	2017-08-23	1.084 1	1.011 4	0.783 0	1.046 4	0.799 0	1.148
1332	2017-08-24	1.110 6	0.866 1	0.783 0	0.916 1	0.785 7	1.061
1333	2017-08-25	0.931 8	0.851 0	0.783 0	1.406 0	0.901 9	1.175
1334	2017-08-26	1.047 2	0.866 1	0.715 6	1.118 6	1.057 6	1.163
1335	2017-08-27	1.182 7	1.634 3	0.748 5	0.973 0	1.057 6	1.437
1336	2017-08-28	1.084 1	0.895 9	0.748 5	0.973 0	1.057 6	1.141
1337	2017-08-29	1.047 2	0.837 3	0.731 0	0.916 1	1.146 1	1.112
1338	2017-08-30	1.114 8	0.866 1	0.748 5	0.727 0	1.057 6	1.066
1339	2017-08-31	1.182 7	0.895 9	0.748 5	0.911 7	1.057 6	1.150
1340	2017-09-01	1.182 7	0.895 9	0.748 5	1.138 9	0.901 9	1.182
1341	2017-09-02	1.084 1	0.851 0	0.731 0	0.973 0	0.901 9	1.090
1342	2017-09-03	1.084 1	0.851 0	0.731 0	1.406 0	0.901 9	1.217
1343	2017-09-04	1.084 1	0.844 9	0.731 0	0.911 7	0.901 9	1.070
1344	2017-09-05	1.118 8	0.844 9	0.715 6	1.046 4	0.785 7	1.094
1345	2017-09-06	1.114 8	0.837 3	0.715 6	1.138 9	0.785 7	1.117
1346	2017-09-07	1.084 1	1.011 4	0.715 6	0.911 7	0.799 0	1.108
1347	2017-09-08	1.182 7	1.011 4	0.715 6	0.973 0	0.785 7	1.150
1348	2017-09-09	1.118 8	0.844 9	0.783 0	0.911 7	0.785 7	1.054
1349	2017-09-10	1.118 8	0.895 9	0.731 0	0.911 7	0.901 9	1.098
1350	2017-09-11	1.118 8	0.851 0	0.731 0	0.911 7	0.901 9	1.082
1351	2017-09-12	1.118 8	0.866 1	0.731 0	1.046 4	1.057 6	1.161
1352	2017-09-13	1.114 8	0.844 9	0.715 6	0.973 0	1.146 1	1.150
1353	2017-09-14	1.110 6	0.844 9	0.731 0	0.916 1	1.146 1	1.132
1354	2017-09-15	1.114 8	0.997 7	0.731 0	1.406 0	1.057 6	1.313
1355	2017-09-16	1.084 1	1.011 4	0.731 0	1.406 0	0.901 9	1.275
1356	2017-09-17	1.027 2	0.844 9	0.731 0	0.973 0	0.901 9	1.072
1357	2017-09-18	1.047 2	1.011 4	0.731 0	1.046 4	0.799 0	1.137
1358	2017-09-19	0.784 3	0.837 3	0.715 6	1.046 4	0.785 7	0.999
1359	2017-09-20	1.027 2	0.851 0	0.731 0	1.046 4	1.057 6	1.130

序号	日期	PM$_{2.5}$气象污染分指数					PM$_{2.5}$气象污染综合指数
		平均相对湿度	边界层厚度	平均气温	平均风速	平均本站气压	
1360	2017-09-21	1.110 6	0.837 3	0.731 0	0.727 0	0.785 7	0.995
1361	2017-09-22	1.047 2	0.837 3	0.748 5	0.847 3	0.785 7	1.013
1362	2017-09-23	1.110 6	0.844 9	0.731 0	0.911 7	0.901 9	1.077
1363	2017-09-24	1.118 8	0.895 9	0.731 0	1.046 4	0.785 7	1.112
1364	2017-09-25	1.084 1	0.851 0	0.715 6	1.138 9	0.901 9	1.139
1365	2017-09-26	1.114 8	0.851 0	0.748 5	0.834 1	0.901 9	1.058
1366	2017-09-27	1.047 2	0.851 0	0.748 5	0.916 1	1.057 6	1.098
1367	2017-09-28	0.611 8	0.837 3	0.979 9	0.834 1	1.057 6	0.949
1368	2017-09-29	1.027 2	0.997 7	0.979 9	0.916 1	0.901 9	1.111
1369	2017-09-30	1.114 8	0.851 0	0.748 5	0.834 1	1.057 6	1.092
1370	2017-10-01	1.110 6	0.851 0	0.748 5	1.138 9	0.901 9	1.146
1371	2017-10-02	0.931 8	0.844 9	0.979 9	0.727 0	1.214 2	1.043
1372	2017-10-03	1.027 2	0.851 0	0.979 9	1.138 9	1.165 0	1.181
1373	2017-10-04	1.110 6	0.844 9	1.032 4	0.973 0	1.165 0	1.153
1374	2017-10-05	1.110 6	0.844 9	0.979 9	0.916 1	1.214 2	1.147
1375	2017-10-06	1.114 8	0.866 1	0.979 9	0.911 7	1.146 1	1.140
1376	2017-10-07	1.182 7	1.634 3	0.979 9	0.973 0	1.146 1	1.456
1377	2017-10-08	1.182 7	1.634 3	0.979 9	1.406 0	1.214 2	1.598
1378	2017-10-09	1.182 7	1.634 3	1.032 4	0.847 3	1.214 2	1.434
1379	2017-10-10	1.182 7	1.301 8	1.008 3	0.834 1	1.165 0	1.299
1380	2017-10-11	1.182 7	0.866 1	1.008 3	1.406 0	1.165 0	1.308
1381	2017-10-12	1.118 8	0.895 9	1.032 4	1.118 6	1.224 1	1.230
1382	2017-10-13	1.182 7	0.895 9	1.032 4	1.118 6	1.214 2	1.245
1383	2017-10-14	1.118 8	0.866 1	1.032 4	0.911 7	1.165 0	1.145
1384	2017-10-15	1.182 7	1.301 8	1.032 4	1.406 0	1.165 0	1.466
1385	2017-10-16	1.182 7	0.895 9	1.032 4	0.911 7	0.941 7	1.124
1386	2017-10-17	1.182 7	1.011 4	1.032 4	1.406 0	1.165 0	1.360
1387	2017-10-18	1.182 7	1.634 3	1.032 4	1.406 0	1.224 1	1.600
1388	2017-10-19	1.182 7	1.634 3	1.032 4	1.406 0	1.214 2	1.598
1389	2017-10-20	1.182 7	1.301 8	1.032 4	1.046 4	1.146 1	1.357
1390	2017-10-21	1.084 1	1.011 4	1.032 4	0.973 0	1.214 2	1.217
1391	2017-10-22	1.047 2	0.866 1	1.032 4	1.138 9	1.224 1	1.205
1392	2017-10-23	1.047 2	0.866 1	1.032 4	1.138 9	1.224 1	1.205
1393	2017-10-24	1.114 8	1.301 8	1.032 4	1.138 9	1.165 0	1.369
1394	2017-10-25	1.118 8	1.634 3	1.032 4	1.118 6	1.224 1	1.498
1395	2017-10-26	1.182 7	1.301 8	1.032 4	1.406 0	1.146 1	1.462
1396	2017-10-27	1.182 7	1.634 3	1.032 4	1.138 9	1.146 1	1.505

序号	日期	PM$_{2.5}$气象污染分指数					PM$_{2.5}$气象污染综合指数
		平均相对湿度	边界层厚度	平均气温	平均风速	平均本站气压	
1397	2017-10-28	1.110 6	0.844 9	1.032 4	0.727 0	1.224 1	1.094
1398	2017-10-29	0.611 8	0.851 0	1.008 3	0.727 0	0.941 7	0.898
1399	2017-10-30	0.931 8	0.997 7	1.008 3	0.973 0	1.165 0	1.160
1400	2017-10-31	1.047 2	1.301 8	1.008 3	0.911 7	1.214 2	1.295
1401	2017-11-01	1.110 6	0.997 7	1.032 4	1.118 6	1.146 1	1.247
1402	2017-11-02	1.084 1	0.895 9	1.032 4	0.973 0	1.057 6	1.141
1403	2017-11-03	1.047 2	0.837 3	1.008 3	0.973 0	0.941 7	1.084
1404	2017-11-04	1.047 2	0.997 7	1.008 3	1.046 4	0.941 7	1.164
1405	2017-11-05	1.027 2	1.011 4	1.008 3	0.834 1	1.224 1	1.163
1406	2017-11-06	1.114 8	1.301 8	1.008 3	1.118 6	1.146 1	1.359
1407	2017-11-07	1.047 2	0.895 9	1.032 4	0.911 7	1.146 1	1.132
1408	2017-11-08	0.931 8	1.011 4	1.008 3	0.916 1	1.224 1	1.161
1409	2017-11-09	1.084 1	1.011 4	1.008 3	0.911 7	1.146 1	1.184
1410	2017-11-10	0.784 3	0.784 2	1.008 3	0.727 0	1.224 1	0.983
1411	2017-11-11	0.931 8	0.997 7	1.323 0	1.138 9	1.165 0	1.208
1412	2017-11-12	1.110 6	1.301 8	1.323 0	1.046 4	1.146 1	1.337
1413	2017-11-13	1.027 2	0.837 3	1.323 0	0.911 7	1.146 1	1.105
1414	2017-11-14	0.611 8	0.866 1	1.323 0	1.046 4	1.224 1	1.059
1415	2017-11-15	0.611 8	0.997 7	1.353 1	0.973 0	1.224 1	1.085
1416	2017-11-16	1.047 2	1.634 3	1.323 0	1.406 0	1.214 2	1.561
1417	2017-11-17	0.931 8	0.851 0	1.323 0	0.727 0	1.224 1	1.047
1418	2017-11-18	0.611 8	0.844 9	1.353 1	0.727 0	0.941 7	0.895
1419	2017-11-19	0.931 8	1.634 3	1.353 1	1.406 0	1.165 0	1.518
1420	2017-11-20	1.027 2	1.634 3	1.353 1	1.406 0	1.165 0	1.545
1421	2017-11-21	1.114 8	0.997 7	1.323 0	0.911 7	1.214 2	1.203
1422	2017-11-22	0.611 8	0.837 3	1.323 0	0.834 1	1.224 1	0.986
1423	2017-11-23	0.611 8	0.851 0	1.353 1	0.727 0	1.224 1	0.960
1424	2017-11-24	0.611 8	0.844 9	1.353 1	0.834 1	1.224 1	0.989
1425	2017-11-25	0.931 8	1.634 3	1.323 0	1.118 6	1.146 1	1.430
1426	2017-11-26	0.611 8	0.866 1	1.353 1	0.727 0	0.941 7	0.903
1427	2017-11-27	1.118 8	1.301 8	1.353 1	0.973 0	1.214 2	1.333
1428	2017-11-28	1.027 2	1.011 4	1.353 1	0.727 0	1.224 1	1.132
1429	2017-11-29	0.611 8	0.997 7	1.355 6	1.406 0	0.941 7	1.150
1430	2017-11-30	0.611 8	0.997 7	1.355 6	1.046 4	0.941 7	1.045
1431	2017-12-01	0.784 3	1.301 8	1.353 1	1.046 4	0.941 7	1.202
1432	2017-12-02	1.118 8	1.634 3	1.355 6	1.118 6	1.224 1	1.498
1433	2017-12-03	1.114 8	1.011 4	1.355 6	1.138 9	1.165 0	1.264

续表

序号	日期	PM$_{2.5}$气象污染分指数					PM$_{2.5}$气象污染综合指数
		平均相对湿度	边界层厚度	平均气温	平均风速	平均本站气压	
1434	2017-12-04	0.611 8	0.851 0	1.355 6	0.727 0	0.941 7	0.898
1435	2017-12-05	0.784 3	1.301 8	1.355 6	1.046 4	1.224 1	1.265
1436	2017-12-06	0.784 3	1.301 8	1.353 1	1.118 6	1.214 2	1.284
1437	2017-12-07	0.611 8	0.851 0	1.353 1	0.727 0	0.941 7	0.898
1438	2017-12-08	0.611 8	1.301 8	1.353 1	0.916 1	1.165 0	1.166
1439	2017-12-09	0.931 8	1.634 3	1.353 1	1.138 9	1.057 6	1.417
1440	2017-12-10	0.611 8	0.851 0	1.323 0	0.727 0	1.214 2	0.958
1441	2017-12-11	0.611 8	0.866 1	1.355 6	0.847 3	0.941 7	0.938
1442	2017-12-12	0.611 8	0.997 7	1.355 6	1.406 0	0.941 7	1.150
1443	2017-12-13	1.027 2	1.634 3	1.355 6	1.406 0	0.941 7	1.495
1444	2017-12-14	1.110 6	1.634 3	1.355 6	1.406 0	0.941 7	1.518
1445	2017-12-15	1.110 6	1.011 4	1.355 6	0.834 1	0.941 7	1.124
1446	2017-12-16	0.611 8	0.851 0	1.355 6	0.727 0	0.941 7	0.898
1447	2017-12-17	0.611 8	1.634 3	1.355 6	0.973 0	0.941 7	1.255
1448	2017-12-18	0.611 8	0.997 7	1.353 1	0.727 0	0.941 7	0.951
1449	2017-12-19	0.611 8	1.301 8	1.355 6	0.727 0	0.941 7	1.062
1450	2017-12-20	0.784 3	1.301 8	1.353 1	0.916 1	0.941 7	1.164
1451	2017-12-21	0.931 8	1.634 3	1.353 1	1.046 4	1.165 0	1.413
1452	2017-12-22	0.784 3	1.634 3	1.323 0	0.911 7	1.224 1	1.346
1453	2017-12-23	1.027 2	1.634 3	1.353 1	1.406 0	1.214 2	1.555
1454	2017-12-24	0.611 8	0.844 9	1.323 0	0.727 0	1.224 1	0.957
1455	2017-12-25	0.611 8	1.634 3	1.355 6	1.406 0	1.165 0	1.431
1456	2017-12-26	1.047 2	0.895 9	1.355 6	0.911 7	0.941 7	1.087
1457	2017-12-27	1.118 8	1.634 3	1.355 6	1.046 4	1.165 0	1.464
1458	2017-12-28	1.182 7	1.634 3	1.355 6	1.118 6	1.165 0	1.503
1459	2017-12-29	1.182 7	1.634 3	1.353 1	1.118 6	0.941 7	1.454
1460	2017-12-30	1.084 1	0.997 7	1.353 1	1.118 6	0.941 7	1.195
1461	2017-12-31	1.110 6	1.634 3	1.355 6	1.406 0	1.165 0	1.567
1462	2018-01-01	1.110 6	1.301 8	1.355 6	1.118 6	1.165 0	1.362
1463	2018-01-02	1.047 2	1.011 4	1.355 6	1.406 0	0.941 7	1.274
1464	2018-01-03	0.611 8	1.011 4	1.355 6	0.727 0	0.941 7	0.956
1465	2018-01-04	0.611 8	0.997 7	1.355 6	0.911 7	0.941 7	1.005
1466	2018-01-05	0.784 3	1.634 3	1.355 6	1.406 0	1.165 0	1.478
1467	2018-01-06	0.784 3	1.634 3	1.355 6	1.406 0	1.165 0	1.478
1468	2018-01-07	1.047 2	1.634 3	1.355 6	1.138 9	1.214 2	1.483
1469	2018-01-08	0.611 8	0.784 2	1.355 6	0.727 0	1.146 1	0.918
1470	2018-01-09	0.611 8	0.784 2	1.355 6	0.727 0	1.214 2	0.933

序号	日期	PM$_{2.5}$气象污染分指数					PM$_{2.5}$气象污染综合指数
		平均相对湿度	边界层厚度	平均气温	平均风速	平均本站气压	
1471	2018-01-10	0.611 8	0.784 2	1.355 6	0.727 0	1.165 0	0.922
1472	2018-01-11	0.611 8	0.851 0	1.355 6	0.727 0	0.941 7	0.898
1473	2018-01-12	0.611 8	1.634 3	1.355 6	0.847 3	0.941 7	1.218
1474	2018-01-13	1.027 2	1.634 3	1.355 6	0.973 0	1.165 0	1.418
1475	2018-01-14	1.047 2	1.634 3	1.353 1	1.046 4	1.214 2	1.456
1476	2018-01-15	1.114 8	1.301 8	1.355 6	1.046 4	1.224 1	1.355
1477	2018-01-16	1.047 2	1.301 8	1.355 6	0.973 0	1.146 1	1.298
1478	2018-01-17	1.110 6	1.634 3	1.355 6	1.406 0	1.146 1	1.563
1479	2018-01-18	0.931 8	1.634 3	1.355 6	0.973 0	1.224 1	1.405
1480	2018-01-19	1.027 2	1.634 3	1.355 6	1.406 0	1.214 2	1.555
1481	2018-01-20	1.027 2	1.011 4	1.353 1	0.727 0	1.224 1	1.132
1482	2018-01-21	1.110 6	1.011 4	1.355 6	0.847 3	1.224 1	1.190
1483	2018-01-22	1.182 7	0.895 9	1.355 6	0.973 0	1.224 1	1.205
1484	2018-01-23	0.611 8	0.844 9	1.355 6	0.834 1	0.941 7	0.927
1485	2018-01-24	0.931 8	0.997 7	1.355 6	1.406 0	0.941 7	1.238
1486	2018-01-25	0.784 3	0.895 9	1.355 6	1.046 4	0.941 7	1.055
1487	2018-01-26	1.047 2	1.301 8	1.355 6	1.406 0	0.941 7	1.380
1488	2018-01-27	1.114 8	1.301 8	1.355 6	1.138 9	0.941 7	1.320
1489	2018-01-28	0.784 3	0.866 1	1.355 6	0.727 0	0.941 7	0.950
1490	2018-01-29	0.611 8	1.011 4	1.355 6	0.834 1	0.941 7	0.987
1491	2018-01-30	0.784 3	1.634 3	1.355 6	1.406 0	1.165 0	1.478
1492	2018-01-31	0.611 8	1.301 8	1.355 6	0.973 0	0.941 7	1.134
1493	2018-02-01	0.784 3	1.301 8	1.355 6	1.138 9	1.165 0	1.279
1494	2018-02-02	0.611 8	0.837 3	1.355 6	0.727 0	0.941 7	0.893
1495	2018-02-03	0.611 8	0.844 9	1.355 6	0.847 3	0.941 7	0.931
1496	2018-02-04	0.611 8	1.011 4	1.355 6	0.973 0	0.941 7	1.028
1497	2018-02-05	0.611 8	0.851 0	1.355 6	0.727 0	0.941 7	0.898
1498	2018-02-06	0.611 8	1.301 8	1.355 6	1.406 0	0.941 7	1.261
1499	2018-02-07	0.784 3	0.844 9	1.355 6	0.727 0	1.224 1	1.005
1500	2018-02-08	1.047 2	0.997 7	1.355 6	0.916 1	1.214 2	1.186
1501	2018-02-09	0.611 8	0.844 9	1.355 6	0.727 0	1.214 2	0.955
1502	2018-02-10	0.611 8	0.837 3	1.355 6	0.834 1	0.941 7	0.924
1503	2018-02-11	0.611 8	0.784 2	1.355 6	0.847 3	1.165 0	0.958
1504	2018-02-12	0.611 8	1.011 4	1.355 6	0.847 3	1.224 1	1.053
1505	2018-02-13	0.611 8	1.634 3	1.323 0	0.834 1	0.901 9	1.205
1506	2018-02-14	0.611 8	0.866 1	1.353 1	0.727 0	1.146 1	0.948
1507	2018-02-15	1.047 2	1.011 4	1.355 6	1.406 0	1.224 1	1.336

序号	日期	PM₂．₅气象污染分指数					PM₂．₅气象污染综合指数
		平均相对湿度	边界层厚度	平均气温	平均风速	平均本站气压	
1508	2018-02-16	0.611 8	0.895 9	1.353 1	0.834 1	1.214 2	1.005
1509	2018-02-17	1.110 6	1.634 3	1.355 6	0.973 0	1.224 1	1.454
1510	2018-02-18	1.110 6	1.301 8	1.323 0	1.406 0	1.224 1	1.459
1511	2018-02-19	1.182 7	1.301 8	1.353 1	0.973 0	1.224 1	1.352
1512	2018-02-20	1.114 8	0.851 0	1.353 1	1.138 9	1.165 0	1.205
1513	2018-02-21	0.784 3	0.866 1	1.353 1	1.138 9	1.224 1	1.133
1514	2018-02-22	0.784 3	0.851 0	1.353 1	1.046 4	1.146 1	1.083
1515	2018-02-23	0.931 8	0.895 9	1.323 0	0.727 0	1.146 1	1.047
1516	2018-02-24	0.784 3	0.851 0	1.355 6	0.727 0	0.941 7	0.945
1517	2018-02-25	1.047 2	0.997 7	1.355 6	0.916 1	1.224 1	1.188
1518	2018-02-26	1.114 8	1.301 8	1.323 0	1.406 0	1.146 1	1.443
1519	2018-02-27	1.114 8	0.997 7	1.323 0	0.727 0	1.214 2	1.149
1520	2018-02-28	1.027 2	0.895 9	1.323 0	1.118 6	0.901 9	1.134
1521	2018-03-01	0.611 8	0.784 2	1.323 0	0.727 0	1.146 1	0.918
1522	2018-03-02	0.931 8	0.895 9	1.323 0	0.834 1	0.901 9	1.024
1523	2018-03-03	1.084 1	1.011 4	1.008 3	0.847 3	0.799 0	1.089
1524	2018-03-04	1.027 2	0.866 1	1.323 0	0.727 0	1.146 1	1.062
1525	2018-03-05	1.027 2	0.866 1	1.353 1	0.847 3	0.941 7	1.052
1526	2018-03-06	1.047 2	0.895 9	1.353 1	0.727 0	0.941 7	1.033
1527	2018-03-07	1.110 6	1.011 4	1.353 1	0.911 7	1.165 0	1.196
1528	2018-03-08	1.027 2	0.851 0	1.353 1	0.916 1	0.941 7	1.067
1529	2018-03-09	0.931 8	1.011 4	1.323 0	0.727 0	1.224 1	1.106
1530	2018-03-10	1.047 2	1.301 8	1.323 0	0.834 1	1.214 2	1.272
1531	2018-03-11	1.047 2	1.301 8	1.323 0	0.911 7	1.224 1	1.297
1532	2018-03-12	1.118 8	1.634 3	1.323 0	0.973 0	0.901 9	1.385
1533	2018-03-13	1.110 6	1.634 3	1.008 3	1.406 0	0.785 7	1.484
1534	2018-03-14	1.114 8	1.301 8	1.032 4	0.911 7	0.785 7	1.219
1535	2018-03-15	1.027 2	0.784 2	1.008 3	0.727 0	1.224 1	1.049
1536	2018-03-16	1.027 2	0.895 9	1.323 0	0.911 7	0.941 7	1.082
1537	2018-03-17	1.118 8	1.301 8	1.323 0	1.138 9	1.224 1	1.383
1538	2018-03-18	1.084 1	1.301 8	1.323 0	1.406 0	1.224 1	1.452
1539	2018-03-19	1.114 8	0.851 0	1.323 0	1.138 9	1.224 1	1.218
1540	2018-03-20	0.784 3	0.851 0	1.323 0	0.916 1	0.941 7	1.000
1541	2018-03-21	0.784 3	0.895 9	1.323 0	1.406 0	1.214 2	1.220
1542	2018-03-22	0.784 3	0.997 7	1.008 3	0.973 0	1.057 6	1.096
1543	2018-03-23	0.931 8	0.997 7	1.032 4	0.973 0	1.057 6	1.136
1544	2018-03-24	0.931 8	0.866 1	1.032 4	0.911 7	1.214 2	1.105

续表

序号	日期	PM$_{2.5}$气象污染分指数					PM$_{2.5}$气象污染综合指数
		平均相对湿度	边界层厚度	平均气温	平均风速	平均本站气压	
1545	2018-03-25	0.611 8	0.895 9	0.979 9	0.834 1	1.146 1	0.990
1546	2018-03-26	0.931 8	0.866 1	0.979 9	0.727 0	0.901 9	0.982
1547	2018-03-27	1.027 2	0.844 9	0.748 5	0.727 0	0.799 0	0.978
1548	2018-03-28	0.931 8	1.011 4	0.979 9	0.727 0	0.901 9	1.035
1549	2018-03-29	0.611 8	0.895 9	1.032 4	0.727 0	1.224 1	0.976
1550	2018-03-30	0.611 8	1.301 8	1.032 4	0.847 3	1.214 2	1.157
1551	2018-03-31	1.047 2	0.997 7	0.979 9	1.406 0	0.901 9	1.260
1552	2018-04-01	1.114 8	0.851 0	0.979 9	1.046 4	0.785 7	1.095
1553	2018-04-02	1.110 6	0.844 9	0.748 5	0.916 1	0.799 0	1.056
1554	2018-04-03	0.784 3	0.784 2	1.008 3	0.727 0	1.214 2	0.980
1555	2018-04-04	1.118 8	0.837 3	1.323 0	0.847 3	1.165 0	1.116
1556	2018-04-05	1.182 7	0.844 9	1.323 0	1.118 6	1.214 2	1.226
1557	2018-04-06	0.611 8	0.784 2	1.323 0	0.727 0	1.214 2	0.933
1558	2018-04-07	0.611 8	0.837 3	1.008 3	0.727 0	1.146 1	0.938
1559	2018-04-08	0.784 3	0.851 0	1.032 4	0.727 0	0.901 9	0.936
1560	2018-04-09	0.931 8	0.895 9	0.979 9	0.847 3	0.799 0	1.005
1561	2018-04-10	0.931 8	0.784 2	0.979 9	0.727 0	0.768 3	0.923
1562	2018-04-11	0.611 8	0.784 2	0.979 9	0.916 1	0.901 9	0.920
1563	2018-04-12	0.611 8	1.301 8	0.979 9	0.727 0	1.146 1	1.107
1564	2018-04-13	1.182 7	0.997 7	1.032 4	0.973 0	1.214 2	1.239
1565	2018-04-14	0.931 8	0.784 2	1.032 4	0.727 0	1.057 6	0.986
1566	2018-04-15	0.611 8	0.784 2	0.979 9	1.138 9	1.146 1	1.039
1567	2018-04-16	0.784 3	0.837 3	0.979 9	0.727 0	1.057 6	0.965
1568	2018-04-17	0.931 8	0.851 0	0.979 9	0.727 0	0.901 9	0.976
1569	2018-04-18	1.027 2	0.851 0	0.748 5	0.847 3	0.785 7	1.012
1570	2018-04-19	1.047 2	0.997 7	0.731 0	0.727 0	0.901 9	1.062
1571	2018-04-20	1.027 2	0.851 0	0.731 0	0.834 1	0.785 7	1.008
1572	2018-04-21	1.182 7	0.997 7	0.979 9	0.911 7	0.901 9	1.153
1573	2018-04-22	1.118 8	0.997 7	1.032 4	0.727 0	1.146 1	1.135
1574	2018-04-23	1.084 1	0.866 1	1.032 4	0.916 1	1.146 1	1.133
1575	2018-04-24	0.931 8	0.837 3	0.979 9	0.973 0	1.146 1	1.097
1576	2018-04-25	0.784 3	0.784 2	0.748 5	0.911 7	1.057 6	1.000
1577	2018-04-26	1.047 2	0.844 9	0.748 5	0.911 7	0.901 9	1.060
1578	2018-04-27	0.784 3	0.866 1	0.748 5	0.834 1	1.146 1	1.027
1579	2018-04-28	1.027 2	0.866 1	0.731 0	0.911 7	0.785 7	1.037
1580	2018-04-29	1.027 2	0.851 0	0.715 6	0.911 7	0.768 3	1.027
1581	2018-04-30	1.047 2	0.895 9	0.748 5	0.727 0	0.901 9	1.024

续表

序号	日期	PM₂.₅气象污染分指数					PM₂.₅气象污染综合指数
		平均相对湿度	边界层厚度	平均气温	平均风速	平均本站气压	
1582	2018-05-01	1.114 8	0.851 0	0.979 9	0.973 0	1.057 6	1.133
1583	2018-05-02	1.047 2	0.784 2	0.979 9	0.911 7	1.057 6	1.072
1584	2018-05-03	0.611 8	0.784 2	0.979 9	0.916 1	1.057 6	0.954
1585	2018-05-04	0.931 8	0.851 0	0.748 5	0.727 0	0.785 7	0.951
1586	2018-05-05	1.027 2	0.837 3	0.748 5	0.727 0	0.799 0	0.975
1587	2018-05-06	1.047 2	0.784 2	0.748 5	0.911 7	0.785 7	1.012
1588	2018-05-07	0.931 8	0.895 9	0.748 5	0.727 0	0.901 9	0.993
1589	2018-05-08	0.784 3	0.844 9	0.979 9	0.916 1	1.146 1	1.043
1590	2018-05-09	0.931 8	0.844 9	0.748 5	1.046 4	1.146 1	1.122
1591	2018-05-10	0.931 8	0.837 3	0.748 5	0.834 1	1.057 6	1.037
1592	2018-05-11	1.110 6	0.784 2	0.748 5	0.847 3	0.901 9	1.036
1593	2018-05-12	1.118 8	0.837 3	0.748 5	0.834 1	0.799 0	1.031
1594	2018-05-13	1.114 8	0.851 0	0.748 5	0.916 1	0.768 3	1.053
1595	2018-05-14	1.047 2	0.837 3	0.783 0	0.727 0	0.768 3	0.974
1596	2018-05-15	1.118 8	0.895 9	0.715 6	0.847 3	0.768 3	1.050
1597	2018-05-16	1.182 7	0.997 7	0.731 0	1.046 4	0.768 3	1.163
1598	2018-05-17	1.114 8	0.866 1	0.748 5	0.834 1	0.768 3	1.034
1599	2018-05-18	1.047 2	0.844 9	0.731 0	1.138 9	0.785 7	1.101
1600	2018-05-19	0.931 8	0.866 1	0.731 0	0.973 0	1.057 6	1.088
1601	2018-05-20	1.182 7	0.895 9	0.979 9	1.046 4	1.057 6	1.189
1602	2018-05-21	1.084 1	1.011 4	0.979 9	0.916 1	1.057 6	1.166
1603	2018-05-22	1.110 6	0.784 2	0.748 5	0.911 7	0.901 9	1.055
1604	2018-05-23	1.110 6	0.837 3	0.748 5	0.911 7	0.901 9	1.075
1605	2018-05-24	0.931 8	0.837 3	0.715 6	0.834 1	0.768 3	0.973
1606	2018-05-25	1.110 6	0.851 0	0.715 6	0.847 3	0.768 3	1.031
1607	2018-05-26	1.118 8	0.851 0	0.715 6	0.847 3	0.799 0	1.040
1608	2018-05-27	0.611 8	0.784 2	0.783 0	0.847 3	0.799 0	0.877
1609	2018-05-28	0.611 8	0.784 2	0.715 6	0.834 1	0.799 0	0.873
1610	2018-05-29	0.611 8	0.784 2	0.715 6	1.046 4	0.785 7	0.932
1611	2018-05-30	0.784 3	0.784 2	0.715 6	1.046 4	0.901 9	1.005
1612	2018-05-31	0.784 3	0.784 2	0.783 0	1.118 6	0.901 9	1.026
1613	2018-06-01	0.611 8	0.784 2	0.783 0	0.916 1	0.901 9	0.920
1614	2018-06-02	0.784 3	0.784 2	0.783 0	0.916 1	0.785 7	0.942
1615	2018-06-03	0.931 8	0.784 2	0.715 6	0.727 0	0.785 7	0.927
1616	2018-06-04	0.784 3	0.784 2	0.783 0	0.916 1	0.799 0	0.945
1617	2018-06-05	0.611 8	0.784 2	0.783 0	0.727 0	0.768 3	0.835
1618	2018-06-06	0.611 8	0.784 2	0.783 0	0.834 1	0.768 3	0.866

续表

序号	日期	PM$_{2.5}$气象污染分指数					PM$_{2.5}$气象污染综合指数
		平均相对湿度	边界层厚度	平均气温	平均风速	平均本站气压	
1619	2018-06-07	1.114 8	0.784 2	0.715 6	0.727 0	0.785 7	0.977
1620	2018-06-08	1.047 2	0.784 2	0.715 6	0.916 1	0.785 7	1.014
1621	2018-06-09	1.182 7	1.301 8	0.748 5	0.973 0	0.785 7	1.256
1622	2018-06-10	1.182 7	0.895 9	0.979 9	1.046 4	0.768 3	1.126
1623	2018-06-11	1.182 7	0.866 1	0.748 5	0.973 0	0.768 3	1.093
1624	2018-06-12	1.114 8	0.866 1	0.715 6	0.834 1	0.768 3	1.034
1625	2018-06-13	1.182 7	0.997 7	0.748 5	1.046 4	0.768 3	1.163
1626	2018-06-14	1.114 8	0.866 1	0.731 0	0.916 1	0.768 3	1.058
1627	2018-06-15	1.118 8	1.011 4	0.731 0	0.727 0	0.785 7	1.061
1628	2018-06-16	1.118 8	0.837 3	0.715 6	1.138 9	0.799 0	1.121
1629	2018-06-17	1.182 7	0.837 3	0.731 0	0.916 1	0.799 0	1.073
1630	2018-06-18	1.084 1	0.837 3	0.715 6	0.911 7	0.768 3	1.038
1631	2018-06-19	1.118 8	0.844 9	0.715 6	0.847 3	0.768 3	1.031
1632	2018-06-20	1.110 6	0.784 2	0.783 0	1.118 6	0.768 3	1.086
1633	2018-06-21	1.047 2	1.011 4	0.783 0	0.834 1	0.768 3	1.068
1634	2018-06-22	1.110 6	0.837 3	0.783 0	1.046 4	0.768 3	1.085
1635	2018-06-23	1.027 2	0.837 3	0.783 0	0.911 7	0.768 3	1.022
1636	2018-06-24	0.931 8	0.851 0	0.783 0	0.847 3	0.768 3	0.982
1637	2018-06-25	1.114 8	0.851 0	0.783 0	0.834 1	0.768 3	1.029
1638	2018-06-26	1.084 1	0.837 3	0.783 0	0.911 7	0.768 3	1.038
1639	2018-06-27	1.027 2	0.784 2	0.783 0	0.847 3	0.768 3	0.984
1640	2018-06-28	0.784 3	0.784 2	0.783 0	0.727 0	0.768 3	0.882
1641	2018-06-29	0.784 3	0.784 2	0.783 0	0.834 1	0.768 3	0.914
1642	2018-06-30	1.027 2	0.837 3	0.783 0	0.727 0	0.768 3	0.968
1643	2018-07-01	1.118 8	0.895 9	0.783 0	0.727 0	0.799 0	1.021
1644	2018-07-02	1.084 1	0.844 9	0.783 0	0.834 1	0.768 3	1.018
1645	2018-07-03	1.084 1	0.895 9	0.783 0	0.916 1	0.768 3	1.061
1646	2018-07-04	1.114 8	0.784 2	0.783 0	0.911 7	0.768 3	1.027
1647	2018-07-05	1.047 2	0.837 3	0.783 0	1.138 9	0.768 3	1.094
1648	2018-07-06	1.114 8	0.895 9	0.783 0	0.847 3	0.799 0	1.056
1649	2018-07-07	1.182 7	0.844 9	0.783 0	0.834 1	0.799 0	1.052
1650	2018-07-08	1.182 7	0.844 9	0.715 6	0.973 0	0.799 0	1.092
1651	2018-07-09	1.182 7	0.895 9	0.715 6	0.916 1	0.785 7	1.091
1652	2018-07-10	1.182 7	0.851 0	0.715 6	0.973 0	0.901 9	1.117
1653	2018-07-11	1.182 7	0.895 9	0.731 0	0.911 7	0.785 7	1.090
1654	2018-07-12	1.182 7	0.895 9	0.715 6	1.138 9	0.799 0	1.160
1655	2018-07-13	1.182 7	1.301 8	0.715 6	0.973 0	0.768 3	1.252

序号	日期	PM~2.5~ 气象污染分指数					PM~2.5~ 气象污染综合指数
		平均相对湿度	边界层厚度	平均气温	平均风速	平均本站气压	
1656	2018-07-14	1.182 7	0.895 9	0.783 0	1.406 0	0.768 3	1.231
1657	2018-07-15	1.182 7	0.844 9	0.783 0	0.911 7	0.768 3	1.068
1658	2018-07-16	1.182 7	0.997 7	0.783 0	0.834 1	0.768 3	1.101
1659	2018-07-17	1.182 7	1.301 8	0.783 0	0.911 7	0.768 3	1.234
1660	2018-07-18	1.182 7	0.895 9	0.783 0	0.911 7	0.768 3	1.086
1661	2018-07-19	1.182 7	1.011 4	0.783 0	0.847 3	0.768 3	1.109
1662	2018-07-20	1.118 8	0.851 0	0.783 0	0.727 0	0.768 3	0.998
1663	2018-07-21	1.118 8	0.851 0	0.783 0	0.727 0	0.768 3	0.998
1664	2018-07-22	1.084 1	0.844 9	0.783 0	0.916 1	0.799 0	1.049
1665	2018-07-23	1.084 1	0.844 9	0.783 0	0.847 3	0.799 0	1.029
1666	2018-07-24	1.182 7	1.011 4	0.783 0	0.727 0	0.768 3	1.074
1667	2018-07-25	1.182 7	1.011 4	0.783 0	0.911 7	0.768 3	1.128
1668	2018-07-26	1.182 7	0.851 0	0.783 0	0.911 7	0.799 0	1.077
1669	2018-07-27	1.182 7	0.866 1	0.783 0	0.916 1	0.785 7	1.081
1670	2018-07-28	1.182 7	0.895 9	0.783 0	0.911 7	0.799 0	1.093
1671	2018-07-29	1.182 7	0.866 1	0.783 0	1.138 9	0.799 0	1.149
1672	2018-07-30	1.084 1	0.895 9	0.783 0	1.046 4	0.768 3	1.099
1673	2018-07-31	1.182 7	0.851 0	0.783 0	1.406 0	0.799 0	1.222
1674	2018-08-01	1.182 7	0.851 0	0.783 0	1.406 0	0.799 0	1.222
1675	2018-08-02	1.084 1	0.866 1	0.783 0	1.118 6	0.799 0	1.116
1676	2018-08-03	1.114 8	0.866 1	0.783 0	1.138 9	0.799 0	1.130
1677	2018-08-04	1.118 8	0.844 9	0.783 0	0.911 7	0.768 3	1.050
1678	2018-08-05	1.182 7	0.844 9	0.783 0	0.847 3	0.799 0	1.056
1679	2018-08-06	1.182 7	0.895 9	0.783 0	0.916 1	0.799 0	1.094
1680	2018-08-07	1.182 7	0.997 7	0.783 0	1.046 4	0.768 3	1.163
1681	2018-08-08	1.182 7	0.997 7	0.715 6	0.973 0	0.799 0	1.148
1682	2018-08-09	1.182 7	1.011 4	0.783 0	1.406 0	0.799 0	1.280
1683	2018-08-10	1.182 7	1.011 4	0.783 0	1.406 0	0.799 0	1.280
1684	2018-08-11	1.182 7	0.997 7	0.783 0	0.973 0	0.768 3	1.141
1685	2018-08-12	1.182 7	0.895 9	0.783 0	1.046 4	0.768 3	1.126
1686	2018-08-13	1.182 7	0.866 1	0.783 0	1.406 0	0.768 3	1.220
1687	2018-08-14	1.182 7	1.634 3	0.715 6	0.911 7	0.768 3	1.355
1688	2018-08-15	1.084 1	0.837 3	0.783 0	0.727 0	0.785 7	0.988
1689	2018-08-16	1.114 8	0.851 0	0.783 0	0.847 3	0.901 9	1.062
1690	2018-08-17	1.114 8	1.011 4	0.783 0	1.118 6	0.901 9	1.200
1691	2018-08-18	1.182 7	1.011 4	0.715 6	0.911 7	0.785 7	1.132
1692	2018-08-19	1.182 7	1.301 8	0.715 6	0.911 7	0.785 7	1.238

序号	日期	PM₂.₅气象污染分指数					PM₂.₅气象污染综合指数
		平均相对湿度	边界层厚度	平均气温	平均风速	平均本站气压	
1693	2018-08-20	1.182 7	0.844 9	0.715 6	0.847 3	0.768 3	1.049
1694	2018-08-21	1.114 8	0.844 9	0.783 0	0.916 1	0.768 3	1.050
1695	2018-08-22	1.182 7	1.301 8	0.715 6	1.406 0	0.785 7	1.383
1696	2018-08-23	1.084 1	0.844 9	0.715 6	1.118 6	0.799 0	1.108
1697	2018-08-24	1.114 8	0.851 0	0.715 6	1.138 9	0.799 0	1.125
1698	2018-08-25	1.114 8	0.866 1	0.783 0	0.911 7	0.785 7	1.061
1699	2018-08-26	1.118 8	0.866 1	0.783 0	0.911 7	0.785 7	1.062
1700	2018-08-27	1.114 8	0.895 9	0.783 0	0.916 1	0.901 9	1.098
1701	2018-08-28	1.182 7	0.866 1	0.783 0	1.118 6	0.785 7	1.140
1702	2018-08-29	1.118 8	0.844 9	0.783 0	0.916 1	0.785 7	1.055
1703	2018-08-30	1.182 7	1.634 3	0.731 0	0.916 1	0.901 9	1.386
1704	2018-08-31	1.084 1	0.866 1	0.731 0	1.138 9	0.901 9	1.144
1705	2018-09-01	1.084 1	0.866 1	0.715 6	0.911 7	0.901 9	1.078
1706	2018-09-02	1.182 7	0.895 9	0.731 0	0.911 7	0.768 3	1.086
1707	2018-09-03	1.118 8	0.851 0	0.715 6	0.847 3	0.768 3	1.034
1708	2018-09-04	0.931 8	0.851 0	0.715 6	0.834 1	0.768 3	0.978
1709	2018-09-05	1.027 2	0.844 9	0.715 6	1.138 9	0.768 3	1.092
1710	2018-09-06	0.931 8	0.784 2	0.715 6	0.727 0	0.768 3	0.923
1711	2018-09-07	0.931 8	0.837 3	0.731 0	0.847 3	0.901 9	1.007
1712	2018-09-08	1.027 2	0.837 3	0.748 5	0.973 0	1.057 6	1.104
1713	2018-09-09	1.118 8	0.851 0	0.748 5	0.973 0	1.146 1	1.154
1714	2018-09-10	1.110 6	0.837 3	0.731 0	0.973 0	1.146 1	1.146
1715	2018-09-11	1.110 6	0.837 3	0.731 0	0.916 1	1.057 6	1.110
1716	2018-09-12	1.110 6	0.866 1	0.731 0	0.916 1	1.057 6	1.121
1717	2018-09-13	1.114 8	0.895 9	0.731 0	1.118 6	1.057 6	1.192
1718	2018-09-14	1.084 1	0.844 9	0.731 0	1.118 6	1.057 6	1.165
1719	2018-09-15	1.047 2	1.011 4	0.748 5	0.847 3	1.146 1	1.155
1720	2018-09-16	0.931 8	0.866 1	0.748 5	0.911 7	1.146 1	1.090
1721	2018-09-17	1.047 2	0.997 7	0.748 5	1.118 6	1.146 1	1.230
1722	2018-09-18	1.118 8	0.997 7	0.748 5	0.973 0	1.146 1	1.207
1723	2018-09-19	1.182 7	1.301 8	0.748 5	1.406 0	1.057 6	1.443
1724	2018-09-20	1.182 7	1.301 8	0.748 5	1.406 0	0.901 9	1.408
1725	2018-09-21	1.027 2	0.837 3	0.748 5	0.847 3	0.901 9	1.033
1726	2018-09-22	0.784 3	0.837 3	0.979 9	1.406 0	1.057 6	1.164
1727	2018-09-23	0.784 3	0.837 3	0.979 9	0.847 3	1.146 1	1.020
1728	2018-09-24	0.931 8	0.844 9	0.979 9	0.911 7	1.214 2	1.097
1729	2018-09-25	1.118 8	0.851 0	0.979 9	1.406 0	1.214 2	1.295

续表

序号	日期	PM$_{2.5}$气象污染分指数					PM$_{2.5}$气象污染综合指数
		平均相对湿度	边界层厚度	平均气温	平均风速	平均本站气压	
1730	2018-09-26	1.110 6	0.851 0	0.979 9	1.406 0	1.214 2	1.293
1731	2018-09-27	1.118 8	0.851 0	0.979 9	0.916 1	1.146 1	1.137
1732	2018-09-28	1.118 8	0.844 9	0.979 9	0.911 7	1.057 6	1.114
1733	2018-09-29	1.027 2	0.866 1	0.979 9	0.834 1	1.057 6	1.074
1734	2018-09-30	0.931 8	0.784 2	0.979 9	0.727 0	0.901 9	0.952
1735	2018-10-01	0.931 8	0.837 3	0.979 9	0.834 1	1.057 6	1.037
1736	2018-10-02	0.931 8	0.851 0	0.979 9	1.046 4	1.146 1	1.124
1737	2018-10-03	1.047 2	0.866 1	0.979 9	1.138 9	1.214 2	1.203
1738	2018-10-04	1.047 2	0.895 9	0.748 5	0.916 1	1.214 2	1.149
1739	2018-10-05	1.114 8	0.997 7	0.748 5	1.406 0	1.146 1	1.333
1740	2018-10-06	0.931 8	0.844 9	0.979 9	0.727 0	1.146 1	1.028
1741	2018-10-07	0.784 3	0.844 9	1.032 4	1.118 6	1.214 2	1.117
1742	2018-10-08	0.931 8	0.866 1	0.979 9	1.118 6	1.146 1	1.150
1743	2018-10-09	0.784 3	0.784 2	1.032 4	0.727 0	1.214 2	0.980
1744	2018-10-10	0.784 3	0.837 3	1.008 3	1.138 9	1.224 1	1.123
1745	2018-10-11	0.784 3	0.844 9	1.032 4	0.973 0	1.165 0	1.064
1746	2018-10-12	1.027 2	1.011 4	1.032 4	1.046 4	1.165 0	1.212
1747	2018-10-13	1.047 2	1.011 4	1.032 4	0.973 0	1.214 2	1.207
1748	2018-10-14	1.110 6	0.997 7	1.032 4	1.046 4	1.214 2	1.241
1749	2018-10-15	1.114 8	1.011 4	0.979 9	1.046 4	1.214 2	1.247
1750	2018-10-16	1.182 7	1.011 4	1.032 4	0.973 0	1.214 2	1.244
1751	2018-10-17	1.114 8	0.851 0	1.032 4	1.138 9	1.224 1	1.218
1752	2018-10-18	1.114 8	1.011 4	1.032 4	1.406 0	1.165 0	1.342
1753	2018-10-19	1.027 2	0.997 7	1.032 4	1.406 0	1.165 0	1.313
1754	2018-10-20	1.114 8	1.011 4	1.032 4	1.406 0	1.165 0	1.342
1755	2018-10-21	1.114 8	1.011 4	1.032 4	1.118 6	1.214 2	1.268
1756	2018-10-22	1.084 1	0.866 1	1.032 4	0.911 7	1.146 1	1.132
1757	2018-10-23	0.611 8	0.866 1	1.032 4	0.911 7	1.146 1	1.002
1758	2018-10-24	1.027 2	1.301 8	1.032 4	1.046 4	1.057 6	1.295
1759	2018-10-25	1.084 1	0.895 9	1.032 4	1.046 4	1.057 6	1.162
1760	2018-10-26	0.611 8	0.784 2	1.008 3	0.727 0	1.146 1	0.918
1761	2018-10-27	0.784 3	0.784 2	1.008 3	0.911 7	1.146 1	1.020
1762	2018-10-28	0.611 8	0.784 2	1.032 4	0.727 0	0.901 9	0.864
1763	2018-10-29	0.611 8	0.866 1	1.008 3	0.727 0	1.146 1	0.948
1764	2018-10-30	1.027 2	0.895 9	1.008 3	1.118 6	1.224 1	1.205
1765	2018-10-31	1.110 6	1.301 8	1.008 3	1.406 0	1.165 0	1.446
1766	2018-11-01	1.110 6	1.301 8	1.008 3	1.406 0	1.165 0	1.446

序号	日期	PM~2.5~气象污染分指数					PM~2.5~气象污染综合指数
		平均相对湿度	边界层厚度	平均气温	平均风速	平均本站气压	
1767	2018-11-02	1.114 8	1.301 8	1.032 4	0.973 0	1.224 1	1.334
1768	2018-11-03	1.114 8	0.997 7	1.032 4	0.973 0	1.214 2	1.221
1769	2018-11-04	1.182 7	0.997 7	1.008 3	0.973 0	1.224 1	1.242
1770	2018-11-05	1.114 8	1.011 4	1.008 3	0.973 0	0.941 7	1.166
1771	2018-11-06	1.047 2	1.301 8	1.323 0	1.046 4	0.941 7	1.275
1772	2018-11-07	1.110 6	1.301 8	1.323 0	1.406 0	1.165 0	1.446
1773	2018-11-08	1.114 8	0.997 7	1.008 3	0.973 0	1.146 1	1.206
1774	2018-11-09	1.047 2	0.895 9	1.008 3	0.911 7	1.146 1	1.132
1775	2018-11-10	1.027 2	1.011 4	1.008 3	1.138 9	1.165 0	1.240
1776	2018-11-11	1.118 8	0.997 7	1.008 3	1.406 0	1.224 1	1.351
1777	2018-11-12	1.084 1	1.301 8	1.008 3	1.138 9	1.214 2	1.372
1778	2018-11-13	1.182 7	1.634 3	1.008 3	1.118 6	1.214 2	1.514
1779	2018-11-14	1.182 7	1.634 3	1.323 0	1.406 0	1.224 1	1.600
1780	2018-11-15	1.084 1	0.997 7	1.008 3	0.911 7	1.165 0	1.184
1781	2018-11-16	0.611 8	1.011 4	1.323 0	0.911 7	0.941 7	1.010
1782	2018-11-17	1.047 2	1.301 8	1.323 0	0.973 0	1.224 1	1.315
1783	2018-11-18	1.114 8	1.011 4	1.323 0	1.406 0	1.214 2	1.353
1784	2018-11-19	1.114 8	1.301 8	1.323 0	0.911 7	1.214 2	1.314
1785	2018-11-20	1.114 8	0.997 7	1.323 0	1.118 6	1.214 2	1.263
1786	2018-11-21	1.114 8	0.895 9	1.323 0	1.118 6	1.165 0	1.216
1787	2018-11-22	1.114 8	1.301 8	1.323 0	1.406 0	1.165 0	1.448
1788	2018-11-23	1.110 6	1.301 8	1.323 0	0.911 7	1.214 2	1.312
1789	2018-11-24	1.047 2	1.301 8	1.323 0	1.138 9	1.224 1	1.364
1790	2018-11-25	1.118 8	1.634 3	1.323 0	1.406 0	1.214 2	1.580
1791	2018-11-26	1.182 7	1.634 3	1.323 0	1.138 9	1.146 1	1.505
1792	2018-11-27	0.931 8	0.997 7	1.323 0	0.916 1	1.165 0	1.143
1793	2018-11-28	1.047 2	1.634 3	1.323 0	1.406 0	1.224 1	1.563
1794	2018-11-29	1.110 6	1.301 8	1.323 0	1.138 9	1.165 0	1.368
1795	2018-11-30	1.084 1	1.634 3	1.323 0	1.406 0	1.165 0	1.560
1796	2018-12-01	1.084 1	1.301 8	1.323 0	1.118 6	1.224 1	1.368
1797	2018-12-02	1.182 7	1.634 3	1.323 0	1.118 6	1.146 1	1.499
1798	2018-12-03	0.784 3	1.011 4	1.323 0	0.727 0	1.214 2	1.063
1799	2018-12-04	0.611 8	0.895 9	1.353 1	0.911 7	0.941 7	0.968
1800	2018-12-05	1.047 2	1.301 8	1.353 1	1.046 4	0.941 7	1.275
1801	2018-12-06	0.784 3	0.784 2	1.355 6	0.727 0	0.941 7	0.921
1802	2018-12-07	0.611 8	0.837 3	1.355 6	0.916 1	0.941 7	0.948
1803	2018-12-08	0.611 8	0.866 1	1.355 6	0.916 1	0.941 7	0.958

续表

序号	日期	PM2.5 气象污染分指数					PM2.5 气象污染综合指数
		平均相对湿度	边界层厚度	平均气温	平均风速	平均本站气压	
1804	2018-12-09	0.784 3	1.634 3	1.355 6	1.046 4	0.941 7	1.324
1805	2018-12-10	1.027 2	1.634 3	1.355 6	1.406 0	0.941 7	1.495
1806	2018-12-11	0.611 8	0.997 7	1.355 6	0.727 0	0.941 7	0.951
1807	2018-12-12	0.784 3	1.634 3	1.355 6	1.138 9	0.941 7	1.351
1808	2018-12-13	0.784 3	1.301 8	1.355 6	0.916 1	0.941 7	1.164
1809	2018-12-14	1.027 2	1.634 3	1.355 6	1.138 9	0.941 7	1.417
1810	2018-12-15	1.110 6	1.634 3	1.355 6	0.973 0	1.165 0	1.441
1811	2018-12-16	1.114 8	1.634 3	1.355 6	1.406 0	1.214 2	1.579
1812	2018-12-17	0.611 8	1.301 8	1.323 0	0.973 0	1.214 2	1.194
1813	2018-12-18	0.931 8	1.634 3	1.323 0	1.118 6	1.146 1	1.430
1814	2018-12-19	1.027 2	1.634 3	1.353 1	1.406 0	1.214 2	1.555
1815	2018-12-20	1.047 2	1.634 3	1.323 0	0.973 0	1.214 2	1.434
1816	2018-12-21	1.047 2	1.634 3	1.323 0	1.118 6	1.224 1	1.479
1817	2018-12-22	0.784 3	1.634 3	1.323 0	0.973 0	1.165 0	1.351
1818	2018-12-23	0.611 8	0.844 9	1.355 6	0.727 0	0.941 7	0.895
1819	2018-12-24	0.784 3	1.634 3	1.355 6	1.046 4	1.165 0	1.373
1820	2018-12-25	0.784 3	0.997 7	1.355 6	0.847 3	1.224 1	1.096
1821	2018-12-26	0.784 3	0.895 9	1.355 6	0.911 7	0.941 7	1.015
1822	2018-12-27	0.611 8	0.851 0	1.355 6	0.727 0	0.941 7	0.898
1823	2018-12-28	0.611 8	1.011 4	1.355 6	0.727 0	0.941 7	0.956
1824	2018-12-29	0.611 8	0.997 7	1.355 6	0.916 1	0.941 7	1.006
1825	2018-12-30	0.611 8	1.634 3	1.355 6	1.138 9	0.941 7	1.303
1826	2018-12-31	1.027 2	1.634 3	1.355 6	1.406 0	0.941 7	1.495
1827	2019-01-01	0.931 8	1.634 3	1.355 6	1.118 6	0.941 7	1.385
1828	2019-01-02	0.931 8	1.634 3	1.355 6	1.406 0	0.941 7	1.469
1829	2019-01-03	1.047 2	1.634 3	1.355 6	1.118 6	0.941 7	1.417
1830	2019-01-04	0.611 8	1.301 8	1.355 6	0.834 1	0.941 7	1.093
1831	2019-01-05	0.611 8	1.634 3	1.355 6	1.138 9	0.941 7	1.303
1832	2019-01-06	0.784 3	1.634 3	1.355 6	1.406 0	0.941 7	1.429
1833	2019-01-07	0.611 8	1.634 3	1.355 6	0.973 0	0.941 7	1.255
1834	2019-01-08	0.611 8	1.011 4	1.355 6	0.834 1	0.941 7	0.987
1835	2019-01-09	0.611 8	1.634 3	1.355 6	1.118 6	0.941 7	1.297
1836	2019-01-10	0.931 8	1.634 3	1.355 6	1.046 4	1.165 0	1.413
1837	2019-01-11	1.118 8	1.634 3	1.355 6	1.406 0	1.224 1	1.583
1838	2019-01-12	1.182 7	1.634 3	1.355 6	0.973 0	1.224 1	1.473
1839	2019-01-13	1.084 1	1.634 3	1.355 6	1.118 6	1.165 0	1.476
1840	2019-01-14	1.110 6	1.301 8	1.355 6	1.046 4	1.165 0	1.341

续表

序号	日期	PM$_{2.5}$气象污染分指数					PM$_{2.5}$气象污染综合指数
		平均相对湿度	边界层厚度	平均气温	平均风速	平均本站气压	
1841	2019-01-15	0.611 8	0.837 3	1.355 6	0.727 0	0.941 7	0.893
1842	2019-01-16	0.611 8	1.634 3	1.355 6	0.911 7	0.941 7	1.237
1843	2019-01-17	0.611 8	1.634 3	1.355 6	1.406 0	1.224 1	1.444
1844	2019-01-18	0.784 3	1.634 3	1.355 6	1.138 9	1.224 1	1.413
1845	2019-01-19	0.611 8	1.011 4	1.353 1	0.973 0	1.165 0	1.077
1846	2019-01-20	0.611 8	0.895 9	1.353 1	0.727 0	0.941 7	0.914
1847	2019-01-21	0.611 8	1.634 3	1.355 6	0.911 7	1.224 1	1.299
1848	2019-01-22	0.611 8	1.634 3	1.353 1	1.118 6	1.146 1	1.342
1849	2019-01-23	0.611 8	1.301 8	1.323 0	0.916 1	1.224 1	1.179
1850	2019-01-24	1.114 8	0.997 7	1.353 1	0.911 7	1.165 0	1.192
1851	2019-01-25	0.611 8	0.844 9	1.353 1	0.973 0	0.941 7	0.967
1852	2019-01-26	0.611 8	1.301 8	1.355 6	1.138 9	0.941 7	1.182
1853	2019-01-27	0.784 3	0.997 7	1.353 1	0.916 1	1.224 1	1.116
1854	2019-01-28	0.611 8	0.997 7	1.353 1	0.727 0	1.165 0	1.000
1855	2019-01-29	0.784 3	1.634 3	1.353 1	1.046 4	1.224 1	1.386
1856	2019-01-30	0.611 8	0.866 1	1.353 1	0.727 0	0.941 7	0.903
1857	2019-01-31	0.611 8	0.844 9	1.355 6	0.847 3	0.941 7	0.931
1858	2019-02-01	0.931 8	1.301 8	1.355 6	0.911 7	1.214 2	1.263
1859	2019-02-02	1.118 8	1.011 4	1.353 1	0.911 7	1.057 6	1.174
1860	2019-02-03	0.784 3	0.837 3	1.323 0	0.727 0	1.214 2	1.000
1861	2019-02-04	1.027 2	1.301 8	1.353 1	1.406 0	1.214 2	1.434
1862	2019-02-05	1.114 8	0.997 7	1.355 6	0.834 1	1.057 6	1.146
1863	2019-02-06	0.931 8	0.866 1	1.355 6	0.911 7	1.214 2	1.105
1864	2019-02-07	0.611 8	0.844 9	1.355 6	0.727 0	0.941 7	0.895
1865	2019-02-08	0.611 8	1.011 4	1.355 6	1.406 0	0.941 7	1.155
1866	2019-02-09	0.611 8	0.866 1	1.355 6	0.834 1	0.941 7	0.934
1867	2019-02-10	0.611 8	0.997 7	1.355 6	1.406 0	0.941 7	1.150
1868	2019-02-11	1.027 2	0.997 7	1.355 6	1.118 6	0.941 7	1.180
1869	2019-02-12	1.118 8	0.895 9	1.355 6	0.834 1	0.941 7	1.084
1870	2019-02-13	1.110 6	0.844 9	1.355 6	1.046 4	0.941 7	1.126
1871	2019-02-14	1.118 8	0.895 9	1.355 6	0.911 7	0.941 7	1.107
1872	2019-02-15	1.047 2	0.844 9	1.355 6	0.727 0	0.941 7	1.015
1873	2019-02-16	0.611 8	0.895 9	1.355 6	0.727 0	0.941 7	0.914
1874	2019-02-17	0.611 8	1.301 8	1.353 1	0.911 7	0.941 7	1.116
1875	2019-02-18	0.784 3	1.634 3	1.353 1	1.118 6	1.224 1	1.407
1876	2019-02-19	1.084 1	0.997 7	1.353 1	0.973 0	1.214 2	1.212
1877	2019-02-20	1.114 8	1.011 4	1.353 1	1.046 4	1.165 0	1.236

续表

序号	日期	PM_{2.5}气象污染分指数					PM_{2.5}气象污染综合指数
		平均相对湿度	边界层厚度	平均气温	平均风速	平均本站气压	
1878	2019-02-21	1.114 8	1.301 8	1.353 1	1.046 4	1.165 0	1.342
1879	2019-02-22	1.110 6	1.634 3	1.323 0	1.118 6	1.165 0	1.483
1880	2019-02-23	0.784 3	0.997 7	1.323 0	1.406 0	1.165 0	1.246
1881	2019-02-24	0.931 8	1.301 8	1.323 0	1.118 6	1.214 2	1.324
1882	2019-02-25	0.784 3	1.301 8	1.323 0	0.911 7	1.165 0	1.212
1883	2019-02-26	0.784 3	1.301 8	1.323 0	1.118 6	1.165 0	1.273
1884	2019-02-27	0.931 8	0.997 7	1.323 0	1.406 0	1.214 2	1.298
1885	2019-02-28	1.027 2	1.011 4	1.323 0	1.406 0	1.214 2	1.329
1886	2019-03-01	1.047 2	0.997 7	1.008 3	1.118 6	1.214 2	1.245
1887	2019-03-02	1.027 2	0.895 9	1.008 3	1.138 9	1.146 1	1.193
1888	2019-03-03	1.027 2	0.895 9	1.008 3	0.911 7	0.901 9	1.073
1889	2019-03-04	1.047 2	1.011 4	1.008 3	0.973 0	1.057 6	1.173
1890	2019-03-05	0.931 8	0.837 3	1.032 4	0.834 1	1.057 6	1.037
1891	2019-03-06	0.611 8	0.784 2	1.008 3	0.727 0	1.224 1	0.935
1892	2019-03-07	1.027 2	0.866 1	1.323 0	1.046 4	1.165 0	1.160
1893	2019-03-08	0.784 3	0.895 9	1.008 3	0.916 1	1.214 2	1.077
1894	2019-03-09	0.784 3	0.866 1	1.008 3	0.973 0	1.146 1	1.067
1895	2019-03-10	1.047 2	1.301 8	1.008 3	0.916 1	1.057 6	1.262
1896	2019-03-11	1.027 2	0.784 2	1.008 3	0.727 0	0.901 9	0.978
1897	2019-03-12	0.611 8	0.784 2	1.008 3	0.834 1	1.146 1	0.950
1898	2019-03-13	0.611 8	0.837 3	1.008 3	0.916 1	1.214 2	1.008
1899	2019-03-14	0.611 8	0.784 2	1.008 3	0.973 0	1.214 2	1.005
1900	2019-03-15	0.611 8	0.837 3	1.008 3	0.727 0	1.214 2	0.953
1901	2019-03-16	0.784 3	0.851 0	1.008 3	0.916 1	1.146 1	1.045
1902	2019-03-17	0.784 3	0.844 9	1.032 4	0.911 7	1.214 2	1.057
1903	2019-03-18	0.931 8	0.844 9	0.979 9	0.847 3	0.901 9	1.009
1904	2019-03-19	0.931 8	0.837 3	0.979 9	0.834 1	0.785 7	0.977
1905	2019-03-20	1.110 6	0.895 9	1.032 4	0.916 1	0.768 3	1.068
1906	2019-03-21	0.611 8	0.784 2	1.008 3	0.727 0	1.146 1	0.918
1907	2019-03-22	0.611 8	0.784 2	1.008 3	1.118 6	1.224 1	1.050
1908	2019-03-23	0.611 8	0.784 2	1.008 3	0.727 0	1.165 0	0.922
1909	2019-03-24	0.611 8	0.851 0	1.032 4	0.727 0	1.057 6	0.923
1910	2019-03-25	0.784 3	0.837 3	1.032 4	1.118 6	0.901 9	1.046
1911	2019-03-26	0.931 8	1.301 8	1.032 4	0.834 1	0.901 9	1.172
1912	2019-03-27	0.931 8	1.011 4	1.008 3	0.727 0	1.057 6	1.069
1913	2019-03-28	0.611 8	0.866 1	1.323 0	0.727 0	1.146 1	0.948
1914	2019-03-29	0.784 3	0.784 2	1.008 3	0.727 0	1.057 6	0.946

序号	日期	PM$_{2.5}$气象污染分指数					PM$_{2.5}$气象污染综合指数
		平均相对湿度	边界层厚度	平均气温	平均风速	平均本站气压	
1915	2019-03-30	0.611 8	0.784 2	1.008 3	0.727 0	1.214 2	0.933
1916	2019-03-31	0.611 8	0.784 2	1.008 3	1.046 4	1.224 1	1.029
1917	2019-04-01	0.611 8	0.851 0	1.032 4	0.911 7	1.224 1	1.014
1918	2019-04-02	0.611 8	0.844 9	1.008 3	0.834 1	1.224 1	0.989
1919	2019-04-03	0.784 3	0.866 1	1.032 4	0.973 0	1.224 1	1.085
1920	2019-04-04	0.784 3	0.844 9	0.979 9	0.727 0	0.901 9	0.934
1921	2019-04-05	0.611 8	0.784 2	0.979 9	0.727 0	0.901 9	0.864
1922	2019-04-06	0.611 8	0.844 9	1.032 4	0.834 1	0.901 9	0.918
1923	2019-04-07	0.611 8	0.997 7	1.032 4	0.834 1	0.901 9	0.974
1924	2019-04-08	0.611 8	0.895 9	1.032 4	0.727 0	1.146 1	0.959
1925	2019-04-09	1.110 6	0.837 3	1.008 3	0.727 0	1.214 2	1.089
1926	2019-04-10	1.027 2	0.784 2	1.032 4	0.911 7	1.146 1	1.086
1927	2019-04-11	1.027 2	0.784 2	1.032 4	0.916 1	1.057 6	1.068
1928	2019-04-12	1.047 2	0.784 2	1.032 4	0.727 0	1.057 6	1.018
1929	2019-04-13	1.110 6	0.844 9	0.979 9	0.973 0	1.057 6	1.130
1930	2019-04-14	0.611 8	0.784 2	0.979 9	0.834 1	1.146 1	0.950
1931	2019-04-15	0.611 8	0.784 2	0.979 9	0.727 0	0.901 9	0.864
1932	2019-04-16	1.027 2	0.844 9	0.979 9	0.834 1	0.785 7	1.006
1933	2019-04-17	1.027 2	0.851 0	0.748 5	0.727 0	0.768 3	0.973
1934	2019-04-18	0.931 8	0.851 0	0.979 9	0.727 0	0.901 9	0.976
1935	2019-04-19	0.611 8	1.011 4	1.032 4	1.046 4	1.146 1	1.094
1936	2019-04-20	1.047 2	0.997 7	1.032 4	1.406 0	0.901 9	1.260
1937	2019-04-21	1.110 6	0.997 7	1.032 4	0.916 1	1.057 6	1.169
1938	2019-04-22	1.114 8	0.851 0	0.979 9	0.911 7	0.901 9	1.081
1939	2019-04-23	1.084 1	0.895 9	0.748 5	0.847 3	0.785 7	1.044
1940	2019-04-24	1.114 8	0.997 7	0.979 9	0.727 0	0.901 9	1.080
1941	2019-04-25	1.110 6	0.784 2	1.008 3	0.834 1	1.057 6	1.067
1942	2019-04-26	1.110 6	0.784 2	1.032 4	0.973 0	1.214 2	1.142
1943	2019-04-27	1.182 7	0.895 9	1.008 3	0.973 0	1.214 2	1.202
1944	2019-04-28	1.118 8	0.866 1	1.032 4	1.046 4	1.146 1	1.180
1945	2019-04-29	1.114 8	0.895 9	0.979 9	1.406 0	0.901 9	1.242
1946	2019-04-30	0.931 8	0.784 2	0.748 5	0.834 1	0.901 9	0.984
1947	2019-05-01	0.611 8	0.784 2	0.748 5	0.911 7	1.057 6	0.953
1948	2019-05-02	0.611 8	0.784 2	0.731 0	0.916 1	0.901 9	0.920
1949	2019-05-03	0.611 8	0.784 2	0.731 0	0.727 0	1.057 6	0.899
1950	2019-05-04	0.931 8	0.837 3	0.731 0	0.834 1	0.901 9	1.003
1951	2019-05-05	0.784 3	0.784 2	0.979 9	0.727 0	1.146 1	0.965

续表

序号	日期	PM$_{2.5}$气象污染分指数					PM$_{2.5}$气象污染综合指数
		平均相对湿度	边界层厚度	平均气温	平均风速	平均本站气压	
1952	2019-05-06	0.784 3	0.784 2	0.979 9	1.046 4	1.224 1	1.076
1953	2019-05-07	0.611 8	0.784 2	0.748 5	0.847 3	1.057 6	0.934
1954	2019-05-08	0.784 3	0.866 1	0.748 5	0.911 7	0.785 7	0.970
1955	2019-05-09	0.931 8	0.784 2	0.748 5	1.138 9	0.799 0	1.050
1956	2019-05-10	0.931 8	0.784 2	0.731 0	0.727 0	0.785 7	0.927
1957	2019-05-11	1.047 2	0.844 9	0.748 5	0.916 1	0.901 9	1.061
1958	2019-05-12	1.114 8	0.866 1	0.748 5	0.916 1	0.901 9	1.087
1959	2019-05-13	0.611 8	0.784 2	0.979 9	0.847 3	0.901 9	0.900
1960	2019-05-14	0.931 8	0.866 1	0.748 5	0.834 1	0.785 7	0.988
1961	2019-05-15	1.047 2	0.784 2	0.715 6	0.847 3	0.799 0	0.996
1962	2019-05-16	1.047 2	0.837 3	0.715 6	0.727 0	0.799 0	0.980
1963	2019-05-17	1.114 8	0.784 2	0.715 6	0.727 0	0.799 0	0.980
1964	2019-05-18	1.114 8	0.866 1	0.748 5	0.727 0	0.785 7	1.007
1965	2019-05-19	1.047 2	0.784 2	0.748 5	0.727 0	0.785 7	0.958
1966	2019-05-20	0.611 8	0.784 2	0.748 5	0.727 0	0.901 9	0.864
1967	2019-05-21	0.611 8	0.784 2	0.731 0	1.118 6	0.799 0	0.957
1968	2019-05-22	0.611 8	0.784 2	0.783 0	1.138 9	0.768 3	0.956
1969	2019-05-23	0.784 3	0.866 1	0.783 0	1.046 4	0.768 3	1.006
1970	2019-05-24	0.611 8	0.784 2	0.783 0	0.727 0	0.768 3	0.835
1971	2019-05-25	0.931 8	0.784 2	0.783 0	0.727 0	0.768 3	0.923
1972	2019-05-26	1.084 1	0.866 1	0.731 0	0.847 3	0.768 3	1.030
1973	2019-05-27	0.784 3	0.784 2	0.731 0	0.727 0	0.901 9	0.912
1974	2019-05-28	0.611 8	0.784 2	0.715 6	0.916 1	0.901 9	0.920
1975	2019-05-29	0.784 3	0.837 3	0.715 6	1.138 9	0.785 7	1.026
1976	2019-05-30	0.611 8	0.784 2	0.715 6	0.847 3	0.799 0	0.877
1977	2019-05-31	0.611 8	0.784 2	0.731 0	1.406 0	0.785 7	1.038
1978	2019-06-01	0.784 3	0.844 9	0.715 6	0.911 7	0.768 3	0.959
1979	2019-06-02	1.027 2	0.837 3	0.783 0	0.916 1	0.768 3	1.024
1980	2019-06-03	0.931 8	0.784 2	0.783 0	0.727 0	0.768 3	0.923
1981	2019-06-04	1.114 8	0.997 7	0.731 0	0.727 0	0.799 0	1.057
1982	2019-06-05	1.118 8	1.301 8	0.731 0	1.138 9	0.785 7	1.287
1983	2019-06-06	1.182 7	1.011 4	0.748 5	1.406 0	0.785 7	1.277
1984	2019-06-07	1.118 8	0.844 9	0.731 0	0.911 7	0.799 0	1.057
1985	2019-06-08	0.931 8	0.784 2	0.783 0	0.973 0	0.768 3	0.995
1986	2019-06-09	0.931 8	0.784 2	0.715 6	0.727 0	0.768 3	0.923
1987	2019-06-10	1.047 2	0.784 2	0.715 6	0.911 7	0.799 0	1.015
1988	2019-06-11	1.110 6	1.011 4	0.715 6	0.834 1	0.799 0	1.093

序号	日期	PM$_{2.5}$气象污染分指数					PM$_{2.5}$气象污染综合指数
		平均相对湿度	边界层厚度	平均气温	平均风速	平均本站气压	
1989	2019-06-12	1.047 2	1.634 3	0.783 0	0.911 7	0.768 3	1.318
1990	2019-06-13	1.047 2	0.784 2	0.783 0	1.046 4	0.768 3	1.048
1991	2019-06-14	1.114 8	0.784 2	0.783 0	0.911 7	0.768 3	1.027
1992	2019-06-15	1.027 2	0.866 1	0.715 6	0.834 1	0.799 0	1.017
1993	2019-06-16	1.114 8	0.844 9	0.748 5	0.727 0	0.901 9	1.024
1994	2019-06-17	1.110 6	0.895 9	0.731 0	1.138 9	0.785 7	1.137
1995	2019-06-18	1.110 6	0.844 9	0.783 0	0.911 7	0.768 3	1.048
1996	2019-06-19	1.182 7	1.011 4	0.731 0	0.911 7	0.799 0	1.135
1997	2019-06-20	1.114 8	0.851 0	0.783 0	1.406 0	0.768 3	1.196
1998	2019-06-21	1.047 2	1.011 4	0.783 0	0.834 1	0.785 7	1.072
1999	2019-06-22	0.784 3	0.784 2	0.783 0	1.138 9	0.785 7	1.007
2000	2019-06-23	1.027 2	0.851 0	0.783 0	0.834 1	0.785 7	1.008
2001	2019-06-24	0.931 8	0.784 2	0.783 0	0.916 1	0.799 0	0.985
2002	2019-06-25	0.931 8	0.784 2	0.783 0	0.834 1	0.799 0	0.961
2003	2019-06-26	1.027 2	0.837 3	0.783 0	0.834 1	0.768 3	1.000
2004	2019-06-27	1.027 2	0.784 2	0.783 0	0.847 3	0.768 3	0.984
2005	2019-06-28	1.047 2	0.784 2	0.783 0	1.118 6	0.768 3	1.069
2006	2019-06-29	1.027 2	0.784 2	0.783 0	0.973 0	0.768 3	1.021
2007	2019-06-30	0.784 3	0.784 2	0.783 0	0.834 1	0.768 3	0.914
2008	2019-07-01	1.027 2	0.784 2	0.783 0	0.916 1	0.799 0	1.011
2009	2019-07-02	1.047 2	0.837 3	0.783 0	0.847 3	0.799 0	1.016
2010	2019-07-03	0.931 8	0.784 2	0.783 0	1.138 9	0.799 0	1.050
2011	2019-07-04	0.784 3	0.784 2	0.783 0	0.727 0	0.768 3	0.882
2012	2019-07-05	1.114 8	0.837 3	0.783 0	0.847 3	0.768 3	1.027
2013	2019-07-06	1.182 7	0.895 9	0.748 5	0.973 0	0.768 3	1.104
2014	2019-07-07	1.182 7	0.837 3	0.731 0	1.138 9	0.785 7	1.135
2015	2019-07-08	1.118 8	0.837 3	0.715 6	1.406 0	0.785 7	1.196
2016	2019-07-09	1.118 8	1.634 3	0.715 6	1.138 9	0.799 0	1.411
2017	2019-07-10	1.084 1	0.851 0	0.715 6	0.916 1	0.799 0	1.051
2018	2019-07-11	1.118 8	0.784 2	0.715 6	1.118 6	0.799 0	1.095
2019	2019-07-12	1.114 8	0.784 2	0.783 0	1.046 4	0.768 3	1.066
2020	2019-07-13	1.114 8	0.851 0	0.783 0	0.911 7	0.768 3	1.051
2021	2019-07-14	1.118 8	0.851 0	0.783 0	0.834 1	0.768 3	1.030
2022	2019-07-15	1.114 8	0.851 0	0.783 0	0.847 3	0.768 3	1.032
2023	2019-07-16	1.110 6	0.866 1	0.783 0	0.847 3	0.785 7	1.041
2024	2019-07-17	1.084 1	0.866 1	0.783 0	1.118 6	0.799 0	1.116
2025	2019-07-18	1.084 1	0.866 1	0.783 0	1.138 9	0.799 0	1.122

序号	日期	PM_{2.5}气象污染分指数					PM_{2.5}气象污染综合指数
		平均相对湿度	边界层厚度	平均气温	平均风速	平均本站气压	
2026	2019-07-19	1.118 8	0.866 1	0.783 0	0.847 3	0.768 3	1.039
2027	2019-07-20	1.182 7	1.301 8	0.783 0	1.138 9	0.768 3	1.301
2028	2019-07-21	1.084 1	0.851 0	0.783 0	1.046 4	0.768 3	1.082
2029	2019-07-22	1.118 8	0.837 3	0.783 0	1.138 9	0.768 3	1.114
2030	2019-07-23	1.182 7	0.844 9	0.783 0	0.973 0	0.768 3	1.086
2031	2019-07-24	1.118 8	0.837 3	0.783 0	1.406 0	0.768 3	1.192
2032	2019-07-25	1.114 8	0.851 0	0.783 0	0.911 7	0.768 3	1.051
2033	2019-07-26	1.118 8	0.851 0	0.783 0	0.916 1	0.768 3	1.054
2034	2019-07-27	1.118 8	0.851 0	0.783 0	0.834 1	0.768 3	1.030
2035	2019-07-28	1.084 1	0.844 9	0.783 0	0.911 7	0.768 3	1.041
2036	2019-07-29	1.182 7	1.634 3	0.783 0	1.406 0	0.768 3	1.500
2037	2019-07-30	1.182 7	0.895 9	0.783 0	1.046 4	0.768 3	1.126
2038	2019-07-31	1.182 7	0.844 9	0.783 0	1.406 0	0.768 3	1.213
2039	2019-08-01	1.118 8	0.851 0	0.783 0	1.138 9	0.799 0	1.126
2040	2019-08-02	1.182 7	1.634 3	0.715 6	0.847 3	0.785 7	1.340
2041	2019-08-03	1.182 7	0.844 9	0.715 6	1.406 0	0.785 7	1.216
2042	2019-08-04	1.182 7	1.011 4	0.783 0	1.406 0	0.785 7	1.277
2043	2019-08-05	1.182 7	0.997 7	0.715 6	1.406 0	0.785 7	1.272
2044	2019-08-06	1.182 7	0.866 1	0.783 0	1.406 0	0.799 0	1.227
2045	2019-08-07	1.182 7	1.301 8	0.783 0	1.138 9	0.768 3	1.301
2046	2019-08-08	1.182 7	0.895 9	0.783 0	1.138 9	0.799 0	1.160
2047	2019-08-09	1.182 7	0.866 1	0.783 0	0.847 3	0.768 3	1.057
2048	2019-08-10	1.182 7	1.634 3	0.715 6	0.911 7	0.768 3	1.355
2049	2019-08-11	1.182 7	0.866 1	0.731 0	0.834 1	0.768 3	1.053
2050	2019-08-12	1.182 7	0.837 3	0.731 0	0.727 0	0.768 3	1.011
2051	2019-08-13	1.084 1	0.844 9	0.731 0	0.911 7	0.768 3	1.041
2052	2019-08-14	1.084 1	0.844 9	0.715 6	1.118 6	0.768 3	1.101
2053	2019-08-15	1.118 8	1.011 4	0.783 0	0.973 0	0.768 3	1.129
2054	2019-08-16	1.047 2	0.837 3	0.715 6	0.834 1	0.768 3	1.005
2055	2019-08-17	0.931 8	0.851 0	0.715 6	0.834 1	0.768 3	0.978
2056	2019-08-18	1.114 8	0.895 9	0.715 6	1.138 9	0.799 0	1.141
2057	2019-08-19	1.114 8	0.895 9	0.715 6	0.911 7	0.785 7	1.072
2058	2019-08-20	1.084 1	0.866 1	0.731 0	0.911 7	0.785 7	1.052
2059	2019-08-21	1.114 8	0.844 9	0.715 6	0.973 0	0.785 7	1.071
2060	2019-08-22	1.047 2	0.844 9	0.715 6	1.046 4	0.901 9	1.099
2061	2019-08-23	1.047 2	0.844 9	0.715 6	1.046 4	0.901 9	1.099
2062	2019-08-24	1.110 6	0.851 0	0.715 6	1.138 9	0.901 9	1.146

序号	日期	PM$_{2.5}$气象污染分指数					PM$_{2.5}$气象污染综合指数
		平均相对湿度	边界层厚度	平均气温	平均风速	平均本站气压	
2063	2019-08-25	1.114 8	0.844 9	0.715 6	1.138 9	0.901 9	1.145
2064	2019-08-26	1.182 7	0.997 7	0.731 0	1.118 6	0.901 9	1.213
2065	2019-08-27	1.114 8	0.837 3	0.715 6	0.973 0	0.785 7	1.068
2066	2019-08-28	0.931 8	0.784 2	0.715 6	0.834 1	0.799 0	0.961
2067	2019-08-29	0.931 8	0.784 2	0.731 0	0.916 1	0.785 7	0.982
2068	2019-08-30	1.027 2	0.837 3	0.731 0	0.916 1	0.901 9	1.053
2069	2019-08-31	1.047 2	0.784 2	0.731 0	1.046 4	1.057 6	1.112
2070	2019-09-01	1.047 2	0.851 0	0.715 6	0.911 7	1.057 6	1.096
2071	2019-09-02	1.114 8	0.866 1	0.715 6	1.138 9	1.057 6	1.187
2072	2019-09-03	1.114 8	0.895 9	0.715 6	0.973 0	1.057 6	1.149
2073	2019-09-04	1.110 6	0.844 9	0.715 6	1.406 0	0.901 9	1.222
2074	2019-09-05	1.047 2	0.844 9	0.715 6	1.046 4	0.785 7	1.074
2075	2019-09-06	1.114 8	0.844 9	0.715 6	0.973 0	0.785 7	1.071
2076	2019-09-07	1.114 8	0.844 9	0.783 0	1.046 4	0.768 3	1.089
2077	2019-09-08	1.047 2	0.895 9	0.783 0	1.046 4	0.768 3	1.089
2078	2019-09-09	1.118 8	0.895 9	0.783 0	0.973 0	0.785 7	1.091
2079	2019-09-10	1.118 8	0.844 9	0.731 0	0.916 1	1.057 6	1.115
2080	2019-09-11	1.114 8	1.011 4	0.748 5	1.138 9	1.214 2	1.274
2081	2019-09-12	1.114 8	0.844 9	0.748 5	1.118 6	1.057 6	1.173
2082	2019-09-13	1.182 7	0.997 7	0.748 5	1.138 9	0.901 9	1.219
2083	2019-09-14	1.114 8	0.851 0	0.731 0	1.406 0	1.057 6	1.260
2084	2019-09-15	1.114 8	0.844 9	0.731 0	0.911 7	0.901 9	1.079
2085	2019-09-16	1.114 8	0.866 1	0.748 5	0.847 3	1.057 6	1.102
2086	2019-09-17	1.182 7	0.997 7	0.748 5	0.973 0	1.146 1	1.224
2087	2019-09-18	1.047 2	0.851 0	0.748 5	0.916 1	1.224 1	1.134
2088	2019-09-19	1.047 2	0.997 7	0.979 9	0.973 0	1.214 2	1.202
2089	2019-09-20	1.114 8	1.011 4	0.748 5	1.406 0	1.146 1	1.338
2090	2019-09-21	1.084 1	0.895 9	0.748 5	1.406 0	1.214 2	1.302
2091	2019-09-22	1.084 1	0.844 9	0.748 5	1.118 6	1.214 2	1.199
2092	2019-09-23	1.110 6	0.844 9	0.731 0	1.118 6	1.146 1	1.192
2093	2019-09-24	1.110 6	1.011 4	0.748 5	0.973 0	1.146 1	1.210
2094	2019-09-25	1.114 8	0.844 9	0.748 5	1.406 0	1.214 2	1.292
2095	2019-09-26	1.114 8	0.866 1	0.731 0	1.138 9	1.214 2	1.221
2096	2019-09-27	1.084 1	0.844 9	0.748 5	1.138 9	1.214 2	1.205
2097	2019-09-28	1.084 1	1.011 4	0.731 0	1.406 0	1.057 6	1.310
2098	2019-09-29	1.114 8	0.851 0	0.731 0	1.138 9	1.057 6	1.182
2099	2019-09-30	1.047 2	0.837 3	0.731 0	0.847 3	1.057 6	1.073

序号	日期	PM$_{2.5}$气象污染分指数					PM$_{2.5}$气象污染综合指数
		平均相对湿度	边界层厚度	平均气温	平均风速	平均本站气压	
2100	2019-10-01	1.110 6	0.866 1	0.731 0	0.911 7	1.057 6	1.119
2101	2019-10-02	1.118 8	1.011 4	0.731 0	1.138 9	0.901 9	1.207
2102	2019-10-03	1.114 8	1.011 4	0.731 0	0.973 0	0.901 9	1.157
2103	2019-10-04	1.110 6	0.895 9	0.979 9	0.727 0	1.214 2	1.111
2104	2019-10-05	0.931 8	0.866 1	1.032 4	0.973 0	1.165 0	1.112
2105	2019-10-06	1.047 2	1.011 4	1.032 4	0.911 7	1.224 1	1.191
2106	2019-10-07	1.110 6	0.895 9	0.979 9	0.847 3	1.146 1	1.131
2107	2019-10-08	0.784 3	0.851 0	0.979 9	0.847 3	1.224 1	1.042
2108	2019-10-09	1.047 2	0.851 0	0.979 9	0.973 0	1.146 1	1.134
2109	2019-10-10	1.084 1	0.866 1	0.979 9	1.406 0	1.057 6	1.257
2110	2019-10-11	1.110 6	1.011 4	0.979 9	0.911 7	1.146 1	1.192
2111	2019-10-12	1.027 2	0.895 9	0.979 9	0.973 0	1.214 2	1.160
2112	2019-10-13	1.118 8	0.866 1	1.032 4	0.916 1	1.165 0	1.146
2113	2019-10-14	1.047 2	0.866 1	1.008 3	1.118 6	0.941 7	1.137
2114	2019-10-15	1.110 6	1.011 4	1.008 3	1.118 6	0.941 7	1.207
2115	2019-10-16	1.047 2	0.997 7	1.032 4	0.916 1	1.165 0	1.175
2116	2019-10-17	1.182 7	1.301 8	1.032 4	1.118 6	1.165 0	1.382
2117	2019-10-18	1.182 7	0.997 7	1.032 4	1.406 0	1.224 1	1.368
2118	2019-10-19	1.182 7	0.997 7	1.032 4	1.046 4	1.214 2	1.261
2119	2019-10-20	1.114 8	1.011 4	1.032 4	1.118 6	1.146 1	1.253
2120	2019-10-21	1.047 2	1.011 4	1.032 4	1.138 9	1.214 2	1.256
2121	2019-10-22	1.084 1	0.997 7	1.032 4	1.406 0	1.146 1	1.324
2122	2019-10-23	1.182 7	1.301 8	0.979 9	1.406 0	1.146 1	1.462
2123	2019-10-24	1.084 1	0.997 7	1.032 4	0.834 1	1.214 2	1.172
2124	2019-10-25	0.931 8	0.851 0	1.008 3	0.727 0	1.165 0	1.034
2125	2019-10-26	1.110 6	0.895 9	1.008 3	0.911 7	1.224 1	1.167
2126	2019-10-27	1.110 6	0.997 7	1.008 3	1.138 9	1.057 6	1.234
2127	2019-10-28	0.611 8	0.784 2	1.032 4	0.727 0	0.901 9	0.864
2128	2019-10-29	0.611 8	1.301 8	1.008 3	1.118 6	1.146 1	1.221
2129	2019-10-30	1.027 2	1.634 3	1.032 4	1.406 0	1.057 6	1.521
2130	2019-10-31	0.931 8	1.301 8	0.979 9	1.406 0	1.146 1	1.393
2131	2019-11-01	1.047 2	0.997 7	1.032 4	0.911 7	1.224 1	1.187
2132	2019-11-02	1.047 2	1.301 8	1.032 4	1.118 6	1.214 2	1.356
2133	2019-11-03	0.931 8	0.895 9	1.032 4	0.973 0	1.165 0	1.123
2134	2019-11-04	1.182 7	1.634 3	1.008 3	1.406 0	1.165 0	1.587
2135	2019-11-05	1.084 1	0.997 7	1.008 3	1.138 9	1.224 1	1.263
2136	2019-11-06	1.084 1	1.634 3	1.008 3	1.118 6	1.146 1	1.472

续表

序号	日期	PM$_{2.5}$气象污染分指数					PM$_{2.5}$气象污染综合指数
		平均相对湿度	边界层厚度	平均气温	平均风速	平均本站气压	
2137	2019-11-07	1.027 2	0.851 0	1.008 3	0.911 7	1.165 0	1.115
2138	2019-11-08	1.182 7	1.634 3	1.008 3	1.406 0	1.224 1	1.600
2139	2019-11-09	1.182 7	1.301 8	1.008 3	1.406 0	1.214 2	1.477
2140	2019-11-10	1.114 8	0.851 0	1.032 4	0.727 0	0.785 7	1.001
2141	2019-11-11	0.931 8	1.011 4	1.032 4	1.406 0	1.057 6	1.268
2142	2019-11-12	1.027 2	0.997 7	1.032 4	1.046 4	1.057 6	1.184
2143	2019-11-13	0.611 8	0.784 2	1.008 3	0.727 0	1.224 1	0.935
2144	2019-11-14	0.931 8	1.634 3	1.323 0	1.138 9	1.146 1	1.436
2145	2019-11-15	1.114 8	1.011 4	1.323 0	0.916 1	1.146 1	1.194
2146	2019-11-16	1.118 8	0.997 7	1.008 3	0.916 1	1.146 1	1.190
2147	2019-11-17	1.027 2	0.844 9	1.008 3	0.834 1	1.146 1	1.086
2148	2019-11-18	0.611 8	0.784 2	1.353 1	0.727 0	0.941 7	0.873
2149	2019-11-19	0.784 3	1.301 8	1.353 1	1.406 0	0.941 7	1.308
2150	2019-11-20	1.047 2	1.634 3	1.323 0	1.406 0	1.165 0	1.550
2151	2019-11-21	1.118 8	1.634 3	1.323 0	1.118 6	1.224 1	1.498
2152	2019-11-22	1.182 7	1.301 8	1.008 3	1.138 9	1.214 2	1.399
2153	2019-11-23	1.182 7	1.634 3	1.008 3	0.973 0	1.146 1	1.456
2154	2019-11-24	0.784 3	0.837 3	1.323 0	0.727 0	0.941 7	0.940
2155	2019-11-25	0.611 8	0.997 7	1.353 1	1.046 4	0.941 7	1.045
2156	2019-11-26	0.784 3	1.634 3	1.353 1	0.973 0	0.941 7	1.302
2157	2019-11-27	0.611 8	0.844 9	1.353 1	1.046 4	0.941 7	0.989
2158	2019-11-28	1.110 6	1.301 8	1.355 6	1.406 0	0.941 7	1.397
2159	2019-11-29	1.114 8	0.997 7	1.353 1	1.406 0	0.941 7	1.288
2160	2019-11-30	1.182 7	0.997 7	1.353 1	1.046 4	0.941 7	1.201
2161	2019-12-01	0.784 3	0.997 7	1.353 1	0.911 7	1.165 0	1.101
2162	2019-12-02	0.611 8	1.011 4	1.353 1	0.911 7	1.165 0	1.059
2163	2019-12-03	0.784 3	1.301 8	1.353 1	1.406 0	1.224 1	1.370
2164	2019-12-04	0.931 8	1.634 3	1.323 0	1.118 6	0.941 7	1.385
2165	2019-12-05	1.047 2	1.011 4	1.355 6	0.916 1	0.941 7	1.131
2166	2019-12-06	1.110 6	1.301 8	1.355 6	0.916 1	0.941 7	1.254
2167	2019-12-07	1.084 1	1.634 3	1.355 6	1.406 0	0.941 7	1.511
2168	2019-12-08	1.182 7	1.634 3	1.355 6	1.406 0	1.224 1	1.600
2169	2019-12-09	1.182 7	1.634 3	1.355 6	1.118 6	1.214 2	1.514
2170	2019-12-10	1.182 7	0.997 7	1.355 6	1.138 9	1.146 1	1.273
2171	2019-12-11	0.784 3	1.011 4	1.353 1	0.727 0	1.224 1	1.065
2172	2019-12-12	0.784 3	1.634 3	1.355 6	1.138 9	1.165 0	1.400
2173	2019-12-13	0.931 8	0.997 7	1.353 1	0.911 7	1.224 1	1.155

续表

序号	日期	PM$_{2.5}$ 气象污染分指数					PM$_{2.5}$ 气象污染综合指数
		平均相对湿度	边界层厚度	平均气温	平均风速	平均本站气压	
2174	2019-12-14	0.931 8	1.301 8	1.353 1	1.118 6	0.941 7	1.264
2175	2019-12-15	1.114 8	1.634 3	1.323 0	1.406 0	1.165 0	1.569
2176	2019-12-16	1.182 7	1.634 3	1.353 1	1.118 6	1.214 2	1.514
2177	2019-12-17	1.047 2	0.866 1	1.353 1	0.727 0	1.165 0	1.071
2178	2019-12-18	0.931 8	1.634 3	1.355 6	1.046 4	0.941 7	1.364
2179	2019-12-19	0.784 3	1.301 8	1.355 6	0.834 1	0.941 7	1.140
2180	2019-12-20	1.027 2	1.634 3	1.355 6	1.118 6	0.941 7	1.411
2181	2019-12-21	1.047 2	1.634 3	1.355 6	1.406 0	1.224 1	1.563
2182	2019-12-22	1.118 8	1.634 3	1.353 1	1.406 0	1.214 2	1.580
2183	2019-12-23	1.182 7	1.634 3	1.355 6	1.138 9	1.165 0	1.509
2184	2019-12-24	1.084 1	1.634 3	1.353 1	1.118 6	1.165 0	1.476
2185	2019-12-25	1.047 2	1.634 3	1.353 1	1.138 9	1.224 1	1.485
2186	2019-12-26	0.931 8	0.997 7	1.353 1	1.118 6	1.165 0	1.203
2187	2019-12-27	1.047 2	1.634 3	1.355 6	1.138 9	1.214 2	1.483
2188	2019-12-28	1.118 8	1.634 3	1.353 1	1.406 0	1.214 2	1.580
2189	2019-12-29	1.084 1	1.634 3	1.353 1	1.046 4	1.146 1	1.451
2190	2019-12-30	0.611 8	0.851 0	1.355 6	0.727 0	0.941 7	0.898
2191	2019-12-31	0.611 8	1.634 3	1.355 6	0.973 0	0.941 7	1.255
2192	2020-01-01	0.931 8	1.634 3	1.355 6	1.406 0	0.941 7	1.469
2193	2020-01-02	1.027 2	1.634 3	1.355 6	1.406 0	0.941 7	1.495
2194	2020-01-03	1.027 2	1.634 3	1.355 6	1.406 0	0.941 7	1.495
2195	2020-01-04	1.047 2	1.634 3	1.353 1	1.406 0	1.165 0	1.550
2196	2020-01-05	1.182 7	1.301 8	1.353 1	1.046 4	0.941 7	1.312
2197	2020-01-06	1.182 7	1.634 3	1.353 1	1.138 9	1.165 0	1.509
2198	2020-01-07	1.110 6	0.997 7	1.353 1	0.916 1	1.224 1	1.205
2199	2020-01-08	0.931 8	1.301 8	1.353 1	0.847 3	1.165 0	1.234
2200	2020-01-09	1.114 8	1.634 3	1.355 6	1.406 0	1.165 0	1.569
2201	2020-01-10	1.110 6	1.301 8	1.353 1	1.118 6	1.165 0	1.362
2202	2020-01-11	0.931 8	1.634 3	1.355 6	1.118 6	1.165 0	1.434
2203	2020-01-12	1.027 2	1.634 3	1.355 6	1.406 0	1.224 1	1.558
2204	2020-01-13	0.784 3	1.011 4	1.355 6	0.834 1	1.165 0	1.084
2205	2020-01-14	0.784 3	1.634 3	1.355 6	1.118 6	0.941 7	1.345
2206	2020-01-15	1.047 2	1.634 3	1.355 6	1.406 0	0.941 7	1.501
2207	2020-01-16	1.118 8	1.634 3	1.355 6	1.406 0	0.941 7	1.521
2208	2020-01-17	1.114 8	1.634 3	1.355 6	1.406 0	1.165 0	1.569
2209	2020-01-18	1.182 7	1.634 3	1.355 6	0.973 0	1.224 1	1.473
2210	2020-01-19	1.110 6	0.997 7	1.355 6	1.138 9	1.214 2	1.268

序号	日期	PM₂.₅气象污染分指数					PM₂.₅气象污染综合指数
		平均相对湿度	边界层厚度	平均气温	平均风速	平均本站气压	
2211	2020-01-20	0.611 8	0.997 7	1.353 1	0.847 3	1.165 0	1.035
2212	2020-01-21	1.110 6	1.634 3	1.355 6	1.406 0	1.165 0	1.567
2213	2020-01-22	1.182 7	1.634 3	1.353 1	1.406 0	1.224 1	1.600
2214	2020-01-23	1.118 8	1.301 8	1.353 1	1.138 9	1.165 0	1.370
2215	2020-01-24	1.110 6	0.997 7	1.353 1	0.911 7	0.941 7	1.142
2216	2020-01-25	1.118 8	1.634 3	1.355 6	1.406 0	0.941 7	1.521
2217	2020-01-26	1.182 7	1.301 8	1.355 6	1.406 0	0.941 7	1.417
2218	2020-01-27	1.084 1	1.634 3	1.353 1	1.406 0	1.165 0	1.560
2219	2020-01-28	1.118 8	1.301 8	1.353 1	1.406 0	1.224 1	1.462
2220	2020-01-29	1.118 8	1.011 4	1.353 1	1.118 6	1.165 0	1.259
2221	2020-01-30	1.110 6	0.997 7	1.355 6	1.406 0	1.165 0	1.336
2222	2020-01-31	1.114 8	1.301 8	1.353 1	1.406 0	1.224 1	1.461
2223	2020-02-01	0.784 3	0.895 9	1.353 1	0.911 7	1.165 0	1.064
2224	2020-02-02	1.182 7	0.895 9	1.353 1	0.911 7	1.165 0	1.174
2225	2020-02-03	0.931 8	0.997 7	1.355 6	0.847 3	1.165 0	1.123
2226	2020-02-04	1.027 2	0.895 9	1.355 6	0.916 1	0.941 7	1.083
2227	2020-02-05	1.182 7	0.866 1	1.355 6	0.847 3	0.941 7	1.095
2228	2020-02-06	1.084 1	1.011 4	1.355 6	0.973 0	0.941 7	1.157
2229	2020-02-07	1.084 1	1.634 3	1.355 6	1.118 6	0.941 7	1.427
2230	2020-02-08	1.114 8	1.634 3	1.355 6	1.406 0	0.941 7	1.519
2231	2020-02-09	1.084 1	1.634 3	1.353 1	1.138 9	1.224 1	1.495
2232	2020-02-10	1.118 8	1.634 3	1.323 0	1.406 0	1.146 1	1.565
2233	2020-02-11	1.084 1	1.634 3	1.323 0	1.406 0	1.146 1	1.556
2234	2020-02-12	1.182 7	1.634 3	1.323 0	1.406 0	1.057 6	1.564
2235	2020-02-13	1.182 7	1.301 8	1.008 3	0.911 7	0.901 9	1.263
2236	2020-02-14	1.182 7	1.301 8	1.353 1	0.727 0	1.214 2	1.278
2237	2020-02-15	1.027 2	0.784 2	1.355 6	0.727 0	0.941 7	0.987
2238	2020-02-16	0.931 8	0.784 2	1.355 6	0.727 0	1.165 0	1.010
2239	2020-02-17	0.784 3	1.011 4	1.353 1	0.727 0	0.941 7	1.003
2240	2020-02-18	1.047 2	1.634 3	1.323 0	1.138 9	1.165 0	1.472
2241	2020-02-19	1.182 7	1.301 8	1.353 1	1.138 9	1.224 1	1.401
2242	2020-02-20	1.182 7	1.634 3	1.353 1	1.118 6	0.941 7	1.454
2243	2020-02-21	1.084 1	0.784 2	1.323 0	0.911 7	1.165 0	1.106
2244	2020-02-22	0.611 8	0.851 0	1.323 0	0.834 1	0.941 7	0.929
2245	2020-02-23	0.931 8	0.997 7	1.323 0	0.916 1	1.214 2	1.154
2246	2020-02-24	1.114 8	1.301 8	1.323 0	0.834 1	1.146 1	1.276
2247	2020-02-25	0.931 8	0.895 9	1.323 0	1.046 4	1.224 1	1.157

续表

序号	日期	PM₂.₅气象污染分指数					PM₂.₅气象污染综合指数
		平均相对湿度	边界层厚度	平均气温	平均风速	平均本站气压	
2248	2020-02-26	1.110 6	0.866 1	1.323 0	0.973 0	0.941 7	1.112
2249	2020-02-27	1.047 2	1.011 4	1.323 0	0.911 7	0.941 7	1.129
2250	2020-02-28	1.084 1	0.997 7	1.323 0	0.916 1	1.214 2	1.196
2251	2020-02-29	1.182 7	0.997 7	1.323 0	1.406 0	1.146 1	1.351
2252	2020-03-01	1.110 6	0.784 2	1.323 0	0.834 1	1.224 1	1.103
2253	2020-03-02	1.027 2	0.837 3	1.323 0	0.727 0	1.224 1	1.069
2254	2020-03-03	1.047 2	0.784 2	1.323 0	0.727 0	1.224 1	1.055
2255	2020-03-04	0.611 8	0.837 3	1.353 1	0.727 0	0.941 7	0.893
2256	2020-03-05	0.931 8	0.895 9	1.323 0	0.834 1	1.224 1	1.095
2257	2020-03-06	1.047 2	0.866 1	1.008 3	0.911 7	1.057 6	1.102
2258	2020-03-07	1.084 1	0.895 9	1.008 3	0.916 1	1.057 6	1.124
2259	2020-03-08	1.182 7	1.301 8	1.323 0	0.973 0	1.057 6	1.316
2260	2020-03-09	1.182 7	0.997 7	1.323 0	0.911 7	1.146 1	1.206
2261	2020-03-10	1.110 6	0.784 2	1.323 0	0.847 3	1.146 1	1.090
2262	2020-03-11	0.931 8	0.844 9	1.008 3	0.834 1	1.057 6	1.040
2263	2020-03-12	1.027 2	0.866 1	1.008 3	0.834 1	1.146 1	1.093
2264	2020-03-13	0.784 3	0.784 2	1.323 0	0.911 7	1.165 0	1.024
2265	2020-03-14	0.611 8	0.784 2	1.008 3	0.847 3	1.146 1	0.953
2266	2020-03-15	0.784 3	0.851 0	1.008 3	0.727 0	1.146 1	0.990
2267	2020-03-16	0.931 8	1.011 4	1.008 3	0.847 3	1.214 2	1.139
2268	2020-03-17	0.931 8	0.851 0	1.032 4	0.973 0	1.057 6	1.083
2269	2020-03-18	0.611 8	0.784 2	0.979 9	0.727 0	0.768 3	0.835
2270	2020-03-19	0.611 8	0.784 2	1.032 4	0.727 0	1.057 6	0.899
2271	2020-03-20	0.611 8	0.844 9	1.032 4	0.916 1	0.799 0	0.919
2272	2020-03-21	0.611 8	0.866 1	1.032 4	0.727 0	0.901 9	0.894
2273	2020-03-22	0.931 8	0.844 9	1.032 4	0.911 7	1.146 1	1.082
2274	2020-03-23	0.784 3	1.301 8	1.032 4	0.727 0	1.146 1	1.154
2275	2020-03-24	0.931 8	0.866 1	1.032 4	0.834 1	1.057 6	1.048
2276	2020-03-25	0.931 8	0.866 1	0.979 9	1.046 4	0.901 9	1.076
2277	2020-03-26	1.027 2	0.851 0	1.008 3	0.727 0	1.146 1	1.056
2278	2020-03-27	0.611 8	0.784 2	1.008 3	0.727 0	1.165 0	0.922
2279	2020-03-28	0.611 8	0.837 3	1.008 3	0.916 1	1.165 0	0.997
2280	2020-03-29	0.611 8	0.844 9	1.008 3	0.834 1	1.214 2	0.987
2281	2020-03-30	0.931 8	0.844 9	1.032 4	0.834 1	1.146 1	1.059
2282	2020-03-31	1.047 2	0.851 0	1.032 4	0.911 7	1.057 6	1.096
2283	2020-04-01	0.611 8	0.784 2	1.032 4	0.847 3	1.224 1	0.971
2284	2020-04-02	0.784 3	0.784 2	1.032 4	0.847 3	1.224 1	1.018

序号	日期	PM$_{2.5}$气象污染分指数					PM$_{2.5}$气象污染综合指数
		平均相对湿度	边界层厚度	平均气温	平均风速	平均本站气压	
2285	2020-04-03	0.784 3	0.784 2	0.979 9	0.911 7	1.214 2	1.035
2286	2020-04-04	0.784 3	0.837 3	1.008 3	0.727 0	1.165 0	0.989
2287	2020-04-05	0.784 3	0.895 9	1.032 4	0.911 7	1.165 0	1.064
2288	2020-04-06	1.027 2	1.011 4	0.979 9	0.973 0	1.146 1	1.187
2289	2020-04-07	0.931 8	0.844 9	1.032 4	0.727 0	1.146 1	1.028
2290	2020-04-08	0.611 8	0.866 1	1.008 3	0.916 1	1.214 2	1.018
2291	2020-04-09	1.047 2	0.837 3	1.008 3	0.911 7	1.165 0	1.115
2292	2020-04-10	1.027 2	0.784 2	1.032 4	0.973 0	1.165 0	1.108
2293	2020-04-11	0.611 8	0.784 2	1.032 4	0.916 1	1.224 1	0.991
2294	2020-04-12	0.611 8	0.837 3	1.032 4	0.916 1	1.146 1	0.993
2295	2020-04-13	0.784 3	0.851 0	0.979 9	1.138 9	1.146 1	1.110
2296	2020-04-14	0.784 3	0.784 2	0.748 5	0.727 0	0.901 9	0.912
2297	2020-04-15	0.784 3	0.851 0	0.748 5	0.727 0	0.785 7	0.911
2298	2020-04-16	1.047 2	0.784 2	0.979 9	0.727 0	0.785 7	0.958
2299	2020-04-17	0.931 8	0.784 2	0.979 9	0.727 0	1.057 6	0.986
2300	2020-04-18	1.047 2	0.851 0	0.979 9	1.138 9	1.146 1	1.183
2301	2020-04-19	1.047 2	0.784 2	0.979 9	0.911 7	0.901 9	1.038
2302	2020-04-20	0.611 8	0.784 2	1.032 4	0.727 0	1.057 6	0.899
2303	2020-04-21	0.611 8	0.784 2	1.008 3	0.727 0	1.214 2	0.933
2304	2020-04-22	0.611 8	0.784 2	1.008 3	0.727 0	1.214 2	0.933
2305	2020-04-23	0.611 8	0.784 2	1.032 4	0.727 0	1.214 2	0.933
2306	2020-04-24	0.611 8	0.784 2	0.979 9	0.727 0	0.785 7	0.839
2307	2020-04-25	0.611 8	0.784 2	0.979 9	0.727 0	0.901 9	0.864
2308	2020-04-26	0.611 8	0.784 2	0.979 9	0.834 1	1.146 1	0.950
2309	2020-04-27	0.784 3	0.784 2	0.979 9	1.138 9	1.214 2	1.101
2310	2020-04-28	0.784 3	0.837 3	0.748 5	0.847 3	1.057 6	1.001
2311	2020-04-29	0.784 3	0.851 0	0.731 0	0.727 0	0.785 7	0.911
2312	2020-04-30	0.931 8	0.837 3	0.715 6	0.916 1	0.799 0	1.004
2313	2020-05-01	1.027 2	0.784 2	0.783 0	0.834 1	0.768 3	0.980
2314	2020-05-02	1.110 6	0.851 0	0.715 6	0.727 0	0.768 3	0.996
2315	2020-05-03	1.084 1	1.011 4	0.748 5	0.916 1	0.799 0	1.109
2316	2020-05-04	1.182 7	0.895 9	1.032 4	0.911 7	1.057 6	1.150
2317	2020-05-05	1.182 7	0.866 1	1.032 4	0.911 7	0.901 9	1.105
2318	2020-05-06	1.110 6	1.011 4	0.748 5	0.916 1	1.057 6	1.173
2319	2020-05-07	1.118 8	1.011 4	0.979 9	1.138 9	0.901 9	1.207
2320	2020-05-08	1.182 7	1.301 8	1.032 4	0.911 7	0.901 9	1.263
2321	2020-05-09	1.182 7	1.011 4	0.979 9	0.973 0	0.785 7	1.150

序号	日期	PM$_{2.5}$气象污染分指数					PM$_{2.5}$气象污染综合指数
		平均相对湿度	边界层厚度	平均气温	平均风速	平均本站气压	
2322	2020-05-10	1.027 2	0.784 2	0.748 5	0.834 1	0.785 7	0.984
2323	2020-05-11	0.611 8	0.784 2	0.748 5	0.727 0	0.799 0	0.842
2324	2020-05-12	0.611 8	0.784 2	0.748 5	0.834 1	0.785 7	0.870
2325	2020-05-13	1.047 2	0.844 9	0.748 5	0.911 7	0.785 7	1.034
2326	2020-05-14	1.047 2	0.837 3	0.731 0	0.727 0	0.799 0	0.980
2327	2020-05-15	1.118 8	0.997 7	0.979 9	0.834 1	0.799 0	1.090
2328	2020-05-16	1.182 7	0.837 3	0.979 9	0.911 7	0.768 3	1.065
2329	2020-05-17	1.027 2	0.851 0	0.748 5	1.118 6	0.768 3	1.088
2330	2020-05-18	0.611 8	0.784 2	0.748 5	0.727 0	0.768 3	0.835
2331	2020-05-19	0.784 3	0.784 2	0.748 5	0.911 7	0.799 0	0.943
2332	2020-05-20	0.931 8	0.851 0	0.731 0	0.911 7	0.799 0	1.008
2333	2020-05-21	1.118 8	0.997 7	0.748 5	0.834 1	0.799 0	1.090
2334	2020-05-22	1.114 8	0.784 2	0.731 0	0.911 7	0.768 3	1.027
2335	2020-05-23	1.114 8	0.784 2	0.748 5	1.046 4	0.799 0	1.073
2336	2020-05-24	1.047 2	0.784 2	0.748 5	1.046 4	0.901 9	1.077
2337	2020-05-25	1.118 8	0.837 3	0.748 5	0.973 0	0.901 9	1.095
2338	2020-05-26	1.118 8	0.784 2	0.748 5	1.046 4	0.901 9	1.097
2339	2020-05-27	1.027 2	0.784 2	0.731 0	0.727 0	0.799 0	0.956
2340	2020-05-28	1.027 2	0.784 2	0.715 6	0.847 3	0.799 0	0.991
2341	2020-05-29	1.110 6	0.784 2	0.715 6	0.911 7	0.799 0	1.033
2342	2020-05-30	1.027 2	0.784 2	0.715 6	0.727 0	0.785 7	0.953
2343	2020-05-31	1.027 2	0.784 2	0.731 0	0.727 0	0.785 7	0.953
2344	2020-06-01	1.027 2	0.784 2	0.731 0	0.727 0	0.799 0	0.956
2345	2020-06-02	1.047 2	0.784 2	0.731 0	0.911 7	0.768 3	1.009
2346	2020-06-03	0.931 8	0.784 2	0.783 0	1.046 4	0.768 3	1.016
2347	2020-06-04	0.931 8	0.895 9	0.731 0	0.834 1	0.768 3	0.995
2348	2020-06-05	0.784 3	0.866 1	0.731 0	0.727 0	0.785 7	0.916
2349	2020-06-06	0.931 8	1.011 4	0.731 0	0.973 0	0.785 7	1.081
2350	2020-06-07	1.047 2	0.837 3	0.783 0	0.973 0	0.768 3	1.046
2351	2020-06-08	0.784 3	0.784 2	0.783 0	0.847 3	0.799 0	0.924
2352	2020-06-09	1.114 8	0.844 9	0.715 6	0.847 3	0.785 7	1.034
2353	2020-06-10	1.114 8	0.784 2	0.715 6	1.046 4	0.799 0	1.073
2354	2020-06-11	1.118 8	0.866 1	0.715 6	0.834 1	0.768 3	1.035
2355	2020-06-12	1.110 6	0.851 0	0.715 6	1.046 4	0.768 3	1.090
2356	2020-06-13	1.047 2	0.784 2	0.783 0	0.973 0	0.768 3	1.026
2357	2020-06-14	0.611 8	0.784 2	0.783 0	0.916 1	0.785 7	0.894
2358	2020-06-15	0.784 3	0.784 2	0.783 0	1.138 9	0.799 0	1.010

续表

序号	日期	PM$_{2.5}$气象污染分指数					PM$_{2.5}$气象污染综合指数
		平均相对湿度	边界层厚度	平均气温	平均风速	平均本站气压	
2359	2020-06-16	0.784 3	0.784 2	0.783 0	0.973 0	0.799 0	0.961
2360	2020-06-17	1.027 2	0.837 3	0.715 6	0.834 1	0.768 3	1.000
2361	2020-06-18	1.118 8	0.784 2	0.731 0	0.916 1	0.768 3	1.029
2362	2020-06-19	1.114 8	0.784 2	0.715 6	0.973 0	0.799 0	1.052
2363	2020-06-20	1.047 2	0.784 2	0.783 0	0.834 1	0.799 0	0.993
2364	2020-06-21	1.027 2	0.784 2	0.783 0	0.727 0	0.768 3	0.949
2365	2020-06-22	1.047 2	0.784 2	0.783 0	0.834 1	0.768 3	0.986
2366	2020-06-23	1.114 8	0.851 0	0.715 6	0.847 3	0.768 3	1.032
2367	2020-06-24	1.118 8	0.844 9	0.731 0	1.046 4	0.768 3	1.090
2368	2020-06-25	1.114 8	0.844 9	0.715 6	0.834 1	0.768 3	1.026
2369	2020-06-26	1.182 7	1.011 4	0.731 0	1.406 0	0.768 3	1.273
2370	2020-06-27	1.084 1	0.844 9	0.715 6	0.973 0	0.768 3	1.059
2371	2020-06-28	1.110 6	0.895 9	0.783 0	1.046 4	0.799 0	1.113
2372	2020-06-29	1.084 1	0.851 0	0.715 6	1.118 6	0.768 3	1.104
2373	2020-06-30	1.110 6	0.784 2	0.715 6	0.911 7	0.768 3	1.026
2374	2020-07-01	1.047 2	0.784 2	0.783 0	0.916 1	0.768 3	1.010
2375	2020-07-02	1.114 8	0.844 9	0.783 0	0.834 1	0.799 0	1.033
2376	2020-07-03	1.084 1	0.866 1	0.731 0	0.916 1	0.785 7	1.054
2377	2020-07-04	1.118 8	0.837 3	0.715 6	0.911 7	0.799 0	1.054
2378	2020-07-05	1.084 1	0.844 9	0.783 0	0.847 3	0.768 3	1.022
2379	2020-07-06	1.084 1	0.837 3	0.715 6	0.973 0	0.768 3	1.056
2380	2020-07-07	1.110 6	0.837 3	0.783 0	1.118 6	0.799 0	1.113
2381	2020-07-08	1.118 8	0.851 0	0.783 0	0.834 1	0.799 0	1.036
2382	2020-07-09	1.182 7	0.866 1	0.731 0	0.916 1	0.768 3	1.077
2383	2020-07-10	1.182 7	0.844 9	0.731 0	0.973 0	0.768 3	1.086
2384	2020-07-11	1.182 7	0.866 1	0.715 6	1.046 4	0.799 0	1.122
2385	2020-07-12	1.182 7	0.895 9	0.715 6	1.138 9	0.799 0	1.160
2386	2020-07-13	1.182 7	0.837 3	0.731 0	1.406 0	0.799 0	1.217
2387	2020-07-14	1.084 1	0.837 3	0.783 0	1.406 0	0.799 0	1.190
2388	2020-07-15	1.114 8	0.784 2	0.783 0	1.046 4	0.768 3	1.066
2389	2020-07-16	1.110 6	0.784 2	0.783 0	1.046 4	0.768 3	1.065
2390	2020-07-17	1.114 8	0.844 9	0.783 0	0.834 1	0.768 3	1.026
2391	2020-07-18	1.084 1	0.844 9	0.715 6	0.911 7	0.768 3	1.041
2392	2020-07-19	1.114 8	0.784 2	0.715 6	1.138 9	0.768 3	1.094
2393	2020-07-20	1.110 6	0.784 2	0.783 0	0.973 0	0.768 3	1.044
2394	2020-07-21	1.047 2	0.784 2	0.783 0	0.847 3	0.785 7	0.993
2395	2020-07-22	1.047 2	0.837 3	0.783 0	0.916 1	0.799 0	1.036

续表

序号	日期	PM₂.₅气象污染分指数					PM₂.₅气象污染综合指数
		平均相对湿度	边界层厚度	平均气温	平均风速	平均本站气压	
2396	2020-07-23	1.110 6	0.837 3	0.783 0	0.911 7	0.785 7	1.049
2397	2020-07-24	1.047 2	0.784 2	0.783 0	0.911 7	0.799 0	1.015
2398	2020-07-25	1.027 2	0.784 2	0.783 0	1.138 9	0.768 3	1.070
2399	2020-07-26	1.118 8	0.997 7	0.731 0	0.973 0	0.799 0	1.131
2400	2020-07-27	1.182 7	0.866 1	0.731 0	1.406 0	0.799 0	1.227
2401	2020-07-28	1.084 1	0.851 0	0.715 6	1.138 9	0.799 0	1.116
2402	2020-07-29	1.084 1	0.837 3	0.783 0	1.406 0	0.785 7	1.187
2403	2020-07-30	1.114 8	0.837 3	0.783 0	0.847 3	0.785 7	1.031
2404	2020-07-31	1.182 7	0.844 9	0.715 6	0.973 0	0.785 7	1.090
2405	2020-08-01	1.182 7	0.837 3	0.715 6	0.911 7	0.799 0	1.072
2406	2020-08-02	1.182 7	0.837 3	0.783 0	1.118 6	0.768 3	1.126
2407	2020-08-03	1.084 1	0.844 9	0.783 0	1.046 4	0.768 3	1.080
2408	2020-08-04	1.084 1	0.784 2	0.783 0	1.138 9	0.768 3	1.085
2409	2020-08-05	1.182 7	1.301 8	0.783 0	1.046 4	0.799 0	1.280
2410	2020-08-06	1.182 7	1.011 4	0.783 0	0.911 7	0.799 0	1.135
2411	2020-08-07	1.084 1	0.866 1	0.783 0	0.847 3	0.768 3	1.030
2412	2020-08-08	1.084 1	0.866 1	0.783 0	0.911 7	0.768 3	1.048
2413	2020-08-09	1.084 1	0.851 0	0.783 0	1.046 4	0.768 3	1.082
2414	2020-08-10	1.084 1	0.844 9	0.715 6	1.118 6	0.768 3	1.101
2415	2020-08-11	1.182 7	0.866 1	0.783 0	1.406 0	0.768 3	1.220
2416	2020-08-12	1.182 7	1.301 8	0.715 6	0.916 1	0.799 0	1.242
2417	2020-08-13	1.182 7	0.895 9	0.715 6	0.973 0	0.768 3	1.104
2418	2020-08-14	1.182 7	1.011 4	0.783 0	1.138 9	0.768 3	1.195
2419	2020-08-15	1.182 7	1.011 4	0.783 0	0.911 7	0.768 3	1.128
2420	2020-08-16	1.182 7	0.997 7	0.731 0	1.406 0	0.785 7	1.272
2421	2020-08-17	1.182 7	1.301 8	0.715 6	1.406 0	0.785 7	1.383
2422	2020-08-18	1.182 7	1.301 8	0.783 0	0.834 1	0.799 0	1.218
2423	2020-08-19	1.182 7	1.301 8	0.748 5	0.911 7	0.901 9	1.263
2424	2020-08-20	1.084 1	0.895 9	0.748 5	1.406 0	1.057 6	1.268
2425	2020-08-21	1.118 8	0.866 1	0.731 0	1.138 9	1.057 6	1.188
2426	2020-08-22	1.118 8	0.895 9	0.731 0	1.118 6	0.901 9	1.159
2427	2020-08-23	1.182 7	0.895 9	0.715 6	0.911 7	0.799 0	1.093
2428	2020-08-24	1.182 7	0.895 9	0.715 6	0.727 0	0.768 3	1.032
2429	2020-08-25	1.084 1	1.634 3	0.715 6	1.406 0	0.768 3	1.473
2430	2020-08-26	1.182 7	1.634 3	0.715 6	1.406 0	0.768 3	1.500
2431	2020-08-27	1.182 7	0.844 9	0.715 6	1.118 6	0.768 3	1.128
2432	2020-08-28	1.084 1	0.895 9	0.715 6	1.406 0	0.768 3	1.204

序号	日期	PM$_{2.5}$气象污染分指数					PM$_{2.5}$气象污染综合指数
		平均相对湿度	边界层厚度	平均气温	平均风速	平均本站气压	
2433	2020-08-29	1.084 1	1.011 4	0.715 6	0.973 0	0.785 7	1.123
2434	2020-08-30	1.084 1	1.011 4	0.783 0	0.847 3	0.901 9	1.112
2435	2020-08-31	1.084 1	1.011 4	0.715 6	0.911 7	0.901 9	1.131
2436	2020-09-01	1.118 8	0.844 9	0.715 6	1.138 9	0.785 7	1.121
2437	2020-09-02	1.114 8	0.837 3	0.748 5	0.847 3	0.785 7	1.031
2438	2020-09-03	1.027 2	0.837 3	0.731 0	0.727 0	0.799 0	0.975
2439	2020-09-04	1.047 2	0.837 3	0.731 0	0.973 0	0.799 0	1.053
2440	2020-09-05	1.047 2	0.895 9	0.715 6	1.406 0	0.799 0	1.201
2441	2020-09-06	1.084 1	1.011 4	0.715 6	0.847 3	0.785 7	1.086
2442	2020-09-07	1.084 1	0.895 9	0.731 0	1.138 9	0.799 0	1.133
2443	2020-09-08	1.047 2	0.837 3	0.715 6	0.911 7	0.785 7	1.032
2444	2020-09-09	1.047 2	0.851 0	0.731 0	0.911 7	0.785 7	1.037
2445	2020-09-10	1.110 6	0.837 3	0.748 5	0.916 1	0.785 7	1.050
2446	2020-09-11	1.084 1	0.851 0	0.748 5	0.911 7	1.057 6	1.107
2447	2020-09-12	1.118 8	0.866 1	0.748 5	0.847 3	1.146 1	1.122
2448	2020-09-13	1.182 7	0.866 1	0.748 5	0.973 0	1.146 1	1.177
2449	2020-09-14	1.182 7	0.997 7	0.748 5	1.406 0	1.057 6	1.332
2450	2020-09-15	1.182 7	1.634 3	0.748 5	1.046 4	0.785 7	1.398
2451	2020-09-16	1.110 6	0.837 3	0.748 5	0.916 1	0.785 7	1.050
2452	2020-09-17	1.027 2	0.851 0	0.748 5	0.911 7	0.901 9	1.057
2453	2020-09-18	1.047 2	0.844 9	0.748 5	0.911 7	0.901 9	1.060
2454	2020-09-19	1.114 8	1.011 4	0.748 5	1.138 9	1.057 6	1.240
2455	2020-09-20	1.110 6	0.895 9	0.748 5	0.973 0	1.146 1	1.168
2456	2020-09-21	1.114 8	1.011 4	0.748 5	0.911 7	1.057 6	1.173
2457	2020-09-22	1.084 1	1.011 4	0.748 5	1.046 4	1.146 1	1.224
2458	2020-09-23	1.182 7	1.634 3	0.979 9	1.118 6	1.146 1	1.499
2459	2020-09-24	1.182 7	1.011 4	0.748 5	1.406 0	1.057 6	1.337
2460	2020-09-25	1.182 7	1.011 4	0.748 5	1.406 0	1.057 6	1.337
2461	2020-09-26	1.182 7	1.011 4	0.748 5	1.406 0	1.146 1	1.356
2462	2020-09-27	1.084 1	0.866 1	0.748 5	1.118 6	1.146 1	1.192
2463	2020-09-28	1.084 1	0.844 9	0.748 5	1.138 9	1.057 6	1.171
2464	2020-09-29	1.084 1	0.997 7	0.979 9	0.973 0	1.057 6	1.178
2465	2020-09-30	1.118 8	0.895 9	0.979 9	1.406 0	1.057 6	1.277
2466	2020-10-01	1.182 7	1.634 3	0.979 9	1.406 0	0.901 9	1.529
2467	2020-10-02	1.114 8	0.851 0	1.032 4	0.911 7	1.057 6	1.115
2468	2020-10-03	1.110 6	0.844 9	0.979 9	0.911 7	1.057 6	1.112
2469	2020-10-04	0.611 8	0.784 2	1.032 4	0.727 0	1.214 2	0.933

续表

序号	日期	PM$_{2.5}$气象污染分指数					PM$_{2.5}$气象污染综合指数
		平均相对湿度	边界层厚度	平均气温	平均风速	平均本站气压	
2470	2020-10-05	1.027 2	0.844 9	1.032 4	1.046 4	1.224 1	1.165
2471	2020-10-06	1.110 6	0.895 9	1.032 4	1.046 4	1.224 1	1.206
2472	2020-10-07	1.110 6	1.011 4	0.979 9	0.973 0	1.224 1	1.227
2473	2020-10-08	1.084 1	1.301 8	1.032 4	1.406 0	1.165 0	1.439
2474	2020-10-09	1.084 1	1.011 4	0.979 9	1.138 9	1.214 2	1.266
2475	2020-10-10	1.084 1	1.011 4	0.979 9	0.973 0	1.146 1	1.202
2476	2020-10-11	1.110 6	0.895 9	0.979 9	0.847 3	1.146 1	1.131
2477	2020-10-12	0.931 8	0.866 1	1.032 4	0.911 7	1.214 2	1.105
2478	2020-10-13	0.931 8	0.844 9	1.032 4	1.118 6	1.214 2	1.158
2479	2020-10-14	1.047 2	0.851 0	1.032 4	0.834 1	1.165 0	1.097
2480	2020-10-15	1.182 7	0.895 9	1.032 4	1.138 9	1.224 1	1.253
2481	2020-10-16	1.110 6	0.844 9	1.032 4	0.911 7	1.224 1	1.148
2482	2020-10-17	0.931 8	1.011 4	1.032 4	0.911 7	1.214 2	1.158
2483	2020-10-18	1.114 8	1.301 8	1.032 4	1.406 0	1.214 2	1.458
2484	2020-10-19	1.182 7	1.301 8	1.032 4	1.406 0	1.224 1	1.479
2485	2020-10-20	1.110 6	0.866 1	1.032 4	0.911 7	1.214 2	1.154
2486	2020-10-21	0.931 8	0.851 0	1.032 4	0.834 1	1.146 1	1.062
2487	2020-10-22	0.931 8	0.851 0	1.008 3	0.911 7	1.214 2	1.099
2488	2020-10-23	0.784 3	0.895 9	1.008 3	1.046 4	1.224 1	1.117
2489	2020-10-24	1.047 2	1.301 8	1.008 3	1.046 4	1.214 2	1.334
2490	2020-10-25	1.047 2	1.301 8	1.032 4	1.406 0	1.146 1	1.425
2491	2020-10-26	1.114 8	1.301 8	1.032 4	1.406 0	1.146 1	1.443
2492	2020-10-27	0.611 8	0.895 9	1.032 4	0.916 1	1.224 1	1.031
2493	2020-10-28	0.931 8	0.997 7	1.008 3	1.406 0	1.165 0	1.287
2494	2020-10-29	1.114 8	0.997 7	1.008 3	1.406 0	1.165 0	1.337
2495	2020-10-30	1.118 8	0.997 7	1.008 3	1.406 0	1.165 0	1.338
2496	2020-10-31	1.118 8	0.997 7	1.032 4	1.138 9	1.146 1	1.256
2497	2020-11-01	0.931 8	0.866 1	1.032 4	1.046 4	1.214 2	1.144
2498	2020-11-02	0.611 8	0.837 3	1.008 3	0.727 0	1.224 1	0.955
2499	2020-11-03	0.784 3	1.011 4	1.323 0	1.406 0	1.165 0	1.251
2500	2020-11-04	1.047 2	1.301 8	1.008 3	1.138 9	1.214 2	1.362
2501	2020-11-05	1.110 6	1.301 8	1.008 3	1.118 6	1.214 2	1.373
2502	2020-11-06	1.047 2	0.895 9	1.008 3	1.138 9	1.146 1	1.199
2503	2020-11-07	0.784 3	0.851 0	1.032 4	0.916 1	1.214 2	1.060
2504	2020-11-08	0.611 8	1.011 4	1.008 3	0.834 1	0.941 7	0.987
2505	2020-11-09	0.931 8	1.301 8	1.008 3	1.406 0	1.165 0	1.397
2506	2020-11-10	1.110 6	1.634 3	1.008 3	1.406 0	1.165 0	1.567

序号	日期	PM₂.₅ 气象污染分指数					PM₂.₅ 气象污染综合指数
		平均相对湿度	边界层厚度	平均气温	平均风速	平均本站气压	
2507	2020-11-11	1.114 8	1.301 8	1.008 3	1.118 6	1.165 0	1.363
2508	2020-11-12	1.027 2	0.997 7	1.032 4	0.973 0	1.165 0	1.186
2509	2020-11-13	1.047 2	0.997 7	1.008 3	0.911 7	0.941 7	1.124
2510	2020-11-14	1.084 1	1.634 3	1.008 3	1.118 6	1.165 0	1.476
2511	2020-11-15	1.118 8	1.634 3	1.032 4	1.406 0	1.224 1	1.583
2512	2020-11-16	1.182 7	1.301 8	1.008 3	0.973 0	1.165 0	1.339
2513	2020-11-17	1.182 7	1.301 8	1.032 4	1.406 0	1.146 1	1.462
2514	2020-11-18	1.182 7	0.997 7	1.008 3	0.834 1	0.785 7	1.104
2515	2020-11-19	1.114 8	1.011 4	1.323 0	0.727 0	1.057 6	1.119
2516	2020-11-20	1.047 2	0.997 7	1.323 0	0.916 1	1.165 0	1.175
2517	2020-11-21	1.084 1	1.634 3	1.323 0	1.046 4	1.165 0	1.455
2518	2020-11-22	1.047 2	0.866 1	1.353 1	0.916 1	0.941 7	1.078
2519	2020-11-23	0.931 8	1.011 4	1.353 1	0.911 7	0.941 7	1.098
2520	2020-11-24	1.084 1	1.301 8	1.353 1	1.406 0	0.941 7	1.390
2521	2020-11-25	1.114 8	1.301 8	1.323 0	1.406 0	0.941 7	1.398
2522	2020-11-26	1.027 2	0.895 9	1.323 0	0.973 0	0.941 7	1.100
2523	2020-11-27	1.047 2	0.895 9	1.353 1	0.834 1	0.941 7	1.065
2524	2020-11-28	0.931 8	1.011 4	1.355 6	0.834 1	0.941 7	1.075
2525	2020-11-29	1.110 6	0.997 7	1.355 6	1.406 0	0.941 7	1.287
2526	2020-11-30	0.931 8	1.301 8	1.355 6	1.118 6	0.941 7	1.264
2527	2020-12-01	1.110 6	1.634 3	1.355 6	1.406 0	0.941 7	1.518
2528	2020-12-02	1.047 2	0.997 7	1.353 1	0.973 0	0.941 7	1.142
2529	2020-12-03	0.784 3	1.011 4	1.353 1	0.727 0	0.941 7	1.003
2530	2020-12-04	0.784 3	0.997 7	1.355 6	0.973 0	0.941 7	1.070
2531	2020-12-05	1.027 2	1.634 3	1.355 6	1.406 0	0.941 7	1.495
2532	2020-12-06	1.027 2	1.301 8	1.323 0	1.138 9	1.165 0	1.345
2533	2020-12-07	0.611 8	0.866 1	1.355 6	0.727 0	0.941 7	0.903
2534	2020-12-08	0.931 8	1.634 3	1.355 6	1.118 6	0.941 7	1.385
2535	2020-12-09	1.047 2	1.634 3	1.353 1	1.406 0	1.224 1	1.563
2536	2020-12-10	1.114 8	1.634 3	1.353 1	1.406 0	1.224 1	1.582
2537	2020-12-11	1.114 8	1.634 3	1.353 1	1.138 9	1.214 2	1.501
2538	2020-12-12	1.182 7	1.634 3	1.355 6	1.138 9	1.214 2	1.520
2539	2020-12-13	0.611 8	0.851 0	1.355 6	0.727 0	0.941 7	0.898
2540	2020-12-14	0.784 3	1.011 4	1.355 6	1.138 9	0.941 7	1.124
2541	2020-12-15	0.784 3	1.634 3	1.355 6	1.406 0	0.941 7	1.429
2542	2020-12-16	0.784 3	1.634 3	1.355 6	1.406 0	0.941 7	1.429
2543	2020-12-17	1.027 2	1.634 3	1.355 6	1.406 0	0.941 7	1.495

续表

序号	日期	PM₂.₅气象污染分指数					PM₂.₅气象污染综合指数
		平均相对湿度	边界层厚度	平均气温	平均风速	平均本站气压	
2544	2020-12-18	0.611 8	1.011 4	1.355 6	0.834 1	0.941 7	0.987
2545	2020-12-19	1.027 2	1.634 3	1.355 6	1.406 0	0.941 7	1.495
2546	2020-12-20	1.047 2	1.634 3	1.355 6	1.118 6	0.941 7	1.417
2547	2020-12-21	1.047 2	1.634 3	1.355 6	1.406 0	0.941 7	1.501
2548	2020-12-22	1.110 6	1.634 3	1.355 6	1.406 0	1.214 2	1.578
2549	2020-12-23	0.931 8	1.301 8	1.353 1	0.973 0	1.214 2	1.281
2550	2020-12-24	0.611 8	0.997 7	1.355 6	0.973 0	1.224 1	1.085
2551	2020-12-25	0.784 3	1.634 3	1.355 6	1.138 9	1.224 1	1.413
2552	2020-12-26	1.110 6	1.634 3	1.355 6	1.406 0	1.214 2	1.578
2553	2020-12-27	1.118 8	1.634 3	1.355 6	1.406 0	1.214 2	1.580
2554	2020-12-28	1.047 2	1.011 4	1.353 1	0.847 3	1.165 0	1.160
2555	2020-12-29	0.611 8	0.784 2	1.355 6	0.727 0	0.941 7	0.873
2556	2020-12-30	0.611 8	0.844 9	1.355 6	0.727 0	0.941 7	0.895
2557	2020-12-31	0.784 3	1.634 3	1.355 6	1.406 0	0.941 7	1.429
2558	2021-01-01	0.931 8	1.634 3	1.355 6	1.406 0	1.165 0	1.518
2559	2021-01-02	1.118 8	1.634 3	1.355 6	1.406 0	0.941 7	1.521
2560	2021-01-03	1.047 2	1.634 3	1.355 6	1.406 0	0.941 7	1.501
2561	2021-01-04	0.611 8	1.011 4	1.355 6	0.847 3	0.941 7	0.991
2562	2021-01-05	0.611 8	0.997 7	1.355 6	0.847 3	0.941 7	0.986
2563	2021-01-06	0.611 8	0.784 2	1.355 6	0.727 0	0.941 7	0.873
2564	2021-01-07	0.611 8	0.851 0	1.355 6	0.727 0	0.941 7	0.898
2565	2021-01-08	0.611 8	1.011 4	1.355 6	0.911 7	0.941 7	1.010
2566	2021-01-09	0.611 8	1.301 8	1.355 6	1.046 4	0.941 7	1.155
2567	2021-01-10	0.611 8	1.301 8	1.355 6	0.834 1	0.941 7	1.093
2568	2021-01-11	0.784 3	1.301 8	1.355 6	0.727 0	1.165 0	1.158
2569	2021-01-12	0.611 8	1.634 3	1.355 6	1.118 6	0.901 9	1.289
2570	2021-01-13	0.611 8	1.634 3	1.323 0	0.916 1	0.901 9	1.229
2571	2021-01-14	1.084 1	1.634 3	1.353 1	0.916 1	1.057 6	1.393
2572	2021-01-15	1.110 6	0.895 9	1.355 6	0.834 1	1.224 1	1.144
2573	2021-01-16	0.784 3	0.866 1	1.355 6	0.847 3	0.941 7	0.986
2574	2021-01-17	0.611 8	1.301 8	1.355 6	0.973 0	1.165 0	1.183
2575	2021-01-18	0.931 8	1.011 4	1.355 6	0.727 0	1.224 1	1.106
2576	2021-01-19	1.114 8	0.997 7	1.355 6	0.727 0	0.941 7	1.089
2577	2021-01-20	1.084 1	1.634 3	1.355 6	1.406 0	1.224 1	1.573
2578	2021-01-21	1.110 6	1.634 3	1.355 6	1.406 0	1.214 2	1.578
2579	2021-01-22	1.114 8	1.301 8	1.355 6	0.911 7	1.224 1	1.316
2580	2021-01-23	1.114 8	1.634 3	1.355 6	1.406 0	1.224 1	1.582

序号	日期	PM_{2.5}气象污染分指数					PM₂.₅气象污染综合指数
		平均相对湿度	边界层厚度	平均气温	平均风速	平均本站气压	
2581	2021-01-24	1.114 8	1.634 3	1.355 6	1.406 0	1.165 0	1.569
2582	2021-01-25	1.110 6	1.634 3	1.353 1	1.406 0	1.165 0	1.567
2583	2021-01-26	1.118 8	0.997 7	1.355 6	1.406 0	1.224 1	1.351
2584	2021-01-27	1.047 2	0.997 7	1.353 1	0.911 7	1.214 2	1.184
2585	2021-01-28	0.611 8	0.784 2	1.355 6	0.727 0	1.165 0	0.922
2586	2021-01-29	0.611 8	1.634 3	1.355 6	1.406 0	1.224 1	1.444
2587	2021-01-30	1.027 2	1.634 3	1.355 6	0.847 3	1.224 1	1.394
2588	2021-01-31	1.118 8	1.634 3	1.355 6	0.911 7	1.214 2	1.436
2589	2021-02-01	0.784 3	1.011 4	1.355 6	0.727 0	1.224 1	1.065
2590	2021-02-02	0.611 8	1.301 8	1.355 6	0.834 1	0.941 7	1.093
2591	2021-02-03	0.784 3	0.997 7	1.355 6	0.916 1	1.224 1	1.116
2592	2021-02-04	0.611 8	1.301 8	1.353 1	0.916 1	1.224 1	1.179
2593	2021-02-05	0.784 3	0.997 7	1.323 0	1.118 6	1.057 6	1.138
2594	2021-02-06	0.784 3	0.997 7	1.323 0	0.911 7	1.057 6	1.078
2595	2021-02-07	0.931 8	0.851 0	1.353 1	0.911 7	0.941 7	1.039
2596	2021-02-08	1.027 2	0.997 7	1.353 1	1.046 4	0.941 7	1.158
2597	2021-02-09	0.931 8	1.301 8	1.353 1	0.973 0	1.224 1	1.284
2598	2021-02-10	1.027 2	1.634 3	1.323 0	1.118 6	1.214 2	1.471
2599	2021-02-11	1.047 2	1.301 8	1.323 0	0.847 3	1.146 1	1.261
2600	2021-02-12	1.110 6	1.634 3	1.008 3	1.406 0	1.146 1	1.563
2601	2021-02-13	1.182 7	1.634 3	1.323 0	1.406 0	1.214 2	1.598
2602	2021-02-14	1.118 8	1.011 4	1.323 0	0.834 1	1.146 1	1.171
2603	2021-02-15	0.611 8	0.851 0	1.353 1	0.834 1	1.214 2	0.989
2604	2021-02-16	0.611 8	0.784 2	1.353 1	0.727 0	1.224 1	0.935
2605	2021-02-17	0.611 8	0.844 9	1.355 6	0.916 1	0.941 7	0.951
2606	2021-02-18	0.931 8	1.634 3	1.353 1	1.138 9	1.165 0	1.440
2607	2021-02-19	0.931 8	1.301 8	1.008 3	1.138 9	0.901 9	1.261
2608	2021-02-20	0.611 8	0.997 7	1.032 4	0.916 1	0.799 0	0.975
2609	2021-02-21	0.611 8	1.011 4	1.032 4	1.406 0	0.768 3	1.117
2610	2021-02-22	1.027 2	0.851 0	1.323 0	0.727 0	1.224 1	1.074
2611	2021-02-23	1.110 6	1.011 4	1.353 1	0.727 0	0.941 7	1.093
2612	2021-02-24	1.114 8	1.011 4	1.353 1	1.138 9	1.165 0	1.264
2613	2021-02-25	1.084 1	1.011 4	1.323 0	1.138 9	1.165 0	1.255
2614	2021-02-26	1.118 8	1.301 8	1.323 0	1.118 6	1.165 0	1.364
2615	2021-02-27	1.027 2	0.895 9	1.323 0	0.911 7	1.224 1	1.144
2616	2021-02-28	1.084 1	1.634 3	1.323 0	0.916 1	1.224 1	1.430
2617	2021-03-01	1.114 8	0.895 9	1.353 1	0.834 1	0.941 7	1.083

续表

序号	日期	PM_{2.5} 气象污染分指数					PM_{2.5} 气象污染综合指数
		平均相对湿度	边界层厚度	平均气温	平均风速	平均本站气压	
2618	2021-03-02	1.084 1	0.997 7	1.353 1	0.911 7	1.165 0	1.184
2619	2021-03-03	1.182 7	0.895 9	1.323 0	0.911 7	1.214 2	1.184
2620	2021-03-04	1.182 7	0.997 7	1.323 0	1.406 0	1.057 6	1.332
2621	2021-03-05	1.084 1	0.895 9	1.323 0	0.916 1	1.214 2	1.159
2622	2021-03-06	0.784 3	0.844 9	1.353 1	0.916 1	0.941 7	0.998
2623	2021-03-07	1.047 2	0.997 7	1.353 1	1.046 4	0.941 7	1.164
2624	2021-03-08	1.114 8	1.301 8	1.323 0	0.973 0	1.165 0	1.321
2625	2021-03-09	1.118 8	1.301 8	1.008 3	1.406 0	1.224 1	1.462
2626	2021-03-10	1.118 8	0.866 1	1.008 3	0.916 1	1.224 1	1.159
2627	2021-03-11	1.114 8	0.844 9	1.032 4	0.911 7	1.224 1	1.149
2628	2021-03-12	1.118 8	1.011 4	1.008 3	0.916 1	1.224 1	1.212
2629	2021-03-13	1.110 6	0.997 7	1.008 3	1.118 6	1.224 1	1.264
2630	2021-03-14	1.118 8	0.866 1	1.008 3	0.916 1	1.057 6	1.123
2631	2021-03-15	1.027 2	0.851 0	1.008 3	0.727 0	1.057 6	1.037
2632	2021-03-16	0.611 8	0.895 9	1.008 3	0.847 3	1.214 2	1.009
2633	2021-03-17	0.611 8	0.997 7	1.008 3	0.911 7	1.214 2	1.065
2634	2021-03-18	0.931 8	0.895 9	1.008 3	1.406 0	1.224 1	1.263
2635	2021-03-19	1.118 8	0.866 1	1.323 0	1.406 0	1.214 2	1.301
2636	2021-03-20	1.047 2	0.784 2	1.008 3	0.727 0	1.146 1	1.038
2637	2021-03-21	0.611 8	0.784 2	1.008 3	0.727 0	1.224 1	0.935
2638	2021-03-22	0.611 8	0.851 0	1.032 4	0.847 3	1.214 2	0.993
2639	2021-03-23	0.784 3	0.997 7	1.032 4	0.973 0	0.901 9	1.062
2640	2021-03-24	0.931 8	0.895 9	1.032 4	0.834 1	1.057 6	1.058
2641	2021-03-25	0.931 8	1.011 4	1.032 4	1.046 4	1.146 1	1.182
2642	2021-03-26	1.114 8	1.011 4	0.979 9	0.911 7	1.057 6	1.173
2643	2021-03-27	1.182 7	0.895 9	1.032 4	0.911 7	0.785 7	1.090
2644	2021-03-28	0.931 8	0.784 2	1.032 4	0.727 0	0.768 3	0.923
2645	2021-03-29	0.611 8	0.851 0	1.032 4	0.973 0	0.901 9	0.961
2646	2021-03-30	1.027 2	0.844 9	1.032 4	0.911 7	0.901 9	1.055
2647	2021-03-31	0.931 8	0.895 9	0.979 9	0.911 7	0.901 9	1.047
2648	2021-04-01	0.611 8	0.997 7	0.979 9	0.834 1	1.146 1	1.027
2649	2021-04-02	1.047 2	0.895 9	1.032 4	1.406 0	1.146 1	1.277
2650	2021-04-03	1.027 2	0.784 2	1.032 4	0.916 1	1.224 1	1.105
2651	2021-04-04	0.931 8	0.837 3	1.032 4	1.118 6	1.165 0	1.144
2652	2021-04-05	0.931 8	0.844 9	1.032 4	0.847 3	1.214 2	1.078
2653	2021-04-06	0.931 8	0.851 0	0.979 9	1.118 6	1.214 2	1.160
2654	2021-04-07	0.931 8	0.997 7	1.032 4	0.727 0	1.224 1	1.101

序号	日期	PM$_{2.5}$气象污染分指数					PM$_{2.5}$气象污染综合指数
		平均相对湿度	边界层厚度	平均气温	平均风速	平均本站气压	
2655	2021-04-08	0.931 8	1.011 4	1.032 4	0.911 7	1.224 1	1.160
2656	2021-04-09	0.784 3	1.301 8	1.032 4	0.727 0	1.224 1	1.171
2657	2021-04-10	0.931 8	0.837 3	1.032 4	0.973 0	1.224 1	1.114
2658	2021-04-11	1.027 2	0.844 9	0.979 9	0.834 1	1.214 2	1.100
2659	2021-04-12	1.110 6	0.866 1	0.979 9	0.727 0	1.057 6	1.065
2660	2021-04-13	0.611 8	0.784 2	1.008 3	0.727 0	1.214 2	0.933
2661	2021-04-14	0.611 8	0.784 2	1.032 4	0.834 1	1.057 6	0.930
2662	2021-04-15	1.027 2	0.784 2	0.979 9	0.727 0	0.785 7	0.953
2663	2021-04-16	0.611 8	0.784 2	1.032 4	0.916 1	1.057 6	0.954
2664	2021-04-17	0.611 8	0.784 2	1.032 4	0.727 0	1.214 2	0.933
2665	2021-04-18	0.611 8	0.851 0	0.979 9	0.727 0	1.057 6	0.923
2666	2021-04-19	0.784 3	0.851 0	0.748 5	1.138 9	0.901 9	1.057
2667	2021-04-20	1.027 2	0.844 9	0.748 5	0.834 1	1.057 6	1.066
2668	2021-04-21	1.110 6	0.844 9	0.979 9	0.911 7	1.146 1	1.131
2669	2021-04-22	1.084 1	0.895 9	1.032 4	0.916 1	1.057 6	1.124
2670	2021-04-23	1.084 1	0.837 3	1.032 4	0.727 0	1.146 1	1.067
2671	2021-04-24	1.118 8	0.851 0	1.032 4	1.138 9	1.224 1	1.219
2672	2021-04-25	1.110 6	0.866 1	0.979 9	0.916 1	1.224 1	1.157
2673	2021-04-26	0.931 8	0.895 9	1.032 4	0.973 0	1.146 1	1.119
2674	2021-04-27	1.027 2	0.784 2	0.979 9	0.911 7	1.057 6	1.067
2675	2021-04-28	0.611 8	0.784 2	0.979 9	0.847 3	1.057 6	0.934
2676	2021-04-29	0.611 8	0.784 2	0.979 9	0.834 1	0.768 3	0.866
2677	2021-04-30	1.110 6	0.784 2	1.008 3	0.973 0	0.785 7	1.048
2678	2021-05-01	0.931 8	0.784 2	1.032 4	0.727 0	0.901 9	0.952
2679	2021-05-02	0.931 8	0.837 3	1.032 4	1.046 4	1.146 1	1.119
2680	2021-05-03	1.027 2	0.837 3	0.979 9	0.727 0	0.901 9	0.998
2681	2021-05-04	0.611 8	0.784 2	0.979 9	0.727 0	0.901 9	0.864
2682	2021-05-05	0.611 8	0.784 2	0.979 9	0.727 0	0.901 9	0.864
2683	2021-05-06	0.611 8	0.784 2	0.731 0	0.727 0	0.768 3	0.835
2684	2021-05-07	0.611 8	0.784 2	0.748 5	0.727 0	0.799 0	0.842
2685	2021-05-08	0.611 8	0.784 2	0.748 5	0.727 0	0.768 3	0.835
2686	2021-05-09	0.611 8	0.844 9	0.748 5	0.916 1	0.785 7	0.916
2687	2021-05-10	0.931 8	0.866 1	0.979 9	0.727 0	0.901 9	0.982
2688	2021-05-11	1.110 6	0.997 7	0.979 9	0.916 1	0.901 9	1.134
2689	2021-05-12	1.110 6	0.895 9	0.748 5	0.973 0	0.785 7	1.088
2690	2021-05-13	1.084 1	0.997 7	0.748 5	0.973 0	0.785 7	1.118
2691	2021-05-14	1.084 1	0.895 9	0.748 5	0.911 7	0.799 0	1.066

续表

序号	日期	PM2.5 气象污染分指数					PM2.5 气象污染综合指数
		平均相对湿度	边界层厚度	平均气温	平均风速	平均本站气压	
2692	2021-05-15	1.182 7	0.895 9	0.979 9	0.916 1	0.785 7	1.091
2693	2021-05-16	0.931 8	0.851 0	0.748 5	0.727 0	0.901 9	0.976
2694	2021-05-17	0.784 3	0.784 2	0.731 0	0.911 7	0.785 7	0.940
2695	2021-05-18	0.931 8	0.784 2	0.731 0	0.834 1	0.799 0	0.961
2696	2021-05-19	0.931 8	0.784 2	0.715 6	0.727 0	0.799 0	0.930
2697	2021-05-20	1.114 8	0.784 2	0.748 5	0.847 3	0.799 0	1.015
2698	2021-05-21	1.110 6	0.837 3	0.731 0	0.973 0	0.799 0	1.070
2699	2021-05-22	1.110 6	0.784 2	0.783 0	0.847 3	0.768 3	1.007
2700	2021-05-23	1.047 2	0.784 2	0.748 5	0.727 0	0.901 9	0.984
2701	2021-05-24	0.931 8	0.784 2	0.748 5	1.046 4	0.785 7	1.020
2702	2021-05-25	0.611 8	0.784 2	0.731 0	0.834 1	0.768 3	0.866
2703	2021-05-26	0.931 8	0.784 2	0.748 5	0.916 1	0.768 3	0.978
2704	2021-05-27	1.027 2	0.784 2	0.748 5	0.916 1	0.768 3	1.004
2705	2021-05-28	0.611 8	0.784 2	0.731 0	0.727 0	0.768 3	0.835
2706	2021-05-29	0.931 8	0.851 0	0.748 5	0.727 0	0.768 3	0.947
2707	2021-05-30	1.047 2	0.895 9	0.748 5	0.834 1	0.799 0	1.033
2708	2021-05-31	1.114 8	0.997 7	0.748 5	0.916 1	0.799 0	1.113
2709	2021-06-01	1.110 6	0.866 1	0.748 5	0.916 1	0.785 7	1.061
2710	2021-06-02	1.118 8	0.844 9	0.748 5	0.911 7	0.799 0	1.057
2711	2021-06-03	0.784 3	0.784 2	0.748 5	0.834 1	0.768 3	0.914
2712	2021-06-04	0.611 8	0.784 2	0.731 0	0.727 0	0.768 3	0.835
2713	2021-06-05	0.611 8	0.784 2	0.715 6	1.046 4	0.768 3	0.929
2714	2021-06-06	0.784 3	1.011 4	0.715 6	0.834 1	0.768 3	0.996
2715	2021-06-07	1.027 2	0.997 7	0.731 0	0.727 0	0.901 9	1.056
2716	2021-06-08	1.118 8	1.011 4	0.731 0	0.973 0	0.901 9	1.158
2717	2021-06-09	1.118 8	0.844 9	0.731 0	0.916 1	0.785 7	1.055
2718	2021-06-10	1.114 8	0.784 2	0.731 0	0.847 3	0.799 0	1.015
2719	2021-06-11	0.931 8	0.784 2	0.783 0	1.138 9	0.785 7	1.047
2720	2021-06-12	1.027 2	0.837 3	0.783 0	0.911 7	0.799 0	1.029
2721	2021-06-13	1.114 8	0.844 9	0.783 0	0.727 0	0.768 3	0.995
2722	2021-06-14	1.182 7	1.301 8	0.731 0	0.834 1	0.768 3	1.211
2723	2021-06-15	1.118 8	1.011 4	0.731 0	0.834 1	0.768 3	1.088
2724	2021-06-16	1.182 7	0.895 9	0.748 5	1.118 6	0.768 3	1.147
2725	2021-06-17	1.114 8	0.784 2	0.715 6	0.834 1	0.768 3	1.004
2726	2021-06-18	0.931 8	0.784 2	0.783 0	0.834 1	0.768 3	0.954
2727	2021-06-19	0.784 3	0.784 2	0.783 0	0.911 7	0.768 3	0.936
2728	2021-06-20	0.784 3	0.784 2	0.783 0	1.046 4	0.768 3	0.976

序号	日期	PM$_{2.5}$气象污染分指数					PM$_{2.5}$气象污染综合指数
		平均相对湿度	边界层厚度	平均气温	平均风速	平均本站气压	
2729	2021-06-21	0.931 8	0.837 3	0.783 0	0.834 1	0.768 3	0.973
2730	2021-06-22	1.027 2	0.844 9	0.715 6	0.847 3	0.785 7	1.010
2731	2021-06-23	1.110 6	1.011 4	0.731 0	0.973 0	0.901 9	1.156
2732	2021-06-24	1.114 8	1.011 4	0.731 0	1.406 0	0.785 7	1.258
2733	2021-06-25	1.182 7	0.837 3	0.715 6	0.911 7	0.768 3	1.065
2734	2021-06-26	1.084 1	0.837 3	0.715 6	0.916 1	0.768 3	1.039
2735	2021-06-27	1.118 8	0.851 0	0.715 6	1.046 4	0.768 3	1.092
2736	2021-06-28	1.118 8	0.866 1	0.715 6	0.916 1	0.768 3	1.059
2737	2021-06-29	1.084 1	0.844 9	0.715 6	0.834 1	0.768 3	1.018
2738	2021-06-30	1.118 8	0.851 0	0.715 6	0.911 7	0.768 3	1.052
2739	2021-07-01	1.118 8	0.844 9	0.715 6	0.727 0	0.768 3	0.996
2740	2021-07-02	1.118 8	0.895 9	0.731 0	0.973 0	0.768 3	1.087
2741	2021-07-03	1.182 7	0.895 9	0.731 0	0.847 3	0.768 3	1.067
2742	2021-07-04	1.118 8	0.837 3	0.715 6	0.973 0	0.799 0	1.072
2743	2021-07-05	1.118 8	0.844 9	0.783 0	0.911 7	0.799 0	1.057
2744	2021-07-06	1.182 7	0.844 9	0.715 6	0.973 0	0.799 0	1.092
2745	2021-07-07	1.118 8	0.866 1	0.783 0	1.406 0	0.768 3	1.203
2746	2021-07-08	1.118 8	0.844 9	0.783 0	1.118 6	0.768 3	1.111
2747	2021-07-09	1.118 8	0.844 9	0.783 0	0.911 7	0.768 3	1.050
2748	2021-07-10	1.084 1	0.895 9	0.783 0	0.834 1	0.768 3	1.037
2749	2021-07-11	1.182 7	0.837 3	0.783 0	0.847 3	0.768 3	1.046
2750	2021-07-12	1.182 7	0.895 9	0.715 6	0.727 0	0.768 3	1.032
2751	2021-07-13	1.182 7	0.851 0	0.783 0	0.847 3	0.768 3	1.051
2752	2021-07-14	1.182 7	0.866 1	0.715 6	0.911 7	0.768 3	1.075
2753	2021-07-15	1.182 7	0.866 1	0.783 0	0.911 7	0.785 7	1.079
2754	2021-07-16	1.084 1	0.895 9	0.783 0	0.847 3	0.785 7	1.044
2755	2021-07-17	1.182 7	0.844 9	0.783 0	0.847 3	0.785 7	1.053
2756	2021-07-18	1.084 1	0.895 9	0.783 0	0.847 3	0.785 7	1.044
2757	2021-07-19	1.084 1	1.011 4	0.783 0	0.727 0	0.901 9	1.077
2758	2021-07-20	1.118 8	0.866 1	0.783 0	0.834 1	0.901 9	1.065
2759	2021-07-21	1.182 7	0.997 7	0.783 0	0.973 0	0.901 9	1.171
2760	2021-07-22	1.118 8	0.997 7	0.783 0	0.973 0	0.785 7	1.128
2761	2021-07-23	1.084 1	0.866 1	0.783 0	1.118 6	0.785 7	1.113
2762	2021-07-24	1.084 1	0.844 9	0.783 0	0.916 1	0.799 0	1.049
2763	2021-07-25	1.118 8	0.851 0	0.783 0	0.834 1	0.768 3	1.030
2764	2021-07-26	1.118 8	0.851 0	0.783 0	0.834 1	0.768 3	1.030
2765	2021-07-27	1.084 1	0.866 1	0.783 0	0.834 1	0.768 3	1.026

续表

序号	日期	PM₂.₅气象污染分指数					PM₂.₅气象污染综合指数
		平均相对湿度	边界层厚度	平均气温	平均风速	平均本站气压	
2766	2021-07-28	1.182 7	0.997 7	0.715 6	1.138 9	0.768 3	1.190
2767	2021-07-29	1.182 7	1.634 3	0.731 0	0.911 7	0.768 3	1.355
2768	2021-07-30	1.182 7	0.895 9	0.731 0	0.834 1	0.768 3	1.064
2769	2021-07-31	1.182 7	1.011 4	0.783 0	1.138 9	0.768 3	1.195
2770	2021-08-01	1.110 6	0.851 0	0.783 0	1.118 6	0.768 3	1.111
2771	2021-08-02	1.118 8	0.851 0	0.783 0	1.118 6	0.768 3	1.113
2772	2021-08-03	1.084 1	1.011 4	0.783 0	0.911 7	0.799 0	1.108
2773	2021-08-04	1.182 7	0.895 9	0.715 6	0.911 7	0.768 3	1.086
2774	2021-08-05	1.182 7	1.011 4	0.715 6	0.911 7	0.768 3	1.128
2775	2021-08-06	1.118 8	0.895 9	0.715 6	1.406 0	0.768 3	1.214
2776	2021-08-07	1.084 1	0.844 9	0.783 0	1.406 0	0.799 0	1.192
2777	2021-08-08	1.084 1	0.866 1	0.783 0	1.406 0	0.799 0	1.200
2778	2021-08-09	1.114 8	0.866 1	0.783 0	1.118 6	0.768 3	1.117
2779	2021-08-10	1.118 8	0.997 7	0.783 0	1.406 0	0.799 0	1.257
2780	2021-08-11	1.084 1	1.011 4	0.783 0	0.911 7	0.901 9	1.131
2781	2021-08-12	1.084 1	0.895 9	0.715 6	0.916 1	0.901 9	1.090
2782	2021-08-13	1.084 1	0.866 1	0.715 6	1.138 9	0.785 7	1.119
2783	2021-08-14	1.084 1	0.895 9	0.715 6	1.046 4	0.901 9	1.128
2784	2021-08-15	1.118 8	0.866 1	0.715 6	0.916 1	0.901 9	1.089
2785	2021-08-16	1.084 1	0.895 9	0.715 6	0.911 7	0.901 9	1.089
2786	2021-08-17	1.084 1	0.895 9	0.715 6	0.911 7	0.901 9	1.089
2787	2021-08-18	1.118 8	0.844 9	0.715 6	1.138 9	0.901 9	1.146
2788	2021-08-19	1.182 7	1.634 3	0.748 5	1.046 4	0.785 7	1.398
2789	2021-08-20	1.182 7	0.997 7	0.731 0	1.138 9	0.799 0	1.197
2790	2021-08-21	1.084 1	0.895 9	0.715 6	1.406 0	0.768 3	1.204
2791	2021-08-22	1.182 7	0.844 9	0.783 0	0.916 1	0.768 3	1.069
2792	2021-08-23	1.182 7	0.866 1	0.715 6	1.118 6	0.799 0	1.143
2793	2021-08-24	1.084 1	0.844 9	0.731 0	0.916 1	0.768 3	1.042
2794	2021-08-25	1.114 8	0.844 9	0.731 0	1.118 6	0.768 3	1.110
2795	2021-08-26	1.110 6	0.844 9	0.731 0	1.118 6	0.785 7	1.112
2796	2021-08-27	1.084 1	0.866 1	0.731 0	1.118 6	0.901 9	1.138
2797	2021-08-28	1.118 8	0.895 9	0.731 0	1.406 0	0.901 9	1.243
2798	2021-08-29	1.084 1	1.011 4	0.731 0	1.046 4	1.057 6	1.204
2799	2021-08-30	1.182 7	0.895 9	0.731 0	1.406 0	1.057 6	1.295
2800	2021-08-31	1.118 8	0.895 9	0.731 0	0.973 0	1.057 6	1.150
2801	2021-09-01	1.084 1	1.011 4	0.731 0	1.406 0	0.901 9	1.275
2802	2021-09-02	1.118 8	0.895 9	0.731 0	1.406 0	0.785 7	1.217

序号	日期	PM$_{2.5}$气象污染分指数					PM$_{2.5}$气象污染综合指数
		平均相对湿度	边界层厚度	平均气温	平均风速	平均本站气压	
2803	2021-09-03	1.118 8	1.011 4	0.715 6	1.406 0	0.785 7	1.259
2804	2021-09-04	1.182 7	1.634 3	0.731 0	1.118 6	1.057 6	1.479
2805	2021-09-05	1.182 7	1.634 3	0.748 5	0.911 7	1.057 6	1.419
2806	2021-09-06	1.182 7	0.997 7	0.748 5	0.911 7	1.057 6	1.187
2807	2021-09-07	1.084 1	1.011 4	0.748 5	1.046 4	0.901 9	1.170
2808	2021-09-08	1.084 1	0.895 9	0.731 0	0.973 0	0.785 7	1.081
2809	2021-09-09	1.118 8	0.866 1	0.715 6	0.847 3	0.785 7	1.043
2810	2021-09-10	1.182 7	0.997 7	0.715 6	1.138 9	0.785 7	1.194
2811	2021-09-11	1.084 1	1.011 4	0.783 0	1.406 0	0.785 7	1.250
2812	2021-09-12	1.182 7	1.011 4	0.715 6	0.834 1	0.901 9	1.135
2813	2021-09-13	1.084 1	1.011 4	0.715 6	1.138 9	1.146 1	1.251
2814	2021-09-14	1.114 8	0.895 9	0.731 0	0.973 0	1.146 1	1.169
2815	2021-09-15	1.118 8	0.997 7	0.731 0	0.973 0	1.057 6	1.187
2816	2021-09-16	1.182 7	0.997 7	0.748 5	1.118 6	1.057 6	1.248
2817	2021-09-17	1.118 8	0.866 1	0.748 5	1.138 9	1.057 6	1.188
2818	2021-09-18	1.182 7	1.301 8	0.748 5	1.406 0	1.057 6	1.443
2819	2021-09-19	1.182 7	1.301 8	0.979 9	1.118 6	0.785 7	1.298
2820	2021-09-20	1.182 7	0.851 0	0.979 9	0.727 0	0.768 3	1.016
2821	2021-09-21	1.084 1	0.866 1	0.748 5	1.118 6	0.768 3	1.109
2822	2021-09-22	1.084 1	1.301 8	0.748 5	1.406 0	0.901 9	1.381
2823	2021-09-23	1.084 1	0.997 7	0.731 0	0.911 7	1.146 1	1.179
2824	2021-09-24	1.182 7	1.301 8	0.748 5	1.138 9	1.146 1	1.384
2825	2021-09-25	1.182 7	0.866 1	0.748 5	1.406 0	1.214 2	1.318
2826	2021-09-26	1.182 7	1.634 3	0.748 5	1.118 6	1.146 1	1.499
2827	2021-09-27	1.182 7	0.997 7	0.748 5	1.406 0	1.057 6	1.332
2828	2021-09-28	1.182 7	0.997 7	0.748 5	1.118 6	0.901 9	1.213
2829	2021-09-29	1.084 1	0.997 7	0.748 5	1.046 4	0.785 7	1.140
2830	2021-09-30	1.182 7	1.011 4	0.748 5	0.916 1	0.785 7	1.133
2831	2021-10-01	1.118 8	0.895 9	0.748 5	1.138 9	0.901 9	1.165
2832	2021-10-02	1.182 7	0.997 7	0.748 5	1.138 9	0.785 7	1.194
2833	2021-10-03	1.118 8	1.634 3	0.979 9	0.973 0	0.901 9	1.385
2834	2021-10-04	1.110 6	0.997 7	0.979 9	0.911 7	1.224 1	1.204
2835	2021-10-05	1.182 7	1.301 8	1.032 4	1.138 9	1.165 0	1.388
2836	2021-10-06	1.182 7	1.301 8	1.008 3	0.916 1	1.224 1	1.336
2837	2021-10-07	1.084 1	1.301 8	1.032 4	1.118 6	1.214 2	1.366
2838	2021-10-08	1.084 1	0.997 7	1.032 4	1.406 0	1.214 2	1.339
2839	2021-10-09	1.182 7	1.634 3	1.032 4	1.406 0	1.214 2	1.598

续表

序号	日期	PM$_{2.5}$气象污染分指数					PM$_{2.5}$气象污染综合指数
		平均相对湿度	边界层厚度	平均气温	平均风速	平均本站气压	
2840	2021-10-10	1.110 6	0.895 9	1.032 4	0.847 3	1.165 0	1.135
2841	2021-10-11	1.114 8	1.011 4	1.032 4	1.406 0	1.165 0	1.342
2842	2021-10-12	1.114 8	0.997 7	1.032 4	1.406 0	1.165 0	1.337
2843	2021-10-13	1.114 8	0.997 7	0.979 9	1.406 0	1.224 1	1.350
2844	2021-10-14	1.084 1	1.634 3	0.979 9	1.118 6	1.224 1	1.489
2845	2021-10-15	1.110 6	0.844 9	0.979 9	0.834 1	0.941 7	1.063
2846	2021-10-16	0.784 3	0.837 3	1.008 3	0.727 0	0.941 7	0.940
2847	2021-10-17	1.047 2	0.895 9	1.008 3	0.911 7	1.224 1	1.149
2848	2021-10-18	1.110 6	0.997 7	1.008 3	1.406 0	1.224 1	1.349
2849	2021-10-19	0.931 8	0.851 0	1.008 3	0.911 7	0.941 7	1.039
2850	2021-10-20	1.118 8	0.997 7	1.008 3	1.406 0	1.224 1	1.351
2851	2021-10-21	1.118 8	1.011 4	1.008 3	1.138 9	1.224 1	1.278
2852	2021-10-22	0.931 8	0.895 9	1.008 3	1.118 6	0.941 7	1.116
2853	2021-10-23	1.110 6	0.997 7	1.008 3	0.911 7	1.165 0	1.191
2854	2021-10-24	1.084 1	1.301 8	1.008 3	1.406 0	1.224 1	1.452
2855	2021-10-25	1.084 1	1.634 3	1.032 4	1.138 9	1.146 1	1.478
2856	2021-10-26	1.047 2	1.011 4	1.032 4	0.911 7	1.214 2	1.189
2857	2021-10-27	0.931 8	1.301 8	1.032 4	1.406 0	1.224 1	1.410
2858	2021-10-28	1.118 8	1.634 3	1.032 4	1.406 0	1.224 1	1.583
2859	2021-10-29	1.182 7	1.634 3	1.032 4	1.406 0	1.214 2	1.598
2860	2021-10-30	1.182 7	1.634 3	1.032 4	1.406 0	1.214 2	1.598
2861	2021-10-31	1.118 8	1.011 4	1.008 3	0.973 0	0.941 7	1.167
2862	2021-11-01	1.084 1	1.011 4	1.008 3	1.138 9	1.165 0	1.255
2863	2021-11-02	1.182 7	1.301 8	1.008 3	1.118 6	1.214 2	1.393
2864	2021-11-03	1.182 7	1.301 8	1.008 3	1.138 9	1.146 1	1.384
2865	2021-11-04	1.182 7	1.634 3	1.008 3	1.406 0	1.057 6	1.564
2866	2021-11-05	1.182 7	1.634 3	1.008 3	1.406 0	1.146 1	1.583
2867	2021-11-06	1.182 7	0.895 9	1.032 4	1.046 4	1.224 1	1.226
2868	2021-11-07	1.182 7	1.301 8	1.355 6	0.727 0	1.165 0	1.267
2869	2021-11-08	1.027 2	0.997 7	1.353 1	0.834 1	1.214 2	1.156
2870	2021-11-09	0.931 8	1.011 4	1.323 0	0.727 0	1.057 6	1.069
2871	2021-11-10	0.931 8	1.011 4	1.008 3	0.911 7	1.146 1	1.143
2872	2021-11-11	0.931 8	0.866 1	1.323 0	0.834 1	1.214 2	1.082
2873	2021-11-12	0.931 8	1.301 8	1.008 3	1.138 9	1.146 1	1.315
2874	2021-11-13	1.047 2	1.301 8	1.008 3	1.406 0	1.057 6	1.405
2875	2021-11-14	1.047 2	1.634 3	1.008 3	1.406 0	1.146 1	1.546
2876	2021-11-15	1.118 8	1.011 4	1.008 3	0.911 7	1.224 1	1.211

续表

序号	日期	PM$_{2.5}$气象污染分指数					PM$_{2.5}$气象污染综合指数
		平均相对湿度	边界层厚度	平均气温	平均风速	平均本站气压	
2877	2021-11-16	1.182 7	1.634 3	1.323 0	1.406 0	1.165 0	1.587
2878	2021-11-17	1.182 7	1.634 3	1.323 0	1.046 4	1.146 1	1.478
2879	2021-11-18	1.182 7	1.634 3	1.323 0	1.406 0	1.057 6	1.564
2880	2021-11-19	1.114 8	0.844 9	1.008 3	0.847 3	1.214 2	1.128
2881	2021-11-20	1.110 6	1.301 8	1.008 3	1.138 9	1.214 2	1.379
2882	2021-11-21	1.110 6	0.784 2	1.323 0	0.727 0	1.224 1	1.072
2883	2021-11-22	0.611 8	0.784 2	1.353 1	0.727 0	1.165 0	0.922
2884	2021-11-23	0.931 8	1.634 3	1.353 1	1.046 4	1.224 1	1.426
2885	2021-11-24	1.110 6	1.634 3	1.323 0	1.138 9	1.146 1	1.485
2886	2021-11-25	1.047 2	1.634 3	1.323 0	1.406 0	1.224 1	1.563
2887	2021-11-26	1.047 2	1.301 8	1.323 0	0.911 7	0.941 7	1.235
2888	2021-11-27	1.118 8	1.634 3	1.323 0	1.406 0	0.941 7	1.521
2889	2021-11-28	1.182 7	1.301 8	1.008 3	1.138 9	1.165 0	1.388
2890	2021-11-29	1.182 7	1.301 8	1.323 0	0.911 7	1.224 1	1.334
2891	2021-11-30	1.027 2	0.851 0	1.353 1	0.727 0	1.165 0	1.061
2892	2021-12-01	1.027 2	1.301 8	1.353 1	1.118 6	1.224 1	1.352
2893	2021-12-02	0.931 8	0.997 7	1.323 0	0.847 3	1.146 1	1.119
2894	2021-12-03	0.784 3	1.634 3	1.323 0	0.911 7	1.224 1	1.346
2895	2021-12-04	1.114 8	1.634 3	1.323 0	1.406 0	1.224 1	1.582
2896	2021-12-05	1.084 1	1.634 3	1.323 0	1.406 0	1.214 2	1.571
2897	2021-12-06	1.027 2	0.997 7	1.323 0	0.834 1	0.941 7	1.096
2898	2021-12-07	1.110 6	1.634 3	1.323 0	1.118 6	0.941 7	1.434
2899	2021-12-08	1.118 8	1.634 3	1.323 0	1.406 0	0.941 7	1.521
2900	2021-12-09	1.182 7	1.634 3	1.323 0	1.406 0	0.941 7	1.538
2901	2021-12-10	1.084 1	1.634 3	1.323 0	1.046 4	0.941 7	1.406
2902	2021-12-11	1.182 7	0.997 7	1.323 0	1.406 0	0.941 7	1.306
2903	2021-12-12	0.611 8	0.844 9	1.353 1	0.727 0	0.941 7	0.895
2904	2021-12-13	1.027 2	1.301 8	1.355 6	1.138 9	1.214 2	1.356
2905	2021-12-14	1.118 8	1.634 3	1.353 1	1.406 0	1.146 1	1.565
2906	2021-12-15	1.084 1	1.634 3	1.353 1	1.406 0	1.214 2	1.571
2907	2021-12-16	1.047 2	0.851 0	1.353 1	0.727 0	0.941 7	1.017
2908	2021-12-17	0.611 8	0.844 9	1.355 6	0.727 0	0.941 7	0.895
2909	2021-12-18	0.931 8	0.997 7	1.355 6	0.916 1	1.224 1	1.156
2910	2021-12-19	1.047 2	1.634 3	1.353 1	1.138 9	1.057 6	1.448
2911	2021-12-20	1.110 6	1.634 3	1.323 0	1.406 0	1.057 6	1.544
2912	2021-12-21	1.110 6	0.997 7	1.323 0	0.727 0	1.214 2	1.148
2913	2021-12-22	1.114 8	1.301 8	1.353 1	0.911 7	1.165 0	1.303

续表

序号	日期	PM₂.₅气象污染分指数					PM₂.₅气象污染综合指数
		平均相对湿度	边界层厚度	平均气温	平均风速	平均本站气压	
2914	2021-12-23	1.114 8	1.011 4	1.353 1	0.916 1	0.941 7	1.149
2915	2021-12-24	0.611 8	0.837 3	1.355 6	0.916 1	0.941 7	0.948
2916	2021-12-25	0.611 8	0.844 9	1.355 6	0.727 0	0.941 7	0.895
2917	2021-12-26	0.611 8	1.301 8	1.355 6	1.046 4	0.941 7	1.155
2918	2021-12-27	1.027 2	1.634 3	1.355 6	1.406 0	0.941 7	1.495
2919	2021-12-28	1.047 2	1.634 3	1.355 6	1.046 4	1.224 1	1.458
2920	2021-12-29	0.784 3	0.997 7	1.353 1	0.727 0	1.165 0	1.047
2921	2021-12-30	0.611 8	0.997 7	1.353 1	1.046 4	0.941 7	1.045
2922	2021-12-31	1.027 2	1.634 3	1.355 6	1.138 9	0.941 7	1.417

附表3 2014—2021年天津市O₃气象污染综合指数检索表

序号	日期	O₃气象污染综合指数	同一气象条件指数区间	同一气象条件在附表1中的序号区间
1	2014-01-06	1.864	1.771~1.957	1~193
2	2014-01-11	1.864	1.771~1.957	1~193
3	2014-01-15	1.864	1.771~1.957	1~193
4	2014-01-16	1.864	1.771~1.957	1~193
5	2014-01-17	1.864	1.771~1.957	1~193
6	2014-01-31	1.864	1.771~1.957	1~193
7	2015-01-03	1.864	1.771~1.957	1~193
8	2015-01-07	1.864	1.771~1.957	1~193
9	2015-01-08	1.864	1.771~1.957	1~193
10	2015-01-14	1.864	1.771~1.957	1~193
11	2015-01-15	1.864	1.771~1.957	1~193
12	2015-02-01	1.864	1.771~1.957	1~193
13	2015-02-02	1.864	1.771~1.957	1~193
14	2015-11-20	1.864	1.771~1.957	1~193
15	2015-11-28	1.864	1.771~1.957	1~193
16	2015-12-01	1.864	1.771~1.957	1~193
17	2015-12-08	1.864	1.771~1.957	1~193
18	2015-12-13	1.864	1.771~1.957	1~193
19	2015-12-22	1.864	1.771~1.957	1~193
20	2015-12-23	1.864	1.771~1.957	1~193
21	2015-12-28	1.864	1.771~1.957	1~193
22	2015-12-29	1.864	1.771~1.957	1~193
23	2016-01-03	1.864	1.771~1.957	1~193
24	2016-01-20	1.864	1.771~1.957	1~193

序号	日期	O$_3$气象污染综合指数	同一气象条件指数区间	同一气象条件在附表1中的序号区间
25	2016-01-28	1.864	1.771~1.957	1~193
26	2016-12-19	1.864	1.771~1.957	1~193
27	2016-12-20	1.864	1.771~1.957	1~193
28	2016-12-21	1.864	1.771~1.957	1~193
29	2016-12-25	1.864	1.771~1.957	1~193
30	2016-12-26	1.864	1.771~1.957	1~193
31	2016-12-30	1.864	1.771~1.957	1~193
32	2016-12-31	1.864	1.771~1.957	1~193
33	2017-01-01	1.864	1.771~1.957	1~193
34	2017-01-04	1.864	1.771~1.957	1~193
35	2017-01-05	1.864	1.771~1.957	1~193
36	2017-01-07	1.864	1.771~1.957	1~193
37	2017-01-15	1.864	1.771~1.957	1~193
38	2017-01-16	1.864	1.771~1.957	1~193
39	2017-01-17	1.864	1.771~1.957	1~193
40	2017-01-25	1.864	1.771~1.957	1~193
41	2017-12-13	1.864	1.771~1.957	1~193
42	2017-12-14	1.864	1.771~1.957	1~193
43	2017-12-27	1.864	1.771~1.957	1~193
44	2017-12-28	1.864	1.771~1.957	1~193
45	2017-12-29	1.864	1.771~1.957	1~193
46	2018-01-07	1.864	1.771~1.957	1~193
47	2018-01-17	1.864	1.771~1.957	1~193
48	2018-12-09	1.864	1.771~1.957	1~193
49	2018-12-10	1.864	1.771~1.957	1~193
50	2018-12-14	1.864	1.771~1.957	1~193
51	2018-12-15	1.864	1.771~1.957	1~193
52	2018-12-24	1.864	1.771~1.957	1~193
53	2018-12-31	1.864	1.771~1.957	1~193
54	2019-01-01	1.864	1.771~1.957	1~193
55	2019-01-03	1.864	1.771~1.957	1~193
56	2019-01-06	1.864	1.771~1.957	1~193
57	2019-01-07	1.864	1.771~1.957	1~193
58	2019-01-10	1.864	1.771~1.957	1~193
59	2019-01-12	1.864	1.771~1.957	1~193
60	2019-12-08	1.864	1.771~1.957	1~193
61	2019-12-16	1.864	1.771~1.957	1~193
62	2019-12-18	1.864	1.771~1.957	1~193

续表

序号	日期	O₃气象污染综合指数	同一气象条件指数区间	同一气象条件在附表1中的序号区间
63	2019-12-22	1.864	1.771~1.957	1~193
64	2019-12-23	1.864	1.771~1.957	1~193
65	2019-12-24	1.864	1.771~1.957	1~193
66	2019-12-29	1.864	1.771~1.957	1~193
67	2020-01-01	1.864	1.771~1.957	1~193
68	2020-01-02	1.864	1.771~1.957	1~193
69	2020-01-06	1.864	1.771~1.957	1~193
70	2020-01-11	1.864	1.771~1.957	1~193
71	2020-01-12	1.864	1.771~1.957	1~193
72	2020-01-15	1.864	1.771~1.957	1~193
73	2020-01-16	1.864	1.771~1.957	1~193
74	2020-01-17	1.864	1.771~1.957	1~193
75	2020-01-18	1.864	1.771~1.957	1~193
76	2020-01-21	1.864	1.771~1.957	1~193
77	2020-11-21	1.864	1.771~1.957	1~193
78	2020-12-01	1.864	1.771~1.957	1~193
79	2020-12-08	1.864	1.771~1.957	1~193
80	2020-12-12	1.864	1.771~1.957	1~193
81	2020-12-19	1.864	1.771~1.957	1~193
82	2021-01-02	1.864	1.771~1.957	1~193
83	2021-01-14	1.864	1.771~1.957	1~193
84	2021-01-20	1.864	1.771~1.957	1~193
85	2021-01-21	1.864	1.771~1.957	1~193
86	2021-01-24	1.864	1.771~1.957	1~193
87	2014-01-10	1.901	1.806~1.996	1~244
88	2014-01-13	1.901	1.806~1.996	1~244
89	2014-01-14	1.901	1.806~1.996	1~244
90	2014-12-08	1.901	1.806~1.996	1~244
91	2014-12-24	1.901	1.806~1.996	1~244
92	2015-01-25	1.901	1.806~1.996	1~244
93	2015-11-27	1.901	1.806~1.996	1~244
94	2015-11-29	1.901	1.806~1.996	1~244
95	2015-12-25	1.901	1.806~1.996	1~244
96	2016-01-09	1.901	1.806~1.996	1~244
97	2016-11-25	1.901	1.806~1.996	1~244
98	2016-12-23	1.901	1.806~1.996	1~244
99	2016-12-27	1.901	1.806~1.996	1~244
100	2016-12-28	1.901	1.806~1.996	1~244

序号	日期	O₃气象污染综合指数	同一气象条件指数区间	同一气象条件在附表 1 中的序号区间
101	2016-12-29	1.901	1.806~1.996	1~244
102	2017-01-02	1.901	1.806~1.996	1~244
103	2017-01-03	1.901	1.806~1.996	1~244
104	2017-01-23	1.901	1.806~1.996	1~244
105	2017-01-24	1.901	1.806~1.996	1~244
106	2017-02-07	1.901	1.806~1.996	1~244
107	2018-01-05	1.901	1.806~1.996	1~244
108	2018-01-06	1.901	1.806~1.996	1~244
109	2018-01-13	1.901	1.806~1.996	1~244
110	2018-02-17	1.901	1.806~1.996	1~244
111	2018-12-12	1.901	1.806~1.996	1~244
112	2018-12-30	1.901	1.806~1.996	1~244
113	2019-01-05	1.901	1.806~1.996	1~244
114	2019-01-09	1.901	1.806~1.996	1~244
115	2019-12-09	1.901	1.806~1.996	1~244
116	2019-12-20	1.901	1.806~1.996	1~244
117	2020-12-15	1.901	1.806~1.996	1~244
118	2020-12-16	1.901	1.806~1.996	1~244
119	2020-12-17	1.901	1.806~1.996	1~244
120	2020-12-20	1.901	1.806~1.996	1~244
121	2021-01-01	1.901	1.806~1.996	1~244
122	2021-01-03	1.901	1.806~1.996	1~244
123	2014-01-23	1.923	1.827~2.020	1~267
124	2014-01-24	1.923	1.827~2.020	1~267
125	2014-11-29	1.923	1.827~2.020	1~267
126	2014-12-06	1.923	1.827~2.020	1~267
127	2014-12-14	1.923	1.827~2.020	1~267
128	2014-12-18	1.923	1.827~2.020	1~267
129	2014-12-23	1.923	1.827~2.020	1~267
130	2014-12-26	1.923	1.827~2.020	1~267
131	2014-12-27	1.923	1.827~2.020	1~267
132	2014-12-28	1.923	1.827~2.020	1~267
133	2015-01-04	1.923	1.827~2.020	1~267
134	2015-01-13	1.923	1.827~2.020	1~267
135	2015-01-20	1.923	1.827~2.020	1~267
136	2015-02-03	1.923	1.827~2.020	1~267
137	2015-11-11	1.923	1.827~2.020	1~267
138	2015-12-06	1.923	1.827~2.020	1~267

续表

序号	日期	O₃气象污染综合指数	同一气象条件指数区间	同一气象条件在附表1中的序号区间
139	2015-12-07	1.923	1.827~2.020	1~267
140	2015-12-09	1.923	1.827~2.020	1~267
141	2015-12-12	1.923	1.827~2.020	1~267
142	2015-12-19	1.923	1.827~2.020	1~267
143	2015-12-20	1.923	1.827~2.020	1~267
144	2015-12-21	1.923	1.827~2.020	1~267
145	2015-12-31	1.923	1.827~2.020	1~267
146	2016-01-02	1.923	1.827~2.020	1~267
147	2016-12-04	1.923	1.827~2.020	1~267
148	2016-12-10	1.923	1.827~2.020	1~267
149	2016-12-11	1.923	1.827~2.020	1~267
150	2016-12-12	1.923	1.827~2.020	1~267
151	2016-12-17	1.923	1.827~2.020	1~267
152	2016-12-18	1.923	1.827~2.020	1~267
153	2016-12-24	1.923	1.827~2.020	1~267
154	2017-01-06	1.923	1.827~2.020	1~267
155	2017-02-04	1.923	1.827~2.020	1~267
156	2017-12-23	1.923	1.827~2.020	1~267
157	2018-11-26	1.923	1.827~2.020	1~267
158	2019-01-11	1.923	1.827~2.020	1~267
159	2019-01-18	1.923	1.827~2.020	1~267
160	2019-02-18	1.923	1.827~2.020	1~267
161	2019-12-07	1.923	1.827~2.020	1~267
162	2019-12-15	1.923	1.827~2.020	1~267
163	2019-12-25	1.923	1.827~2.020	1~267
164	2019-12-28	1.923	1.827~2.020	1~267
165	2020-01-03	1.923	1.827~2.020	1~267
166	2020-01-09	1.923	1.827~2.020	1~267
167	2020-01-22	1.923	1.827~2.020	1~267
168	2020-01-27	1.923	1.827~2.020	1~267
169	2020-12-09	1.923	1.827~2.020	1~267
170	2020-12-10	1.923	1.827~2.020	1~267
171	2020-12-21	1.923	1.827~2.020	1~267
172	2020-12-22	1.923	1.827~2.020	1~267
173	2020-12-26	1.923	1.827~2.020	1~267
174	2020-12-27	1.923	1.827~2.020	1~267
175	2021-01-23	1.923	1.827~2.020	1~267
176	2021-01-25	1.923	1.827~2.020	1~267

序号	日期	O$_3$气象污染综合指数	同一气象条件指数区间	同一气象条件在附表1中的序号区间
177	2021-02-28	1.923	1.827~2.020	1~267
178	2021-12-09	1.923	1.827~2.020	1~267
179	2021-12-14	1.923	1.827~2.020	1~267
180	2021-12-15	1.923	1.827~2.020	1~267
181	2021-12-28	1.923	1.827~2.020	1~267
182	2014-12-09	1.940	1.843~2.038	1~278
183	2015-11-21	1.940	1.843~2.038	1~278
184	2015-12-24	1.940	1.843~2.038	1~278
185	2016-01-16	1.940	1.843~2.038	1~278
186	2016-01-21	1.940	1.843~2.038	1~278
187	2016-01-30	1.940	1.843~2.038	1~278
188	2018-01-15	1.940	1.843~2.038	1~278
189	2018-01-27	1.940	1.843~2.038	1~278
190	2018-03-17	1.940	1.843~2.038	1~278
191	2018-12-05	1.940	1.843~2.038	1~278
192	2020-01-05	1.940	1.843~2.038	1~278
193	2014-01-04	1.961	1.863~2.059	1~301
194	2014-01-05	1.961	1.863~2.059	1~301
195	2014-01-27	1.961	1.863~2.059	1~301
196	2014-02-15	1.961	1.863~2.059	1~301
197	2014-02-21	1.961	1.863~2.059	1~301
198	2014-12-13	1.961	1.863~2.059	1~301
199	2014-12-17	1.961	1.863~2.059	1~301
200	2014-12-25	1.961	1.863~2.059	1~301
201	2015-01-23	1.961	1.863~2.059	1~301
202	2015-11-30	1.961	1.863~2.059	1~301
203	2015-12-05	1.961	1.863~2.059	1~301
204	2015-12-18	1.961	1.863~2.059	1~301
205	2016-01-14	1.961	1.863~2.059	1~301
206	2016-01-15	1.961	1.863~2.059	1~301
207	2016-02-11	1.961	1.863~2.059	1~301
208	2016-12-06	1.961	1.863~2.059	1~301
209	2016-12-16	1.961	1.863~2.059	1~301
210	2017-01-11	1.961	1.863~2.059	1~301
211	2017-01-12	1.961	1.863~2.059	1~301
212	2017-11-19	1.961	1.863~2.059	1~301
213	2017-12-02	1.961	1.863~2.059	1~301
214	2017-12-09	1.961	1.863~2.059	1~301

序号	日期	O₃气象污染综合指数	同一气象条件指数区间	同一气象条件在附表1中的序号区间
215	2017-12-17	1.961	1.863~2.059	1~301
216	2017-12-25	1.961	1.863~2.059	1~301
217	2018-01-14	1.961	1.863~2.059	1~301
218	2018-12-16	1.961	1.863~2.059	1~301
219	2019-11-26	1.961	1.863~2.059	1~301
220	2019-12-12	1.961	1.863~2.059	1~301
221	2019-12-21	1.961	1.863~2.059	1~301
222	2019-12-27	1.961	1.863~2.059	1~301
223	2020-01-25	1.961	1.863~2.059	1~301
224	2020-12-05	1.961	1.863~2.059	1~301
225	2020-12-11	1.961	1.863~2.059	1~301
226	2020-12-25	1.961	1.863~2.059	1~301
227	2021-12-27	1.961	1.863~2.059	1~301
228	2021-12-31	1.961	1.863~2.059	1~301
229	2014-02-07	1.978	1.879~2.077	1~322
230	2015-01-12	1.978	1.879~2.077	1~322
231	2015-12-17	1.978	1.879~2.077	1~322
232	2016-01-05	1.978	1.879~2.077	1~322
233	2016-01-06	1.978	1.879~2.077	1~322
234	2016-12-15	1.978	1.879~2.077	1~322
235	2017-01-28	1.978	1.879~2.077	1~322
236	2018-01-01	1.978	1.879~2.077	1~322
237	2018-01-26	1.978	1.879~2.077	1~322
238	2018-12-13	1.978	1.879~2.077	1~322
239	2019-01-04	1.978	1.879~2.077	1~322
240	2019-11-28	1.978	1.879~2.077	1~322
241	2019-12-06	1.978	1.879~2.077	1~322
242	2019-12-19	1.978	1.879~2.077	1~322
243	2020-01-26	1.978	1.879~2.077	1~322
244	2014-01-07	2.000	1.900~2.100	87~343
245	2015-02-15	2.000	1.900~2.100	87~343
246	2015-11-10	2.000	1.900~2.100	87~343
247	2015-11-19	2.000	1.900~2.100	87~343
248	2017-01-08	2.000	1.900~2.100	87~343
249	2017-01-26	2.000	1.900~2.100	87~343
250	2019-12-14	2.000	1.900~2.100	87~343
251	2020-01-28	2.000	1.900~2.100	87~343
252	2020-12-06	2.000	1.900~2.100	87~343

序号	日期	O₃气象污染综合指数	同一气象条件指数区间	同一气象条件在附表1中的序号区间
253	2021-11-29	2.000	1.900~2.100	87~343
254	2021-12-22	2.000	1.900~2.100	87~343
255	2014-01-09	2.003	1.903~2.103	87~352
256	2014-12-05	2.003	1.903~2.103	87~352
257	2016-01-27	2.003	1.903~2.103	87~352
258	2017-01-14	2.003	1.903~2.103	87~352
259	2018-01-12	2.003	1.903~2.103	87~352
260	2019-01-16	2.003	1.903~2.103	87~352
261	2019-12-31	2.003	1.903~2.103	87~352
262	2020-01-14	2.003	1.903~2.103	87~352
263	2020-02-07	2.003	1.903~2.103	87~352
264	2020-02-20	2.003	1.903~2.103	87~352
265	2020-12-31	2.003	1.903~2.103	87~352
266	2021-01-31	2.003	1.903~2.103	87~352
267	2014-02-01	2.010	1.910~2.111	87~361
268	2015-11-07	2.010	1.910~2.111	87~361
269	2015-11-22	2.010	1.910~2.111	87~361
270	2017-02-21	2.010	1.910~2.111	87~361
271	2017-11-29	2.010	1.910~2.111	87~361
272	2017-12-12	2.010	1.910~2.111	87~361
273	2018-01-04	2.010	1.910~2.111	87~361
274	2019-11-30	2.010	1.910~2.111	87~361
275	2019-12-10	2.010	1.910~2.111	87~361
276	2020-01-07	2.010	1.910~2.111	87~361
277	2020-12-02	2.010	1.910~2.111	87~361
278	2014-01-29	2.037	1.935~2.139	182~395
279	2015-01-02	2.037	1.935~2.139	182~395
280	2015-11-08	2.037	1.935~2.139	182~395
281	2017-11-27	2.037	1.935~2.139	182~395
282	2017-12-08	2.037	1.935~2.139	182~395
283	2017-12-19	2.037	1.935~2.139	182~395
284	2019-01-14	2.037	1.935~2.139	182~395
285	2020-11-24	2.037	1.935~2.139	182~395
286	2020-12-23	2.037	1.935~2.139	182~395
287	2021-12-13	2.037	1.935~2.139	182~395
288	2014-12-02	2.047	1.945~2.150	182~436
289	2014-12-12	2.047	1.945~2.150	182~436
290	2014-12-21	2.047	1.945~2.150	182~436

续表

序号	日期	O₃气象污染综合指数	同一气象条件指数区间	同一气象条件在附表1中的序号区间
291	2015-01-06	2.047	1.945~2.150	182~436
292	2016-12-09	2.047	1.945~2.150	182~436
293	2016-12-14	2.047	1.945~2.150	182~436
294	2018-12-11	2.047	1.945~2.150	182~436
295	2018-12-25	2.047	1.945~2.150	182~436
296	2019-02-10	2.047	1.945~2.150	182~436
297	2019-12-26	2.047	1.945~2.150	182~436
298	2020-11-29	2.047	1.945~2.150	182~436
299	2020-12-24	2.047	1.945~2.150	182~436
300	2021-01-19	2.047	1.945~2.150	182~436
301	2014-01-22	2.062	1.959~2.166	193~457
302	2014-02-14	2.062	1.959~2.166	193~457
303	2015-01-09	2.062	1.959~2.166	193~457
304	2015-11-09	2.062	1.959~2.166	193~457
305	2016-01-01	2.062	1.959~2.166	193~457
306	2016-11-24	2.062	1.959~2.166	193~457
307	2017-02-02	2.062	1.959~2.166	193~457
308	2017-02-03	2.062	1.959~2.166	193~457
309	2017-12-31	2.062	1.959~2.166	193~457
310	2018-01-18	2.062	1.959~2.166	193~457
311	2019-01-13	2.062	1.959~2.166	193~457
312	2019-01-17	2.062	1.959~2.166	193~457
313	2019-01-29	2.062	1.959~2.166	193~457
314	2021-01-12	2.062	1.959~2.166	193~457
315	2021-01-30	2.062	1.959~2.166	193~457
316	2014-12-07	2.069	1.966~2.173	193~462
317	2015-01-26	2.069	1.966~2.173	193~462
318	2017-12-30	2.069	1.966~2.173	193~462
319	2019-01-24	2.069	1.966~2.173	193~462
320	2019-11-29	2.069	1.966~2.173	193~462
321	2021-01-27	2.069	1.966~2.173	193~462
322	2014-02-11	2.075	1.971~2.178	229~462
323	2014-02-12	2.075	1.971~2.178	229~462
324	2018-01-30	2.075	1.971~2.178	229~462
325	2019-01-02	2.075	1.971~2.178	229~462
326	2021-01-29	2.075	1.971~2.178	229~462
327	2014-01-12	2.080	1.976~2.184	229~464
328	2014-01-21	2.080	1.976~2.184	229~464

序号	日期	O$_3$气象污染综合指数	同一气象条件指数区间	同一气象条件在附表1中的序号区间
329	2014-02-23	2.080	1.976~2.184	229~464
330	2015-01-17	2.080	1.976~2.184	229~464
331	2016-01-08	2.080	1.976~2.184	229~464
332	2016-01-13	2.080	1.976~2.184	229~464
333	2016-01-19	2.080	1.976~2.184	229~464
334	2017-01-18	2.080	1.976~2.184	229~464
335	2017-01-31	2.080	1.976~2.184	229~464
336	2020-11-30	2.080	1.976~2.184	229~464
337	2021-01-09	2.080	1.976~2.184	229~464
338	2021-01-10	2.080	1.976~2.184	229~464
339	2021-01-11	2.080	1.976~2.184	229~464
340	2021-01-17	2.080	1.976~2.184	229~464
341	2021-01-22	2.080	1.976~2.184	229~464
342	2021-12-26	2.080	1.976~2.184	229~464
343	2015-01-24	2.099	1.994~2.204	244~490
344	2015-02-20	2.099	1.994~2.204	244~490
345	2015-12-14	2.099	1.994~2.204	244~490
346	2015-12-26	2.099	1.994~2.204	244~490
347	2018-01-02	2.099	1.994~2.204	244~490
348	2018-01-21	2.099	1.994~2.204	244~490
349	2020-12-28	2.099	1.994~2.204	244~490
350	2021-01-04	2.099	1.994~2.204	244~490
351	2021-12-23	2.099	1.994~2.204	244~490
352	2015-01-11	2.107	2.001~2.212	255~497
353	2015-11-18	2.107	2.001~2.212	255~497
354	2015-12-11	2.107	2.001~2.212	255~497
355	2015-12-30	2.107	2.001~2.212	255~497
356	2017-12-18	2.107	2.001~2.212	255~497
357	2019-12-01	2.107	2.001~2.212	255~497
358	2020-02-29	2.107	2.001~2.212	255~497
359	2021-12-18	2.107	2.001~2.212	255~497
360	2021-12-30	2.107	2.001~2.212	255~497
361	2014-01-02	2.107	2.002~2.213	255~497
362	2014-11-20	2.107	2.002~2.213	255~497
363	2014-11-23	2.107	2.002~2.213	255~497
364	2014-11-26	2.107	2.002~2.213	255~497
365	2015-11-12	2.107	2.002~2.213	255~497
366	2015-11-13	2.107	2.002~2.213	255~497

续表

序号	日期	O₃气象污染综合指数	同一气象条件指数区间	同一气象条件在附表1中的序号区间
367	2015-11-14	2.107	2.002~2.213	255~497
368	2016-02-12	2.107	2.002~2.213	255~497
369	2016-11-16	2.107	2.002~2.213	255~497
370	2016-11-18	2.107	2.002~2.213	255~497
371	2016-11-29	2.107	2.002~2.213	255~497
372	2016-12-03	2.107	2.002~2.213	255~497
373	2017-12-21	2.107	2.002~2.213	255~497
374	2018-11-14	2.107	2.002~2.213	255~497
375	2018-11-28	2.107	2.002~2.213	255~497
376	2018-12-02	2.107	2.002~2.213	255~497
377	2018-12-20	2.107	2.002~2.213	255~497
378	2018-12-22	2.107	2.002~2.213	255~497
379	2019-11-21	2.107	2.002~2.213	255~497
380	2021-02-13	2.107	2.002~2.213	255~497
381	2021-12-05	2.107	2.002~2.213	255~497
382	2021-12-08	2.107	2.002~2.213	255~497
383	2021-12-10	2.107	2.002~2.213	255~497
384	2014-12-20	2.136	2.029~2.243	278~538
385	2015-11-25	2.136	2.029~2.243	278~538
386	2015-12-27	2.136	2.029~2.243	278~538
387	2016-01-10	2.136	2.029~2.243	278~538
388	2017-12-15	2.136	2.029~2.243	278~538
389	2018-01-03	2.136	2.029~2.243	278~538
390	2019-12-05	2.136	2.029~2.243	278~538
391	2020-02-06	2.136	2.029~2.243	278~538
392	2020-11-28	2.136	2.029~2.243	278~538
393	2020-12-14	2.136	2.029~2.243	278~538
394	2020-12-18	2.136	2.029~2.243	278~538
395	2014-01-18	2.139	2.032~2.246	278~542
396	2015-01-19	2.139	2.032~2.246	278~542
397	2015-01-22	2.139	2.032~2.246	278~542
398	2015-12-04	2.139	2.032~2.246	278~542
399	2017-12-01	2.139	2.032~2.246	278~542
400	2017-12-05	2.139	2.032~2.246	278~542
401	2018-01-16	2.139	2.032~2.246	278~542
402	2020-01-08	2.139	2.032~2.246	278~542
403	2020-01-10	2.139	2.032~2.246	278~542
404	2014-01-01	2.145	2.037~2.252	278~555

序号	日期	O$_3$气象污染综合指数	同一气象条件指数区间	同一气象条件在附表1中的序号区间
405	2014-01-03	2.145	2.037~2.252	278~555
406	2014-02-24	2.145	2.037~2.252	278~555
407	2014-11-28	2.145	2.037~2.252	278~555
408	2014-12-22	2.145	2.037~2.252	278~555
409	2014-12-29	2.145	2.037~2.252	278~555
410	2016-12-02	2.145	2.037~2.252	278~555
411	2016-12-07	2.145	2.037~2.252	278~555
412	2017-11-16	2.145	2.037~2.252	278~555
413	2017-11-25	2.145	2.037~2.252	278~555
414	2017-12-22	2.145	2.037~2.252	278~555
415	2018-11-30	2.145	2.037~2.252	278~555
416	2018-12-18	2.145	2.037~2.252	278~555
417	2018-12-19	2.145	2.037~2.252	278~555
418	2018-12-21	2.145	2.037~2.252	278~555
419	2019-02-22	2.145	2.037~2.252	278~555
420	2019-11-20	2.145	2.037~2.252	278~555
421	2019-12-04	2.145	2.037~2.252	278~555
422	2020-01-04	2.145	2.037~2.252	278~555
423	2021-11-16	2.145	2.037~2.252	278~555
424	2021-11-18	2.145	2.037~2.252	278~555
425	2021-11-27	2.145	2.037~2.252	278~555
426	2021-12-03	2.145	2.037~2.252	278~555
427	2021-12-07	2.145	2.037~2.252	278~555
428	2021-12-19	2.145	2.037~2.252	278~555
429	2021-12-20	2.145	2.037~2.252	278~555
430	2016-11-21	2.148	2.040~2.255	278~558
431	2018-01-22	2.148	2.040~2.255	278~558
432	2018-12-26	2.148	2.040~2.255	278~558
433	2019-02-12	2.148	2.040~2.255	278~558
434	2019-02-14	2.148	2.040~2.255	278~558
435	2020-02-02	2.148	2.040~2.255	278~558
436	2014-01-08	2.149	2.042~2.257	278~558
437	2015-01-28	2.149	2.042~2.257	278~558
438	2015-11-26	2.149	2.042~2.257	278~558
439	2017-01-09	2.149	2.042~2.257	278~558
440	2017-01-13	2.149	2.042~2.257	278~558
441	2017-11-30	2.149	2.042~2.257	278~558
442	2018-12-29	2.149	2.042~2.257	278~558

序号	日期	O_3气象污染综合指数	同一气象条件指数区间	同一气象条件在附表1中的序号区间
443	2019-02-05	2.149	2.042~2.257	278~558
444	2019-02-19	2.149	2.042~2.257	278~558
445	2019-11-25	2.149	2.042~2.257	278~558
446	2020-01-24	2.149	2.042~2.257	278~558
447	2020-12-04	2.149	2.042~2.257	278~558
448	2021-01-05	2.149	2.042~2.257	278~558
449	2015-01-31	2.151	2.044~2.259	288~558
450	2016-01-25	2.151	2.044~2.259	288~558
451	2017-01-27	2.151	2.044~2.259	288~558
452	2017-01-30	2.151	2.044~2.259	288~558
453	2018-01-31	2.151	2.044~2.259	288~558
454	2018-02-06	2.151	2.044~2.259	288~558
455	2018-02-19	2.151	2.044~2.259	288~558
456	2021-02-02	2.151	2.044~2.259	288~558
457	2014-11-27	2.158	2.050~2.266	288~565
458	2015-11-06	2.158	2.050~2.266	288~565
459	2017-03-24	2.158	2.050~2.266	288~565
460	2018-12-03	2.158	2.050~2.266	288~565
461	2021-02-14	2.158	2.050~2.266	288~565
462	2015-11-24	2.179	2.070~2.288	316~578
463	2016-12-13	2.179	2.070~2.288	316~578
464	2014-11-25	2.184	2.075~2.293	322~584
465	2015-10-22	2.184	2.075~2.293	322~584
466	2016-11-17	2.184	2.075~2.293	322~584
467	2016-11-20	2.184	2.075~2.293	322~584
468	2017-10-10	2.184	2.075~2.293	322~584
469	2017-11-12	2.184	2.075~2.293	322~584
470	2018-11-06	2.184	2.075~2.293	322~584
471	2018-11-23	2.184	2.075~2.293	322~584
472	2018-12-01	2.184	2.075~2.293	322~584
473	2020-02-14	2.184	2.075~2.293	322~584
474	2020-02-24	2.184	2.075~2.293	322~584
475	2020-11-17	2.184	2.075~2.293	322~584
476	2020-11-25	2.184	2.075~2.293	322~584
477	2021-10-05	2.184	2.075~2.293	322~584
478	2021-10-06	2.184	2.075~2.293	322~584
479	2021-11-07	2.184	2.075~2.293	322~584
480	2021-11-20	2.184	2.075~2.293	322~584

序号	日期	O₃气象污染综合指数	同一气象条件指数区间	同一气象条件在附表1中的序号区间
481	2014-12-11	2.185	2.076~2.294	322~591
482	2015-01-29	2.185	2.076~2.294	322~591
483	2016-01-04	2.185	2.076~2.294	322~591
484	2017-12-26	2.185	2.076~2.294	322~591
485	2018-12-04	2.185	2.076~2.294	322~591
486	2014-02-10	2.193	2.084~2.303	327~591
487	2014-12-19	2.196	2.086~2.305	327~597
488	2017-12-03	2.196	2.086~2.305	327~597
489	2019-01-19	2.196	2.086~2.305	327~597
490	2020-11-26	2.207	2.097~2.318	343~603
491	2016-11-27	2.209	2.098~2.319	343~610
492	2018-02-27	2.209	2.098~2.319	343~610
493	2019-01-27	2.209	2.098~2.319	343~610
494	2020-01-19	2.209	2.098~2.319	343~610
495	2020-11-20	2.209	2.098~2.319	343~610
496	2021-12-29	2.209	2.098~2.319	343~610
497	2016-02-02	2.211	2.100~2.321	343~615
498	2016-02-03	2.211	2.100~2.321	343~615
499	2018-02-01	2.211	2.100~2.321	343~615
500	2019-01-26	2.211	2.100~2.321	343~615
501	2019-02-01	2.211	2.100~2.321	343~615
502	2019-02-04	2.211	2.100~2.321	343~615
503	2019-11-19	2.211	2.100~2.321	343~615
504	2017-12-11	2.216	2.105~2.327	352~627
505	2019-12-17	2.216	2.105~2.327	352~627
506	2020-02-05	2.216	2.105~2.327	352~627
507	2016-01-26	2.221	2.110~2.332	361~627
508	2016-01-31	2.221	2.110~2.332	361~627
509	2016-02-01	2.221	2.110~2.332	361~627
510	2017-01-22	2.221	2.110~2.332	361~627
511	2017-02-01	2.221	2.110~2.332	361~627
512	2018-01-24	2.221	2.110~2.332	361~627
513	2018-02-08	2.221	2.110~2.332	361~627
514	2019-02-11	2.221	2.110~2.332	361~627
515	2020-02-03	2.221	2.110~2.332	361~627
516	2015-12-10	2.221	2.110~2.332	361~627
517	2017-12-06	2.221	2.110~2.332	361~627
518	2017-12-20	2.221	2.110~2.332	361~627

续表

序号	日期	O₃气象污染综合指数	同一气象条件指数区间	同一气象条件在附表1中的序号区间
519	2018-11-17	2.221	2.110~2.332	361~627
520	2018-11-29	2.221	2.110~2.332	361~627
521	2018-12-17	2.221	2.110~2.332	361~627
522	2019-12-03	2.221	2.110~2.332	361~627
523	2020-01-23	2.221	2.110~2.332	361~627
524	2014-01-26	2.238	2.126~2.350	384~643
525	2014-02-05	2.238	2.126~2.350	384~643
526	2016-01-07	2.238	2.126~2.350	384~643
527	2016-01-12	2.238	2.126~2.350	384~643
528	2018-01-20	2.238	2.126~2.350	384~643
529	2018-12-28	2.238	2.126~2.350	384~643
530	2019-01-08	2.238	2.126~2.350	384~643
531	2019-02-02	2.238	2.126~2.350	384~643
532	2020-01-13	2.238	2.126~2.350	384~643
533	2020-12-03	2.238	2.126~2.350	384~643
534	2021-01-08	2.238	2.126~2.350	384~643
535	2021-02-23	2.238	2.126~2.350	384~643
536	2014-12-30	2.238	2.126~2.350	384~643
537	2019-01-30	2.238	2.126~2.350	384~643
538	2014-01-19	2.244	2.131~2.356	384~646
539	2015-11-23	2.244	2.131~2.356	384~646
540	2016-12-05	2.245	2.132~2.357	384~646
541	2016-12-22	2.245	2.132~2.357	384~646
542	2015-01-10	2.246	2.134~2.359	384~646
543	2015-02-06	2.246	2.134~2.359	384~646
544	2016-02-10	2.246	2.134~2.359	384~646
545	2016-11-04	2.246	2.134~2.359	384~646
546	2016-11-26	2.246	2.134~2.359	384~646
547	2016-11-28	2.246	2.134~2.359	384~646
548	2017-02-15	2.246	2.134~2.359	384~646
549	2017-11-20	2.246	2.134~2.359	384~646
550	2018-01-19	2.246	2.134~2.359	384~646
551	2019-11-14	2.246	2.134~2.359	384~646
552	2021-01-13	2.246	2.134~2.359	384~646
553	2021-11-23	2.246	2.134~2.359	384~646
554	2021-11-24	2.246	2.134~2.359	384~646
555	2015-02-24	2.253	2.140~2.365	395~654
556	2020-02-08	2.253	2.140~2.365	395~654

序号	日期	O₃气象污染综合指数	同一气象条件指数区间	同一气象条件在附表1中的序号区间
557	2020-02-09	2.253	2.140~2.365	395~654
558	2015-11-16	2.253	2.141~2.366	395~654
559	2017-03-23	2.253	2.141~2.366	395~654
560	2018-11-15	2.253	2.141~2.366	395~654
561	2018-11-20	2.253	2.141~2.366	395~654
562	2019-11-16	2.253	2.141~2.366	395~654
563	2020-11-18	2.253	2.141~2.366	395~654
564	2021-12-11	2.253	2.141~2.366	395~654
565	2014-02-09	2.270	2.156~2.383	457~671
566	2015-01-01	2.270	2.156~2.383	457~671
567	2015-02-19	2.280	2.166~2.394	457~691
568	2016-02-04	2.280	2.166~2.394	457~691
569	2017-11-15	2.280	2.166~2.394	457~691
570	2019-01-28	2.280	2.166~2.394	457~691
571	2020-01-20	2.280	2.166~2.394	457~691
572	2020-01-30	2.280	2.166~2.394	457~691
573	2021-01-26	2.280	2.166~2.394	457~691
574	2021-02-03	2.280	2.166~2.394	457~691
575	2021-11-08	2.280	2.166~2.394	457~691
576	2016-02-13	2.281	2.167~2.395	457~691
577	2018-12-27	2.281	2.167~2.395	457~691
578	2014-02-06	2.287	2.172~2.401	462~705
579	2014-02-08	2.287	2.172~2.401	462~705
580	2016-01-11	2.287	2.172~2.401	462~705
581	2016-01-29	2.287	2.172~2.401	462~705
582	2016-11-23	2.287	2.172~2.401	462~705
583	2021-01-15	2.287	2.172~2.401	462~705
584	2014-11-16	2.291	2.176~2.405	462~705
585	2015-03-08	2.291	2.176~2.405	462~705
586	2019-12-13	2.291	2.176~2.405	462~705
587	2020-03-09	2.291	2.176~2.405	462~705
588	2021-12-02	2.291	2.176~2.405	462~705
589	2021-12-06	2.291	2.176~2.405	462~705
590	2021-12-21	2.291	2.176~2.405	462~705
591	2015-01-21	2.297	2.182~2.412	464~706
592	2019-12-02	2.297	2.182~2.412	464~706
593	2019-12-11	2.297	2.182~2.412	464~706
594	2020-01-29	2.297	2.182~2.412	464~706

续表

序号	日期	O₃气象污染综合指数	同一气象条件指数区间	同一气象条件在附表1中的序号区间
595	2020-11-23	2.297	2.182~2.412	464~706
596	2021-01-18	2.297	2.182~2.412	464~706
597	2014-12-31	2.310	2.194~2.425	486~709
598	2017-01-20	2.310	2.194~2.425	486~709
599	2018-01-29	2.310	2.194~2.425	486~709
600	2018-03-07	2.310	2.194~2.425	486~709
601	2019-02-08	2.310	2.194~2.425	486~709
602	2021-02-24	2.310	2.194~2.425	486~709
603	2014-12-01	2.318	2.202~2.434	490~715
604	2015-01-16	2.318	2.202~2.434	490~715
605	2016-01-17	2.318	2.202~2.434	490~715
606	2018-12-08	2.318	2.202~2.434	490~715
607	2020-11-22	2.318	2.202~2.434	490~715
608	2020-12-07	2.318	2.202~2.434	490~715
609	2021-01-16	2.318	2.202~2.434	490~715
610	2017-02-12	2.318	2.202~2.434	490~715
611	2017-02-13	2.318	2.202~2.434	490~715
612	2017-02-14	2.318	2.202~2.434	490~715
613	2019-01-21	2.318	2.202~2.434	490~715
614	2019-01-22	2.318	2.202~2.434	490~715
615	2014-11-08	2.323	2.207~2.439	490~719
616	2014-11-22	2.323	2.207~2.439	490~719
617	2014-11-24	2.323	2.207~2.439	490~719
618	2016-12-01	2.323	2.207~2.439	490~719
619	2018-11-07	2.323	2.207~2.439	490~719
620	2018-11-22	2.323	2.207~2.439	490~719
621	2018-11-24	2.323	2.207~2.439	490~719
622	2019-01-23	2.323	2.207~2.439	490~719
623	2020-01-31	2.323	2.207~2.439	490~719
624	2020-02-13	2.323	2.207~2.439	490~719
625	2021-02-09	2.323	2.207~2.439	490~719
626	2021-12-01	2.323	2.207~2.439	490~719
627	2015-02-09	2.329	2.213~2.446	497~727
628	2016-02-07	2.329	2.213~2.446	497~727
629	2020-02-19	2.329	2.213~2.446	497~727
630	2017-12-24	2.337	2.220~2.454	507~740
631	2014-02-04	2.340	2.223~2.456	516~740
632	2014-12-10	2.340	2.223~2.457	516~741

序号	日期	O$_3$气象污染综合指数	同一气象条件指数区间	同一气象条件在附表 1 中的序号区间
633	2017-11-17	2.340	2.223~2.457	516~741
634	2017-12-07	2.340	2.223~2.457	516~741
635	2021-12-16	2.340	2.223~2.457	516~741
636	2015-11-15	2.342	2.225~2.459	516~741
637	2015-11-17	2.342	2.225~2.459	516~741
638	2017-02-16	2.342	2.225~2.459	516~741
639	2020-11-19	2.342	2.225~2.459	516~741
640	2021-11-15	2.342	2.225~2.459	516~741
641	2017-01-10	2.346	2.229~2.464	516~744
642	2020-11-27	2.346	2.229~2.464	516~744
643	2015-12-15	2.349	2.231~2.466	524~744
644	2017-01-19	2.349	2.231~2.466	524~744
645	2021-12-24	2.349	2.231~2.466	524~744
646	2014-02-13	2.358	2.241~2.476	536~756
647	2014-02-16	2.358	2.241~2.476	536~756
648	2014-02-18	2.358	2.241~2.476	536~756
649	2014-02-19	2.358	2.241~2.476	536~756
650	2015-01-30	2.358	2.241~2.476	536~756
651	2017-02-06	2.358	2.241~2.476	536~756
652	2017-02-22	2.358	2.241~2.476	536~756
653	2018-01-25	2.358	2.241~2.476	536~756
654	2020-02-27	2.369	2.250~2.487	555~764
655	2014-12-15	2.370	2.251~2.488	555~764
656	2015-12-16	2.370	2.251~2.488	555~764
657	2016-02-29	2.371	2.252~2.489	555~764
658	2015-12-02	2.377	2.258~2.496	558~764
659	2017-11-26	2.377	2.258~2.496	558~764
660	2014-12-03	2.379	2.260~2.498	558~769
661	2014-12-04	2.379	2.260~2.498	558~769
662	2018-12-23	2.379	2.260~2.498	558~769
663	2019-01-31	2.379	2.260~2.498	558~769
664	2020-12-30	2.379	2.260~2.498	558~769
665	2021-12-17	2.379	2.260~2.498	558~769
666	2021-12-25	2.379	2.260~2.498	558~769
667	2014-11-07	2.380	2.261~2.498	558~769
668	2016-11-30	2.380	2.261~2.498	558~769
669	2018-03-03	2.380	2.261~2.498	558~769
670	2018-11-05	2.380	2.261~2.498	558~769

续表

序号	日期	O₃气象污染综合指数	同一气象条件指数区间	同一气象条件在附表1中的序号区间
671	2014-12-16	2.383	2.264~2.502	565~769
672	2015-12-03	2.383	2.264~2.502	565~769
673	2017-12-04	2.383	2.264~2.502	565~769
674	2017-12-16	2.383	2.264~2.502	565~769
675	2018-01-11	2.383	2.264~2.502	565~769
676	2019-12-30	2.383	2.264~2.502	565~769
677	2020-12-13	2.383	2.264~2.502	565~769
678	2021-01-07	2.383	2.264~2.502	565~769
679	2015-01-27	2.390	2.270~2.509	565~769
680	2016-01-24	2.390	2.270~2.509	565~769
681	2016-11-22	2.390	2.270~2.509	565~769
682	2018-01-28	2.390	2.270~2.509	565~769
683	2019-02-06	2.390	2.270~2.509	565~769
684	2019-02-09	2.390	2.270~2.509	565~769
685	2015-01-05	2.391	2.272~2.511	565~771
686	2021-03-05	2.391	2.272~2.511	565~771
687	2014-01-25	2.392	2.273~2.512	565~772
688	2014-02-22	2.392	2.273~2.512	565~772
689	2017-11-21	2.392	2.273~2.512	565~772
690	2018-11-27	2.392	2.273~2.512	565~772
691	2014-02-25	2.394	2.275~2.514	565~778
692	2014-03-10	2.394	2.275~2.514	565~778
693	2014-11-14	2.394	2.275~2.514	565~778
694	2015-02-13	2.394	2.275~2.514	565~778
695	2016-02-09	2.394	2.275~2.514	565~778
696	2018-02-18	2.394	2.275~2.514	565~778
697	2018-03-11	2.394	2.275~2.514	565~778
698	2019-02-24	2.394	2.275~2.514	565~778
699	2019-02-25	2.394	2.275~2.514	565~778
700	2019-02-26	2.394	2.275~2.514	565~778
701	2020-03-08	2.394	2.275~2.514	565~778
702	2021-02-04	2.394	2.275~2.514	565~778
703	2021-03-08	2.394	2.275~2.514	565~778
704	2021-11-03	2.394	2.275~2.514	565~778
705	2020-02-28	2.399	2.279~2.519	567~779
706	2018-02-28	2.418	2.297~2.539	591~787
707	2019-01-20	2.418	2.297~2.539	591~787
708	2020-02-01	2.418	2.297~2.539	591~787

序号	日期	O₃气象污染综合指数	同一气象条件指数区间	同一气象条件在附表1中的序号区间
709	2015-10-26	2.422	2.301~2.543	591~790
710	2018-03-04	2.422	2.301~2.543	591~790
711	2018-02-04	2.428	2.307~2.550	597~794
712	2021-02-01	2.428	2.307~2.550	597~794
713	2018-11-21	2.428	2.307~2.550	597~794
714	2021-11-21	2.429	2.308~2.551	597~794
715	2015-02-10	2.437	2.315~2.559	603~799
716	2017-02-11	2.437	2.315~2.559	603~799
717	2020-02-18	2.437	2.315~2.559	603~799
718	2021-02-18	2.437	2.315~2.559	603~799
719	2017-11-24	2.439	2.317~2.560	603~799
720	2018-02-09	2.439	2.317~2.560	603~799
721	2019-11-27	2.439	2.317~2.560	603~799
722	2021-12-12	2.439	2.317~2.560	603~799
723	2015-01-18	2.442	2.320~2.564	610~799
724	2017-11-23	2.442	2.320~2.564	610~799
725	2017-12-10	2.442	2.320~2.564	610~799
726	2021-11-30	2.442	2.320~2.564	610~799
727	2014-01-28	2.449	2.327~2.571	627~806
728	2017-11-14	2.449	2.327~2.571	627~806
729	2018-02-14	2.449	2.327~2.571	627~806
730	2017-01-29	2.451	2.328~2.573	627~806
731	2018-12-07	2.451	2.328~2.573	627~806
732	2017-01-21	2.451	2.328~2.573	627~806
733	2017-11-18	2.451	2.328~2.573	627~806
734	2018-01-23	2.451	2.328~2.573	627~806
735	2019-01-25	2.451	2.328~2.573	627~806
736	2019-02-13	2.451	2.328~2.573	627~806
737	2015-02-23	2.451	2.329~2.574	627~806
738	2018-03-18	2.451	2.329~2.574	627~806
739	2019-02-17	2.451	2.329~2.574	627~806
740	2014-01-20	2.454	2.332~2.577	627~809
741	2016-11-09	2.460	2.337~2.582	630~819
742	2016-12-08	2.460	2.337~2.582	630~819
743	2021-03-02	2.461	2.338~2.584	631~819
744	2014-03-08	2.464	2.341~2.587	632~819
745	2014-11-13	2.464	2.341~2.587	632~819
746	2016-03-04	2.464	2.341~2.587	632~819

续表

序号	日期	O₃气象污染综合指数	同一气象条件指数区间	同一气象条件在附表1中的序号区间
747	2016-11-08	2.464	2.341~2.587	632~819
748	2017-11-11	2.464	2.341~2.587	632~819
749	2021-02-08	2.464	2.341~2.587	632~819
750	2018-01-08	2.471	2.348~2.595	643~822
751	2018-01-09	2.471	2.348~2.595	643~822
752	2018-01-10	2.471	2.348~2.595	643~822
753	2018-12-06	2.471	2.348~2.595	643~822
754	2020-12-29	2.471	2.348~2.595	643~822
755	2021-01-06	2.471	2.348~2.595	643~822
756	2014-02-17	2.477	2.353~2.601	643~823
757	2015-02-28	2.477	2.353~2.601	643~823
758	2018-03-06	2.477	2.353~2.601	643~823
759	2020-02-04	2.477	2.353~2.601	643~823
760	2017-11-28	2.481	2.357~2.605	646~826
761	2018-11-18	2.481	2.357~2.605	646~826
762	2019-11-15	2.481	2.357~2.605	646~826
763	2019-11-17	2.483	2.359~2.608	646~827
764	2014-02-20	2.488	2.363~2.612	646~828
765	2015-02-05	2.488	2.363~2.612	646~828
766	2016-02-06	2.488	2.363~2.612	646~828
767	2018-02-12	2.488	2.363~2.612	646~828
768	2018-02-15	2.488	2.363~2.612	646~828
769	2016-02-05	2.508	2.383~2.634	671~844
770	2017-02-08	2.508	2.383~2.634	671~844
771	2016-02-19	2.510	2.385~2.636	671~846
772	2014-03-02	2.513	2.388~2.639	679~847
773	2016-02-08	2.513	2.388~2.639	679~847
774	2017-02-18	2.513	2.388~2.639	679~847
775	2018-02-26	2.513	2.388~2.639	679~847
776	2019-02-21	2.513	2.388~2.639	679~847
777	2021-02-26	2.513	2.388~2.639	679~847
778	2021-02-07	2.514	2.388~2.639	679~847
779	2017-02-23	2.521	2.395~2.647	691~852
780	2021-03-07	2.521	2.395~2.647	691~852
781	2021-11-19	2.521	2.395~2.647	691~852
782	2016-01-18	2.522	2.396~2.648	691~852
783	2016-01-22	2.522	2.396~2.648	691~852
784	2019-01-15	2.522	2.396~2.648	691~852

序号	日期	O₃气象污染综合指数	同一气象条件指数区间	同一气象条件在附表1中的序号区间
785	2016-11-10	2.524	2.398~2.650	705~852
786	2016-11-06	2.530	2.404~2.657	705~861
787	2014-02-28	2.537	2.410~2.663	706~864
788	2015-02-12	2.537	2.410~2.663	706~864
789	2021-03-03	2.537	2.410~2.663	706~864
790	2015-02-07	2.543	2.416~2.670	706~866
791	2016-01-23	2.543	2.416~2.670	706~866
792	2021-01-28	2.543	2.416~2.670	706~866
793	2021-11-22	2.543	2.416~2.670	706~866
794	2014-01-30	2.553	2.425~2.680	709~870
795	2015-04-02	2.553	2.425~2.680	709~870
796	2016-11-01	2.553	2.425~2.680	709~870
797	2018-11-16	2.553	2.425~2.680	709~870
798	2021-11-09	2.553	2.425~2.680	709~870
799	2014-03-03	2.561	2.433~2.689	715~875
800	2016-02-21	2.568	2.439~2.696	719~881
801	2015-02-08	2.570	2.441~2.698	723~883
802	2018-02-03	2.570	2.441~2.698	723~883
803	2018-02-07	2.570	2.441~2.698	723~883
804	2019-02-07	2.570	2.441~2.698	723~883
805	2019-02-15	2.570	2.441~2.698	723~883
806	2015-02-21	2.573	2.444~2.702	723~885
807	2015-02-27	2.573	2.444~2.702	723~885
808	2018-02-05	2.573	2.444~2.702	723~885
809	2014-10-31	2.575	2.446~2.703	727~885
810	2017-10-08	2.575	2.446~2.703	727~885
811	2017-10-09	2.575	2.446~2.703	727~885
812	2017-10-18	2.575	2.446~2.703	727~885
813	2017-10-25	2.575	2.446~2.703	727~885
814	2019-11-06	2.575	2.446~2.703	727~885
815	2019-11-23	2.575	2.446~2.703	727~885
816	2020-11-14	2.575	2.446~2.703	727~885
817	2020-11-15	2.575	2.446~2.703	727~885
818	2021-10-09	2.575	2.446~2.703	727~885
819	2015-03-12	2.583	2.454~2.712	740~886
820	2016-02-17	2.583	2.454~2.712	740~886
821	2017-02-05	2.583	2.454~2.712	740~886
822	2019-02-16	2.599	2.469~2.729	750~898

续表

序号	日期	O₃气象污染综合指数	同一气象条件指数区间	同一气象条件在附表1中的序号区间
823	2014-02-02	2.602	2.472~2.732	750~898
824	2014-11-06	2.602	2.472~2.732	750~898
825	2018-02-23	2.602	2.472~2.732	750~898
826	2019-11-18	2.602	2.472~2.733	750~898
827	2020-02-17	2.609	2.479~2.740	756~906
828	2014-11-10	2.612	2.481~2.743	760~906
829	2014-11-21	2.612	2.481~2.743	760~906
830	2016-11-13	2.612	2.481~2.743	760~906
831	2018-11-13	2.612	2.481~2.743	760~906
832	2018-11-25	2.612	2.481~2.743	760~906
833	2021-02-12	2.612	2.481~2.743	760~906
834	2021-11-05	2.612	2.481~2.743	760~906
835	2021-11-17	2.612	2.481~2.743	760~906
836	2021-11-25	2.612	2.481~2.743	760~906
837	2021-12-04	2.612	2.481~2.743	760~906
838	2014-11-30	2.613	2.482~2.744	763~906
839	2015-04-12	2.622	2.491~2.754	764~914
840	2015-02-04	2.632	2.501~2.764	769~922
841	2017-02-10	2.632	2.501~2.764	769~922
842	2018-02-20	2.632	2.501~2.764	769~922
843	2021-02-15	2.632	2.501~2.764	769~922
844	2017-03-25	2.633	2.501~2.764	769~922
845	2021-11-11	2.633	2.501~2.764	769~922
846	2018-03-10	2.635	2.503~2.767	769~922
847	2014-02-03	2.641	2.509~2.773	769~924
848	2016-02-15	2.641	2.509~2.773	769~924
849	2017-02-09	2.641	2.509~2.773	769~924
850	2018-02-02	2.641	2.509~2.773	769~924
851	2018-02-10	2.641	2.509~2.773	769~924
852	2014-11-15	2.651	2.519~2.784	779~925
853	2014-11-19	2.651	2.519~2.784	779~925
854	2015-05-10	2.651	2.519~2.784	779~925
855	2016-10-27	2.651	2.519~2.784	779~925
856	2019-10-17	2.651	2.519~2.784	779~925
857	2019-11-09	2.651	2.519~2.784	779~925
858	2020-11-16	2.651	2.519~2.784	779~925
859	2021-11-02	2.651	2.519~2.784	779~925
860	2021-11-28	2.651	2.519~2.784	779~925

序号	日期	O₃气象污染综合指数	同一气象条件指数区间	同一气象条件在附表1中的序号区间
861	2015-02-25	2.658	2.525~2.791	785~936
862	2018-02-16	2.658	2.525~2.791	785~936
863	2021-03-01	2.658	2.525~2.791	785~936
864	2018-02-11	2.662	2.529~2.795	786~945
865	2020-02-15	2.662	2.529~2.795	786~945
866	2015-02-11	2.672	2.538~2.805	787~946
867	2015-02-18	2.672	2.538~2.805	787~946
868	2015-03-07	2.672	2.538~2.805	787~946
869	2021-02-25	2.672	2.538~2.805	787~946
870	2016-11-19	2.689	2.554~2.823	794~949
871	2017-11-06	2.689	2.554~2.823	794~949
872	2018-11-12	2.689	2.554~2.823	794~949
873	2019-11-22	2.689	2.554~2.823	794~949
874	2020-11-05	2.689	2.554~2.823	794~949
875	2016-02-27	2.689	2.555~2.824	794~949
876	2018-03-05	2.689	2.555~2.824	794~949
877	2021-02-17	2.691	2.557~2.826	794~949
878	2021-03-06	2.691	2.557~2.826	794~949
879	2017-11-22	2.694	2.559~2.829	799~949
880	2019-11-24	2.694	2.559~2.829	799~949
881	2015-02-22	2.695	2.560~2.830	799~951
882	2018-02-24	2.695	2.560~2.830	799~951
883	2014-11-12	2.698	2.563~2.832	799~951
884	2018-03-20	2.698	2.563~2.832	799~951
885	2018-02-25	2.705	2.569~2.840	801~951
886	2014-11-18	2.714	2.578~2.849	809~952
887	2016-10-25	2.714	2.578~2.849	809~952
888	2016-11-11	2.714	2.578~2.849	809~952
889	2019-11-04	2.714	2.578~2.849	809~952
890	2019-11-08	2.714	2.578~2.849	809~952
891	2020-02-12	2.714	2.578~2.849	809~952
892	2015-02-17	2.721	2.585~2.857	819~954
893	2015-03-06	2.721	2.585~2.857	819~954
894	2016-03-12	2.721	2.585~2.857	819~954
895	2020-02-25	2.721	2.585~2.857	819~954
896	2020-03-05	2.721	2.585~2.857	819~954
897	2021-03-18	2.721	2.585~2.857	819~954
898	2015-10-21	2.721	2.585~2.857	819~954

序号	日期	O₃气象污染综合指数	同一气象条件指数区间	同一气象条件在附表 1 中的序号区间
899	2018-04-13	2.721	2.585~2.857	819~954
900	2018-04-22	2.721	2.585~2.857	819~954
901	2018-11-04	2.721	2.585~2.857	819~954
902	2018-11-08	2.721	2.585~2.857	819~954
903	2018-11-11	2.721	2.585~2.857	819~954
904	2019-04-20	2.721	2.585~2.857	819~954
905	2019-10-16	2.721	2.585~2.857	819~954
906	2016-02-25	2.751	2.613~2.888	838~979
907	2018-04-05	2.751	2.613~2.888	838~979
908	2015-02-16	2.752	2.614~2.889	838~979
909	2016-02-16	2.752	2.614~2.889	838~979
910	2016-02-22	2.752	2.614~2.889	838~979
911	2018-02-21	2.752	2.614~2.889	838~979
912	2020-02-26	2.752	2.614~2.889	838~979
913	2021-03-19	2.752	2.614~2.889	838~979
914	2015-02-26	2.754	2.617~2.892	838~979
915	2015-03-04	2.754	2.617~2.892	838~979
916	2016-02-24	2.754	2.617~2.892	838~979
917	2017-02-17	2.754	2.617~2.892	838~979
918	2018-03-08	2.754	2.617~2.892	838~979
919	2016-10-21	2.758	2.620~2.896	839~983
920	2016-02-14	2.763	2.625~2.901	839~985
921	2016-02-20	2.763	2.625~2.901	839~985
922	2019-02-03	2.765	2.627~2.904	839~985
923	2019-04-09	2.765	2.627~2.904	839~985
924	2015-03-10	2.775	2.636~2.914	846~988
925	2016-02-23	2.784	2.644~2.923	847~991
926	2020-02-16	2.784	2.644~2.923	847~991
927	2021-02-16	2.784	2.644~2.923	847~991
928	2014-11-09	2.785	2.646~2.925	847~991
929	2015-02-14	2.785	2.646~2.925	847~991
930	2016-11-02	2.785	2.646~2.925	847~991
931	2016-11-03	2.785	2.646~2.925	847~991
932	2020-02-10	2.785	2.646~2.925	847~991
933	2020-02-11	2.785	2.646~2.925	847~991
934	2021-02-10	2.785	2.646~2.925	847~991
935	2021-11-04	2.785	2.646~2.925	847~991
936	2014-10-23	2.790	2.651~2.930	852~994

序号	日期	O₃气象污染综合指数	同一气象条件指数区间	同一气象条件在附表1中的序号区间
937	2015-10-23	2.790	2.651~2.930	852~994
938	2016-10-24	2.790	2.651~2.930	852~994
939	2018-11-19	2.790	2.651~2.930	852~994
940	2020-11-04	2.790	2.651~2.930	852~994
941	2021-02-11	2.790	2.651~2.930	852~994
942	2021-03-09	2.790	2.651~2.930	852~994
943	2021-11-13	2.790	2.651~2.930	852~994
944	2021-11-26	2.790	2.651~2.930	852~994
945	2019-02-20	2.793	2.654~2.933	852~1 008
946	2014-05-11	2.809	2.669~2.950	866~1 011
947	2017-11-09	2.809	2.669~2.950	866~1 011
948	2021-10-31	2.809	2.669~2.950	866~1 011
949	2014-03-19	2.816	2.676~2.957	866~1 022
950	2018-02-22	2.816	2.676~2.957	866~1 022
951	2017-02-24	2.842	2.700~2.984	883~1 023
952	2016-02-28	2.843	2.701~2.985	883~1 023
953	2018-03-01	2.843	2.701~2.985	883~1 023
954	2014-11-01	2.858	2.716~3.001	886~1 025
955	2019-04-27	2.858	2.716~3.001	886~1 025
956	2019-11-03	2.858	2.716~3.001	886~1 025
957	2021-04-02	2.858	2.716~3.001	886~1 025
958	2014-10-30	2.860	2.717~3.003	886~1 027
959	2016-11-12	2.860	2.717~3.003	886~1 027
960	2014-10-25	2.862	2.719~3.005	892~1 027
961	2014-11-17	2.862	2.719~3.005	892~1 027
962	2015-03-18	2.862	2.719~3.005	892~1 027
963	2015-10-31	2.862	2.719~3.005	892~1 027
964	2017-10-31	2.862	2.719~3.005	892~1 027
965	2020-11-09	2.862	2.719~3.005	892~1 027
966	2021-11-12	2.862	2.719~3.005	892~1 027
967	2015-03-09	2.869	2.726~3.013	898~1 027
968	2016-03-09	2.869	2.726~3.013	898~1 027
969	2014-02-27	2.873	2.730~3.017	898~1 028
970	2014-03-01	2.873	2.730~3.017	898~1 028
971	2014-03-07	2.873	2.730~3.017	898~1 028
972	2014-03-09	2.873	2.730~3.017	898~1 028
973	2015-03-01	2.873	2.730~3.017	898~1 028
974	2016-02-26	2.873	2.730~3.017	898~1 028

续表

序号	日期	O₃气象污染综合指数	同一气象条件指数区间	同一气象条件在附表 1 中的序号区间
975	2019-03-28	2.873	2.730~3.017	898~1 028
976	2016-10-31	2.884	2.740~3.028	906~1 048
977	2017-02-20	2.884	2.740~3.028	906~1 048
978	2018-04-04	2.884	2.740~3.028	906~1 048
979	2015-05-09	2.890	2.745~3.034	906~1 048
980	2015-11-05	2.890	2.745~3.034	906~1 048
981	2016-10-22	2.890	2.745~3.034	906~1 048
982	2019-10-13	2.890	2.745~3.034	906~1 048
983	2016-03-22	2.896	2.751~3.041	906~1 051
984	2017-04-08	2.896	2.751~3.041	906~1 051
985	2018-02-13	2.904	2.759~3.049	919~1 051
986	2018-03-12	2.904	2.759~3.049	919~1 051
987	2020-02-21	2.905	2.760~3.050	919~1 051
988	2014-03-05	2.908	2.762~3.053	920~1 051
989	2014-03-06	2.908	2.762~3.053	920~1 051
990	2020-03-04	2.908	2.762~3.053	920~1 051
991	2021-03-14	2.927	2.781~3.073	925~1 059
992	2018-03-16	2.928	2.781~3.074	925~1 059
993	2018-03-21	2.928	2.781~3.074	925~1 059
994	2016-03-08	2.929	2.782~3.075	925~1 059
995	2016-03-10	2.929	2.782~3.075	925~1 059
996	2014-10-21	2.931	2.785~3.078	928~1 059
997	2014-10-22	2.931	2.785~3.078	928~1 059
998	2014-10-28	2.931	2.785~3.078	928~1 059
999	2015-11-01	2.931	2.785~3.078	928~1 059
1000	2017-03-30	2.931	2.785~3.078	928~1 059
1001	2017-11-04	2.931	2.785~3.078	928~1 059
1002	2019-03-01	2.931	2.785~3.078	928~1 059
1003	2020-11-13	2.931	2.785~3.078	928~1 059
1004	2021-02-05	2.931	2.785~3.078	928~1 059
1005	2021-02-06	2.931	2.785~3.078	928~1 059
1006	2021-03-17	2.931	2.785~3.078	928~1 059
1007	2021-10-18	2.931	2.785~3.078	928~1 059
1008	2015-03-05	2.935	2.788~3.081	936~1 062
1009	2016-02-18	2.935	2.788~3.081	936~1 062
1010	2020-02-22	2.938	2.791~3.085	936~1 062
1011	2016-11-05	2.949	2.801~3.096	945~1 067
1012	2016-11-14	2.949	2.801~3.096	945~1 067

续表

序号	日期	O₃气象污染综合指数	同一气象条件指数区间	同一气象条件在附表1中的序号区间
1013	2016-11-15	2.949	2.801~3.096	945~1 067
1014	2017-03-17	2.949	2.801~3.096	945~1 067
1015	2017-03-20	2.949	2.801~3.096	945~1 067
1016	2017-03-22	2.949	2.801~3.096	945~1 067
1017	2017-11-05	2.949	2.801~3.096	945~1 067
1018	2018-11-10	2.949	2.801~3.096	945~1 067
1019	2021-03-12	2.949	2.801~3.096	945~1 067
1020	2019-11-10	2.954	2.807~3.102	946~1 072
1021	2020-03-26	2.954	2.807~3.102	946~1 072
1022	2015-03-22	2.959	2.811~3.107	946~1 072
1023	2017-03-04	2.981	2.832~3.130	951~1 082
1024	2019-03-10	2.981	2.832~3.130	951~1 082
1025	2016-11-07	2.997	2.848~3.147	952~1 085
1026	2021-10-10	2.997	2.848~3.147	952~1 085
1027	2020-03-02	3.006	2.856~3.156	954~1 090
1028	2015-03-11	3.020	2.869~3.171	967~1 098
1029	2017-11-08	3.020	2.869~3.171	967~1 098
1030	2020-11-03	3.020	2.869~3.171	967~1 098
1031	2020-11-08	3.020	2.869~3.171	967~1 098
1032	2021-11-01	3.020	2.869~3.171	967~1 098
1033	2021-11-10	3.020	2.869~3.171	967~1 098
1034	2015-03-31	3.025	2.874~3.176	969~1 102
1035	2015-09-05	3.025	2.874~3.176	969~1 102
1036	2017-10-07	3.025	2.874~3.176	969~1 102
1037	2020-10-01	3.025	2.874~3.176	969~1 102
1038	2021-10-14	3.025	2.874~3.176	969~1 102
1039	2021-10-25	3.025	2.874~3.176	969~1 102
1040	2021-10-28	3.025	2.874~3.176	969~1 102
1041	2021-10-30	3.025	2.874~3.176	969~1 102
1042	2014-03-16	3.026	2.875~3.177	969~1 102
1043	2014-03-04	3.027	2.876~3.178	969~1 102
1044	2017-03-01	3.027	2.876~3.178	969~1 102
1045	2017-03-05	3.027	2.876~3.178	969~1 102
1046	2017-03-06	3.027	2.876~3.178	969~1 102
1047	2020-03-01	3.027	2.876~3.178	969~1 102
1048	2016-03-15	3.029	2.877~3.180	969~1 106
1049	2016-10-26	3.029	2.877~3.180	969~1 106
1050	2019-03-09	3.029	2.877~3.180	969~1 106

续表

序号	日期	O₃气象污染综合指数	同一气象条件指数区间	同一气象条件在附表 1 中的序号区间
1051	2017-03-03	3.050	2.898~3.203	983~1 114
1052	2017-10-30	3.050	2.898~3.203	983~1 114
1053	2019-02-23	3.050	2.898~3.203	983~1 114
1054	2020-02-23	3.050	2.898~3.203	983~1 114
1055	2021-03-04	3.050	2.898~3.203	983~1 114
1056	2021-03-13	3.050	2.898~3.203	983~1 114
1057	2021-10-20	3.050	2.898~3.203	983~1 114
1058	2021-10-29	3.063	2.909~3.216	988~1 119
1059	2015-10-25	3.069	2.916~3.223	988~1 119
1060	2018-11-09	3.069	2.916~3.223	988~1 119
1061	2019-03-03	3.069	2.916~3.223	988~1 119
1062	2015-04-19	3.090	2.935~3.244	1 008~1 128
1063	2014-03-12	3.092	2.937~3.246	1 010~1 128
1064	2016-03-07	3.092	2.937~3.246	1 010~1 128
1065	2016-03-11	3.092	2.937~3.246	1 010~1 128
1066	2016-03-13	3.092	2.937~3.246	1 010~1 128
1067	2020-10-14	3.093	2.939~3.248	1 010~1 129
1068	2016-10-29	3.100	2.945~3.255	1 011~1 133
1069	2017-10-11	3.100	2.945~3.255	1 011~1 133
1070	2017-10-22	3.100	2.945~3.255	1 011~1 133
1071	2020-03-12	3.100	2.945~3.255	1 011~1 133
1072	2017-10-26	3.102	2.947~3.257	1 011~1 133
1073	2019-11-02	3.102	2.947~3.257	1 011~1 133
1074	2020-05-08	3.102	2.947~3.257	1 011~1 133
1075	2020-10-08	3.102	2.947~3.257	1 011~1 133
1076	2020-11-11	3.102	2.947~3.257	1 011~1 133
1077	2015-03-03	3.112	2.957~3.268	1 022~1 140
1078	2017-03-07	3.112	2.957~3.268	1 022~1 140
1079	2020-03-03	3.112	2.957~3.268	1 022~1 140
1080	2020-03-10	3.112	2.957~3.268	1 022~1 140
1081	2020-03-13	3.112	2.957~3.268	1 022~1 140
1082	2014-10-27	3.139	2.982~3.296	1 023~1 149
1083	2015-10-28	3.139	2.982~3.296	1 023~1 149
1084	2019-02-28	3.139	2.982~3.296	1 023~1 149
1085	2014-10-01	3.139	2.982~3.296	1 023~1 149
1086	2016-10-18	3.139	2.982~3.296	1 023~1 149
1087	2017-10-15	3.139	2.982~3.296	1 023~1 149
1088	2018-11-02	3.139	2.982~3.296	1 023~1 149

序号	日期	O₃气象污染综合指数	同一气象条件指数区间	同一气象条件在附表1中的序号区间
1089	2020-10-25	3.139	2.982~3.296	1 023~1 149
1090	2014-11-11	3.161	3.003~3.319	1 027~1 186
1091	2016-10-30	3.161	3.003~3.319	1 027~1 186
1092	2017-02-19	3.161	3.003~3.319	1 027~1 186
1093	2017-10-19	3.164	3.006~3.322	1 027~1 186
1094	2017-10-27	3.164	3.006~3.322	1 027~1 186
1095	2020-11-10	3.164	3.006~3.322	1 027~1 186
1096	2021-11-14	3.164	3.006~3.322	1 027~1 186
1097	2019-11-07	3.165	3.007~3.323	1 027~1 186
1098	2014-10-19	3.171	3.013~3.330	1 027~1 188
1099	2015-10-20	3.171	3.013~3.330	1 027~1 188
1100	2016-10-15	3.171	3.013~3.330	1 027~1 188
1101	2021-10-04	3.171	3.013~3.330	1 027~1 188
1102	2014-04-11	3.172	3.013~3.331	1 028~1 188
1103	2017-02-27	3.172	3.013~3.331	1 028~1 188
1104	2017-03-02	3.172	3.013~3.331	1 028~1 188
1105	2019-02-27	3.172	3.013~3.331	1 028~1 188
1106	2015-10-30	3.188	3.028~3.347	1 048~1 197
1107	2016-03-06	3.188	3.028~3.347	1 048~1 197
1108	2016-10-23	3.188	3.028~3.347	1 048~1 197
1109	2018-10-30	3.188	3.028~3.347	1 048~1 197
1110	2020-10-15	3.188	3.028~3.347	1 048~1 197
1111	2020-10-23	3.188	3.028~3.347	1 048~1 197
1112	2021-10-17	3.188	3.028~3.347	1 048~1 197
1113	2016-03-01	3.189	3.030~3.348	1 048~1 197
1114	2014-10-04	3.209	3.048~3.369	1 051~1 201
1115	2015-11-04	3.209	3.048~3.369	1 051~1 201
1116	2019-11-12	3.209	3.048~3.369	1 051~1 201
1117	2020-10-29	3.209	3.048~3.369	1 051~1 201
1118	2020-11-12	3.209	3.048~3.369	1 051~1 201
1119	2014-11-02	3.219	3.058~3.380	1 058~1 204
1120	2015-10-27	3.219	3.058~3.380	1 058~1 204
1121	2016-10-28	3.219	3.058~3.380	1 058~1 204
1122	2017-10-23	3.219	3.058~3.380	1 058~1 204
1123	2018-10-29	3.219	3.058~3.380	1 058~1 204
1124	2020-03-06	3.219	3.058~3.380	1 058~1 204
1125	2017-11-03	3.233	3.071~3.394	1 059~1 211
1126	2017-11-13	3.233	3.071~3.394	1 059~1 211

序号	日期	O₃气象污染综合指数	同一气象条件指数区间	同一气象条件在附表 1 中的序号区间
1127	2015-11-02	3.236	3.074~3.398	1 059~1 215
1128	2021-10-24	3.241	3.079~3.403	1 059~1 218
1129	2018-04-06	3.252	3.089~3.415	1 062~1 220
1130	2019-03-21	3.252	3.089~3.415	1 062~1 220
1131	2019-03-23	3.252	3.089~3.415	1 062~1 220
1132	2021-03-21	3.252	3.089~3.415	1 062~1 220
1133	2017-11-10	3.254	3.091~3.416	1 063~1 223
1134	2019-11-13	3.254	3.091~3.416	1 063~1 223
1135	2016-10-07	3.260	3.097~3.423	1 068~1 223
1136	2018-10-16	3.260	3.097~3.423	1 068~1 223
1137	2019-10-06	3.260	3.097~3.423	1 068~1 223
1138	2020-05-07	3.260	3.097~3.423	1 068~1 223
1139	2021-03-26	3.260	3.097~3.423	1 068~1 223
1140	2014-03-18	3.261	3.098~3.424	1 068~1 223
1141	2016-03-19	3.261	3.098~3.424	1 068~1 223
1142	2018-03-09	3.261	3.098~3.424	1 068~1 223
1143	2019-03-04	3.261	3.098~3.424	1 068~1 223
1144	2014-03-11	3.280	3.116~3.444	1 077~1 229
1145	2015-10-29	3.280	3.116~3.444	1 077~1 229
1146	2017-10-29	3.284	3.120~3.448	1 077~1 229
1147	2019-10-25	3.284	3.120~3.448	1 077~1 229
1148	2020-10-22	3.284	3.120~3.448	1 077~1 229
1149	2017-04-19	3.297	3.133~3.462	1 082~1 231
1150	2017-10-17	3.297	3.133~3.462	1 082~1 231
1151	2017-10-21	3.297	3.133~3.462	1 082~1 231
1152	2018-05-21	3.297	3.133~3.462	1 082~1 231
1153	2018-10-15	3.297	3.133~3.462	1 082~1 231
1154	2018-10-21	3.297	3.133~3.462	1 082~1 231
1155	2016-05-14	3.309	3.144~3.475	1 085~1 238
1156	2016-10-20	3.309	3.144~3.475	1 085~1 238
1157	2018-10-25	3.309	3.144~3.475	1 085~1 238
1158	2021-05-15	3.309	3.144~3.475	1 085~1 238
1159	2021-11-06	3.309	3.144~3.475	1 085~1 238
1160	2014-10-13	3.310	3.144~3.475	1 085~1 239
1161	2015-03-02	3.310	3.144~3.475	1 085~1 239
1162	2015-03-17	3.310	3.144~3.475	1 085~1 239
1163	2017-02-25	3.310	3.144~3.475	1 085~1 239
1164	2017-02-26	3.310	3.144~3.475	1 085~1 239

序号	日期	O₃气象污染综合指数	同一气象条件指数区间	同一气象条件在附表1中的序号区间
1165	2018-03-02	3.310	3.144~3.475	1 085~1 239
1166	2019-03-08	3.310	3.144~3.475	1 085~1 239
1167	2020-03-07	3.310	3.144~3.475	1 085~1 239
1168	2021-02-27	3.310	3.144~3.475	1 085~1 239
1169	2018-10-14	3.310	3.145~3.476	1 085~1 239
1170	2018-11-03	3.310	3.145~3.476	1 085~1 239
1171	2019-10-18	3.310	3.145~3.476	1 085~1 239
1172	2019-11-01	3.310	3.145~3.476	1 085~1 239
1173	2019-11-05	3.310	3.145~3.476	1 085~1 239
1174	2020-10-31	3.310	3.145~3.476	1 085~1 239
1175	2014-09-17	3.312	3.147~3.478	1 085~1 239
1176	2014-10-24	3.312	3.147~3.478	1 085~1 239
1177	2014-10-29	3.312	3.147~3.478	1 085~1 239
1178	2014-11-03	3.312	3.147~3.478	1 085~1 239
1179	2015-03-19	3.312	3.147~3.478	1 085~1 239
1180	2015-10-19	3.312	3.147~3.478	1 085~1 239
1181	2017-03-18	3.312	3.147~3.478	1 085~1 239
1182	2017-10-24	3.312	3.147~3.478	1 085~1 239
1183	2018-10-31	3.312	3.147~3.478	1 085~1 239
1184	2018-11-01	3.312	3.147~3.478	1 085~1 239
1185	2020-10-24	3.312	3.147~3.478	1 085~1 239
1186	2015-04-07	3.316	3.150~3.482	1 090~1 240
1187	2019-03-30	3.316	3.150~3.482	1 090~1 240
1188	2017-04-04	3.340	3.173~3.507	1 102~1 259
1189	2017-10-14	3.340	3.173~3.507	1 102~1 259
1190	2014-09-30	3.341	3.174~3.508	1 102~1 259
1191	2017-02-28	3.341	3.174~3.508	1 102~1 259
1192	2017-03-15	3.341	3.174~3.508	1 102~1 259
1193	2017-03-21	3.341	3.174~3.508	1 102~1 259
1194	2019-10-14	3.341	3.174~3.508	1 102~1 259
1195	2016-04-11	3.346	3.179~3.514	1 102~1 263
1196	2020-03-16	3.346	3.179~3.514	1 102~1 263
1197	2017-10-16	3.346	3.179~3.514	1 102~1 263
1198	2014-02-26	3.352	3.184~3.519	1 106~1 263
1199	2020-11-02	3.352	3.184~3.519	1 106~1 263
1200	2016-03-03	3.355	3.187~3.522	1 106~1 263
1201	2018-10-26	3.372	3.204~3.541	1 114~1 270
1202	2019-10-28	3.372	3.204~3.541	1 114~1 270

续表

序号	日期	O₃气象污染综合指数	同一气象条件指数区间	同一气象条件在附表 1 中的序号区间
1203	2020-10-20	3.377	3.209~3.546	1 114~1 272
1204	2014-11-04	3.382	3.213~3.551	1 114~1 272
1205	2016-04-12	3.382	3.213~3.551	1 114~1 272
1206	2016-10-16	3.382	3.213~3.551	1 114~1 272
1207	2017-03-11	3.382	3.213~3.551	1 114~1 272
1208	2017-11-01	3.382	3.213~3.551	1 114~1 272
1209	2020-10-28	3.382	3.213~3.551	1 114~1 272
1210	2020-10-30	3.382	3.213~3.551	1 114~1 272
1211	2015-03-13	3.395	3.225~3.565	1 119~1 285
1212	2015-04-04	3.395	3.225~3.565	1 119~1 285
1213	2019-04-08	3.395	3.225~3.565	1 119~1 285
1214	2021-03-16	3.395	3.225~3.565	1 119~1 285
1215	2019-11-11	3.399	3.229~3.569	1 125~1 288
1216	2014-10-20	3.401	3.231~3.571	1 125~1 288
1217	2017-10-02	3.401	3.231~3.571	1 125~1 288
1218	2015-03-14	3.402	3.232~3.572	1 125~1 288
1219	2021-09-20	3.405	3.235~3.575	1 127~1 294
1220	2020-10-21	3.405	3.235~3.576	1 127~1 294
1221	2021-02-22	3.405	3.235~3.576	1 127~1 294
1222	2021-10-19	3.405	3.235~3.576	1 127~1 294
1223	2017-03-09	3.426	3.255~3.598	1 133~1 310
1224	2019-03-07	3.426	3.255~3.598	1 133~1 310
1225	2020-03-21	3.426	3.255~3.598	1 133~1 310
1226	2019-10-29	3.431	3.260~3.603	1 135~1 310
1227	2021-02-19	3.431	3.260~3.603	1 135~1 310
1228	2021-04-09	3.431	3.260~3.603	1 135~1 310
1229	2015-09-29	3.439	3.267~3.611	1 140~1 314
1230	2019-04-13	3.439	3.267~3.611	1 140~1 314
1231	2014-03-28	3.471	3.297~3.644	1 149~1 344
1232	2014-11-05	3.471	3.297~3.644	1 149~1 344
1233	2015-10-24	3.471	3.297~3.644	1 149~1 344
1234	2015-11-03	3.471	3.297~3.644	1 149~1 344
1235	2016-10-09	3.471	3.297~3.644	1 149~1 344
1236	2018-10-20	3.471	3.297~3.644	1 149~1 344
1237	2019-10-11	3.471	3.297~3.644	1 149~1 344
1238	2021-10-16	3.473	3.300~3.647	1 149~1 344
1239	2018-03-13	3.476	3.303~3.650	1 149~1 344
1240	2017-03-13	3.488	3.313~3.662	1 175~1 346

序号	日期	O_3气象污染综合指数	同一气象条件指数区间	同一气象条件在附表1中的序号区间
1241	2017-03-14	3.488	3.313~3.662	1 175~1 346
1242	2017-03-28	3.488	3.313~3.662	1 175~1 346
1243	2017-08-27	3.490	3.315~3.664	1 186~1 346
1244	2020-09-15	3.490	3.315~3.664	1 186~1 346
1245	2020-09-23	3.490	3.315~3.664	1 186~1 346
1246	2021-09-05	3.490	3.315~3.664	1 186~1 346
1247	2021-09-26	3.490	3.315~3.664	1 186~1 346
1248	2021-10-03	3.490	3.315~3.664	1 186~1 346
1249	2014-03-14	3.491	3.317~3.666	1 186~1 346
1250	2015-04-08	3.491	3.317~3.666	1 186~1 346
1251	2015-04-09	3.491	3.317~3.666	1 186~1 346
1252	2018-03-19	3.491	3.317~3.666	1 186~1 346
1253	2020-03-15	3.491	3.317~3.666	1 186~1 346
1254	2021-03-15	3.491	3.317~3.666	1 186~1 346
1255	2015-10-10	3.494	3.319~3.669	1 186~1 346
1256	2018-03-15	3.494	3.319~3.669	1 186~1 346
1257	2018-10-09	3.494	3.319~3.669	1 186~1 346
1258	2019-03-29	3.494	3.319~3.669	1 186~1 346
1259	2018-03-23	3.501	3.326~3.676	1 186~1 349
1260	2018-10-19	3.501	3.326~3.676	1 186~1 349
1261	2019-10-27	3.501	3.326~3.676	1 186~1 349
1262	2021-10-23	3.501	3.326~3.676	1 186~1 349
1263	2017-10-12	3.520	3.344~3.696	1 195~1 352
1264	2017-11-02	3.520	3.344~3.696	1 195~1 352
1265	2017-11-07	3.520	3.344~3.696	1 195~1 352
1266	2019-10-12	3.520	3.344~3.696	1 195~1 352
1267	2020-05-04	3.520	3.344~3.696	1 195~1 352
1268	2020-11-06	3.520	3.344~3.696	1 195~1 352
1269	2021-04-22	3.520	3.344~3.696	1 195~1 352
1270	2021-04-05	3.540	3.363~3.717	1 200~1 369
1271	2021-04-11	3.540	3.363~3.717	1 200~1 369
1272	2018-10-22	3.551	3.373~3.728	1 201~1 379
1273	2019-10-10	3.551	3.373~3.728	1 201~1 379
1274	2020-11-01	3.551	3.373~3.728	1 201~1 379
1275	2021-03-10	3.551	3.373~3.728	1 201~1 379
1276	2021-04-12	3.551	3.373~3.728	1 201~1 379
1277	2016-03-02	3.553	3.375~3.731	1 203~1 379
1278	2021-10-07	3.553	3.375~3.731	1 203~1 379

续表

序号	日期	O₃气象污染综合指数	同一气象条件指数区间	同一气象条件在附表1中的序号区间
1279	2014-03-13	3.559	3.381~3.737	1 204~1 384
1280	2016-03-05	3.559	3.381~3.737	1 204~1 384
1281	2017-03-08	3.559	3.381~3.737	1 204~1 384
1282	2017-03-12	3.559	3.381~3.737	1 204~1 384
1283	2019-03-13	3.559	3.381~3.737	1 204~1 384
1284	2020-04-09	3.559	3.381~3.737	1 204~1 384
1285	2015-04-03	3.566	3.388~3.744	1 204~1 384
1286	2019-04-28	3.566	3.388~3.744	1 204~1 384
1287	2020-04-08	3.566	3.388~3.744	1 204~1 384
1288	2015-08-31	3.566	3.388~3.745	1 204~1 384
1289	2017-05-22	3.566	3.388~3.745	1 204~1 384
1290	2018-09-19	3.566	3.388~3.745	1 204~1 384
1291	2020-08-19	3.566	3.388~3.745	1 204~1 384
1292	2021-09-19	3.566	3.388~3.745	1 204~1 384
1293	2021-09-24	3.566	3.388~3.745	1 204~1 384
1294	2015-04-06	3.580	3.401~3.759	1 216~1 388
1295	2016-03-25	3.580	3.401~3.759	1 216~1 388
1296	2019-03-06	3.580	3.401~3.759	1 216~1 388
1297	2019-03-14	3.580	3.401~3.759	1 216~1 388
1298	2019-04-11	3.580	3.401~3.759	1 216~1 388
1299	2021-03-20	3.580	3.401~3.759	1 216~1 388
1300	2021-04-30	3.580	3.401~3.759	1 216~1 388
1301	2014-04-10	3.590	3.410~3.769	1 220~1 393
1302	2014-04-17	3.590	3.410~3.769	1 220~1 393
1303	2016-03-17	3.590	3.410~3.769	1 220~1 393
1304	2016-10-11	3.590	3.410~3.769	1 220~1 393
1305	2016-10-12	3.590	3.410~3.769	1 220~1 393
1306	2018-10-12	3.590	3.410~3.769	1 220~1 393
1307	2018-10-18	3.590	3.410~3.769	1 220~1 393
1308	2019-10-15	3.590	3.410~3.769	1 220~1 393
1309	2021-10-21	3.590	3.410~3.769	1 220~1 393
1310	2014-04-15	3.604	3.424~3.784	1 223~1 406
1311	2019-10-23	3.604	3.424~3.784	1 223~1 406
1312	2020-10-26	3.604	3.424~3.784	1 223~1 406
1313	2021-09-18	3.604	3.424~3.784	1 223~1 406
1314	2014-10-12	3.612	3.431~3.792	1 226~1 408
1315	2015-10-18	3.612	3.431~3.793	1 226~1 408
1316	2016-09-27	3.612	3.431~3.793	1 226~1 408

序号	日期	O₃气象污染综合指数	同一气象条件指数区间	同一气象条件在附表1中的序号区间
1317	2017-10-28	3.612	3.431~3.793	1 226~1 408
1318	2020-11-07	3.616	3.435~3.796	1 226~1 411
1319	2017-04-13	3.623	3.441~3.804	1 229~1 416
1320	2018-03-22	3.623	3.441~3.804	1 229~1 416
1321	2021-10-12	3.623	3.441~3.804	1 229~1 416
1322	2015-10-14	3.629	3.448~3.810	1 229~1 416
1323	2019-04-01	3.631	3.449~3.812	1 229~1 417
1324	2014-09-02	3.636	3.454~3.818	1 229~1 417
1325	2014-09-14	3.636	3.454~3.818	1 229~1 417
1326	2014-09-23	3.636	3.454~3.818	1 229~1 417
1327	2015-09-01	3.636	3.454~3.818	1 229~1 417
1328	2017-06-06	3.636	3.454~3.818	1 229~1 417
1329	2018-04-21	3.636	3.454~3.818	1 229~1 417
1330	2019-10-24	3.636	3.454~3.818	1 229~1 417
1331	2020-09-29	3.636	3.454~3.818	1 229~1 417
1332	2021-09-16	3.636	3.454~3.818	1 229~1 417
1333	2021-09-28	3.636	3.454~3.818	1 229~1 417
1334	2014-03-27	3.639	3.457~3.820	1 231~1 417
1335	2015-09-30	3.639	3.457~3.820	1 231~1 417
1336	2016-04-27	3.639	3.457~3.820	1 231~1 417
1337	2017-10-13	3.639	3.457~3.820	1 231~1 417
1338	2019-03-02	3.639	3.457~3.820	1 231~1 417
1339	2019-03-20	3.639	3.457~3.820	1 231~1 417
1340	2019-10-26	3.639	3.457~3.820	1 231~1 417
1341	2020-10-06	3.639	3.457~3.820	1 231~1 417
1342	2020-10-27	3.639	3.457~3.820	1 231~1 417
1343	2021-10-22	3.639	3.457~3.820	1 231~1 417
1344	2018-03-30	3.639	3.457~3.820	1 231~1 417
1345	2019-03-26	3.639	3.457~3.820	1 231~1 417
1346	2015-03-16	3.670	3.486~3.853	1 240~1 431
1347	2018-10-23	3.670	3.486~3.853	1 240~1 431
1348	2020-03-24	3.670	3.486~3.853	1 240~1 431
1349	2014-09-24	3.673	3.490~3.857	1 243~1 439
1350	2018-09-18	3.673	3.490~3.857	1 243~1 439
1351	2015-04-01	3.691	3.507~3.876	1 259~1 444
1352	2015-04-13	3.695	3.510~3.880	1 259~1 444
1353	2014-03-20	3.699	3.514~3.884	1 263~1 445
1354	2017-03-27	3.699	3.514~3.884	1 263~1 445

序号	日期	O₃气象污染综合指数	同一气象条件指数区间	同一气象条件在附表1中的序号区间
1355	2017-03-31	3.699	3.514~3.884	1 263~1 445
1356	2019-03-15	3.699	3.514~3.884	1 263~1 445
1357	2021-04-23	3.699	3.514~3.884	1 263~1 445
1358	2019-10-30	3.701	3.516~3.886	1 263~1 445
1359	2016-10-19	3.706	3.520~3.891	1 263~1 445
1360	2017-10-20	3.706	3.520~3.891	1 263~1 445
1361	2018-09-20	3.706	3.520~3.891	1 263~1 445
1362	2014-03-23	3.708	3.523~3.894	1 263~1 449
1363	2015-03-24	3.708	3.523~3.894	1 263~1 449
1364	2016-03-20	3.708	3.523~3.894	1 263~1 449
1365	2017-04-07	3.708	3.523~3.894	1 263~1 449
1366	2019-04-07	3.708	3.523~3.894	1 263~1 449
1367	2021-04-01	3.708	3.523~3.894	1 263~1 449
1368	2021-10-11	3.711	3.526~3.897	1 263~1 449
1369	2016-03-23	3.719	3.533~3.905	1 270~1 453
1370	2016-03-24	3.719	3.533~3.905	1 270~1 453
1371	2017-03-26	3.719	3.533~3.905	1 270~1 453
1372	2019-03-12	3.719	3.533~3.905	1 270~1 453
1373	2019-03-22	3.719	3.533~3.905	1 270~1 453
1374	2020-03-14	3.719	3.533~3.905	1 270~1 453
1375	2020-04-01	3.719	3.533~3.905	1 270~1 453
1376	2020-04-10	3.719	3.533~3.905	1 270~1 453
1377	2021-04-03	3.719	3.533~3.905	1 270~1 453
1378	2014-09-28	3.725	3.539~3.911	1 270~1 453
1379	2014-10-26	3.731	3.544~3.917	1 270~1 453
1380	2017-03-16	3.731	3.544~3.917	1 270~1 453
1381	2017-03-19	3.731	3.544~3.917	1 270~1 453
1382	2017-04-10	3.731	3.544~3.917	1 270~1 453
1383	2021-03-11	3.731	3.544~3.917	1 270~1 453
1384	2014-03-17	3.734	3.548~3.921	1 272~1 454
1385	2014-10-03	3.734	3.548~3.921	1 272~1 454
1386	2017-10-03	3.734	3.548~3.921	1 272~1 454
1387	2018-10-17	3.734	3.548~3.921	1 272~1 454
1388	2016-03-16	3.760	3.572~3.948	1 288~1 474
1389	2021-03-27	3.760	3.572~3.948	1 288~1 474
1390	2016-09-26	3.762	3.574~3.950	1 294~1 474
1391	2018-04-07	3.763	3.575~3.951	1 294~1 474
1392	2020-03-28	3.763	3.575~3.951	1 294~1 474

序号	日期	O₃气象污染综合指数	同一气象条件指数区间	同一气象条件在附表1中的序号区间
1393	2015-09-10	3.774	3.585~3.962	1 301~1 475
1394	2016-09-18	3.774	3.585~3.962	1 301~1 475
1395	2019-07-06	3.774	3.585~3.962	1 301~1 475
1396	2019-10-04	3.774	3.585~3.962	1 301~1 475
1397	2015-09-28	3.775	3.586~3.964	1 301~1 475
1398	2019-10-19	3.775	3.586~3.964	1 301~1 475
1399	2020-09-14	3.775	3.586~3.964	1 301~1 475
1400	2021-09-06	3.775	3.586~3.964	1 301~1 475
1401	2014-10-09	3.777	3.588~3.966	1 301~1 475
1402	2016-10-13	3.777	3.588~3.966	1 301~1 475
1403	2020-10-19	3.777	3.588~3.966	1 301~1 475
1404	2018-04-12	3.778	3.589~3.967	1 301~1 475
1405	2020-03-23	3.778	3.589~3.967	1 301~1 475
1406	2019-03-31	3.784	3.594~3.973	1 301~1 475
1407	2020-03-27	3.784	3.594~3.973	1 301~1 475
1408	2014-04-19	3.791	3.602~3.981	1 310~1 480
1409	2018-04-23	3.791	3.602~3.981	1 310~1 480
1410	2020-10-12	3.791	3.602~3.981	1 310~1 480
1411	2014-04-12	3.797	3.607~3.987	1 310~1 481
1412	2014-04-18	3.797	3.607~3.987	1 310~1 481
1413	2016-03-21	3.797	3.607~3.987	1 310~1 481
1414	2017-03-10	3.797	3.607~3.987	1 310~1 481
1415	2020-05-09	3.797	3.607~3.987	1 310~1 481
1416	2016-10-06	3.805	3.615~3.995	1 318~1 482
1417	2014-10-17	3.819	3.628~4.010	1 322~1 486
1418	2018-10-27	3.823	3.632~4.014	1 323~1 488
1419	2018-10-28	3.823	3.632~4.014	1 323~1 488
1420	2014-09-29	3.842	3.650~4.034	1 344~1 494
1421	2016-03-14	3.846	3.654~4.038	1 344~1 494
1422	2021-03-24	3.846	3.654~4.038	1 344~1 494
1423	2021-04-26	3.846	3.654~4.038	1 344~1 494
1424	2014-04-26	3.847	3.654~4.039	1 346~1 494
1425	2014-10-08	3.847	3.654~4.039	1 346~1 494
1426	2019-04-24	3.847	3.654~4.039	1 346~1 494
1427	2019-09-13	3.847	3.654~4.039	1 346~1 494
1428	2019-09-19	3.847	3.654~4.039	1 346~1 494
1429	2019-10-22	3.847	3.654~4.039	1 346~1 494
1430	2021-04-07	3.848	3.655~4.040	1 346~1 497

续表

序号	日期	O₃气象污染综合指数	同一气象条件指数区间	同一气象条件在附表1中的序号区间
1431	2014-10-05	3.853	3.660~4.045	1 346~1 497
1432	2018-10-06	3.853	3.660~4.045	1 346~1 497
1433	2018-10-11	3.853	3.660~4.045	1 346~1 497
1434	2020-03-29	3.853	3.660~4.045	1 346~1 497
1435	2020-03-30	3.853	3.660~4.045	1 346~1 497
1436	2020-04-07	3.853	3.660~4.045	1 346~1 497
1437	2020-10-13	3.853	3.660~4.045	1 346~1 497
1438	2020-10-16	3.853	3.660~4.045	1 346~1 497
1439	2016-04-19	3.856	3.663~4.049	1 346~1 497
1440	2020-03-31	3.856	3.663~4.049	1 346~1 497
1441	2015-05-29	3.864	3.671~4.057	1 346~1 498
1442	2019-09-11	3.864	3.671~4.057	1 346~1 498
1443	2020-09-24	3.864	3.671~4.057	1 346~1 498
1444	2019-10-05	3.877	3.683~4.071	1 351~1 511
1445	2019-04-25	3.890	3.695~4.084	1 352~1 514
1446	2020-04-21	3.890	3.695~4.084	1 352~1 514
1447	2020-04-22	3.890	3.695~4.084	1 352~1 514
1448	2021-04-13	3.890	3.695~4.084	1 352~1 514
1449	2018-03-14	3.896	3.701~4.091	1 358~1 517
1450	2018-10-24	3.896	3.701~4.091	1 358~1 517
1451	2020-10-18	3.896	3.701~4.091	1 358~1 517
1452	2021-10-27	3.896	3.701~4.091	1 358~1 517
1453	2019-04-21	3.912	3.716~4.107	1 369~1 524
1454	2016-10-08	3.924	3.728~4.120	1 378~1 525
1455	2018-10-10	3.924	3.728~4.120	1 378~1 525
1456	2019-03-05	3.924	3.728~4.120	1 378~1 525
1457	2018-10-13	3.936	3.739~4.132	1 384~1 525
1458	2020-10-10	3.936	3.739~4.132	1 384~1 525
1459	2016-03-30	3.937	3.740~4.133	1 384~1 525
1460	2021-04-08	3.937	3.740~4.133	1 384~1 525
1461	2015-04-11	3.938	3.741~4.135	1 384~1 525
1462	2016-09-28	3.938	3.741~4.135	1 384~1 525
1463	2017-03-29	3.938	3.741~4.135	1 384~1 525
1464	2017-04-09	3.938	3.741~4.135	1 384~1 525
1465	2020-03-11	3.938	3.741~4.135	1 384~1 525
1466	2020-10-05	3.938	3.741~4.135	1 384~1 525
1467	2015-03-25	3.942	3.745~4.139	1 384~1 527
1468	2015-03-26	3.942	3.745~4.139	1 384~1 527

序号	日期	O₃气象污染综合指数	同一气象条件指数区间	同一气象条件在附表 1 中的序号区间
1469	2017-04-05	3.942	3.745~4.139	1 384~1 527
1470	2019-03-16	3.942	3.745~4.139	1 384~1 527
1471	2020-10-02	3.942	3.745~4.139	1 384~1 527
1472	2021-04-06	3.942	3.745~4.139	1 384~1 527
1473	2021-04-24	3.942	3.745~4.139	1 384~1 527
1474	2017-04-25	3.945	3.748~4.142	1 388~1 527
1475	2014-10-07	3.965	3.767~4.164	1 391~1 532
1476	2015-04-18	3.965	3.767~4.164	1 391~1 532
1477	2021-02-20	3.965	3.767~4.164	1 391~1 532
1478	2021-10-08	3.965	3.767~4.164	1 391~1 532
1479	2021-10-13	3.965	3.767~4.164	1 391~1 532
1480	2020-10-11	3.984	3.785~4.184	1 406~1 540
1481	2018-03-29	3.986	3.786~4.185	1 406~1 540
1482	2018-04-03	3.996	3.796~4.195	1 411~1 544
1483	2019-04-19	4.001	3.801~4.201	1 411~1 548
1484	2021-04-21	4.005	3.805~4.205	1 416~1 548
1485	2021-10-15	4.005	3.805~4.205	1 416~1 548
1486	2014-03-29	4.010	3.809~4.210	1 416~1 550
1487	2015-05-11	4.010	3.809~4.210	1 416~1 550
1488	2014-09-16	4.016	3.815~4.216	1 417~1 550
1489	2016-04-06	4.016	3.815~4.216	1 417~1 550
1490	2015-03-15	4.017	3.816~4.217	1 417~1 550
1491	2019-04-03	4.017	3.816~4.217	1 417~1 550
1492	2021-04-25	4.017	3.816~4.217	1 417~1 550
1493	2014-10-02	4.018	3.817~4.219	1 417~1 550
1494	2019-03-11	4.030	3.829~4.232	1 418~1 561
1495	2020-04-19	4.030	3.829~4.232	1 418~1 561
1496	2020-10-04	4.030	3.829~4.232	1 418~1 561
1497	2020-04-05	4.050	3.847~4.252	1 424~1 575
1498	2014-03-25	4.054	3.852~4.257	1 431~1 575
1499	2014-09-20	4.054	3.852~4.257	1 431~1 575
1500	2014-10-10	4.054	3.852~4.257	1 431~1 575
1501	2014-10-14	4.054	3.852~4.257	1 431~1 575
1502	2016-10-10	4.054	3.852~4.257	1 431~1 575
1503	2018-09-15	4.054	3.852~4.257	1 431~1 575
1504	2019-10-20	4.054	3.852~4.257	1 431~1 575
1505	2019-10-21	4.054	3.852~4.257	1 431~1 575
1506	2020-09-25	4.054	3.852~4.257	1 431~1 575

续表

序号	日期	O₃气象污染综合指数	同一气象条件指数区间	同一气象条件在附表1中的序号区间
1507	2020-10-07	4.054	3.852~4.257	1 431~1 575
1508	2020-10-09	4.054	3.852~4.257	1 431~1 575
1509	2021-02-21	4.054	3.852~4.257	1 431~1 575
1510	2021-10-26	4.054	3.852~4.257	1 431~1 575
1511	2014-03-31	4.076	3.873~4.280	1 444~1 587
1512	2019-04-02	4.078	3.874~4.282	1 444~1 587
1513	2019-04-06	4.078	3.874~4.282	1 444~1 587
1514	2019-03-24	4.081	3.877~4.285	1 444~1 587
1515	2021-03-22	4.081	3.877~4.285	1 444~1 587
1516	2021-03-29	4.081	3.877~4.285	1 444~1 587
1517	2014-05-10	4.087	3.883~4.292	1 444~1 587
1518	2018-03-31	4.087	3.883~4.292	1 444~1 587
1519	2020-05-21	4.087	3.883~4.292	1 444~1 587
1520	2014-09-12	4.103	3.898~4.308	1 449~1 588
1521	2016-06-14	4.103	3.898~4.308	1 449~1 588
1522	2018-06-10	4.103	3.898~4.308	1 449~1 588
1523	2021-10-01	4.103	3.898~4.308	1 449~1 588
1524	2014-03-15	4.103	3.898~4.308	1 449~1 588
1525	2016-10-17	4.134	3.928~4.341	1 454~1 612
1526	2021-09-25	4.134	3.928~4.341	1 454~1 612
1527	2016-04-10	4.142	3.935~4.349	1 457~1 629
1528	2018-04-08	4.145	3.938~4.353	1 461~1 629
1529	2015-03-20	4.149	3.942~4.357	1 467~1 629
1530	2015-03-23	4.149	3.942~4.357	1 467~1 629
1531	2016-03-26	4.149	3.942~4.357	1 467~1 629
1532	2015-03-21	4.170	3.962~4.379	1 475~1 631
1533	2016-04-02	4.170	3.962~4.379	1 475~1 631
1534	2020-03-19	4.170	3.962~4.379	1 475~1 631
1535	2020-04-16	4.170	3.962~4.379	1 475~1 631
1536	2020-04-17	4.170	3.962~4.379	1 475~1 631
1537	2014-04-16	4.173	3.964~4.381	1 475~1 632
1538	2014-05-06	4.173	3.964~4.381	1 475~1 632
1539	2021-05-31	4.173	3.964~4.381	1 475~1 632
1540	2014-03-26	4.176	3.967~4.385	1 475~1 632
1541	2019-06-06	4.176	3.967~4.385	1 475~1 632
1542	2020-04-06	4.176	3.967~4.385	1 475~1 632
1543	2020-10-17	4.176	3.967~4.385	1 475~1 632
1544	2014-04-02	4.196	3.986~4.405	1 481~1 645

序号	日期	O$_3$气象污染综合指数	同一气象条件指数区间	同一气象条件在附表 1 中的序号区间
1545	2014-10-11	4.196	3.986~4.405	1 481~1 645
1546	2017-10-04	4.196	3.986~4.405	1 481~1 645
1547	2019-03-18	4.196	3.986~4.405	1 481~1 645
1548	2016-05-23	4.199	3.989~4.409	1 481~1 651
1549	2018-09-27	4.199	3.989~4.409	1 481~1 651
1550	2014-04-05	4.213	4.003~4.424	1 483~1 651
1551	2020-04-04	4.213	4.003~4.424	1 483~1 651
1552	2021-04-04	4.213	4.003~4.424	1 483~1 651
1553	2014-03-24	4.225	4.014~4.436	1 488~1 653
1554	2014-04-13	4.225	4.014~4.436	1 488~1 653
1555	2015-10-12	4.225	4.014~4.436	1 488~1 653
1556	2018-05-20	4.225	4.014~4.436	1 488~1 653
1557	2019-10-07	4.225	4.014~4.436	1 488~1 653
1558	2020-09-30	4.225	4.014~4.436	1 488~1 653
1559	2021-03-31	4.225	4.014~4.436	1 488~1 653
1560	2021-06-16	4.225	4.014~4.436	1 488~1 653
1561	2014-04-03	4.234	4.022~4.446	1 493~1 653
1562	2015-04-05	4.234	4.022~4.446	1 493~1 653
1563	2016-04-03	4.234	4.022~4.446	1 493~1 653
1564	2019-04-10	4.234	4.022~4.446	1 493~1 653
1565	2019-04-26	4.234	4.022~4.446	1 493~1 653
1566	2020-04-02	4.234	4.022~4.446	1 493~1 653
1567	2021-03-28	4.234	4.022~4.446	1 493~1 653
1568	2015-06-30	4.236	4.024~4.448	1 494~1 653
1569	2016-08-18	4.236	4.024~4.448	1 494~1 653
1570	2018-08-14	4.236	4.024~4.448	1 494~1 653
1571	2018-08-30	4.236	4.024~4.448	1 494~1 653
1572	2021-07-29	4.236	4.024~4.448	1 494~1 653
1573	2021-08-19	4.236	4.024~4.448	1 494~1 653
1574	2021-09-04	4.236	4.024~4.448	1 494~1 653
1575	2014-09-25	4.256	4.043~4.469	1 497~1 656
1576	2014-10-06	4.256	4.043~4.469	1 497~1 656
1577	2015-10-03	4.256	4.043~4.469	1 497~1 656
1578	2016-10-05	4.256	4.043~4.469	1 497~1 656
1579	2017-10-06	4.256	4.043~4.469	1 497~1 656
1580	2018-10-08	4.256	4.043~4.469	1 497~1 656
1581	2019-05-08	4.256	4.043~4.469	1 497~1 656
1582	2020-03-25	4.256	4.043~4.469	1 497~1 656

续表

序号	日期	O₃气象污染综合指数	同一气象条件指数区间	同一气象条件在附表 1 中的序号区间
1583	2016-09-29	4.262	4.049~4.475	1 497~1 657
1584	2018-03-28	4.262	4.049~4.475	1 497~1 657
1585	2019-03-27	4.262	4.049~4.475	1 497~1 657
1586	2021-03-25	4.262	4.049~4.475	1 497~1 657
1587	2016-04-16	4.288	4.073~4.502	1 511~1 663
1588	2016-04-26	4.307	4.092~4.522	1 517~1 671
1589	2016-03-18	4.311	4.095~4.526	1 517~1 671
1590	2016-04-05	4.311	4.095~4.526	1 517~1 671
1591	2021-03-23	4.312	4.097~4.528	1 520~1 671
1592	2015-09-04	4.313	4.097~4.528	1 520~1 671
1593	2018-06-09	4.313	4.097~4.528	1 520~1 671
1594	2018-08-19	4.313	4.097~4.528	1 520~1 671
1595	2021-06-14	4.313	4.097~4.528	1 520~1 671
1596	2014-10-16	4.317	4.101~4.533	1 520~1 674
1597	2017-10-05	4.317	4.101~4.533	1 520~1 674
1598	2018-09-28	4.317	4.101~4.533	1 520~1 674
1599	2018-10-07	4.317	4.101~4.533	1 520~1 674
1600	2019-09-12	4.317	4.101~4.533	1 520~1 674
1601	2020-10-03	4.317	4.101~4.533	1 520~1 674
1602	2021-06-02	4.317	4.101~4.533	1 520~1 674
1603	2021-05-02	4.320	4.104~4.536	1 524~1 674
1604	2014-10-15	4.321	4.105~4.537	1 524~1 674
1605	2015-03-30	4.321	4.105~4.537	1 524~1 674
1606	2018-09-25	4.321	4.105~4.537	1 524~1 674
1607	2018-09-26	4.321	4.105~4.537	1 524~1 674
1608	2019-10-08	4.321	4.105~4.537	1 524~1 674
1609	2020-04-18	4.321	4.105~4.537	1 524~1 674
1610	2020-05-17	4.321	4.105~4.537	1 524~1 674
1611	2021-05-16	4.321	4.105~4.537	1 524~1 674
1612	2014-05-04	4.340	4.123~4.557	1 525~1 684
1613	2014-05-05	4.340	4.123~4.557	1 525~1 684
1614	2016-04-17	4.340	4.123~4.557	1 525~1 684
1615	2016-04-18	4.340	4.123~4.557	1 525~1 684
1616	2017-04-11	4.340	4.123~4.557	1 525~1 684
1617	2017-05-05	4.340	4.123~4.557	1 525~1 684
1618	2018-04-14	4.340	4.123~4.557	1 525~1 684
1619	2020-04-20	4.340	4.123~4.557	1 525~1 684
1620	2020-04-23	4.340	4.123~4.557	1 525~1 684

序号	日期	O₃气象污染综合指数	同一气象条件指数区间	同一气象条件在附表1中的序号区间
1621	2021-04-16	4.340	4.123~4.557	1 525~1 684
1622	2021-04-17	4.340	4.123~4.557	1 525~1 684
1623	2021-05-01	4.340	4.123~4.557	1 525~1 684
1624	2016-03-28	4.342	4.125~4.559	1 525~1 684
1625	2017-04-06	4.342	4.125~4.559	1 525~1 684
1626	2018-03-24	4.342	4.125~4.559	1 525~1 684
1627	2018-05-17	4.342	4.125~4.559	1 525~1 684
1628	2018-09-29	4.342	4.125~4.559	1 525~1 684
1629	2019-06-05	4.350	4.132~4.567	1 525~1 684
1630	2016-08-15	4.375	4.156~4.594	1 529~1 686
1631	2016-04-09	4.377	4.158~4.595	1 529~1 686
1632	2014-09-21	4.382	4.163~4.601	1 532~1 688
1633	2019-08-26	4.382	4.163~4.601	1 532~1 688
1634	2015-10-11	4.389	4.169~4.608	1 532~1 688
1635	2021-04-10	4.389	4.169~4.608	1 532~1 688
1636	2014-04-07	4.401	4.181~4.621	1 540~1 698
1637	2017-04-02	4.401	4.181~4.621	1 540~1 698
1638	2020-05-03	4.401	4.181~4.621	1 540~1 698
1639	2015-03-27	4.403	4.183~4.623	1 540~1 698
1640	2015-05-02	4.403	4.183~4.623	1 540~1 698
1641	2018-09-24	4.403	4.183~4.623	1 540~1 698
1642	2019-03-17	4.403	4.183~4.623	1 540~1 698
1643	2019-06-16	4.403	4.183~4.623	1 540~1 698
1644	2020-03-20	4.403	4.183~4.623	1 540~1 698
1645	2016-05-05	4.406	4.186~4.627	1 544~1 699
1646	2016-05-09	4.406	4.186~4.627	1 544~1 699
1647	2016-09-19	4.406	4.186~4.627	1 544~1 699
1648	2017-09-27	4.406	4.186~4.627	1 544~1 699
1649	2018-05-01	4.406	4.186~4.627	1 544~1 699
1650	2020-03-17	4.406	4.186~4.627	1 544~1 699
1651	2015-10-08	4.410	4.189~4.630	1 544~1 699
1652	2015-10-09	4.410	4.189~4.630	1 544~1 699
1653	2018-04-09	4.450	4.228~4.673	1 553~1 709
1654	2019-04-29	4.450	4.228~4.673	1 553~1 709
1655	2015-10-17	4.452	4.229~4.674	1 553~1 709
1656	2014-05-09	4.465	4.242~4.689	1 568~1 719
1657	2014-04-01	4.474	4.251~4.698	1 575~1 725
1658	2015-10-01	4.474	4.251~4.698	1 575~1 725

续表

序号	日期	O₃气象污染综合指数	同一气象条件指数区间	同一气象条件在附表1中的序号区间
1659	2016-04-04	4.474	4.251~4.698	1 575~1 725
1660	2017-09-28	4.474	4.251~4.698	1 575~1 725
1661	2020-05-15	4.483	4.259~4.707	1 575~1 731
1662	2021-05-11	4.483	4.259~4.707	1 575~1 731
1663	2018-09-30	4.495	4.270~4.720	1 583~1 737
1664	2019-04-12	4.495	4.270~4.720	1 583~1 737
1665	2015-04-14	4.514	4.289~4.740	1 587~1 744
1666	2016-04-28	4.514	4.289~4.740	1 587~1 744
1667	2016-05-02	4.520	4.294~4.746	1 587~1 745
1668	2017-07-26	4.520	4.294~4.746	1 587~1 745
1669	2021-07-30	4.520	4.294~4.746	1 587~1 745
1670	2018-06-13	4.521	4.295~4.747	1 587~1 745
1671	2014-10-18	4.523	4.297~4.749	1 587~1 745
1672	2015-10-15	4.523	4.297~4.749	1 587~1 745
1673	2019-10-31	4.523	4.297~4.749	1 587~1 745
1674	2014-03-22	4.543	4.315~4.770	1 596~1 754
1675	2015-09-11	4.543	4.315~4.770	1 596~1 754
1676	2016-04-23	4.543	4.315~4.770	1 596~1 754
1677	2020-03-22	4.543	4.315~4.770	1 596~1 754
1678	2021-03-30	4.543	4.315~4.770	1 596~1 754
1679	2016-04-14	4.545	4.318~4.773	1 596~1 754
1680	2014-03-21	4.546	4.319~4.773	1 603~1 754
1681	2015-03-29	4.546	4.319~4.773	1 603~1 754
1682	2019-08-11	4.551	4.323~4.778	1 604~1 754
1683	2020-07-09	4.551	4.323~4.778	1 604~1 754
1684	2015-09-22	4.557	4.329~4.785	1 604~1 756
1685	2020-07-12	4.557	4.329~4.785	1 604~1 756
1686	2015-10-16	4.593	4.363~4.822	1 630~1 793
1687	2020-08-16	4.593	4.363~4.822	1 630~1 793
1688	2014-04-27	4.607	4.376~4.837	1 631~1 796
1689	2014-09-01	4.610	4.379~4.840	1 632~1 797
1690	2014-05-08	4.610	4.380~4.841	1 632~1 797
1691	2014-04-06	4.614	4.383~4.845	1 632~1 797
1692	2015-04-10	4.614	4.383~4.845	1 632~1 797
1693	2015-09-12	4.614	4.383~4.845	1 632~1 797
1694	2016-03-27	4.614	4.383~4.845	1 632~1 797
1695	2017-04-01	4.614	4.383~4.845	1 632~1 797
1696	2018-09-23	4.614	4.383~4.845	1 632~1 797

序号	日期	O₃气象污染综合指数	同一气象条件指数区间	同一气象条件在附表1中的序号区间
1697	2019-03-25	4.614	4.383~4.845	1 632~1 797
1698	2016-07-20	4.616	4.385~4.846	1 632~1 798
1699	2015-03-28	4.635	4.403~4.867	1 639~1 806
1700	2016-03-29	4.635	4.403~4.867	1 639~1 806
1701	2016-04-01	4.635	4.403~4.867	1 639~1 806
1702	2017-04-20	4.635	4.403~4.867	1 639~1 806
1703	2018-04-11	4.635	4.403~4.867	1 639~1 806
1704	2019-04-05	4.635	4.403~4.867	1 639~1 806
1705	2015-09-27	4.642	4.410~4.874	1 651~1 806
1706	2020-05-05	4.652	4.419~4.884	1 651~1 806
1707	2021-05-10	4.652	4.419~4.884	1 651~1 806
1708	2018-07-09	4.659	4.426~4.892	1 651~1 806
1709	2014-04-20	4.678	4.444~4.912	1 653~1 812
1710	2014-05-14	4.678	4.444~4.912	1 653~1 812
1711	2015-04-20	4.678	4.444~4.912	1 653~1 812
1712	2015-05-08	4.678	4.444~4.912	1 653~1 812
1713	2018-04-16	4.678	4.444~4.912	1 653~1 812
1714	2020-05-16	4.678	4.444~4.912	1 653~1 812
1715	2021-05-03	4.678	4.444~4.912	1 653~1 812
1716	2014-08-31	4.682	4.447~4.916	1 653~1 813
1717	2016-06-07	4.682	4.447~4.916	1 653~1 813
1718	2021-09-30	4.682	4.447~4.916	1 653~1 813
1719	2019-08-12	4.683	4.449~4.918	1 653~1 813
1720	2015-07-04	4.696	4.462~4.931	1 656~1 814
1721	2017-06-22	4.696	4.462~4.931	1 656~1 814
1722	2017-07-06	4.696	4.462~4.931	1 656~1 814
1723	2019-08-02	4.696	4.462~4.931	1 656~1 814
1724	2019-08-10	4.696	4.462~4.931	1 656~1 814
1725	2015-05-03	4.699	4.464~4.934	1 656~1 817
1726	2017-04-21	4.699	4.464~4.934	1 656~1 817
1727	2018-04-15	4.699	4.464~4.934	1 656~1 817
1728	2020-04-03	4.699	4.464~4.934	1 656~1 817
1729	2021-04-15	4.699	4.464~4.934	1 656~1 817
1730	2021-04-29	4.699	4.464~4.934	1 656~1 817
1731	2015-10-04	4.712	4.476~4.947	1 657~1 819
1732	2016-10-01	4.712	4.476~4.947	1 657~1 819
1733	2017-07-27	4.712	4.476~4.947	1 657~1 819
1734	2018-10-05	4.712	4.476~4.947	1 657~1 819

序号	日期	O₃ 气象污染综合指数	同一气象条件指数区间	同一气象条件在附表 1 中的序号区间
1735	2019-09-17	4.712	4.476~4.947	1 657~1 819
1736	2021-10-02	4.712	4.476~4.947	1 657~1 819
1737	2015-05-06	4.716	4.481~4.952	1 661~1 819
1738	2015-05-07	4.716	4.481~4.952	1 661~1 819
1739	2014-07-24	4.730	4.494~4.967	1 663~1 820
1740	2014-09-26	4.730	4.494~4.967	1 663~1 820
1741	2016-08-19	4.730	4.494~4.967	1 663~1 820
1742	2017-09-10	4.730	4.494~4.967	1 663~1 820
1743	2021-08-31	4.730	4.494~4.967	1 663~1 820
1744	2019-07-09	4.734	4.497~4.970	1 663~1 821
1745	2016-10-04	4.755	4.517~4.992	1 665~1 832
1746	2014-08-29	4.762	4.523~5.000	1 671~1 833
1747	2014-09-22	4.762	4.523~5.000	1 671~1 833
1748	2015-06-10	4.762	4.523~5.000	1 671~1 833
1749	2016-06-13	4.762	4.523~5.000	1 671~1 833
1750	2019-05-12	4.762	4.523~5.000	1 671~1 833
1751	2019-08-20	4.762	4.523~5.000	1 671~1 833
1752	2020-07-27	4.762	4.523~5.000	1 671~1 833
1753	2015-10-13	4.764	4.526~5.002	1 671~1 833
1754	2016-05-11	4.773	4.534~5.012	1 674~1 852
1755	2019-07-20	4.773	4.534~5.012	1 674~1 852
1756	2016-04-08	4.784	4.545~5.023	1 679~1 852
1757	2016-05-13	4.784	4.545~5.023	1 679~1 852
1758	2017-04-23	4.784	4.545~5.023	1 679~1 852
1759	2018-04-24	4.784	4.545~5.023	1 679~1 852
1760	2020-04-12	4.784	4.545~5.023	1 679~1 852
1761	2015-09-24	4.800	4.560~5.040	1 684~1 853
1762	2015-10-05	4.800	4.560~5.040	1 684~1 853
1763	2020-09-22	4.800	4.560~5.040	1 684~1 853
1764	2021-06-24	4.800	4.560~5.040	1 684~1 853
1765	2021-08-29	4.800	4.560~5.040	1 684~1 853
1766	2014-04-28	4.805	4.565~5.045	1 684~1 853
1767	2014-05-02	4.805	4.565~5.045	1 684~1 853
1768	2014-05-07	4.805	4.565~5.045	1 684~1 853
1769	2015-04-16	4.805	4.565~5.045	1 684~1 853
1770	2015-05-04	4.805	4.565~5.045	1 684~1 853
1771	2015-05-15	4.805	4.565~5.045	1 684~1 853
1772	2016-05-06	4.805	4.565~5.045	1 684~1 853

序号	日期	O₃气象污染综合指数	同一气象条件指数区间	同一气象条件在附表1中的序号区间
1773	2016-05-15	4.805	4.565~5.045	1 684~1 853
1774	2017-04-18	4.805	4.565~5.045	1 684~1 853
1775	2017-04-24	4.805	4.565~5.045	1 684~1 853
1776	2017-04-26	4.805	4.565~5.045	1 684~1 853
1777	2017-05-04	4.805	4.565~5.045	1 684~1 853
1778	2018-05-02	4.805	4.565~5.045	1 684~1 853
1779	2018-05-03	4.805	4.565~5.045	1 684~1 853
1780	2019-04-14	4.805	4.565~5.045	1 684~1 853
1781	2019-04-30	4.805	4.565~5.045	1 684~1 853
1782	2019-05-05	4.805	4.565~5.045	1 684~1 853
1783	2019-05-06	4.805	4.565~5.045	1 684~1 853
1784	2020-04-11	4.805	4.565~5.045	1 684~1 853
1785	2020-04-25	4.805	4.565~5.045	1 684~1 853
1786	2020-04-26	4.805	4.565~5.045	1 684~1 853
1787	2020-04-27	4.805	4.565~5.045	1 684~1 853
1788	2021-04-14	4.805	4.565~5.045	1 684~1 853
1789	2021-04-27	4.805	4.565~5.045	1 684~1 853
1790	2021-04-28	4.805	4.565~5.045	1 684~1 853
1791	2021-05-04	4.805	4.565~5.045	1 684~1 853
1792	2018-08-22	4.810	4.570~5.051	1 684~1 853
1793	2017-06-24	4.823	4.582~5.064	1 686~1 862
1794	2017-09-26	4.826	4.585~5.068	1 686~1 865
1795	2019-10-09	4.826	4.585~5.068	1 686~1 865
1796	2021-09-27	4.833	4.592~5.075	1 686~1 867
1797	2015-06-04	4.843	4.601~5.086	1 688~1 868
1798	2015-10-06	4.849	4.607~5.092	1 688~1 868
1799	2016-09-11	4.849	4.607~5.092	1 688~1 868
1800	2016-10-14	4.849	4.607~5.092	1 688~1 868
1801	2017-08-28	4.849	4.607~5.092	1 688~1 868
1802	2018-07-11	4.849	4.607~5.092	1 688~1 868
1803	2018-09-02	4.849	4.607~5.092	1 688~1 868
1804	2018-10-04	4.849	4.607~5.092	1 688~1 868
1805	2021-07-03	4.849	4.607~5.092	1 688~1 868
1806	2015-08-30	4.880	4.636~5.124	1 699~1 875
1807	2015-09-09	4.880	4.636~5.124	1 699~1 875
1808	2016-10-03	4.880	4.636~5.124	1 699~1 875
1809	2020-07-03	4.880	4.636~5.124	1 699~1 875
1810	2020-09-12	4.880	4.636~5.124	1 699~1 875

续表

序号	日期	O₃气象污染综合指数	同一气象条件指数区间	同一气象条件在附表 1 中的序号区间
1811	2020-08-26	4.907	4.662~5.152	1 708~1 891
1812	2020-08-17	4.912	4.666~5.158	1 708~1 895
1813	2021-06-07	4.919	4.673~5.165	1 709~1 896
1814	2016-09-23	4.922	4.676~5.168	1 709~1 896
1815	2016-09-30	4.922	4.676~5.168	1 709~1 896
1816	2019-09-20	4.922	4.676~5.168	1 709~1 896
1817	2015-10-07	4.942	4.694~5.189	1 720~1 900
1818	2016-09-17	4.942	4.694~5.189	1 720~1 900
1819	2017-10-01	4.945	4.698~5.192	1 725~1 900
1820	2016-07-19	4.969	4.720~5.217	1 737~1 908
1821	2015-09-23	4.971	4.722~5.220	1 737~1 909
1822	2017-05-30	4.971	4.722~5.220	1 737~1 909
1823	2017-06-23	4.971	4.722~5.220	1 737~1 909
1824	2020-08-20	4.971	4.722~5.220	1 737~1 909
1825	2021-07-12	4.980	4.731~5.229	1 739~1 917
1826	2015-08-03	4.982	4.732~5.231	1 744~1 917
1827	2016-07-21	4.982	4.732~5.231	1 744~1 917
1828	2017-09-15	4.982	4.732~5.231	1 744~1 917
1829	2018-08-08	4.982	4.732~5.231	1 744~1 917
1830	2021-07-21	4.982	4.732~5.231	1 744~1 917
1831	2021-09-23	4.982	4.732~5.231	1 744~1 917
1832	2018-07-13	4.984	4.734~5.233	1 744~1 917
1833	2014-04-25	5.002	4.752~5.252	1 745~1 918
1834	2014-06-19	5.002	4.752~5.252	1 745~1 918
1835	2014-09-11	5.002	4.752~5.252	1 745~1 918
1836	2014-09-19	5.002	4.752~5.252	1 745~1 918
1837	2015-06-19	5.002	4.752~5.252	1 745~1 918
1838	2016-09-12	5.002	4.752~5.252	1 745~1 918
1839	2016-09-21	5.002	4.752~5.252	1 745~1 918
1840	2017-04-16	5.002	4.752~5.252	1 745~1 918
1841	2018-03-26	5.002	4.752~5.252	1 745~1 918
1842	2018-10-03	5.002	4.752~5.252	1 745~1 918
1843	2020-09-27	5.002	4.752~5.252	1 745~1 918
1844	2014-09-15	5.008	4.757~5.258	1 745~1 918
1845	2014-09-18	5.008	4.757~5.258	1 745~1 918
1846	2015-09-26	5.008	4.757~5.258	1 745~1 918
1847	2015-10-02	5.008	4.757~5.258	1 745~1 918
1848	2017-07-22	5.008	4.757~5.258	1 745~1 918

序号	日期	O₃气象污染综合指数	同一气象条件指数区间	同一气象条件在附表1中的序号区间
1849	2020-09-21	5.008	4.757~5.258	1 745~1 918
1850	2020-09-26	5.008	4.757~5.258	1 745~1 918
1851	2021-06-23	5.008	4.757~5.258	1 745~1 918
1852	2017-08-29	5.013	4.762~5.264	1 746~1 926
1853	2014-08-13	5.053	4.800~5.306	1 761~1 946
1854	2021-07-28	5.053	4.800~5.306	1 761~1 946
1855	2015-09-14	5.057	4.804~5.309	1 766~1 946
1856	2016-04-15	5.057	4.804~5.309	1 766~1 946
1857	2018-03-25	5.057	4.804~5.309	1 766~1 946
1858	2020-09-20	5.057	4.804~5.309	1 766~1 946
1859	2018-05-16	5.059	4.806~5.311	1 766~1 951
1860	2019-06-04	5.059	4.806~5.311	1 766~1 951
1861	2021-05-13	5.059	4.806~5.311	1 766~1 951
1862	2019-09-10	5.063	4.810~5.316	1 792~1 952
1863	2020-07-10	5.063	4.810~5.316	1 792~1 952
1864	2020-09-28	5.063	4.810~5.316	1 792~1 952
1865	2017-09-30	5.067	4.813~5.320	1 792~1 952
1866	2020-09-11	5.067	4.813~5.320	1 792~1 952
1867	2015-06-29	5.076	4.822~5.330	1 793~1 954
1868	2014-09-27	5.088	4.833~5.342	1 796~1 955
1869	2015-09-25	5.088	4.833~5.342	1 796~1 955
1870	2018-09-16	5.088	4.833~5.342	1 796~1 955
1871	2019-05-18	5.088	4.833~5.342	1 796~1 955
1872	2020-09-13	5.088	4.833~5.342	1 796~1 955
1873	2021-09-17	5.088	4.833~5.342	1 796~1 955
1874	2021-09-21	5.088	4.833~5.342	1 796~1 955
1875	2016-07-15	5.135	4.878~5.391	1 806~1 990
1876	2019-03-19	5.135	4.878~5.391	1 806~1 990
1877	2017-09-16	5.142	4.885~5.399	1 806~1 990
1878	2021-09-13	5.142	4.885~5.399	1 806~1 990
1879	2015-04-28	5.147	4.890~5.405	1 806~1 995
1880	2021-09-07	5.147	4.890~5.405	1 806~1 995
1881	2014-06-10	5.149	4.891~5.406	1 806~1 995
1882	2014-06-18	5.149	4.891~5.406	1 806~1 995
1883	2015-09-15	5.149	4.891~5.406	1 806~1 995
1884	2015-09-16	5.149	4.891~5.406	1 806~1 995
1885	2017-06-02	5.149	4.891~5.406	1 806~1 995
1886	2017-09-04	5.149	4.891~5.406	1 806~1 995

续表

序号	日期	O₃气象污染综合指数	同一气象条件指数区间	同一气象条件在附表1中的序号区间
1887	2021-04-20	5.149	4.891~5.406	1 806~1 995
1888	2014-08-30	5.150	4.893~5.408	1 806~1 995
1889	2016-08-07	5.150	4.893~5.408	1 806~1 995
1890	2016-08-08	5.150	4.893~5.408	1 806~1 995
1891	2014-04-08	5.152	4.895~5.410	1 811~1 995
1892	2016-05-27	5.152	4.895~5.410	1 811~1 995
1893	2016-09-20	5.152	4.895~5.410	1 811~1 995
1894	2018-10-02	5.152	4.895~5.410	1 811~1 995
1895	2018-05-11	5.156	4.898~5.413	1 811~1 995
1896	2021-08-20	5.172	4.913~5.431	1 812~1 999
1897	2014-07-22	5.186	4.926~5.445	1 814~2 007
1898	2016-08-24	5.186	4.926~5.445	1 814~2 007
1899	2019-07-29	5.186	4.926~5.445	1 814~2 007
1900	2015-08-25	5.191	4.931~5.450	1 814~2 007
1901	2017-09-24	5.191	4.931~5.450	1 814~2 007
1902	2015-09-06	5.196	4.936~5.456	1 817~2 018
1903	2017-06-12	5.196	4.936~5.456	1 817~2 018
1904	2017-08-31	5.196	4.936~5.456	1 817~2 018
1905	2017-09-01	5.196	4.936~5.456	1 817~2 018
1906	2018-04-30	5.196	4.936~5.456	1 817~2 018
1907	2019-04-23	5.196	4.936~5.456	1 817~2 018
1908	2016-06-23	5.215	4.954~5.476	1 819~2 037
1909	2014-06-20	5.220	4.959~5.481	1 820~2 037
1910	2016-03-31	5.220	4.959~5.481	1 820~2 037
1911	2016-09-01	5.220	4.959~5.481	1 820~2 037
1912	2018-10-01	5.220	4.959~5.481	1 820~2 037
1913	2016-07-25	5.223	4.962~5.484	1 820~2 037
1914	2015-04-29	5.227	4.966~5.489	1 820~2 038
1915	2016-04-20	5.227	4.966~5.489	1 820~2 038
1916	2019-09-16	5.227	4.966~5.489	1 820~2 038
1917	2017-05-01	5.229	4.967~5.490	1 820~2 038
1918	2015-04-17	5.260	4.997~5.523	1 833~2 046
1919	2018-05-07	5.260	4.997~5.523	1 833~2 046
1920	2021-05-12	5.260	4.997~5.523	1 833~2 046
1921	2015-07-18	5.261	4.998~5.524	1 833~2 046
1922	2016-10-02	5.261	4.998~5.524	1 833~2 046
1923	2019-08-04	5.261	4.998~5.524	1 833~2 046
1924	2020-08-31	5.261	4.998~5.524	1 833~2 046

序号	日期	O₃气象污染综合指数	同一气象条件指数区间	同一气象条件在附表1中的序号区间
1925	2021-09-12	5.261	4.998~5.524	1 833~2 046
1926	2014-08-04	5.262	4.999~5.525	1 833~2 046
1927	2020-08-05	5.262	4.999~5.525	1 833~2 046
1928	2017-04-03	5.289	5.024~5.553	1 852~2 072
1929	2017-05-29	5.289	5.024~5.553	1 852~2 072
1930	2018-04-26	5.289	5.024~5.553	1 852~2 072
1931	2019-04-04	5.289	5.024~5.553	1 852~2 072
1932	2019-04-16	5.289	5.024~5.553	1 852~2 072
1933	2020-09-18	5.289	5.024~5.553	1 852~2 072
1934	2017-06-13	5.291	5.027~5.556	1 852~2 098
1935	2017-08-30	5.291	5.027~5.556	1 852~2 098
1936	2019-05-14	5.291	5.027~5.556	1 852~2 098
1937	2020-08-21	5.291	5.027~5.556	1 852~2 098
1938	2018-04-17	5.292	5.027~5.557	1 852~2 098
1939	2019-04-22	5.292	5.027~5.557	1 852~2 098
1940	2019-09-18	5.292	5.027~5.557	1 852~2 098
1941	2020-04-15	5.292	5.027~5.557	1 852~2 098
1942	2020-09-17	5.292	5.027~5.557	1 852~2 098
1943	2021-04-19	5.292	5.027~5.557	1 852~2 098
1944	2018-09-17	5.294	5.029~5.558	1 852~2 098
1945	2021-09-29	5.294	5.029~5.558	1 852~2 098
1946	2014-05-24	5.310	5.044~5.575	1 853~2 098
1947	2015-09-02	5.310	5.044~5.575	1 853~2 098
1948	2016-08-17	5.310	5.044~5.575	1 853~2 098
1949	2018-09-13	5.310	5.044~5.575	1 853~2 098
1950	2021-08-28	5.310	5.044~5.575	1 853~2 098
1951	2021-09-22	5.310	5.044~5.575	1 853~2 098
1952	2020-05-06	5.318	5.052~5.584	1 853~2 099
1953	2021-06-15	5.318	5.052~5.584	1 853~2 099
1954	2020-07-26	5.332	5.065~5.598	1 865~2 099
1955	2017-08-26	5.341	5.074~5.608	1 867~2 101
1956	2018-05-18	5.353	5.085~5.620	1 868~2 125
1957	2014-04-24	5.356	5.088~5.624	1 868~2 126
1958	2014-06-21	5.356	5.088~5.624	1 868~2 126
1959	2015-04-15	5.356	5.088~5.624	1 868~2 126
1960	2019-04-18	5.356	5.088~5.624	1 868~2 126
1961	2020-04-13	5.356	5.088~5.624	1 868~2 126
1962	2021-04-18	5.356	5.088~5.624	1 868~2 126

续表

序号	日期	O$_3$气象污染综合指数	同一气象条件指数区间	同一气象条件在附表1中的序号区间
1963	2014-03-30	5.360	5.092~5.628	1 868~2 126
1964	2015-06-13	5.360	5.092~5.628	1 868~2 126
1965	2016-04-24	5.360	5.092~5.628	1 868~2 126
1966	2018-05-05	5.360	5.092~5.628	1 868~2 126
1967	2018-05-12	5.360	5.092~5.628	1 868~2 126
1968	2018-09-21	5.360	5.092~5.628	1 868~2 126
1969	2018-09-22	5.360	5.092~5.628	1 868~2 126
1970	2020-05-25	5.360	5.092~5.628	1 868~2 126
1971	2020-09-10	5.360	5.092~5.628	1 868~2 126
1972	2020-09-16	5.360	5.092~5.628	1 868~2 126
1973	2017-04-30	5.367	5.098~5.635	1 868~2 126
1974	2021-05-14	5.367	5.098~5.635	1 868~2 126
1975	2021-05-30	5.367	5.098~5.635	1 868~2 126
1976	2016-06-18	5.379	5.110~5.648	1 868~2 127
1977	2017-09-29	5.379	5.110~5.648	1 868~2 127
1978	2021-09-15	5.379	5.110~5.648	1 868~2 127
1979	2014-04-21	5.381	5.112~5.650	1 875~2 127
1980	2014-04-22	5.381	5.112~5.650	1 875~2 127
1981	2014-04-23	5.381	5.112~5.650	1 875~2 127
1982	2016-05-12	5.381	5.112~5.650	1 875~2 127
1983	2017-04-12	5.381	5.112~5.650	1 875~2 127
1984	2017-05-03	5.381	5.112~5.650	1 875~2 127
1985	2020-03-18	5.381	5.112~5.650	1 875~2 127
1986	2021-05-20	5.381	5.112~5.650	1 875~2 127
1987	2015-08-19	5.382	5.113~5.652	1 875~2 127
1988	2020-06-26	5.382	5.113~5.652	1 875~2 127
1989	2021-09-03	5.382	5.113~5.652	1 875~2 127
1990	2018-04-27	5.398	5.128~5.668	1 875~2 132
1991	2018-06-11	5.398	5.128~5.668	1 875~2 132
1992	2018-07-17	5.401	5.131~5.671	1 875~2 132
1993	2019-08-07	5.401	5.131~5.671	1 875~2 132
1994	2020-08-12	5.401	5.131~5.671	1 875~2 132
1995	2014-06-25	5.406	5.135~5.676	1 875~2 132
1996	2015-06-25	5.406	5.135~5.676	1 875~2 132
1997	2014-04-04	5.424	5.153~5.695	1 891~2 139
1998	2016-06-28	5.424	5.153~5.695	1 891~2 139
1999	2015-09-18	5.431	5.160~5.703	1 895~2 145
2000	2016-09-22	5.431	5.160~5.703	1 895~2 145

序号	日期	O_3气象污染综合指数	同一气象条件指数区间	同一气象条件在附表1中的序号区间
2001	2016-09-24	5.431	5.160~5.703	1 895~2 145
2002	2016-09-25	5.431	5.160~5.703	1 895~2 145
2003	2019-09-21	5.431	5.160~5.703	1 895~2 145
2004	2020-08-13	5.431	5.160~5.703	1 895~2 145
2005	2021-08-16	5.431	5.160~5.703	1 895~2 145
2006	2021-08-30	5.431	5.160~5.703	1 895~2 145
2007	2014-04-29	5.445	5.173~5.717	1 896~2 146
2008	2014-05-03	5.445	5.173~5.717	1 896~2 146
2009	2016-04-07	5.445	5.173~5.717	1 896~2 146
2010	2016-04-13	5.445	5.173~5.717	1 896~2 146
2011	2016-05-08	5.445	5.173~5.717	1 896~2 146
2012	2016-05-25	5.445	5.173~5.717	1 896~2 146
2013	2017-04-17	5.445	5.173~5.717	1 896~2 146
2014	2018-04-10	5.445	5.173~5.717	1 896~2 146
2015	2019-04-15	5.445	5.173~5.717	1 896~2 146
2016	2020-04-14	5.445	5.173~5.717	1 896~2 146
2017	2021-05-24	5.445	5.173~5.717	1 896~2 146
2018	2014-05-17	5.459	5.186~5.732	1 897~2 146
2019	2015-04-24	5.459	5.186~5.732	1 897~2 146
2020	2018-05-08	5.459	5.186~5.732	1 897~2 146
2021	2021-05-09	5.459	5.186~5.732	1 897~2 146
2022	2015-05-30	5.462	5.189~5.736	1 900~2 147
2023	2017-07-29	5.462	5.189~5.736	1 900~2 147
2024	2021-05-29	5.462	5.189~5.736	1 900~2 147
2025	2014-09-07	5.462	5.189~5.736	1 900~2 147
2026	2015-07-20	5.462	5.189~5.736	1 900~2 147
2027	2015-09-21	5.462	5.189~5.736	1 900~2 147
2028	2016-09-13	5.462	5.189~5.736	1 900~2 147
2029	2017-07-23	5.462	5.189~5.736	1 900~2 147
2030	2017-08-19	5.462	5.189~5.736	1 900~2 147
2031	2018-09-12	5.462	5.189~5.736	1 900~2 147
2032	2020-07-11	5.462	5.189~5.736	1 900~2 147
2033	2018-08-18	5.468	5.195~5.741	1 902~2 147
2034	2020-08-29	5.468	5.195~5.741	1 902~2 147
2035	2020-09-19	5.468	5.195~5.741	1 902~2 147
2036	2021-08-05	5.468	5.195~5.741	1 902~2 147
2037	2017-08-22	5.471	5.197~5.744	1 902~2 147
2038	2019-05-26	5.501	5.226~5.776	1 914~2 169

续表

序号	日期	O₃气象污染综合指数	同一气象条件指数区间	同一气象条件在附表1中的序号区间
2039	2018-07-14	5.517	5.241~5.793	1 917~2 173
2040	2020-08-23	5.517	5.241~5.793	1 917~2 173
2041	2021-08-04	5.517	5.241~5.793	1 917~2 173
2042	2021-08-14	5.517	5.241~5.793	1 917~2 173
2043	2021-08-17	5.517	5.241~5.793	1 917~2 173
2044	2021-09-14	5.517	5.241~5.793	1 917~2 173
2045	2018-04-19	5.519	5.243~5.795	1 917~2 173
2046	2014-08-18	5.524	5.248~5.800	1 918~2 173
2047	2015-06-26	5.524	5.248~5.800	1 918~2 173
2048	2015-08-24	5.524	5.248~5.800	1 918~2 173
2049	2017-09-05	5.524	5.248~5.800	1 918~2 173
2050	2017-09-23	5.524	5.248~5.800	1 918~2 173
2051	2018-07-08	5.524	5.248~5.800	1 918~2 173
2052	2018-09-14	5.524	5.248~5.800	1 918~2 173
2053	2020-07-18	5.524	5.248~5.800	1 918~2 173
2054	2021-06-29	5.524	5.248~5.800	1 918~2 173
2055	2015-07-22	5.527	5.251~5.804	1 918~2 173
2056	2017-09-25	5.527	5.251~5.804	1 918~2 173
2057	2020-06-23	5.527	5.251~5.804	1 918~2 173
2058	2020-06-29	5.527	5.251~5.804	1 918~2 173
2059	2015-04-22	5.530	5.254~5.807	1 918~2 174
2060	2015-05-14	5.530	5.254~5.807	1 918~2 174
2061	2016-05-07	5.530	5.254~5.807	1 918~2 174
2062	2017-05-09	5.530	5.254~5.807	1 918~2 174
2063	2017-06-03	5.530	5.254~5.807	1 918~2 174
2064	2019-07-07	5.530	5.254~5.807	1 918~2 174
2065	2018-08-07	5.542	5.265~5.820	1 926~2 188
2066	2021-07-22	5.542	5.265~5.820	1 926~2 188
2067	2014-04-14	5.548	5.271~5.825	1 926~2 197
2068	2015-08-01	5.548	5.271~5.825	1 926~2 197
2069	2015-08-18	5.548	5.271~5.825	1 926~2 197
2070	2017-09-12	5.548	5.271~5.825	1 926~2 197
2071	2018-09-01	5.548	5.271~5.825	1 926~2 197
2072	2014-06-02	5.551	5.274~5.829	1 926~2 200
2073	2015-05-05	5.551	5.274~5.829	1 926~2 200
2074	2015-05-12	5.551	5.274~5.829	1 926~2 200
2075	2015-05-19	5.551	5.274~5.829	1 926~2 200
2076	2016-04-22	5.551	5.274~5.829	1 926~2 200

序号	日期	O₃气象污染综合指数	同一气象条件指数区间	同一气象条件在附表1中的序号区间
2077	2016-05-03	5.551	5.274~5.829	1 926~2 200
2078	2017-04-22	5.551	5.274~5.829	1 926~2 200
2079	2017-04-27	5.551	5.274~5.829	1 926~2 200
2080	2017-05-13	5.551	5.274~5.829	1 926~2 200
2081	2017-05-14	5.551	5.274~5.829	1 926~2 200
2082	2017-05-15	5.551	5.274~5.829	1 926~2 200
2083	2018-04-25	5.551	5.274~5.829	1 926~2 200
2084	2018-05-22	5.551	5.274~5.829	1 926~2 200
2085	2019-05-13	5.551	5.274~5.829	1 926~2 200
2086	2019-05-19	5.551	5.274~5.829	1 926~2 200
2087	2019-05-20	5.551	5.274~5.829	1 926~2 200
2088	2020-04-24	5.551	5.274~5.829	1 926~2 200
2089	2020-05-10	5.551	5.274~5.829	1 926~2 200
2090	2020-05-11	5.551	5.274~5.829	1 926~2 200
2091	2020-05-12	5.551	5.274~5.829	1 926~2 200
2092	2020-05-18	5.551	5.274~5.829	1 926~2 200
2093	2020-05-23	5.551	5.274~5.829	1 926~2 200
2094	2020-05-26	5.551	5.274~5.829	1 926~2 200
2095	2021-05-07	5.551	5.274~5.829	1 926~2 200
2096	2021-05-08	5.551	5.274~5.829	1 926~2 200
2097	2021-06-03	5.551	5.274~5.829	1 926~2 200
2098	2017-07-28	5.560	5.282~5.838	1 928~2 203
2099	2018-06-17	5.595	5.315~5.875	1 952~2 210
2100	2021-06-25	5.595	5.315~5.875	1 952~2 210
2101	2015-09-13	5.608	5.327~5.888	1 954~2 220
2102	2021-09-01	5.608	5.327~5.888	1 954~2 220
2103	2014-07-30	5.609	5.329~5.890	1 954~2 220
2104	2014-08-17	5.609	5.329~5.890	1 954~2 220
2105	2014-09-06	5.609	5.329~5.890	1 954~2 220
2106	2014-09-13	5.609	5.329~5.890	1 954~2 220
2107	2015-08-29	5.609	5.329~5.890	1 954~2 220
2108	2015-09-17	5.609	5.329~5.890	1 954~2 220
2109	2015-09-20	5.609	5.329~5.890	1 954~2 220
2110	2016-06-27	5.609	5.329~5.890	1 954~2 220
2111	2017-08-18	5.609	5.329~5.890	1 954~2 220
2112	2019-08-13	5.609	5.329~5.890	1 954~2 220
2113	2019-09-15	5.609	5.329~5.890	1 954~2 220
2114	2019-09-22	5.609	5.329~5.890	1 954~2 220

续表

序号	日期	O₃气象污染综合指数	同一气象条件指数区间	同一气象条件在附表1中的序号区间
2115	2019-09-27	5.609	5.329~5.890	1 954~2 220
2116	2014-07-02	5.613	5.332~5.893	1 954~2 220
2117	2014-08-28	5.613	5.332~5.893	1 954~2 220
2118	2015-07-31	5.613	5.332~5.893	1 954~2 220
2119	2016-09-02	5.613	5.332~5.893	1 954~2 220
2120	2017-08-09	5.613	5.332~5.893	1 954~2 220
2121	2017-09-03	5.613	5.332~5.893	1 954~2 220
2122	2017-09-20	5.613	5.332~5.893	1 954~2 220
2123	2018-04-01	5.613	5.332~5.893	1 954~2 220
2124	2018-05-26	5.613	5.332~5.893	1 954~2 220
2125	2016-06-03	5.616	5.335~5.897	1 954~2 220
2126	2020-08-15	5.631	5.350~5.913	1 956~2 231
2127	2015-09-07	5.657	5.374~5.939	1 976~2 251
2128	2020-08-22	5.657	5.374~5.939	1 976~2 251
2129	2021-08-12	5.657	5.374~5.939	1 976~2 251
2130	2021-09-02	5.657	5.374~5.939	1 976~2 251
2131	2019-08-05	5.661	5.378~5.944	1 976~2 251
2132	2017-05-21	5.672	5.388~5.955	1 987~2 258
2133	2019-06-19	5.672	5.388~5.955	1 987~2 258
2134	2018-05-15	5.680	5.396~5.964	1 990~2 264
2135	2015-06-24	5.681	5.397~5.965	1 990~2 264
2136	2015-09-19	5.681	5.397~5.965	1 990~2 264
2137	2018-09-11	5.681	5.397~5.965	1 990~2 264
2138	2019-05-04	5.681	5.397~5.965	1 990~2 264
2139	2014-09-09	5.688	5.403~5.972	1 992~2 264
2140	2014-09-10	5.688	5.403~5.972	1 992~2 264
2141	2015-09-08	5.688	5.403~5.972	1 992~2 264
2142	2021-08-13	5.688	5.403~5.972	1 992~2 264
2143	2021-08-15	5.688	5.403~5.972	1 992~2 264
2144	2021-08-27	5.688	5.403~5.972	1 992~2 264
2145	2017-08-13	5.711	5.426~5.997	1 997~2 265
2146	2016-05-20	5.721	5.435~6.007	1 999~2 273
2147	2014-06-22	5.749	5.461~6.036	2 022~2 313
2148	2014-09-08	5.749	5.461~6.036	2 022~2 313
2149	2016-09-07	5.749	5.461~6.036	2 022~2 313
2150	2017-09-17	5.749	5.461~6.036	2 022~2 313
2151	2020-07-02	5.749	5.461~6.036	2 022~2 313
2152	2021-08-18	5.749	5.461~6.036	2 022~2 313

序号	日期	O$_3$气象污染综合指数	同一气象条件指数区间	同一气象条件在附表1中的序号区间
2153	2017-07-24	5.750	5.463~6.038	2 025~2 313
2154	2019-09-28	5.750	5.463~6.038	2 025~2 313
2155	2019-10-02	5.750	5.463~6.038	2 025~2 313
2156	2019-10-03	5.750	5.463~6.038	2 025~2 313
2157	2020-08-06	5.750	5.463~6.038	2 025~2 313
2158	2021-09-11	5.750	5.463~6.038	2 025~2 313
2159	2014-09-03	5.752	5.464~6.039	2 025~2 313
2160	2017-07-25	5.752	5.464~6.039	2 025~2 313
2161	2018-05-19	5.752	5.464~6.039	2 025~2 313
2162	2014-06-17	5.752	5.465~6.040	2 025~2 313
2163	2014-08-24	5.752	5.465~6.040	2 025~2 313
2164	2017-08-14	5.752	5.465~6.040	2 025~2 313
2165	2017-09-02	5.752	5.465~6.040	2 025~2 313
2166	2017-09-11	5.752	5.465~6.040	2 025~2 313
2167	2018-09-09	5.752	5.465~6.040	2 025~2 313
2168	2019-06-01	5.772	5.484~6.061	2 037~2 317
2169	2018-06-15	5.778	5.489~6.067	2 038~2 317
2170	2021-06-08	5.778	5.489~6.067	2 038~2 317
2171	2015-08-02	5.783	5.494~6.072	2 038~2 317
2172	2021-09-10	5.783	5.494~6.072	2 038~2 317
2173	2017-08-12	5.799	5.509~6.089	2 039~2 317
2174	2014-08-05	5.813	5.522~6.104	2 046~2 333
2175	2019-05-11	5.813	5.522~6.104	2 046~2 333
2176	2019-08-22	5.813	5.522~6.104	2 046~2 333
2177	2021-06-09	5.813	5.522~6.104	2 046~2 333
2178	2021-08-24	5.813	5.522~6.104	2 046~2 333
2179	2021-08-25	5.813	5.522~6.104	2 046~2 333
2180	2021-08-26	5.813	5.522~6.104	2 046~2 333
2181	2015-04-23	5.817	5.526~6.107	2 055~2 335
2182	2015-07-17	5.817	5.526~6.107	2 055~2 335
2183	2016-05-22	5.817	5.526~6.107	2 055~2 335
2184	2016-06-05	5.817	5.526~6.107	2 055~2 335
2185	2016-08-26	5.817	5.526~6.107	2 055~2 335
2186	2018-04-18	5.817	5.526~6.107	2 055~2 335
2187	2018-05-13	5.817	5.526~6.107	2 055~2 335
2188	2015-04-27	5.820	5.529~6.111	2 059~2 336
2189	2015-05-01	5.820	5.529~6.111	2 059~2 336
2190	2016-04-29	5.820	5.529~6.111	2 059~2 336

续表

序号	日期	O$_3$气象污染综合指数	同一气象条件指数区间	同一气象条件在附表1中的序号区间
2191	2016-06-29	5.820	5.529~6.111	2 059~2 336
2192	2016-08-25	5.820	5.529~6.111	2 059~2 336
2193	2017-09-22	5.820	5.529~6.111	2 059~2 336
2194	2018-09-08	5.820	5.529~6.111	2 059~2 336
2195	2018-09-10	5.820	5.529~6.111	2 059~2 336
2196	2020-09-02	5.820	5.529~6.111	2 059~2 336
2197	2016-04-30	5.827	5.536~6.118	2 059~2 336
2198	2017-07-30	5.827	5.536~6.118	2 059~2 336
2199	2020-06-04	5.827	5.536~6.118	2 059~2 336
2200	2016-08-09	5.830	5.539~6.122	2 065~2 336
2201	2019-07-17	5.830	5.539~6.122	2 065~2 336
2202	2019-10-01	5.830	5.539~6.122	2 065~2 336
2203	2015-05-21	5.841	5.549~6.133	2 067~2 337
2204	2018-06-14	5.858	5.565~6.151	2 098~2 337
2205	2020-06-05	5.858	5.565~6.151	2 098~2 337
2206	2021-06-01	5.858	5.565~6.151	2 098~2 337
2207	2016-08-13	5.869	5.575~6.162	2 098~2 344
2208	2021-07-19	5.872	5.578~6.165	2 099~2 344
2209	2021-08-03	5.872	5.578~6.165	2 099~2 344
2210	2016-07-31	5.875	5.581~6.169	2 099~2 345
2211	2017-06-20	5.875	5.581~6.169	2 099~2 345
2212	2019-06-12	5.875	5.581~6.169	2 099~2 345
2213	2014-04-30	5.884	5.590~6.179	2 099~2 349
2214	2016-04-25	5.884	5.590~6.179	2 099~2 349
2215	2016-07-16	5.884	5.590~6.179	2 099~2 349
2216	2018-05-10	5.884	5.590~6.179	2 099~2 349
2217	2018-09-07	5.884	5.590~6.179	2 099~2 349
2218	2019-08-30	5.884	5.590~6.179	2 099~2 349
2219	2020-09-03	5.884	5.590~6.179	2 099~2 349
2220	2015-07-19	5.891	5.597~6.186	2 099~2 356
2221	2021-07-01	5.891	5.597~6.186	2 099~2 356
2222	2014-05-01	5.905	5.610~6.201	2 103~2 358
2223	2014-06-11	5.905	5.610~6.201	2 103~2 358
2224	2015-04-21	5.905	5.610~6.201	2 103~2 358
2225	2016-05-10	5.905	5.610~6.201	2 103~2 358
2226	2017-04-14	5.905	5.610~6.201	2 103~2 358
2227	2018-09-06	5.905	5.610~6.201	2 103~2 358
2228	2019-05-10	5.905	5.610~6.201	2 103~2 358

序号	日期	O₃气象污染综合指数	同一气象条件指数区间	同一气象条件在附表1中的序号区间
2229	2019-08-29	5.905	5.610~6.201	2 103~2 358
2230	2020-05-31	5.905	5.610~6.201	2 103~2 358
2231	2015-05-22	5.919	5.623~6.215	2 125~2 358
2232	2018-05-09	5.919	5.623~6.215	2 125~2 358
2233	2020-05-13	5.919	5.623~6.215	2 125~2 358
2234	2020-06-24	5.919	5.623~6.215	2 125~2 358
2235	2020-06-25	5.919	5.623~6.215	2 125~2 358
2236	2021-06-22	5.919	5.623~6.215	2 125~2 358
2237	2020-08-24	5.921	5.625~6.217	2 126~2 358
2238	2021-07-16	5.921	5.625~6.217	2 126~2 358
2239	2014-05-16	5.923	5.627~6.219	2 126~2 358
2240	2015-06-06	5.923	5.627~6.219	2 126~2 358
2241	2016-05-04	5.923	5.627~6.219	2 126~2 358
2242	2016-05-19	5.923	5.627~6.219	2 126~2 358
2243	2016-05-21	5.923	5.627~6.219	2 126~2 358
2244	2016-05-29	5.923	5.627~6.219	2 126~2 358
2245	2016-06-01	5.923	5.627~6.219	2 126~2 358
2246	2017-05-23	5.923	5.627~6.219	2 126~2 358
2247	2017-05-25	5.923	5.627~6.219	2 126~2 358
2248	2018-05-04	5.923	5.627~6.219	2 126~2 358
2249	2018-07-10	5.923	5.627~6.219	2 126~2 358
2250	2019-07-10	5.923	5.627~6.219	2 126~2 358
2251	2014-08-23	5.952	5.654~6.249	2 127~2 393
2252	2016-07-23	5.952	5.654~6.249	2 127~2 393
2253	2016-09-15	5.952	5.654~6.249	2 127~2 393
2254	2016-09-16	5.952	5.654~6.249	2 127~2 393
2255	2021-07-27	5.952	5.654~6.249	2 127~2 393
2256	2021-08-23	5.952	5.654~6.249	2 127~2 393
2257	2021-09-09	5.952	5.654~6.249	2 127~2 393
2258	2017-09-18	5.957	5.659~6.255	2 131~2 393
2259	2018-07-25	5.957	5.659~6.255	2 131~2 393
2260	2019-09-24	5.957	5.659~6.255	2 131~2 393
2261	2020-08-30	5.957	5.659~6.255	2 131~2 393
2262	2020-09-06	5.957	5.659~6.255	2 131~2 393
2263	2021-08-11	5.957	5.659~6.255	2 131~2 393
2264	2020-06-17	5.963	5.665~6.261	2 131~2 395
2265	2015-07-05	5.991	5.691~6.290	2 139~2 397
2266	2016-05-18	5.991	5.691~6.290	2 139~2 397

序号	日期	O₃气象污染综合指数	同一气象条件指数区间	同一气象条件在附表1中的序号区间
2267	2016-05-28	5.991	5.691~6.290	2 139~2 397
2268	2016-06-15	5.991	5.691~6.290	2 139~2 397
2269	2016-07-01	5.991	5.691~6.290	2 139~2 397
2270	2019-08-16	5.991	5.691~6.290	2 139~2 397
2271	2020-04-28	5.991	5.691~6.290	2 139~2 397
2272	2020-05-14	5.991	5.691~6.290	2 139~2 397
2273	2014-09-05	6.006	5.706~6.307	2 145~2 408
2274	2015-08-23	6.006	5.706~6.307	2 145~2 408
2275	2018-08-06	6.006	5.706~6.307	2 145~2 408
2276	2020-09-07	6.006	5.706~6.307	2 145~2 408
2277	2014-05-12	6.012	5.711~6.312	2 145~2 422
2278	2014-05-25	6.012	5.711~6.312	2 145~2 422
2279	2014-06-07	6.012	5.711~6.312	2 145~2 422
2280	2014-06-09	6.012	5.711~6.312	2 145~2 422
2281	2015-05-16	6.012	5.711~6.312	2 145~2 422
2282	2015-05-18	6.012	5.711~6.312	2 145~2 422
2283	2015-05-20	6.012	5.711~6.312	2 145~2 422
2284	2015-06-07	6.012	5.711~6.312	2 145~2 422
2285	2015-06-11	6.012	5.711~6.312	2 145~2 422
2286	2016-05-24	6.012	5.711~6.312	2 145~2 422
2287	2016-05-26	6.012	5.711~6.312	2 145~2 422
2288	2017-05-06	6.012	5.711~6.312	2 145~2 422
2289	2017-06-07	6.012	5.711~6.312	2 145~2 422
2290	2018-05-06	6.012	5.711~6.312	2 145~2 422
2291	2018-05-28	6.012	5.711~6.312	2 145~2 422
2292	2019-05-01	6.012	5.711~6.312	2 145~2 422
2293	2019-05-07	6.012	5.711~6.312	2 145~2 422
2294	2019-05-27	6.012	5.711~6.312	2 145~2 422
2295	2019-07-11	6.012	5.711~6.312	2 145~2 422
2296	2020-05-19	6.012	5.711~6.312	2 145~2 422
2297	2020-05-22	6.012	5.711~6.312	2 145~2 422
2298	2020-05-24	6.012	5.711~6.312	2 145~2 422
2299	2020-05-27	6.012	5.711~6.312	2 145~2 422
2300	2021-05-05	6.012	5.711~6.312	2 145~2 422
2301	2021-05-23	6.012	5.711~6.312	2 145~2 422
2302	2021-05-26	6.012	5.711~6.312	2 145~2 422
2303	2021-05-28	6.012	5.711~6.312	2 145~2 422
2304	2015-08-26	6.013	5.712~6.314	2 145~2 431

序号	日期	O₃气象污染综合指数	同一气象条件指数区间	同一气象条件在附表1中的序号区间
2305	2016-09-14	6.013	5.712~6.314	2 145~2 431
2306	2017-08-20	6.013	5.712~6.314	2 145~2 431
2307	2020-06-09	6.013	5.712~6.314	2 145~2 431
2308	2020-07-31	6.013	5.712~6.314	2 145~2 431
2309	2015-06-27	6.017	5.716~6.317	2 145~2 431
2310	2015-07-16	6.017	5.716~6.317	2 145~2 431
2311	2018-06-25	6.017	5.716~6.317	2 145~2 431
2312	2019-09-29	6.017	5.716~6.317	2 145~2 431
2313	2016-05-31	6.037	5.735~6.339	2 147~2 438
2314	2016-08-01	6.037	5.735~6.339	2 147~2 438
2315	2018-08-28	6.037	5.735~6.339	2 147~2 438
2316	2019-09-26	6.037	5.735~6.339	2 147~2 438
2317	2015-07-23	6.084	5.780~6.389	2 169~2 456
2318	2017-09-21	6.084	5.780~6.389	2 169~2 456
2319	2018-08-15	6.084	5.780~6.389	2 169~2 456
2320	2019-09-30	6.084	5.780~6.389	2 169~2 456
2321	2015-07-30	6.097	5.792~6.402	2 173~2 465
2322	2016-09-09	6.097	5.792~6.402	2 173~2 465
2323	2017-09-07	6.097	5.792~6.402	2 173~2 465
2324	2014-07-05	6.099	5.794~6.404	2 173~2 465
2325	2015-07-21	6.099	5.794~6.404	2 173~2 465
2326	2015-07-24	6.099	5.794~6.404	2 173~2 465
2327	2016-09-10	6.099	5.794~6.404	2 173~2 465
2328	2017-09-14	6.099	5.794~6.404	2 173~2 465
2329	2019-09-23	6.099	5.794~6.404	2 173~2 465
2330	2019-09-25	6.099	5.794~6.404	2 173~2 465
2331	2020-07-05	6.099	5.794~6.404	2 173~2 465
2332	2020-08-27	6.099	5.794~6.404	2 173~2 465
2333	2019-09-14	6.102	5.797~6.407	2 173~2 465
2334	2020-07-28	6.102	5.797~6.407	2 173~2 465
2335	2019-06-28	6.105	5.800~6.411	2 173~2 469
2336	2016-07-12	6.110	5.805~6.416	2 173~2 469
2337	2015-08-08	6.146	5.839~6.453	2 203~2 477
2338	2018-08-27	6.146	5.839~6.453	2 203~2 477
2339	2020-08-28	6.146	5.839~6.453	2 203~2 477
2340	2021-07-02	6.146	5.839~6.453	2 203~2 477
2341	2021-08-06	6.146	5.839~6.453	2 203~2 477
2342	2021-09-08	6.146	5.839~6.453	2 203~2 477

序号	日期	O₃气象污染综合指数	同一气象条件指数区间	同一气象条件在附表1中的序号区间
2343	2019-06-21	6.161	5.853~6.469	2 204~2 478
2344	2020-08-18	6.162	5.854~6.471	2 204~2 478
2345	2015-06-22	6.170	5.861~6.478	2 204~2 478
2346	2016-07-03	6.170	5.861~6.478	2 204~2 478
2347	2018-06-16	6.170	5.861~6.478	2 204~2 478
2348	2020-07-04	6.170	5.861~6.478	2 204~2 478
2349	2014-07-23	6.177	5.868~6.486	2 207~2 490
2350	2014-07-31	6.177	5.868~6.486	2 207~2 490
2351	2015-08-07	6.177	5.868~6.486	2 207~2 490
2352	2016-08-30	6.177	5.868~6.486	2 207~2 490
2353	2017-08-17	6.177	5.868~6.486	2 207~2 490
2354	2018-04-28	6.177	5.868~6.486	2 207~2 490
2355	2018-08-31	6.177	5.868~6.486	2 207~2 490
2356	2018-06-03	6.191	5.881~6.500	2 213~2 493
2357	2020-06-18	6.191	5.881~6.500	2 213~2 493
2358	2015-08-05	6.210	5.900~6.521	2 222~2 493
2359	2016-08-16	6.210	5.900~6.521	2 222~2 493
2360	2016-08-20	6.210	5.900~6.521	2 222~2 493
2361	2017-07-31	6.210	5.900~6.521	2 222~2 493
2362	2021-07-18	6.210	5.900~6.521	2 222~2 493
2363	2016-08-12	6.232	5.920~6.544	2 237~2 520
2364	2015-05-28	6.238	5.926~6.550	2 239~2 520
2365	2015-09-03	6.238	5.926~6.550	2 239~2 520
2366	2016-08-23	6.238	5.926~6.550	2 239~2 520
2367	2016-09-03	6.238	5.926~6.550	2 239~2 520
2368	2016-09-04	6.238	5.926~6.550	2 239~2 520
2369	2016-09-05	6.238	5.926~6.550	2 239~2 520
2370	2016-09-08	6.238	5.926~6.550	2 239~2 520
2371	2018-03-27	6.238	5.926~6.550	2 239~2 520
2372	2018-07-07	6.238	5.926~6.550	2 239~2 520
2373	2019-08-25	6.238	5.926~6.550	2 239~2 520
2374	2019-09-04	6.238	5.926~6.550	2 239~2 520
2375	2019-09-05	6.238	5.926~6.550	2 239~2 520
2376	2020-08-10	6.238	5.926~6.550	2 239~2 520
2377	2021-08-22	6.238	5.926~6.550	2 239~2 520
2378	2015-04-30	6.241	5.929~6.553	2 239~2 520
2379	2016-08-27	6.241	5.929~6.553	2 239~2 520
2380	2020-08-07	6.241	5.929~6.553	2 239~2 520

序号	日期	O₃气象污染综合指数	同一气象条件指数区间	同一气象条件在附表1中的序号区间
2381	2020-08-08	6.241	5.929~6.553	2 239~2 520
2382	2021-06-28	6.241	5.929~6.553	2 239~2 520
2383	2021-07-14	6.241	5.929~6.553	2 239~2 520
2384	2021-07-15	6.241	5.929~6.553	2 239~2 520
2385	2021-07-23	6.241	5.929~6.553	2 239~2 520
2386	2016-06-30	6.242	5.930~6.554	2 239~2 520
2387	2016-08-02	6.242	5.930~6.554	2 239~2 520
2388	2016-08-29	6.242	5.930~6.554	2 239~2 520
2389	2018-04-29	6.242	5.930~6.554	2 239~2 520
2390	2019-09-01	6.242	5.930~6.554	2 239~2 520
2391	2020-06-12	6.242	5.930~6.554	2 239~2 520
2392	2020-09-09	6.242	5.930~6.554	2 239~2 520
2393	2017-08-23	6.249	5.937~6.562	2 239~2 520
2394	2018-07-24	6.249	5.937~6.562	2 239~2 520
2395	2019-06-11	6.267	5.954~6.581	2 251~2 520
2396	2020-06-06	6.267	5.954~6.581	2 251~2 520
2397	2017-07-21	6.298	5.983~6.613	2 265~2 524
2398	2015-08-06	6.302	5.987~6.617	2 265~2 524
2399	2016-07-04	6.302	5.987~6.617	2 265~2 524
2400	2017-08-15	6.302	5.987~6.617	2 265~2 524
2401	2018-08-20	6.302	5.987~6.617	2 265~2 524
2402	2018-08-29	6.302	5.987~6.617	2 265~2 524
2403	2019-08-03	6.302	5.987~6.617	2 265~2 524
2404	2019-08-23	6.302	5.987~6.617	2 265~2 524
2405	2020-06-27	6.302	5.987~6.617	2 265~2 524
2406	2021-07-06	6.302	5.987~6.617	2 265~2 524
2407	2021-07-17	6.302	5.987~6.617	2 265~2 524
2408	2014-07-06	6.306	5.991~6.621	2 265~2 524
2409	2014-07-17	6.306	5.991~6.621	2 265~2 524
2410	2015-05-27	6.306	5.991~6.621	2 265~2 524
2411	2016-07-26	6.306	5.991~6.621	2 265~2 524
2412	2016-08-28	6.306	5.991~6.621	2 265~2 524
2413	2018-08-16	6.306	5.991~6.621	2 265~2 524
2414	2018-09-03	6.306	5.991~6.621	2 265~2 524
2415	2018-09-04	6.306	5.991~6.621	2 265~2 524
2416	2019-04-17	6.306	5.991~6.621	2 265~2 524
2417	2019-08-24	6.306	5.991~6.621	2 265~2 524
2418	2020-04-29	6.306	5.991~6.621	2 265~2 524

序号	日期	O$_3$气象污染综合指数	同一气象条件指数区间	同一气象条件在附表1中的序号区间
2419	2020-05-20	6.306	5.991~6.621	2 265~2 524
2420	2021-06-27	6.306	5.991~6.621	2 265~2 524
2421	2021-06-30	6.306	5.991~6.621	2 265~2 524
2422	2014-06-16	6.310	5.994~6.625	2 265~2 524
2423	2015-06-21	6.310	5.994~6.625	2 265~2 524
2424	2016-06-04	6.310	5.994~6.625	2 265~2 524
2425	2017-05-02	6.310	5.994~6.625	2 265~2 524
2426	2017-06-05	6.310	5.994~6.625	2 265~2 524
2427	2017-09-06	6.310	5.994~6.625	2 265~2 524
2428	2017-09-19	6.310	5.994~6.625	2 265~2 524
2429	2020-09-08	6.310	5.994~6.625	2 265~2 524
2430	2021-06-26	6.310	5.994~6.625	2 265~2 524
2431	2015-08-04	6.316	6.000~6.632	2 273~2 527
2432	2019-06-17	6.316	6.000~6.632	2 273~2 527
2433	2020-08-25	6.326	6.010~6.643	2 277~2 527
2434	2014-04-09	6.331	6.014~6.647	2 304~2 530
2435	2015-06-15	6.331	6.014~6.647	2 304~2 530
2436	2020-05-30	6.331	6.014~6.647	2 304~2 530
2437	2021-05-27	6.331	6.014~6.647	2 304~2 530
2438	2014-08-14	6.347	6.030~6.665	2 313~2 531
2439	2015-07-06	6.347	6.030~6.665	2 313~2 531
2440	2016-08-04	6.347	6.030~6.665	2 313~2 531
2441	2017-05-26	6.347	6.030~6.665	2 313~2 531
2442	2017-06-11	6.347	6.030~6.665	2 313~2 531
2443	2019-06-15	6.347	6.030~6.665	2 313~2 531
2444	2018-07-16	6.351	6.033~6.668	2 313~2 531
2445	2018-08-11	6.351	6.033~6.668	2 313~2 531
2446	2017-08-02	6.370	6.051~6.688	2 313~2 532
2447	2014-05-13	6.374	6.055~6.692	2 313~2 532
2448	2014-05-18	6.374	6.055~6.692	2 313~2 532
2449	2014-05-19	6.374	6.055~6.692	2 313~2 532
2450	2014-07-16	6.374	6.055~6.692	2 313~2 532
2451	2014-08-25	6.374	6.055~6.692	2 313~2 532
2452	2015-05-17	6.374	6.055~6.692	2 313~2 532
2453	2017-06-25	6.374	6.055~6.692	2 313~2 532
2454	2020-07-13	6.374	6.055~6.692	2 313~2 532
2455	2020-09-04	6.374	6.055~6.692	2 313~2 532
2456	2014-06-13	6.395	6.075~6.714	2 317~2 544

序号	日期	O₃气象污染综合指数	同一气象条件指数区间	同一气象条件在附表1中的序号区间
2457	2016-06-06	6.395	6.075~6.714	2 317~2 544
2458	2017-04-15	6.395	6.075~6.714	2 317~2 544
2459	2018-06-08	6.395	6.075~6.714	2 317~2 544
2460	2019-05-30	6.395	6.075~6.714	2 317~2 544
2461	2019-08-28	6.395	6.075~6.714	2 317~2 544
2462	2019-08-31	6.395	6.075~6.714	2 317~2 544
2463	2020-07-19	6.395	6.075~6.714	2 317~2 544
2464	2021-06-10	6.395	6.075~6.714	2 317~2 544
2465	2015-07-07	6.409	6.088~6.729	2 317~2 547
2466	2018-06-19	6.409	6.088~6.729	2 317~2 547
2467	2019-06-07	6.409	6.088~6.729	2 317~2 547
2468	2019-08-21	6.409	6.088~6.729	2 317~2 547
2469	2014-05-20	6.412	6.092~6.733	2 321~2 547
2470	2014-06-03	6.412	6.092~6.733	2 321~2 547
2471	2014-06-04	6.412	6.092~6.733	2 321~2 547
2472	2014-07-03	6.412	6.092~6.733	2 321~2 547
2473	2015-05-23	6.412	6.092~6.733	2 321~2 547
2474	2016-07-05	6.412	6.092~6.733	2 321~2 547
2475	2018-05-25	6.412	6.092~6.733	2 321~2 547
2476	2019-08-17	6.412	6.092~6.733	2 321~2 547
2477	2018-07-19	6.440	6.118~6.762	2 336~2 555
2478	2014-05-15	6.480	6.156~6.804	2 343~2 578
2479	2014-07-15	6.480	6.156~6.804	2 343~2 578
2480	2014-07-25	6.480	6.156~6.804	2 343~2 578
2481	2015-06-20	6.480	6.156~6.804	2 343~2 578
2482	2015-07-03	6.480	6.156~6.804	2 343~2 578
2483	2016-06-02	6.480	6.156~6.804	2 343~2 578
2484	2016-06-12	6.480	6.156~6.804	2 343~2 578
2485	2017-06-01	6.480	6.156~6.804	2 343~2 578
2486	2018-05-23	6.480	6.156~6.804	2 343~2 578
2487	2019-07-08	6.480	6.156~6.804	2 343~2 578
2488	2020-07-23	6.480	6.156~6.804	2 343~2 578
2489	2021-05-21	6.480	6.156~6.804	2 343~2 578
2490	2016-07-24	6.488	6.164~6.813	2 344~2 578
2491	2017-08-16	6.488	6.164~6.813	2 344~2 578
2492	2018-08-12	6.488	6.164~6.813	2 344~2 578
2493	2014-06-01	6.501	6.176~6.826	2 349~2 579
2494	2014-06-08	6.501	6.176~6.826	2 349~2 579

序号	日期	O₃气象污染综合指数	同一气象条件指数区间	同一气象条件在附表1中的序号区间
2495	2014-06-23	6.501	6.176~6.826	2 349~2 579
2496	2015-06-02	6.501	6.176~6.826	2 349~2 579
2497	2015-06-08	6.501	6.176~6.826	2 349~2 579
2498	2015-06-12	6.501	6.176~6.826	2 349~2 579
2499	2015-06-14	6.501	6.176~6.826	2 349~2 579
2500	2016-05-16	6.501	6.176~6.826	2 349~2 579
2501	2016-06-08	6.501	6.176~6.826	2 349~2 579
2502	2016-06-11	6.501	6.176~6.826	2 349~2 579
2503	2017-04-28	6.501	6.176~6.826	2 349~2 579
2504	2017-05-07	6.501	6.176~6.826	2 349~2 579
2505	2017-05-10	6.501	6.176~6.826	2 349~2 579
2506	2017-05-12	6.501	6.176~6.826	2 349~2 579
2507	2018-05-29	6.501	6.176~6.826	2 349~2 579
2508	2019-05-02	6.501	6.176~6.826	2 349~2 579
2509	2019-05-03	6.501	6.176~6.826	2 349~2 579
2510	2019-05-09	6.501	6.176~6.826	2 349~2 579
2511	2019-05-21	6.501	6.176~6.826	2 349~2 579
2512	2019-05-31	6.501	6.176~6.826	2 349~2 579
2513	2019-06-09	6.501	6.176~6.826	2 349~2 579
2514	2021-05-06	6.501	6.176~6.826	2 349~2 579
2515	2021-05-17	6.501	6.176~6.826	2 349~2 579
2516	2021-05-19	6.501	6.176~6.826	2 349~2 579
2517	2021-05-25	6.501	6.176~6.826	2 349~2 579
2518	2021-06-04	6.501	6.176~6.826	2 349~2 579
2519	2021-06-17	6.501	6.176~6.826	2 349~2 579
2520	2015-06-23	6.581	6.252~6.910	2 393~2 603
2521	2015-06-28	6.581	6.252~6.910	2 393~2 603
2522	2020-07-17	6.581	6.252~6.910	2 393~2 603
2523	2017-07-18	6.584	6.255~6.914	2 393~2 603
2524	2016-07-14	6.610	6.280~6.941	2 395~2 631
2525	2016-07-30	6.610	6.280~6.941	2 395~2 631
2526	2019-09-09	6.610	6.280~6.941	2 395~2 631
2527	2014-08-22	6.641	6.309~6.973	2 422~2 640
2528	2019-08-06	6.641	6.309~6.973	2 422~2 640
2529	2019-08-09	6.641	6.309~6.973	2 422~2 640
2530	2020-08-14	6.647	6.315~6.979	2 431~2 642
2531	2015-07-15	6.652	6.320~6.985	2 431~2 642
2532	2016-07-22	6.696	6.361~7.031	2 446~2 704

序号	日期	O₃气象污染综合指数	同一气象条件指数区间	同一气象条件在附表1中的序号区间
2533	2016-09-06	6.696	6.361~7.031	2 446~2 704
2534	2018-07-03	6.696	6.361~7.031	2 446~2 704
2535	2018-07-12	6.696	6.361~7.031	2 446~2 704
2536	2019-09-08	6.696	6.361~7.031	2 446~2 704
2537	2016-08-14	6.698	6.363~7.033	2 446~2 704
2538	2021-08-10	6.698	6.363~7.033	2 446~2 704
2539	2014-07-04	6.703	6.367~7.038	2 446~2 704
2540	2014-08-03	6.703	6.367~7.038	2 446~2 704
2541	2015-07-29	6.703	6.367~7.038	2 446~2 704
2542	2017-09-13	6.703	6.367~7.038	2 446~2 704
2543	2021-06-13	6.703	6.367~7.038	2 446~2 704
2544	2014-06-06	6.706	6.371~7.041	2 446~2 704
2545	2014-07-01	6.706	6.371~7.041	2 446~2 704
2546	2017-07-15	6.706	6.371~7.041	2 446~2 704
2547	2017-08-21	6.727	6.391~7.063	2 456~2 710
2548	2018-08-13	6.727	6.391~7.063	2 456~2 710
2549	2018-08-26	6.727	6.391~7.063	2 456~2 710
2550	2019-07-16	6.727	6.391~7.063	2 456~2 710
2551	2019-07-18	6.727	6.391~7.063	2 456~2 710
2552	2019-07-19	6.727	6.391~7.063	2 456~2 710
2553	2020-06-11	6.727	6.391~7.063	2 456~2 710
2554	2020-08-11	6.727	6.391~7.063	2 456~2 710
2555	2014-09-04	6.762	6.424~7.100	2 469~2 759
2556	2015-06-17	6.774	6.435~7.113	2 477~2 759
2557	2015-07-28	6.774	6.435~7.113	2 477~2 759
2558	2018-06-22	6.774	6.435~7.113	2 477~2 759
2559	2019-07-05	6.774	6.435~7.113	2 477~2 759
2560	2016-08-22	6.787	6.447~7.126	2 477~2 759
2561	2017-09-08	6.787	6.447~7.126	2 477~2 759
2562	2018-08-09	6.787	6.447~7.126	2 477~2 759
2563	2021-06-06	6.787	6.447~7.126	2 477~2 759
2564	2014-05-31	6.788	6.449~7.128	2 477~2 759
2565	2014-08-02	6.788	6.449~7.128	2 477~2 759
2566	2015-08-14	6.788	6.449~7.128	2 477~2 759
2567	2015-08-27	6.788	6.449~7.128	2 477~2 759
2568	2016-07-18	6.788	6.449~7.128	2 477~2 759
2569	2016-08-06	6.788	6.449~7.128	2 477~2 759
2570	2017-07-04	6.788	6.449~7.128	2 477~2 759

续表

序号	日期	O₃气象污染综合指数	同一气象条件指数区间	同一气象条件在附表1中的 序号区间
2571	2017-08-05	6.788	6.449~7.128	2 477~2 759
2572	2017-09-09	6.788	6.449~7.128	2 477~2 759
2573	2018-07-15	6.788	6.449~7.128	2 477~2 759
2574	2019-09-06	6.788	6.449~7.128	2 477~2 759
2575	2019-09-07	6.788	6.449~7.128	2 477~2 759
2576	2016-08-10	6.792	6.452~7.131	2 477~2 759
2577	2018-06-24	6.792	6.452~7.131	2 477~2 759
2578	2014-05-30	6.799	6.459~7.139	2 477~2 780
2579	2014-08-19	6.835	6.494~7.177	2 490~2 780
2580	2018-07-18	6.835	6.494~7.177	2 490~2 780
2581	2019-08-08	6.835	6.494~7.177	2 490~2 780
2582	2019-08-19	6.835	6.494~7.177	2 490~2 780
2583	2019-09-03	6.835	6.494~7.177	2 490~2 780
2584	2020-06-28	6.835	6.494~7.177	2 490~2 780
2585	2020-09-05	6.835	6.494~7.177	2 490~2 780
2586	2021-08-21	6.835	6.494~7.177	2 490~2 780
2587	2016-08-21	6.851	6.508~7.193	2 493~2 820
2588	2018-06-21	6.851	6.508~7.193	2 493~2 820
2589	2018-08-10	6.851	6.508~7.193	2 493~2 820
2590	2018-08-17	6.851	6.508~7.193	2 493~2 820
2591	2019-08-15	6.851	6.508~7.193	2 493~2 820
2592	2021-07-31	6.851	6.508~7.193	2 493~2 820
2593	2014-06-30	6.860	6.517~7.202	2 493~2 820
2594	2017-07-19	6.860	6.517~7.202	2 493~2 820
2595	2019-07-22	6.860	6.517~7.202	2 493~2 820
2596	2014-08-21	6.867	6.523~7.210	2 493~2 820
2597	2015-08-10	6.867	6.523~7.210	2 493~2 820
2598	2015-08-20	6.867	6.523~7.210	2 493~2 820
2599	2018-07-27	6.867	6.523~7.210	2 493~2 820
2600	2019-09-02	6.867	6.523~7.210	2 493~2 820
2601	2021-07-07	6.867	6.523~7.210	2 493~2 820
2602	2021-08-08	6.867	6.523~7.210	2 493~2 820
2603	2018-07-28	6.900	6.555~7.245	2 520~2 820
2604	2018-07-30	6.900	6.555~7.245	2 520~2 820
2605	2019-08-18	6.900	6.555~7.245	2 520~2 820
2606	2014-07-07	6.928	6.581~7.274	2 520~2 820
2607	2014-08-01	6.928	6.581~7.274	2 520~2 820
2608	2014-08-06	6.928	6.581~7.274	2 520~2 820

序号	日期	O₃气象污染综合指数	同一气象条件指数区间	同一气象条件在附表1中的序号区间
2609	2014-08-16	6.928	6.581~7.274	2 520~2 820
2610	2014-08-20	6.928	6.581~7.274	2 520~2 820
2611	2015-08-28	6.928	6.581~7.274	2 520~2 820
2612	2016-07-29	6.928	6.581~7.274	2 520~2 820
2613	2016-08-05	6.928	6.581~7.274	2 520~2 820
2614	2016-08-11	6.928	6.581~7.274	2 520~2 820
2615	2017-07-05	6.928	6.581~7.274	2 520~2 820
2616	2018-04-02	6.928	6.581~7.274	2 520~2 820
2617	2018-07-22	6.928	6.581~7.274	2 520~2 820
2618	2019-07-23	6.928	6.581~7.274	2 520~2 820
2619	2020-08-03	6.928	6.581~7.274	2 520~2 820
2620	2014-08-15	6.931	6.584~7.277	2 523~2 820
2621	2015-08-09	6.931	6.584~7.277	2 523~2 820
2622	2016-07-27	6.931	6.584~7.277	2 523~2 820
2623	2017-07-02	6.931	6.584~7.277	2 523~2 820
2624	2017-07-03	6.931	6.584~7.277	2 523~2 820
2625	2017-08-24	6.931	6.584~7.277	2 523~2 820
2626	2018-06-12	6.931	6.584~7.277	2 523~2 820
2627	2018-07-29	6.931	6.584~7.277	2 523~2 820
2628	2018-08-25	6.931	6.584~7.277	2 523~2 820
2629	2021-07-20	6.931	6.584~7.277	2 523~2 820
2630	2021-08-09	6.931	6.584~7.277	2 523~2 820
2631	2015-07-26	6.931	6.585~7.278	2 523~2 820
2632	2015-07-27	6.931	6.585~7.278	2 523~2 820
2633	2017-08-11	6.931	6.585~7.278	2 523~2 820
2634	2018-07-21	6.931	6.585~7.278	2 523~2 820
2635	2019-06-20	6.931	6.585~7.278	2 523~2 820
2636	2019-07-13	6.931	6.585~7.278	2 523~2 820
2637	2019-07-14	6.931	6.585~7.278	2 523~2 820
2638	2019-07-25	6.931	6.585~7.278	2 523~2 820
2639	2021-08-02	6.931	6.585~7.278	2 523~2 820
2640	2014-05-21	6.957	6.609~7.305	2 524~2 820
2641	2017-05-27	6.957	6.609~7.305	2 524~2 820
2642	2016-07-28	6.992	6.642~7.341	2 527~2 820
2643	2016-08-03	6.992	6.642~7.341	2 527~2 820
2644	2018-08-05	6.992	6.642~7.341	2 527~2 820
2645	2018-08-21	6.992	6.642~7.341	2 527~2 820
2646	2018-08-23	6.992	6.642~7.341	2 527~2 820

序号	日期	O₃气象污染综合指数	同一气象条件指数区间	同一气象条件在附表1中的序号区间
2647	2018-09-05	6.992	6.642~7.341	2 527~2 820
2648	2019-07-28	6.992	6.642~7.341	2 527~2 820
2649	2019-07-31	6.992	6.642~7.341	2 527~2 820
2650	2019-08-14	6.992	6.642~7.341	2 527~2 820
2651	2020-09-01	6.992	6.642~7.341	2 527~2 820
2652	2021-07-05	6.992	6.642~7.341	2 527~2 820
2653	2021-07-09	6.992	6.642~7.341	2 527~2 820
2654	2021-08-07	6.992	6.642~7.341	2 527~2 820
2655	2014-07-08	6.995	6.646~7.345	2 530~2 820
2656	2014-07-21	6.995	6.646~7.345	2 530~2 820
2657	2014-08-08	6.995	6.646~7.345	2 530~2 820
2658	2014-08-26	6.995	6.646~7.345	2 530~2 820
2659	2015-04-25	6.995	6.646~7.345	2 530~2 820
2660	2015-08-12	6.995	6.646~7.345	2 530~2 820
2661	2015-08-13	6.995	6.646~7.345	2 530~2 820
2662	2015-08-16	6.995	6.646~7.345	2 530~2 820
2663	2015-08-17	6.995	6.646~7.345	2 530~2 820
2664	2015-08-21	6.995	6.646~7.345	2 530~2 820
2665	2015-08-22	6.995	6.646~7.345	2 530~2 820
2666	2016-08-31	6.995	6.646~7.345	2 530~2 820
2667	2017-07-17	6.995	6.646~7.345	2 530~2 820
2668	2017-08-10	6.995	6.646~7.345	2 530~2 820
2669	2018-04-20	6.995	6.646~7.345	2 530~2 820
2670	2018-07-20	6.995	6.646~7.345	2 530~2 820
2671	2018-07-31	6.995	6.646~7.345	2 530~2 820
2672	2018-08-01	6.995	6.646~7.345	2 530~2 820
2673	2018-08-24	6.995	6.646~7.345	2 530~2 820
2674	2019-07-15	6.995	6.646~7.345	2 530~2 820
2675	2019-08-01	6.995	6.646~7.345	2 530~2 820
2676	2020-08-09	6.995	6.646~7.345	2 530~2 820
2677	2021-07-13	6.995	6.646~7.345	2 530~2 820
2678	2021-07-26	6.995	6.646~7.345	2 530~2 820
2679	2014-06-29	6.999	6.649~7.349	2 530~2 820
2680	2014-07-09	6.999	6.649~7.349	2 530~2 820
2681	2014-08-12	6.999	6.649~7.349	2 530~2 820
2682	2014-08-27	6.999	6.649~7.349	2 530~2 820
2683	2016-06-20	6.999	6.649~7.349	2 530~2 820
2684	2016-06-21	6.999	6.649~7.349	2 530~2 820

序号	日期	O$_3$气象污染综合指数	同一气象条件指数区间	同一气象条件在附表1中的序号区间
2685	2017-07-14	6.999	6.649~7.349	2 530~2 820
2686	2017-07-20	6.999	6.649~7.349	2 530~2 820
2687	2018-06-18	6.999	6.649~7.349	2 530~2 820
2688	2020-07-29	6.999	6.649~7.349	2 530~2 820
2689	2020-08-01	6.999	6.649~7.349	2 530~2 820
2690	2017-05-28	7.006	6.656~7.356	2 531~2 820
2691	2018-07-01	7.006	6.656~7.356	2 531~2 820
2692	2018-07-06	7.006	6.656~7.356	2 531~2 820
2693	2019-07-30	7.006	6.656~7.356	2 531~2 820
2694	2021-07-10	7.006	6.656~7.356	2 531~2 820
2695	2014-06-15	7.020	6.669~7.371	2 531~2 820
2696	2015-06-01	7.020	6.669~7.371	2 531~2 820
2697	2016-07-09	7.020	6.669~7.371	2 531~2 820
2698	2017-05-08	7.020	6.669~7.371	2 531~2 820
2699	2017-06-18	7.020	6.669~7.371	2 531~2 820
2700	2017-06-30	7.020	6.669~7.371	2 531~2 820
2701	2018-07-04	7.020	6.669~7.371	2 531~2 820
2702	2020-06-16	7.020	6.669~7.371	2 531~2 820
2703	2020-07-21	7.020	6.669~7.371	2 531~2 820
2704	2014-08-10	7.037	6.685~7.389	2 532~2 820
2705	2015-05-13	7.037	6.685~7.389	2 532~2 820
2706	2017-08-01	7.037	6.685~7.389	2 532~2 820
2707	2018-08-02	7.037	6.685~7.389	2 532~2 820
2708	2018-08-03	7.037	6.685~7.389	2 532~2 820
2709	2019-05-23	7.037	6.685~7.389	2 532~2 820
2710	2014-07-29	7.063	6.710~7.416	2 544~2 820
2711	2015-04-26	7.063	6.710~7.416	2 544~2 820
2712	2015-05-25	7.063	6.710~7.416	2 544~2 820
2713	2015-07-25	7.063	6.710~7.416	2 544~2 820
2714	2015-08-11	7.063	6.710~7.416	2 544~2 820
2715	2016-06-22	7.063	6.710~7.416	2 544~2 820
2716	2016-07-07	7.063	6.710~7.416	2 544~2 820
2717	2016-07-08	7.063	6.710~7.416	2 544~2 820
2718	2016-07-13	7.063	6.710~7.416	2 544~2 820
2719	2016-07-17	7.063	6.710~7.416	2 544~2 820
2720	2017-08-03	7.063	6.710~7.416	2 544~2 820
2721	2017-08-08	7.063	6.710~7.416	2 544~2 820
2722	2018-07-05	7.063	6.710~7.416	2 544~2 820

序号	日期	O₃气象污染综合指数	同一气象条件指数区间	同一气象条件在附表1中的序号区间
2723	2019-07-02	7.063	6.710~7.416	2 544~2 820
2724	2019-08-27	7.063	6.710~7.416	2 544~2 820
2725	2020-07-14	7.063	6.710~7.416	2 544~2 820
2726	2020-07-30	7.063	6.710~7.416	2 544~2 820
2727	2020-08-02	7.063	6.710~7.416	2 544~2 820
2728	2021-06-12	7.063	6.710~7.416	2 544~2 820
2729	2021-07-11	7.063	6.710~7.416	2 544~2 820
2730	2014-05-23	7.084	6.730~7.438	2 547~2 820
2731	2014-07-28	7.084	6.730~7.438	2 547~2 820
2732	2015-06-16	7.084	6.730~7.438	2 547~2 820
2733	2015-07-11	7.084	6.730~7.438	2 547~2 820
2734	2016-06-10	7.084	6.730~7.438	2 547~2 820
2735	2016-06-26	7.084	6.730~7.438	2 547~2 820
2736	2016-07-11	7.084	6.730~7.438	2 547~2 820
2737	2017-05-19	7.084	6.730~7.438	2 547~2 820
2738	2017-06-28	7.084	6.730~7.438	2 547~2 820
2739	2017-06-29	7.084	6.730~7.438	2 547~2 820
2740	2017-07-01	7.084	6.730~7.438	2 547~2 820
2741	2019-05-15	7.084	6.730~7.438	2 547~2 820
2742	2019-05-24	7.084	6.730~7.438	2 547~2 820
2743	2019-06-25	7.084	6.730~7.438	2 547~2 820
2744	2019-06-27	7.084	6.730~7.438	2 547~2 820
2745	2020-05-01	7.084	6.730~7.438	2 547~2 820
2746	2020-06-13	7.084	6.730~7.438	2 547~2 820
2747	2020-06-20	7.084	6.730~7.438	2 547~2 820
2748	2020-06-30	7.084	6.730~7.438	2 547~2 820
2749	2020-07-01	7.084	6.730~7.438	2 547~2 820
2750	2020-07-25	7.084	6.730~7.438	2 547~2 820
2751	2020-08-04	7.084	6.730~7.438	2 547~2 820
2752	2014-08-07	7.098	6.743~7.453	2 547~2 820
2753	2018-07-02	7.098	6.743~7.453	2 547~2 820
2754	2018-07-23	7.098	6.743~7.453	2 547~2 820
2755	2018-08-04	7.098	6.743~7.453	2 547~2 820
2756	2019-06-18	7.098	6.743~7.453	2 547~2 820
2757	2021-07-08	7.098	6.743~7.453	2 547~2 820
2758	2021-07-24	7.098	6.743~7.453	2 547~2 820
2759	2014-06-14	7.102	6.747~7.457	2 555~2 820
2760	2014-07-26	7.102	6.747~7.457	2 555~2 820

续表

序号	日期	O₃气象污染综合指数	同一气象条件指数区间	同一气象条件在附表1中的序号区间
2761	2015-07-08	7.102	6.747~7.457	2 555~2 820
2762	2015-07-09	7.102	6.747~7.457	2 555~2 820
2763	2015-07-10	7.102	6.747~7.457	2 555~2 820
2764	2015-07-12	7.102	6.747~7.457	2 555~2 820
2765	2015-07-14	7.102	6.747~7.457	2 555~2 820
2766	2015-08-15	7.102	6.747~7.457	2 555~2 820
2767	2017-06-10	7.102	6.747~7.457	2 555~2 820
2768	2017-07-16	7.102	6.747~7.457	2 555~2 820
2769	2017-08-04	7.102	6.747~7.457	2 555~2 820
2770	2017-08-25	7.102	6.747~7.457	2 555~2 820
2771	2018-07-26	7.102	6.747~7.457	2 555~2 820
2772	2019-06-23	7.102	6.747~7.457	2 555~2 820
2773	2019-07-21	7.102	6.747~7.457	2 555~2 820
2774	2019-07-26	7.102	6.747~7.457	2 555~2 820
2775	2019-07-27	7.102	6.747~7.457	2 555~2 820
2776	2020-05-02	7.102	6.747~7.457	2 555~2 820
2777	2020-07-08	7.102	6.747~7.457	2 555~2 820
2778	2021-07-25	7.102	6.747~7.457	2 555~2 820
2779	2021-08-01	7.102	6.747~7.457	2 555~2 820
2780	2014-06-24	7.170	6.811~7.528	2 578~2 820
2781	2014-06-26	7.170	6.811~7.528	2 578~2 820
2782	2014-07-19	7.170	6.811~7.528	2 578~2 820
2783	2014-07-27	7.170	6.811~7.528	2 578~2 820
2784	2014-08-09	7.170	6.811~7.528	2 578~2 820
2785	2014-08-11	7.170	6.811~7.528	2 578~2 820
2786	2015-06-05	7.170	6.811~7.528	2 578~2 820
2787	2015-06-09	7.170	6.811~7.528	2 578~2 820
2788	2016-07-06	7.170	6.811~7.528	2 578~2 820
2789	2016-07-10	7.170	6.811~7.528	2 578~2 820
2790	2017-05-11	7.170	6.811~7.528	2 578~2 820
2791	2017-05-17	7.170	6.811~7.528	2 578~2 820
2792	2017-05-18	7.170	6.811~7.528	2 578~2 820
2793	2017-05-20	7.170	6.811~7.528	2 578~2 820
2794	2017-05-31	7.170	6.811~7.528	2 578~2 820
2795	2017-06-14	7.170	6.811~7.528	2 578~2 820
2796	2017-06-15	7.170	6.811~7.528	2 578~2 820
2797	2017-06-27	7.170	6.811~7.528	2 578~2 820
2798	2017-07-07	7.170	6.811~7.528	2 578~2 820

序号	日期	O_3 气象污染综合指数	同一气象条件指数区间	同一气象条件在附表 1 中的序号区间
2799	2017-07-08	7.170	6.811~7.528	2 578~2 820
2800	2017-07-13	7.170	6.811~7.528	2 578~2 820
2801	2017-08-06	7.170	6.811~7.528	2 578~2 820
2802	2017-08-07	7.170	6.811~7.528	2 578~2 820
2803	2018-05-14	7.170	6.811~7.528	2 578~2 820
2804	2018-05-24	7.170	6.811~7.528	2 578~2 820
2805	2018-06-23	7.170	6.811~7.528	2 578~2 820
2806	2018-06-26	7.170	6.811~7.528	2 578~2 820
2807	2018-06-30	7.170	6.811~7.528	2 578~2 820
2808	2019-05-16	7.170	6.811~7.528	2 578~2 820
2809	2019-05-29	7.170	6.811~7.528	2 578~2 820
2810	2019-06-02	7.170	6.811~7.528	2 578~2 820
2811	2019-06-26	7.170	6.811~7.528	2 578~2 820
2812	2019-07-24	7.170	6.811~7.528	2 578~2 820
2813	2020-04-30	7.170	6.811~7.528	2 578~2 820
2814	2020-06-07	7.170	6.811~7.528	2 578~2 820
2815	2020-07-06	7.170	6.811~7.528	2 578~2 820
2816	2020-07-07	7.170	6.811~7.528	2 578~2 820
2817	2020-07-22	7.170	6.811~7.528	2 578~2 820
2818	2021-06-21	7.170	6.811~7.528	2 578~2 820
2819	2021-07-04	7.170	6.811~7.528	2 578~2 820
2820	2014-05-22	7.190	6.831~7.550	2 579~2 820
2821	2014-05-26	7.190	6.831~7.550	2 579~2 820
2822	2014-05-27	7.190	6.831~7.550	2 579~2 820
2823	2014-05-28	7.190	6.831~7.550	2 579~2 820
2824	2014-05-29	7.190	6.831~7.550	2 579~2 820
2825	2014-06-05	7.190	6.831~7.550	2 579~2 820
2826	2014-06-12	7.190	6.831~7.550	2 579~2 820
2827	2014-06-27	7.190	6.831~7.550	2 579~2 820
2828	2014-06-28	7.190	6.831~7.550	2 579~2 820
2829	2014-07-10	7.190	6.831~7.550	2 579~2 820
2830	2014-07-11	7.190	6.831~7.550	2 579~2 820
2831	2014-07-12	7.190	6.831~7.550	2 579~2 820
2832	2014-07-13	7.190	6.831~7.550	2 579~2 820
2833	2014-07-14	7.190	6.831~7.550	2 579~2 820
2834	2014-07-18	7.190	6.831~7.550	2 579~2 820
2835	2014-07-20	7.190	6.831~7.550	2 579~2 820
2836	2015-05-24	7.190	6.831~7.550	2 579~2 820

序号	日期	O₃气象污染综合指数	同一气象条件指数区间	同一气象条件在附表1中的序号区间
2837	2015-05-26	7.190	6.831~7.550	2 579~2 820
2838	2015-05-31	7.190	6.831~7.550	2 579~2 820
2839	2015-06-03	7.190	6.831~7.550	2 579~2 820
2840	2015-06-18	7.190	6.831~7.550	2 579~2 820
2841	2015-07-01	7.190	6.831~7.550	2 579~2 820
2842	2015-07-02	7.190	6.831~7.550	2 579~2 820
2843	2015-07-13	7.190	6.831~7.550	2 579~2 820
2844	2016-04-21	7.190	6.831~7.550	2 579~2 820
2845	2016-05-01	7.190	6.831~7.550	2 579~2 820
2846	2016-05-17	7.190	6.831~7.550	2 579~2 820
2847	2016-05-30	7.190	6.831~7.550	2 579~2 820
2848	2016-06-09	7.190	6.831~7.550	2 579~2 820
2849	2016-06-16	7.190	6.831~7.550	2 579~2 820
2850	2016-06-17	7.190	6.831~7.550	2 579~2 820
2851	2016-06-19	7.190	6.831~7.550	2 579~2 820
2852	2016-06-24	7.190	6.831~7.550	2 579~2 820
2853	2016-06-25	7.190	6.831~7.550	2 579~2 820
2854	2016-07-02	7.190	6.831~7.550	2 579~2 820
2855	2017-04-29	7.190	6.831~7.550	2 579~2 820
2856	2017-05-16	7.190	6.831~7.550	2 579~2 820
2857	2017-05-24	7.190	6.831~7.550	2 579~2 820
2858	2017-06-04	7.190	6.831~7.550	2 579~2 820
2859	2017-06-08	7.190	6.831~7.550	2 579~2 820
2860	2017-06-09	7.190	6.831~7.550	2 579~2 820
2861	2017-06-16	7.190	6.831~7.550	2 579~2 820
2862	2017-06-17	7.190	6.831~7.550	2 579~2 820
2863	2017-06-19	7.190	6.831~7.550	2 579~2 820
2864	2017-06-21	7.190	6.831~7.550	2 579~2 820
2865	2017-06-26	7.190	6.831~7.550	2 579~2 820
2866	2017-07-09	7.190	6.831~7.550	2 579~2 820
2867	2017-07-10	7.190	6.831~7.550	2 579~2 820
2868	2017-07-11	7.190	6.831~7.550	2 579~2 820
2869	2017-07-12	7.190	6.831~7.550	2 579~2 820
2870	2018-05-27	7.190	6.831~7.550	2 579~2 820
2871	2018-05-30	7.190	6.831~7.550	2 579~2 820
2872	2018-05-31	7.190	6.831~7.550	2 579~2 820
2873	2018-06-01	7.190	6.831~7.550	2 579~2 820
2874	2018-06-02	7.190	6.831~7.550	2 579~2 820

序号	日期	O₃气象污染综合指数	同一气象条件指数区间	同一气象条件在附表1中的序号区间
2875	2018-06-04	7.190	6.831~7.550	2 579~2 820
2876	2018-06-05	7.190	6.831~7.550	2 579~2 820
2877	2018-06-06	7.190	6.831~7.550	2 579~2 820
2878	2018-06-07	7.190	6.831~7.550	2 579~2 820
2879	2018-06-20	7.190	6.831~7.550	2 579~2 820
2880	2018-06-27	7.190	6.831~7.550	2 579~2 820
2881	2018-06-28	7.190	6.831~7.550	2 579~2 820
2882	2018-06-29	7.190	6.831~7.550	2 579~2 820
2883	2019-05-17	7.190	6.831~7.550	2 579~2 820
2884	2019-05-22	7.190	6.831~7.550	2 579~2 820
2885	2019-05-25	7.190	6.831~7.550	2 579~2 820
2886	2019-05-28	7.190	6.831~7.550	2 579~2 820
2887	2019-06-03	7.190	6.831~7.550	2 579~2 820
2888	2019-06-08	7.190	6.831~7.550	2 579~2 820
2889	2019-06-10	7.190	6.831~7.550	2 579~2 820
2890	2019-06-13	7.190	6.831~7.550	2 579~2 820
2891	2019-06-14	7.190	6.831~7.550	2 579~2 820
2892	2019-06-22	7.190	6.831~7.550	2 579~2 820
2893	2019-06-24	7.190	6.831~7.550	2 579~2 820
2894	2019-06-29	7.190	6.831~7.550	2 579~2 820
2895	2019-06-30	7.190	6.831~7.550	2 579~2 820
2896	2019-07-01	7.190	6.831~7.550	2 579~2 820
2897	2019-07-03	7.190	6.831~7.550	2 579~2 820
2898	2019-07-04	7.190	6.831~7.550	2 579~2 820
2899	2019-07-12	7.190	6.831~7.550	2 579~2 820
2900	2020-05-28	7.190	6.831~7.550	2 579~2 820
2901	2020-05-29	7.190	6.831~7.550	2 579~2 820
2902	2020-06-01	7.190	6.831~7.550	2 579~2 820
2903	2020-06-02	7.190	6.831~7.550	2 579~2 820
2904	2020-06-03	7.190	6.831~7.550	2 579~2 820
2905	2020-06-08	7.190	6.831~7.550	2 579~2 820
2906	2020-06-10	7.190	6.831~7.550	2 579~2 820
2907	2020-06-14	7.190	6.831~7.550	2 579~2 820
2908	2020-06-15	7.190	6.831~7.550	2 579~2 820
2909	2020-06-19	7.190	6.831~7.550	2 579~2 820
2910	2020-06-21	7.190	6.831~7.550	2 579~2 820
2911	2020-06-22	7.190	6.831~7.550	2 579~2 820
2912	2020-07-15	7.190	6.831~7.550	2 579~2 820

序号	日期	O₃气象污染综合指数	同一气象条件指数区间	同一气象条件在附表1中的序号区间
2913	2020-07-16	7.190	6.831~7.550	2 579~2 820
2914	2020-07-20	7.190	6.831~7.550	2 579~2 820
2915	2020-07-24	7.190	6.831~7.550	2 579~2 820
2916	2021-05-18	7.190	6.831~7.550	2 579~2 820
2917	2021-05-22	7.190	6.831~7.550	2 579~2 820
2918	2021-06-05	7.190	6.831~7.550	2 579~2 820
2919	2021-06-11	7.190	6.831~7.550	2 579~2 820
2920	2021-06-18	7.190	6.831~7.550	2 579~2 820
2921	2021-06-19	7.190	6.831~7.550	2 579~2 820
2922	2021-06-20	7.190	6.831~7.550	2 579~2 820

附表4　2014—2021年天津市PM₂.₅气象污染综合指数检索表

序号	日期	PM₂.₅气象污染综合指数	同一气象条件指数区间	同一气象条件在附表2中的序号区间
1	2014-05-26	0.835	0.793~0.877	1~54
2	2014-05-27	0.835	0.793~0.877	1~54
3	2014-05-28	0.835	0.793~0.877	1~54
4	2017-04-18	0.835	0.793~0.877	1~54
5	2017-06-18	0.835	0.793~0.877	1~54
6	2018-06-05	0.835	0.793~0.877	1~54
7	2019-05-24	0.835	0.793~0.877	1~54
8	2020-03-18	0.835	0.793~0.877	1~54
9	2020-05-18	0.835	0.793~0.877	1~54
10	2021-05-06	0.835	0.793~0.877	1~54
11	2021-05-08	0.835	0.793~0.877	1~54
12	2021-05-28	0.835	0.793~0.877	1~54
13	2021-06-04	0.835	0.793~0.877	1~54
14	2015-05-19	0.839	0.797~0.881	1~56
15	2016-04-22	0.839	0.797~0.881	1~56
16	2016-05-16	0.839	0.797~0.881	1~56
17	2020-04-24	0.839	0.797~0.881	1~56
18	2017-05-12	0.842	0.800~0.884	1~56
19	2017-05-13	0.842	0.800~0.884	1~56
20	2020-05-11	0.842	0.800~0.884	1~56
21	2021-05-07	0.842	0.800~0.884	1~56
22	2014-05-14	0.861	0.818~0.904	1~113
23	2015-05-14	0.861	0.818~0.904	1~113
24	2017-05-11	0.861	0.818~0.904	1~113

续表

序号	日期	PM_{2.5}气象污染综合指数	同一气象条件指数区间	同一气象条件在 附表2 中的序号区间
25	2017-06-10	0.863	0.820~0.906	1~113
26	2014-05-03	0.864	0.821~0.908	1~117
27	2015-04-16	0.864	0.821~0.908	1~117
28	2015-05-21	0.864	0.821~0.908	1~117
29	2016-04-17	0.864	0.821~0.908	1~117
30	2016-04-18	0.864	0.821~0.908	1~117
31	2016-05-06	0.864	0.821~0.908	1~117
32	2018-10-28	0.864	0.821~0.908	1~117
33	2019-04-05	0.864	0.821~0.908	1~117
34	2019-04-15	0.864	0.821~0.908	1~117
35	2019-05-20	0.864	0.821~0.908	1~117
36	2019-10-28	0.864	0.821~0.908	1~117
37	2020-04-25	0.864	0.821~0.908	1~117
38	2021-05-04	0.864	0.821~0.908	1~117
39	2021-05-05	0.864	0.821~0.908	1~117
40	2017-06-17	0.866	0.823~0.910	1~119
41	2018-06-06	0.866	0.823~0.910	1~119
42	2021-04-29	0.866	0.823~0.910	1~119
43	2021-05-25	0.866	0.823~0.910	1~119
44	2020-05-12	0.870	0.827~0.914	1~128
45	2017-06-16	0.873	0.830~0.917	1~138
46	2018-05-28	0.873	0.830~0.917	1~138
47	2015-12-16	0.873	0.830~0.917	1~138
48	2016-01-23	0.873	0.830~0.917	1~138
49	2016-02-23	0.873	0.830~0.917	1~138
50	2016-03-09	0.873	0.830~0.917	1~138
51	2019-11-18	0.873	0.830~0.917	1~138
52	2020-12-29	0.873	0.830~0.917	1~138
53	2021-01-06	0.873	0.830~0.917	1~138
54	2018-05-27	0.877	0.833~0.921	1~154
55	2019-05-30	0.877	0.833~0.921	1~154
56	2015-05-12	0.882	0.838~0.926	14~173
57	2016-06-17	0.882	0.838~0.926	14~173
58	2018-06-28	0.882	0.838~0.926	14~173
59	2019-07-04	0.882	0.838~0.926	14~173
60	2015-05-06	0.889	0.844~0.933	18~194
61	2017-06-08	0.889	0.845~0.934	18~205
62	2014-05-29	0.889	0.845~0.934	18~205

续表

序号	日期	PM$_{2.5}$气象污染综合指数	同一气象条件指数区间	同一气象条件在附表2中的序号区间
63	2017-04-23	0.890	0.845~0.934	18~207
64	2017-04-29	0.890	0.846~0.935	18~211
65	2016-02-14	0.893	0.848~0.937	18~220
66	2016-10-31	0.893	0.848~0.937	18~220
67	2017-02-20	0.893	0.848~0.937	18~220
68	2018-02-02	0.893	0.848~0.937	18~220
69	2019-01-15	0.893	0.848~0.937	18~220
70	2020-03-04	0.893	0.848~0.937	18~220
71	2020-03-21	0.894	0.850~0.939	18~224
72	2020-06-14	0.894	0.850~0.939	18~224
73	2017-01-21	0.895	0.851~0.940	18~228
74	2017-11-18	0.895	0.851~0.940	18~228
75	2018-12-23	0.895	0.851~0.940	18~228
76	2019-02-07	0.895	0.851~0.940	18~228
77	2020-12-30	0.895	0.851~0.940	18~228
78	2021-12-12	0.895	0.851~0.940	18~228
79	2021-12-17	0.895	0.851~0.940	18~228
80	2021-12-25	0.895	0.851~0.940	18~228
81	2017-05-06	0.896	0.851~0.941	18~229
82	2017-04-28	0.897	0.852~0.942	22~235
83	2014-01-20	0.898	0.853~0.942	22~237
84	2015-02-04	0.898	0.853~0.942	22~237
85	2017-02-10	0.898	0.853~0.942	22~237
86	2017-10-29	0.898	0.853~0.942	22~237
87	2017-12-04	0.898	0.853~0.942	22~237
88	2017-12-07	0.898	0.853~0.942	22~237
89	2017-12-16	0.898	0.853~0.942	22~237
90	2018-01-11	0.898	0.853~0.942	22~237
91	2018-02-05	0.898	0.853~0.942	22~237
92	2018-12-27	0.898	0.853~0.942	22~237
93	2019-12-30	0.898	0.853~0.942	22~237
94	2020-12-13	0.898	0.853~0.942	22~237
95	2021-01-07	0.898	0.853~0.942	22~237
96	2014-05-02	0.899	0.854~0.944	22~239
97	2015-05-04	0.899	0.854~0.944	22~239
98	2015-05-20	0.899	0.854~0.944	22~239
99	2015-10-10	0.899	0.854~0.944	22~239
100	2017-05-14	0.899	0.854~0.944	22~239

续表

序号	日期	PM$_{2.5}$气象污染综合指数	同一气象条件指数区间	同一气象条件在附表2中的序号区间
101	2019-05-03	0.899	0.854~0.944	22~239
102	2020-03-19	0.899	0.854~0.944	22~239
103	2020-04-20	0.899	0.854~0.944	22~239
104	2019-05-13	0.900	0.855~0.945	22~244
105	2014-12-01	0.903	0.858~0.948	22~253
106	2015-01-27	0.903	0.858~0.948	22~253
107	2016-01-24	0.903	0.858~0.948	22~253
108	2016-02-05	0.903	0.858~0.948	22~253
109	2017-02-08	0.903	0.858~0.948	22~253
110	2017-11-26	0.903	0.858~0.948	22~253
111	2019-01-30	0.903	0.858~0.948	22~253
112	2020-12-07	0.903	0.858~0.948	22~253
113	2015-03-09	0.905	0.859~0.950	22~260
114	2015-04-06	0.905	0.859~0.950	22~260
115	2016-03-08	0.905	0.859~0.950	22~260
116	2016-03-10	0.905	0.859~0.950	22~260
117	2015-05-25	0.908	0.863~0.954	25~283
118	2016-09-01	0.909	0.863~0.954	25~283
119	2020-04-15	0.911	0.865~0.956	26~299
120	2020-04-29	0.911	0.865~0.956	26~299
121	2017-04-30	0.911	0.865~0.957	26~303
122	2015-04-21	0.912	0.866~0.957	40~304
123	2015-05-03	0.912	0.866~0.957	40~304
124	2015-10-09	0.912	0.866~0.957	40~304
125	2017-04-22	0.912	0.866~0.957	40~304
126	2019-05-27	0.912	0.866~0.957	40~304
127	2020-04-14	0.912	0.866~0.957	40~304
128	2015-06-12	0.914	0.868~0.959	40~317
129	2016-04-21	0.914	0.868~0.959	40~317
130	2018-06-29	0.914	0.868~0.959	40~317
131	2019-06-30	0.914	0.868~0.959	40~317
132	2021-06-03	0.914	0.868~0.959	40~317
133	2015-01-30	0.914	0.868~0.960	40~317
134	2019-01-20	0.914	0.868~0.960	40~317
135	2019-02-16	0.914	0.868~0.960	40~317
136	2016-05-31	0.916	0.870~0.962	44~329
137	2020-06-05	0.916	0.870~0.962	44~329
138	2021-05-09	0.916	0.871~0.962	44~331

序号	日期	PM$_{2.5}$气象污染综合指数	同一气象条件指数区间	同一气象条件在附表2中的序号区间
139	2019-04-06	0.918	0.872~0.964	45~332
140	2014-04-04	0.918	0.872~0.964	45~332
141	2016-04-08	0.918	0.872~0.964	45~332
142	2014-05-04	0.918	0.872~0.964	45~332
143	2015-03-21	0.918	0.872~0.964	45~332
144	2015-10-08	0.918	0.872~0.964	45~332
145	2018-01-08	0.918	0.872~0.964	45~332
146	2018-03-01	0.918	0.872~0.964	45~332
147	2018-10-26	0.918	0.872~0.964	45~332
148	2019-03-21	0.918	0.872~0.964	45~332
149	2020-03-20	0.919	0.873~0.965	47~335
150	2018-04-11	0.920	0.874~0.966	47~337
151	2018-06-01	0.920	0.874~0.966	47~337
152	2019-05-02	0.920	0.874~0.966	47~337
153	2019-05-28	0.920	0.874~0.966	47~337
154	2018-12-06	0.921	0.874~0.967	47~338
155	2016-05-04	0.922	0.875~0.968	54~339
156	2018-01-10	0.922	0.876~0.968	54~342
157	2019-03-23	0.922	0.876~0.968	54~342
158	2020-03-27	0.922	0.876~0.968	54~342
159	2021-01-28	0.922	0.876~0.968	54~342
160	2021-11-22	0.922	0.876~0.968	54~342
161	2016-05-03	0.923	0.877~0.969	54~344
162	2018-04-10	0.923	0.877~0.969	54~344
163	2018-09-06	0.923	0.877~0.969	54~344
164	2019-05-25	0.923	0.877~0.969	54~344
165	2019-06-03	0.923	0.877~0.969	54~344
166	2019-06-09	0.923	0.877~0.969	54~344
167	2021-03-28	0.923	0.877~0.969	54~344
168	2019-03-24	0.923	0.877~0.969	54~345
169	2021-04-18	0.923	0.877~0.969	54~345
170	2018-02-10	0.924	0.878~0.970	54~347
171	2020-06-08	0.924	0.878~0.971	54~350
172	2016-03-28	0.926	0.879~0.972	54~355
173	2016-05-17	0.927	0.880~0.973	56~357
174	2017-05-16	0.927	0.880~0.973	56~357
175	2018-06-03	0.927	0.880~0.973	56~357
176	2019-05-10	0.927	0.880~0.973	56~357

序号	日期	PM$_{2.5}$气象污染综合指数	同一气象条件指数区间	同一气象条件在附表2中的序号区间
177	2015-02-08	0.927	0.880~0.973	56~358
178	2018-01-23	0.927	0.880~0.973	56~358
179	2016-03-24	0.927	0.881~0.974	56~363
180	2016-02-20	0.928	0.881~0.974	56~365
181	2016-04-14	0.929	0.882~0.975	56~366
182	2021-06-05	0.929	0.882~0.975	56~367
183	2020-02-22	0.929	0.882~0.975	56~367
184	2015-05-26	0.930	0.883~0.976	56~374
185	2021-05-19	0.930	0.883~0.976	56~374
186	2017-04-27	0.930	0.884~0.977	56~376
187	2021-04-14	0.930	0.884~0.977	56~376
188	2018-02-03	0.931	0.884~0.977	56~380
189	2019-01-31	0.931	0.884~0.977	56~380
190	2017-04-15	0.932	0.886~0.979	60~393
191	2018-05-29	0.932	0.886~0.979	60~393
192	2014-12-16	0.933	0.886~0.979	60~393
193	2015-03-26	0.933	0.886~0.979	60~393
194	2015-03-03	0.933	0.887~0.980	60~393
195	2017-03-06	0.933	0.887~0.980	60~393
196	2018-01-09	0.933	0.887~0.980	60~393
197	2018-04-06	0.933	0.887~0.980	60~393
198	2019-03-30	0.933	0.887~0.980	60~393
199	2020-04-21	0.933	0.887~0.980	60~393
200	2020-04-22	0.933	0.887~0.980	60~393
201	2020-04-23	0.933	0.887~0.980	60~393
202	2020-10-04	0.933	0.887~0.980	60~393
203	2021-04-13	0.933	0.887~0.980	60~393
204	2021-04-17	0.933	0.887~0.980	60~393
205	2014-05-17	0.934	0.887~0.981	60~399
206	2019-04-04	0.934	0.887~0.981	60~399
207	2016-03-29	0.934	0.887~0.981	60~401
208	2019-05-07	0.934	0.887~0.981	60~401
209	2021-04-28	0.934	0.887~0.981	60~401
210	2019-02-09	0.934	0.888~0.981	60~401
211	2014-04-03	0.935	0.889~0.982	60~406
212	2017-03-07	0.935	0.889~0.982	60~406
213	2019-03-06	0.935	0.889~0.982	60~406
214	2019-11-13	0.935	0.889~0.982	60~406

序号	日期	PM$_{2.5}$气象污染综合指数	同一气象条件指数区间	同一气象条件在 附表 2 中的序号区间
215	2021-02-16	0.935	0.889~0.982	60~406
216	2021-03-21	0.935	0.889~0.982	60~406
217	2017-05-25	0.936	0.889~0.983	62~411
218	2018-04-08	0.936	0.889~0.983	62~411
219	2021-06-19	0.936	0.890~0.983	63~412
220	2014-04-30	0.937	0.890~0.984	63~414
221	2014-04-06	0.938	0.891~0.984	64~419
222	2018-04-07	0.938	0.891~0.984	64~419
223	2017-06-09	0.938	0.891~0.985	64~425
224	2017-12-11	0.938	0.891~0.985	64~425
225	2016-01-22	0.940	0.893~0.987	65~440
226	2019-11-24	0.940	0.893~0.987	65~440
227	2021-10-16	0.940	0.893~0.987	65~440
228	2021-05-17	0.940	0.893~0.987	65~446
229	2016-04-10	0.940	0.893~0.987	65~446
230	2016-05-26	0.942	0.894~0.989	72~460
231	2017-05-24	0.942	0.894~0.989	72~460
232	2018-06-02	0.942	0.894~0.989	72~460
233	2014-02-03	0.942	0.895~0.989	72~460
234	2017-02-09	0.942	0.895~0.989	72~460
235	2015-06-09	0.942	0.895~0.989	73~465
236	2017-06-01	0.942	0.895~0.989	73~465
237	2014-03-14	0.943	0.895~0.990	73~469
238	2016-06-01	0.943	0.896~0.990	81~471
239	2020-05-19	0.943	0.896~0.990	81~472
240	2016-02-19	0.944	0.897~0.992	82~477
241	2015-05-05	0.945	0.897~0.992	82~477
242	2016-06-26	0.945	0.897~0.992	82~477
243	2018-06-04	0.945	0.897~0.992	82~477
244	2018-02-24	0.945	0.898~0.992	83~478
245	2015-07-03	0.946	0.899~0.993	96~485
246	2017-04-12	0.946	0.899~0.993	96~485
247	2017-05-05	0.946	0.899~0.993	96~485
248	2019-03-29	0.946	0.899~0.993	96~485
249	2015-05-16	0.947	0.900~0.994	104~486
250	2021-05-29	0.947	0.900~0.994	104~486
251	2018-12-07	0.948	0.901~0.995	104~490
252	2021-12-24	0.948	0.901~0.995	104~490

序号	日期	PM₂.₅气象污染综合指数	同一气象条件指数区间	同一气象条件在 附表2中的序号区间
253	2018-02-14	0.948	0.901~0.995	104~490
254	2018-10-29	0.948	0.901~0.995	104~490
255	2019-03-28	0.948	0.901~0.995	104~490
256	2014-05-12	0.949	0.901~0.996	105~494
257	2014-06-15	0.949	0.901~0.996	105~494
258	2020-06-21	0.949	0.901~0.996	105~494
259	2017-09-28	0.949	0.902~0.997	105~499
260	2019-03-12	0.950	0.902~0.997	105~500
261	2019-04-14	0.950	0.902~0.997	105~500
262	2020-04-26	0.950	0.902~0.997	105~500
263	2016-11-22	0.950	0.903~0.998	105~501
264	2018-01-28	0.950	0.903~0.998	105~501
265	2021-02-17	0.951	0.903~0.998	105~503
266	2018-05-04	0.951	0.903~0.998	105~505
267	2017-12-18	0.951	0.903~0.999	105~505
268	2018-12-11	0.951	0.903~0.999	105~505
269	2015-03-04	0.952	0.904~0.999	113~507
270	2016-03-23	0.952	0.904~0.999	113~508
271	2014-05-23	0.952	0.905~1.000	113~513
272	2015-03-28	0.952	0.905~1.000	113~513
273	2018-09-30	0.952	0.905~1.000	113~513
274	2021-05-01	0.952	0.905~1.000	113~513
275	2016-04-23	0.952	0.905~1.000	113~513
276	2019-03-15	0.953	0.905~1.000	113~519
277	2020-05-30	0.953	0.905~1.000	113~523
278	2020-05-31	0.953	0.905~1.000	113~523
279	2021-04-15	0.953	0.905~1.000	113~523
280	2019-05-01	0.953	0.905~1.000	113~524
281	2014-05-05	0.953	0.906~1.001	113~526
282	2020-03-14	0.953	0.906~1.001	113~526
283	2017-04-11	0.954	0.906~1.002	113~530
284	2018-05-03	0.954	0.906~1.002	113~530
285	2021-04-16	0.954	0.906~1.002	113~530
286	2021-06-18	0.954	0.906~1.002	113~530
287	2015-05-31	0.954	0.907~1.002	117~532
288	2017-06-21	0.954	0.907~1.002	117~532
289	2014-04-05	0.955	0.907~1.002	117~533
290	2017-03-12	0.955	0.907~1.002	117~533

序号	日期	PM₂.₅气象污染综合指数	同一气象条件指数区间	同一气象条件在附表2中的序号区间
291	2020-11-02	0.955	0.907~1.002	117~533
292	2018-02-09	0.955	0.908~1.003	117~535
293	2016-06-09	0.956	0.908~1.003	117~542
294	2017-06-28	0.956	0.908~1.003	117~542
295	2020-05-27	0.956	0.908~1.003	117~542
296	2020-06-01	0.956	0.908~1.003	117~542
297	2019-05-22	0.956	0.908~1.004	117~542
298	2014-05-15	0.956	0.908~1.004	117~542
299	2014-12-31	0.956	0.908~1.004	117~542
300	2016-01-07	0.956	0.908~1.004	117~542
301	2018-01-03	0.956	0.908~1.004	117~542
302	2018-12-28	0.956	0.908~1.004	117~542
303	2019-05-21	0.957	0.909~1.004	118~548
304	2017-12-24	0.957	0.910~1.005	119~557
305	2017-12-10	0.958	0.910~1.005	119~557
306	2018-02-11	0.958	0.910~1.005	119~558
307	2016-04-01	0.958	0.910~1.006	119~560
308	2015-07-02	0.958	0.910~1.006	119~560
309	2017-05-07	0.958	0.910~1.006	119~560
310	2015-06-02	0.958	0.910~1.006	119~561
311	2016-04-16	0.958	0.910~1.006	119~561
312	2019-05-19	0.958	0.910~1.006	119~561
313	2020-04-16	0.958	0.910~1.006	119~561
314	2018-12-08	0.958	0.911~1.006	119~563
315	2019-06-01	0.959	0.911~1.007	119~566
316	2019-04-08	0.959	0.911~1.007	121~569
317	2014-11-12	0.960	0.912~1.008	122~572
318	2015-02-22	0.960	0.912~1.008	122~572
319	2015-12-03	0.960	0.912~1.008	122~572
320	2017-11-23	0.960	0.912~1.008	122~572
321	2021-03-29	0.961	0.913~1.009	128~584
322	2014-05-22	0.961	0.913~1.009	128~584
323	2015-06-18	0.961	0.913~1.009	128~584
324	2019-06-25	0.961	0.913~1.009	128~584
325	2019-08-28	0.961	0.913~1.009	128~584
326	2021-05-18	0.961	0.913~1.009	128~584
327	2014-05-18	0.961	0.913~1.009	128~584
328	2014-05-07	0.961	0.913~1.009	128~587

续表

序号	日期	PM$_{2.5}$气象污染综合指数	同一气象条件指数区间	同一气象条件在附表2中的序号区间
329	2016-06-25	0.961	0.913~1.009	128~587
330	2020-06-16	0.961	0.913~1.009	128~587
331	2017-06-15	0.963	0.914~1.011	133~604
332	2016-02-29	0.965	0.916~1.013	138~616
333	2015-05-24	0.965	0.917~1.013	138~617
334	2014-11-02	0.965	0.917~1.013	138~619
335	2018-04-16	0.965	0.917~1.014	138~619
336	2019-05-05	0.965	0.917~1.014	139~620
337	2015-06-03	0.966	0.918~1.014	139~622
338	2017-06-04	0.967	0.919~1.016	149~632
339	2019-01-25	0.967	0.919~1.016	149~633
340	2018-12-04	0.968	0.920~1.016	150~639
341	2018-06-30	0.968	0.920~1.017	150~641
342	2017-04-25	0.968	0.920~1.017	150~643
343	2017-04-26	0.968	0.920~1.017	150~643
344	2017-04-01	0.969	0.920~1.017	154~646
345	2014-11-06	0.969	0.921~1.018	154~647
346	2017-02-17	0.970	0.921~1.018	155~651
347	2017-06-11	0.970	0.922~1.019	155~652
348	2019-05-08	0.970	0.922~1.019	155~652
349	2015-03-29	0.970	0.922~1.019	155~653
350	2020-04-01	0.971	0.922~1.019	156~655
351	2014-03-06	0.971	0.923~1.020	161~657
352	2017-05-26	0.971	0.923~1.020	161~658
353	2015-04-26	0.971	0.923~1.020	168~658
354	2017-07-12	0.972	0.923~1.020	168~661
355	2016-03-31	0.972	0.923~1.021	168~662
356	2017-05-09	0.972	0.923~1.021	168~662
357	2016-05-07	0.973	0.924~1.021	170~667
358	2015-04-15	0.973	0.925~1.022	171~669
359	2019-04-17	0.973	0.925~1.022	171~669
360	2018-05-24	0.973	0.925~1.022	171~671
361	2021-06-21	0.973	0.925~1.022	171~671
362	2019-04-07	0.974	0.925~1.022	171~671
363	2015-05-17	0.974	0.925~1.022	172~673
364	2018-05-14	0.974	0.925~1.022	172~673
365	2017-05-29	0.974	0.926~1.023	172~675
366	2021-02-20	0.975	0.926~1.024	173~681

序号	日期	PM$_{2.5}$气象污染综合指数	同一气象条件指数区间	同一气象条件在附表2中的序号区间
367	2015-04-27	0.975	0.926~1.024	173~681
368	2017-05-18	0.975	0.926~1.024	173~681
369	2018-05-05	0.975	0.926~1.024	173~681
370	2020-09-03	0.975	0.926~1.024	173~681
371	2014-12-03	0.976	0.927~1.025	179~688
372	2014-12-04	0.976	0.927~1.025	179~688
373	2021-06-20	0.976	0.927~1.025	179~688
374	2018-03-29	0.976	0.927~1.025	179~689
375	2017-05-01	0.976	0.928~1.025	180~690
376	2018-04-17	0.976	0.928~1.025	180~690
377	2019-04-18	0.976	0.928~1.025	180~690
378	2021-05-16	0.976	0.928~1.025	180~690
379	2018-06-07	0.977	0.928~1.026	180~691
380	2014-03-20	0.977	0.928~1.026	180~693
381	2019-03-19	0.977	0.928~1.026	181~694
382	2016-06-02	0.977	0.929~1.026	181~696
383	2015-05-01	0.978	0.929~1.026	182~700
384	2016-04-29	0.978	0.929~1.026	182~700
385	2017-06-02	0.978	0.929~1.027	183~703
386	2018-03-27	0.978	0.929~1.027	183~703
387	2017-04-14	0.978	0.929~1.027	184~708
388	2021-05-26	0.978	0.929~1.027	184~708
389	2014-04-09	0.978	0.929~1.027	184~711
390	2019-03-11	0.978	0.929~1.027	184~711
391	2018-09-04	0.978	0.930~1.027	184~713
392	2019-08-17	0.978	0.930~1.027	184~713
393	2019-05-17	0.980	0.931~1.029	188~723
394	2016-05-30	0.980	0.931~1.029	188~728
395	2020-05-01	0.980	0.931~1.029	188~728
396	2014-05-31	0.980	0.931~1.029	188~728
397	2018-04-03	0.980	0.931~1.029	188~729
398	2018-10-09	0.980	0.931~1.029	188~729
399	2019-05-16	0.980	0.931~1.030	188~729
400	2020-05-14	0.980	0.931~1.030	188~729
401	2014-07-20	0.981	0.932~1.030	190~731
402	2018-03-26	0.982	0.933~1.031	192~739
403	2021-05-10	0.982	0.933~1.031	192~739
404	2017-05-08	0.982	0.933~1.031	192~739

序号	日期	PM$_{2.5}$气象污染综合指数	同一气象条件指数区间	同一气象条件在附表2中的序号区间
405	2019-08-29	0.982	0.933~1.031	192~739
406	2015-03-30	0.982	0.933~1.031	194~747
407	2018-06-24	0.982	0.933~1.031	194~747
408	2016-02-04	0.982	0.933~1.031	194~747
409	2017-03-01	0.983	0.934~1.032	194~749
410	2017-11-10	0.983	0.934~1.032	194~749
411	2016-05-25	0.983	0.934~1.032	205~749
412	2019-04-30	0.984	0.934~1.033	210~758
413	2015-06-08	0.984	0.934~1.033	210~759
414	2014-04-23	0.984	0.935~1.033	210~760
415	2021-05-23	0.984	0.935~1.033	210~760
416	2017-03-09	0.984	0.935~1.033	210~761
417	2015-05-13	0.984	0.935~1.033	210~761
418	2020-05-10	0.984	0.935~1.033	211~766
419	2014-07-10	0.984	0.935~1.033	211~766
420	2014-07-14	0.984	0.935~1.033	211~766
421	2015-06-16	0.984	0.935~1.033	211~766
422	2016-05-24	0.984	0.935~1.033	211~766
423	2018-06-27	0.984	0.935~1.033	211~766
424	2019-06-27	0.984	0.935~1.033	211~766
425	2016-06-11	0.985	0.936~1.034	211~775
426	2019-06-24	0.985	0.936~1.034	211~775
427	2016-05-29	0.985	0.936~1.035	217~782
428	2021-01-16	0.986	0.936~1.035	217~782
429	2015-06-01	0.986	0.936~1.035	219~783
430	2016-05-01	0.986	0.936~1.035	219~783
431	2016-06-10	0.986	0.936~1.035	219~783
432	2017-04-17	0.986	0.936~1.035	219~783
433	2020-06-22	0.986	0.936~1.035	219~783
434	2017-11-22	0.986	0.937~1.035	220~784
435	2021-01-05	0.986	0.937~1.036	220~784
436	2015-04-05	0.986	0.937~1.036	220~787
437	2016-05-08	0.986	0.937~1.036	220~787
438	2018-04-14	0.986	0.937~1.036	220~787
439	2020-04-17	0.986	0.937~1.036	220~787
440	2015-03-27	0.987	0.937~1.036	221~787
441	2020-03-29	0.987	0.937~1.036	221~787
442	2014-06-27	0.987	0.938~1.036	223~789

序号	日期	PM$_{2.5}$气象污染综合指数	同一气象条件指数区间	同一气象条件在 附表 2 中的序号区间
443	2017-05-19	0.987	0.938~1.036	223~789
444	2016-02-28	0.987	0.938~1.036	223~790
445	2020-02-15	0.987	0.938~1.036	223~790
446	2014-12-20	0.987	0.938~1.037	223~794
447	2015-02-05	0.987	0.938~1.037	223~794
448	2016-01-12	0.987	0.938~1.037	223~794
449	2017-01-20	0.987	0.938~1.037	223~794
450	2018-01-29	0.987	0.938~1.037	223~794
451	2019-01-08	0.987	0.938~1.037	223~794
452	2020-11-08	0.987	0.938~1.037	223~794
453	2020-12-18	0.987	0.938~1.037	223~794
454	2015-03-22	0.987	0.938~1.037	224~795
455	2014-03-22	0.988	0.938~1.037	224~796
456	2018-08-15	0.988	0.938~1.037	224~798
457	2015-04-17	0.988	0.938~1.037	224~798
458	2019-05-14	0.988	0.938~1.037	224~798
459	2015-06-19	0.988	0.939~1.037	224~802
460	2015-03-11	0.989	0.939~1.038	225~811
461	2017-11-24	0.989	0.939~1.038	225~811
462	2019-04-02	0.989	0.939~1.038	225~811
463	2021-02-15	0.989	0.939~1.038	225~811
464	2019-11-27	0.989	0.939~1.038	225~811
465	2016-01-18	0.989	0.940~1.038	225~811
466	2017-01-29	0.989	0.940~1.038	225~811
467	2020-04-04	0.989	0.940~1.038	225~811
468	2016-04-09	0.989	0.940~1.039	225~813
469	2017-07-01	0.990	0.940~1.039	228~816
470	2020-03-15	0.990	0.940~1.039	229~818
471	2014-03-12	0.990	0.940~1.039	229~820
472	2018-03-25	0.990	0.941~1.040	229~821
473	2020-04-11	0.991	0.941~1.040	230~823
474	2020-05-28	0.991	0.941~1.040	230~823
475	2016-06-20	0.991	0.942~1.041	230~825
476	2021-01-04	0.991	0.942~1.041	230~826
477	2015-10-29	0.992	0.942~1.041	235~830
478	2014-06-16	0.992	0.943~1.042	237~831
479	2020-06-20	0.993	0.943~1.042	238~836
480	2014-12-11	0.993	0.943~1.042	238~836

序号	日期	PM$_{2.5}$气象污染综合指数	同一气象条件指数区间	同一气象条件在 附表 2 中的序号区间
481	2021-03-22	0.993	0.943~1.042	239~837
482	2018-05-07	0.993	0.943~1.042	239~837
483	2017-03-08	0.993	0.943~1.043	239~838
484	2020-04-12	0.993	0.943~1.043	239~838
485	2020-07-21	0.993	0.944~1.043	239~843
486	2020-06-04	0.995	0.945~1.045	244~850
487	2019-06-08	0.995	0.945~1.045	244~850
488	2017-09-21	0.995	0.945~1.045	244~850
489	2021-06-13	0.995	0.945~1.045	244~850
490	2016-03-15	0.995	0.946~1.045	245~853
491	2015-05-08	0.996	0.946~1.046	246~861
492	2020-05-02	0.996	0.946~1.046	246~861
493	2021-07-01	0.996	0.946~1.046	246~862
494	2015-06-04	0.996	0.947~1.046	249~865
495	2019-05-15	0.996	0.947~1.046	249~865
496	2021-06-06	0.996	0.947~1.046	249~865
497	2014-02-17	0.996	0.947~1.046	249~865
498	2017-02-06	0.996	0.947~1.046	249~865
499	2016-02-25	0.997	0.947~1.047	249~870
500	2020-03-28	0.997	0.947~1.047	250~873
501	2021-05-03	0.998	0.948~1.048	251~881
502	2021-03-06	0.998	0.948~1.048	253~883
503	2018-07-20	0.998	0.948~1.048	253~887
504	2018-07-21	0.998	0.948~1.048	253~887
505	2017-03-13	0.999	0.949~1.049	256~887
506	2016-07-03	0.999	0.949~1.049	256~893
507	2017-09-19	0.999	0.949~1.049	256~894
508	2014-02-27	0.999	0.949~1.049	259~895
509	2014-05-13	1.000	0.950~1.050	260~896
510	2017-05-17	1.000	0.950~1.050	260~896
511	2019-06-26	1.000	0.950~1.050	260~896
512	2020-06-17	1.000	0.950~1.050	260~896
513	2016-03-07	1.000	0.950~1.050	260~896
514	2017-03-27	1.000	0.950~1.050	260~896
515	2019-02-03	1.000	0.950~1.050	260~896
516	2014-12-21	1.000	0.950~1.050	263~899
517	2015-01-06	1.000	0.950~1.050	263~899
518	2019-01-28	1.000	0.950~1.050	263~899

序号	日期	PM$_{2.5}$气象污染综合指数	同一气象条件指数区间	同一气象条件在附表2中的序号区间
519	2014-04-29	1.000	0.950~1.050	263~899
520	2017-04-21	1.000	0.950~1.050	263~899
521	2018-04-25	1.000	0.950~1.050	263~899
522	2018-03-20	1.000	0.950~1.050	263~902
523	2015-07-14	1.000	0.950~1.050	263~905
524	2020-04-28	1.001	0.951~1.051	265~910
525	2015-02-07	1.001	0.951~1.051	267~913
526	2019-11-10	1.001	0.951~1.051	267~914
527	2014-06-28	1.002	0.952~1.052	269~920
528	2016-06-24	1.002	0.952~1.052	269~920
529	2017-05-10	1.002	0.952~1.052	269~920
530	2015-04-25	1.002	0.952~1.052	269~921
531	2016-05-19	1.002	0.952~1.052	269~921
532	2018-10-23	1.002	0.952~1.052	270~926
533	2014-03-17	1.003	0.952~1.053	276~937
534	2019-05-04	1.003	0.953~1.053	277~941
535	2014-06-07	1.003	0.953~1.053	280~943
536	2014-06-09	1.003	0.953~1.053	280~943
537	2016-07-11	1.003	0.953~1.053	280~943
538	2017-07-11	1.003	0.953~1.053	280~943
539	2015-10-01	1.003	0.953~1.053	280~944
540	2020-02-17	1.003	0.953~1.053	280~944
541	2020-12-03	1.003	0.953~1.053	280~944
542	2017-05-20	1.003	0.953~1.054	281~945
543	2021-06-17	1.004	0.954~1.054	283~956
544	2020-04-30	1.004	0.954~1.054	283~956
545	2015-05-18	1.004	0.954~1.055	283~957
546	2017-06-19	1.004	0.954~1.055	283~957
547	2021-05-27	1.004	0.954~1.055	283~957
548	2014-05-06	1.004	0.954~1.055	283~957
549	2015-06-06	1.005	0.954~1.055	287~959
550	2018-02-07	1.005	0.955~1.055	287~959
551	2018-01-04	1.005	0.955~1.055	289~962
552	2014-07-15	1.005	0.955~1.055	289~962
553	2019-08-16	1.005	0.955~1.055	289~962
554	2018-02-16	1.005	0.955~1.055	289~964
555	2019-03-14	1.005	0.955~1.056	289~964
556	2018-05-30	1.005	0.955~1.056	292~964

续表

序号	日期	PM$_{2.5}$气象污染综合指数	同一气象条件指数区间	同一气象条件在附表2中的序号区间
557	2017-07-09	1.005	0.955~1.056	292~965
558	2018-04-09	1.005	0.955~1.056	292~966
559	2019-05-23	1.006	0.955~1.056	292~970
560	2017-04-10	1.006	0.956~1.056	293~972
561	2017-02-19	1.006	0.956~1.057	299~973
562	2019-04-16	1.006	0.956~1.057	299~973
563	2017-01-22	1.006	0.956~1.057	299~976
564	2018-12-29	1.006	0.956~1.057	299~976
565	2017-01-19	1.006	0.956~1.057	299~978
566	2019-05-18	1.007	0.956~1.057	299~980
567	2016-04-24	1.007	0.956~1.057	303~981
568	2018-09-07	1.007	0.956~1.057	303~981
569	2019-06-22	1.007	0.956~1.057	303~981
570	2014-06-13	1.007	0.957~1.057	303~984
571	2021-05-22	1.007	0.957~1.057	303~984
572	2017-04-24	1.008	0.957~1.058	304~985
573	2015-05-28	1.008	0.957~1.058	304~992
574	2016-06-27	1.008	0.957~1.058	304~992
575	2019-03-13	1.008	0.958~1.058	305~992
576	2020-05-20	1.008	0.958~1.058	306~992
577	2016-05-12	1.008	0.958~1.058	306~993
578	2014-05-01	1.008	0.958~1.059	306~993
579	2018-04-20	1.008	0.958~1.059	308~996
580	2019-06-23	1.008	0.958~1.059	308~996
581	2014-07-12	1.009	0.958~1.059	309~996
582	2020-06-02	1.009	0.958~1.059	309~996
583	2016-03-26	1.009	0.958~1.059	314~998
584	2017-05-31	1.009	0.959~1.059	315~999
585	2017-07-14	1.009	0.959~1.059	315~999
586	2021-03-16	1.009	0.959~1.060	315~1 000
587	2014-05-16	1.009	0.959~1.060	316~1 001
588	2015-04-24	1.009	0.959~1.060	316~1 002
589	2015-05-22	1.009	0.959~1.060	316~1 002
590	2019-03-18	1.009	0.959~1.060	316~1 002
591	2016-03-27	1.010	0.959~1.060	316~1 005
592	2020-06-15	1.010	0.959~1.060	316~1 006
593	2015-06-11	1.010	0.959~1.060	317~1 006
594	2020-07-01	1.010	0.959~1.060	317~1 006

序号	日期	PM$_{2.5}$气象污染综合指数	同一气象条件指数区间	同一气象条件在 附表 2 中的序号区间
595	2016-02-06	1.010	0.960~1.061	317~1 008
596	2018-11-16	1.010	0.960~1.061	317~1 008
597	2021-01-08	1.010	0.960~1.061	317~1 008
598	2014-12-15	1.010	0.960~1.061	317~1 009
599	2020-02-16	1.010	0.960~1.061	317~1 009
600	2021-06-22	1.010	0.960~1.061	317~1 009
601	2016-05-28	1.010	0.960~1.061	317~1 011
602	2016-06-04	1.010	0.960~1.061	317~1 011
603	2017-01-10	1.010	0.960~1.061	317~1 011
604	2015-04-23	1.011	0.960~1.061	317~1 015
605	2019-08-12	1.011	0.960~1.061	321~1 015
606	2019-07-01	1.011	0.961~1.062	321~1 018
607	2015-05-27	1.011	0.961~1.062	321~1 025
608	2016-05-27	1.012	0.961~1.062	328~1 025
609	2017-03-26	1.012	0.961~1.062	329~1 025
610	2014-10-12	1.012	0.961~1.062	329~1 026
611	2014-06-01	1.012	0.961~1.063	329~1 026
612	2014-06-03	1.012	0.962~1.063	329~1 026
613	2018-04-18	1.012	0.962~1.063	329~1 026
614	2018-05-06	1.012	0.962~1.063	329~1 026
615	2016-04-30	1.012	0.962~1.063	329~1 026
616	2017-09-22	1.013	0.962~1.063	331~1 032
617	2015-06-23	1.013	0.962~1.064	331~1 034
618	2017-01-13	1.013	0.962~1.064	331~1 035
619	2018-06-08	1.014	0.963~1.064	331~1 036
620	2014-06-05	1.014	0.963~1.064	331~1 037
621	2014-07-28	1.014	0.963~1.064	331~1 037
622	2019-04-01	1.014	0.963~1.064	331~1 037
623	2019-02-15	1.015	0.964~1.065	332~1 053
624	2021-05-20	1.015	0.964~1.066	332~1 054
625	2021-06-10	1.015	0.964~1.066	332~1 054
626	2014-07-16	1.015	0.964~1.066	332~1 055
627	2014-06-12	1.015	0.965~1.066	332~1 055
628	2019-06-10	1.015	0.965~1.066	332~1 055
629	2020-07-24	1.015	0.965~1.066	332~1 055
630	2016-01-11	1.015	0.965~1.066	332~1 057
631	2018-12-26	1.015	0.965~1.066	332~1 057
632	2017-07-02	1.016	0.965~1.066	333~1 062

序号	日期	PM$_{2.5}$气象污染综合指数	同一气象条件指数区间	同一气象条件在附表2中的序号区间
633	2014-06-24	1.016	0.965~1.067	333~1 064
634	2017-06-27	1.016	0.965~1.067	333~1 064
635	2019-07-02	1.016	0.965~1.067	333~1 064
636	2016-07-20	1.016	0.965~1.067	334~1 066
637	2021-09-20	1.016	0.965~1.067	334~1 066
638	2015-10-11	1.016	0.965~1.067	335~1 069
639	2016-06-16	1.016	0.966~1.067	336~1 070
640	2020-06-03	1.016	0.966~1.067	336~1 070
641	2015-06-15	1.017	0.966~1.067	337~1 077
642	2017-06-29	1.017	0.966~1.067	337~1 077
643	2019-06-15	1.017	0.966~1.068	337~1 082
644	2016-10-28	1.017	0.966~1.068	337~1 083
645	2021-12-16	1.017	0.966~1.068	337~1 083
646	2014-07-26	1.018	0.967~1.069	338~1 092
647	2017-05-15	1.018	0.967~1.069	338~1 092
648	2020-04-02	1.018	0.967~1.069	338~1 093
649	2018-07-02	1.018	0.967~1.069	338~1 093
650	2021-06-29	1.018	0.967~1.069	338~1 093
651	2019-04-12	1.018	0.967~1.069	338~1 094
652	2020-04-08	1.018	0.967~1.069	339~1 098
653	2017-03-16	1.019	0.968~1.070	340~1 102
654	2017-06-12	1.019	0.968~1.070	340~1 102
655	2016-06-21	1.019	0.968~1.070	340~1 105
656	2017-07-07	1.019	0.968~1.070	340~1 105
657	2018-10-27	1.020	0.969~1.071	342~1 113
658	2016-03-05	1.020	0.969~1.071	344~1 119
659	2018-09-23	1.020	0.969~1.071	344~1 119
660	2021-05-24	1.020	0.969~1.071	345~1 120
661	2016-02-15	1.020	0.969~1.071	345~1 121
662	2016-04-02	1.021	0.970~1.072	346~1 128
663	2014-06-30	1.021	0.970~1.072	347~1 129
664	2014-07-13	1.021	0.970~1.072	347~1 129
665	2019-06-29	1.021	0.970~1.072	347~1 129
666	2015-02-12	1.021	0.970~1.072	347~1 131
667	2016-05-02	1.021	0.970~1.073	349~1 134
668	2018-07-01	1.021	0.970~1.073	349~1 134
669	2017-06-24	1.022	0.971~1.073	350~1 137
670	2020-07-05	1.022	0.971~1.073	350~1 137

序号	日期	PM$_{2.5}$气象污染综合指数	同一气象条件指数区间	同一气象条件在附表2中的序号区间
671	2015-06-17	1.022	0.971~1.073	351~1 143
672	2018-06-23	1.022	0.971~1.073	351~1 143
673	2014-07-29	1.022	0.971~1.074	352~1 143
674	2017-07-13	1.022	0.971~1.074	352~1 143
675	2016-06-03	1.023	0.972~1.074	355~1 153
676	2017-03-14	1.023	0.972~1.074	355~1 153
677	2017-04-16	1.023	0.972~1.074	355~1 155
678	2016-06-22	1.024	0.972~1.075	357~1 157
679	2019-06-02	1.024	0.972~1.075	357~1 157
680	2015-03-10	1.024	0.973~1.075	357~1 157
681	2020-03-13	1.024	0.973~1.075	357~1 157
682	2017-07-16	1.024	0.973~1.075	357~1 158
683	2016-07-26	1.024	0.973~1.075	357~1 159
684	2018-03-02	1.024	0.973~1.075	357~1 159
685	2019-06-16	1.024	0.973~1.076	358~1 164
686	2016-04-05	1.024	0.973~1.076	358~1 165
687	2018-04-30	1.024	0.973~1.076	358~1 165
688	2017-07-20	1.025	0.973~1.076	360~1 166
689	2017-05-28	1.025	0.974~1.076	362~1 166
690	2014-07-18	1.025	0.974~1.077	365~1 170
691	2017-06-14	1.026	0.974~1.077	365~1 173
692	2021-07-27	1.026	0.974~1.077	365~1 174
693	2020-06-30	1.026	0.975~1.077	365~1 174
694	2015-06-21	1.026	0.975~1.077	366~1 178
695	2019-05-29	1.026	0.975~1.077	366~1 178
696	2016-06-15	1.026	0.975~1.078	367~1 179
697	2014-07-07	1.026	0.975~1.078	367~1 180
698	2020-06-25	1.026	0.975~1.078	367~1 180
699	2020-07-17	1.026	0.975~1.078	367~1 180
700	2017-06-30	1.026	0.975~1.078	367~1 181
701	2020-06-13	1.026	0.975~1.078	367~1 181
702	2018-05-31	1.026	0.975~1.078	367~1 181
703	2018-04-27	1.027	0.975~1.078	367~1 184
704	2016-04-03	1.027	0.975~1.078	367~1 185
705	2016-05-18	1.027	0.976~1.078	371~1 188
706	2017-06-05	1.027	0.976~1.078	371~1 188
707	2015-03-05	1.027	0.976~1.078	371~1 189
708	2018-07-04	1.027	0.976~1.078	371~1 190

序号	日期	PM$_{2.5}$气象污染综合指数	同一气象条件指数区间	同一气象条件在附表2中的序号区间
709	2019-06-14	1.027	0.976~1.078	371~1 190
710	2020-05-22	1.027	0.976~1.078	371~1 190
711	2014-07-11	1.027	0.976~1.079	371~1 191
712	2021-04-01	1.027	0.976~1.079	373~1 192
713	2018-04-29	1.027	0.976~1.079	373~1 192
714	2014-05-20	1.027	0.976~1.079	374~1 192
715	2019-07-05	1.027	0.976~1.079	374~1 192
716	2018-02-04	1.028	0.977~1.079	376~1 195
717	2018-10-06	1.028	0.977~1.079	379~1 196
718	2020-04-07	1.028	0.977~1.079	379~1 196
719	2014-06-06	1.029	0.977~1.080	381~1 198
720	2018-06-25	1.029	0.977~1.080	381~1 198
721	2015-07-21	1.029	0.977~1.080	381~1 198
722	2018-07-23	1.029	0.977~1.080	381~1 198
723	2016-08-31	1.029	0.977~1.080	381~1 198
724	2019-03-31	1.029	0.977~1.080	383~1 202
725	2016-04-25	1.029	0.978~1.080	383~1 202
726	2021-06-12	1.029	0.978~1.081	383~1 202
727	2014-05-19	1.029	0.978~1.081	385~1 202
728	2020-06-18	1.029	0.978~1.081	385~1 204
729	2019-05-26	1.030	0.978~1.081	387~1 206
730	2020-08-07	1.030	0.978~1.081	387~1 206
731	2019-07-14	1.030	0.978~1.081	387~1 207
732	2019-07-27	1.030	0.978~1.081	387~1 207
733	2021-07-25	1.030	0.978~1.081	387~1 207
734	2021-07-26	1.030	0.978~1.081	387~1 207
735	2014-07-27	1.030	0.979~1.082	391~1 209
736	2015-07-17	1.031	0.979~1.082	393~1 214
737	2017-07-15	1.031	0.979~1.082	393~1 214
738	2017-06-07	1.031	0.979~1.083	393~1 214
739	2015-03-20	1.031	0.980~1.083	393~1 216
740	2016-08-25	1.031	0.980~1.083	393~1 217
741	2020-07-30	1.031	0.980~1.083	393~1 217
742	2020-09-02	1.031	0.980~1.083	393~1 217
743	2016-09-04	1.031	0.980~1.083	393~1 217
744	2015-08-13	1.031	0.980~1.083	393~1 217
745	2018-05-25	1.031	0.980~1.083	393~1 217
746	2018-06-19	1.031	0.980~1.083	393~1 217

序号	日期	PM$_{2.5}$气象污染综合指数	同一气象条件指数区间	同一气象条件在附表2中的序号区间
747	2020-10-27	1.031	0.980~1.083	393~1 218
748	2018-05-12	1.031	0.980~1.083	393~1 218
749	2020-09-08	1.032	0.980~1.083	394~1 219
750	2015-04-03	1.032	0.980~1.084	399~1 222
751	2016-06-06	1.032	0.981~1.084	399~1 222
752	2020-08-24	1.032	0.981~1.084	399~1 222
753	2021-07-12	1.032	0.981~1.084	399~1 222
754	2016-07-08	1.032	0.981~1.084	401~1 223
755	2019-07-15	1.032	0.981~1.084	401~1 223
756	2020-06-23	1.032	0.981~1.084	401~1 223
757	2015-05-23	1.032	0.981~1.084	401~1 223
758	2020-05-29	1.033	0.981~1.084	401~1 224
759	2018-09-21	1.033	0.981~1.085	401~1 225
760	2016-06-13	1.033	0.981~1.085	401~1 225
761	2015-08-06	1.033	0.981~1.085	402~1 226
762	2020-07-02	1.033	0.981~1.085	402~1 226
763	2021-05-30	1.033	0.982~1.085	402~1 227
764	2016-06-08	1.033	0.982~1.085	402~1 227
765	2017-06-26	1.033	0.982~1.085	402~1 227
766	2018-03-06	1.033	0.982~1.085	402~1 227
767	2016-01-31	1.033	0.982~1.085	402~1 228
768	2018-09-03	1.034	0.982~1.085	402~1 229
769	2016-06-19	1.034	0.982~1.085	404~1 232
770	2014-08-20	1.034	0.982~1.086	408~1 238
771	2020-06-09	1.034	0.982~1.086	408~1 238
772	2015-06-10	1.034	0.982~1.086	408~1 238
773	2018-05-17	1.034	0.982~1.086	408~1 238
774	2018-06-12	1.034	0.982~1.086	408~1 238
775	2014-07-01	1.034	0.982~1.086	408~1 238
776	2015-08-22	1.034	0.982~1.086	408~1 238
777	2016-05-05	1.034	0.982~1.086	408~1 238
778	2019-10-25	1.034	0.983~1.086	409~1 239
779	2014-08-07	1.034	0.983~1.086	411~1 239
780	2020-05-13	1.034	0.983~1.086	411~1 239
781	2020-04-03	1.035	0.983~1.086	411~1 242
782	2018-03-28	1.035	0.983~1.087	412~1 247
783	2020-06-11	1.035	0.983~1.087	412~1 250
784	2014-12-12	1.035	0.984~1.087	412~1 250

续表

序号	日期	PM$_{2.5}$气象污染综合指数	同一气象条件指数区间	同一气象条件在附表2中的序号区间
785	2016-01-26	1.035	0.984~1.087	412~1 250
786	2020-01-20	1.035	0.984~1.087	412~1 250
787	2015-06-22	1.036	0.984~1.088	418~1 254
788	2020-07-22	1.036	0.984~1.088	418~1 254
789	2018-05-11	1.036	0.985~1.088	425~1 258
790	2015-07-16	1.036	0.985~1.088	425~1 258
791	2020-07-08	1.036	0.985~1.088	425~1 258
792	2021-07-10	1.037	0.985~1.088	425~1 259
793	2018-04-28	1.037	0.985~1.088	425~1 260
794	2020-09-09	1.037	0.985~1.088	425~1 260
795	2016-01-29	1.037	0.985~1.089	425~1 266
796	2014-04-24	1.037	0.985~1.089	425~1 266
797	2021-03-15	1.037	0.985~1.089	425~1 266
798	2018-05-10	1.037	0.985~1.089	427~1 269
799	2018-10-01	1.037	0.985~1.089	427~1 269
800	2019-03-05	1.037	0.985~1.089	427~1 269
801	2015-05-30	1.037	0.985~1.089	427~1 271
802	2015-09-12	1.037	0.986~1.089	428~1 271
803	2015-07-13	1.037	0.986~1.089	428~1 272
804	2021-03-20	1.038	0.986~1.089	429~1 272
805	2016-02-18	1.038	0.986~1.090	429~1 275
806	2019-05-31	1.038	0.986~1.090	434~1 275
807	2015-07-09	1.038	0.986~1.090	434~1 275
808	2020-04-19	1.038	0.986~1.090	434~1 276
809	2018-06-18	1.038	0.986~1.090	434~1 277
810	2018-06-26	1.038	0.986~1.090	434~1 277
811	2014-08-10	1.038	0.986~1.090	436~1 285
812	2018-04-15	1.039	0.987~1.091	442~1 288
813	2016-07-30	1.039	0.987~1.091	442~1 288
814	2017-07-21	1.039	0.987~1.091	442~1 288
815	2019-07-19	1.039	0.987~1.091	444~1 288
816	2014-06-02	1.039	0.987~1.091	446~1 289
817	2021-06-26	1.039	0.987~1.091	446~1 289
818	2021-02-07	1.039	0.987~1.091	454~1 289
819	2021-10-19	1.039	0.987~1.091	454~1 289
820	2016-06-05	1.039	0.988~1.091	455~1 290
821	2020-03-11	1.040	0.988~1.092	459~1 295
822	2016-09-28	1.040	0.988~1.092	459~1 295

序号	日期	PM$_{2.5}$气象污染综合指数	同一气象条件指数区间	同一气象条件在附表2中的序号区间
823	2018-05-26	1.040	0.988~1.092	459~1 297
824	2019-07-16	1.041	0.989~1.093	460~1 305
825	2017-04-19	1.041	0.989~1.093	460~1 306
826	2015-07-29	1.041	0.989~1.093	460~1 307
827	2019-07-28	1.041	0.989~1.093	460~1 307
828	2019-08-13	1.041	0.989~1.093	460~1 307
829	2020-07-18	1.041	0.989~1.093	460~1 307
830	2016-04-04	1.041	0.989~1.093	464~1 309
831	2014-04-22	1.042	0.990~1.094	470~1 322
832	2017-05-04	1.042	0.990~1.094	470~1 322
833	2015-07-24	1.042	0.990~1.094	471~1 324
834	2016-07-28	1.042	0.990~1.094	471~1 324
835	2021-08-24	1.042	0.990~1.094	471~1 324
836	2019-10-08	1.042	0.990~1.094	471~1 325
837	2017-03-02	1.042	0.990~1.094	472~1 326
838	2016-08-08	1.043	0.991~1.095	473~1 335
839	2021-09-09	1.043	0.991~1.095	473~1 335
840	2017-08-10	1.043	0.991~1.095	473~1 335
841	2017-10-02	1.043	0.991~1.095	474~1 335
842	2018-05-08	1.043	0.991~1.095	474~1 335
843	2015-08-11	1.043	0.991~1.095	474~1 336
844	2017-06-03	1.044	0.991~1.096	476~1 341
845	2020-07-20	1.044	0.992~1.096	477~1 343
846	2014-06-25	1.044	0.992~1.096	478~1 346
847	2019-04-23	1.044	0.992~1.096	478~1 346
848	2021-07-16	1.044	0.992~1.096	478~1 346
849	2021-07-18	1.044	0.992~1.096	478~1 346
850	2017-11-30	1.045	0.992~1.097	478~1 350
851	2019-11-25	1.045	0.992~1.097	478~1 350
852	2021-12-30	1.045	0.992~1.097	478~1 350
853	2017-08-07	1.045	0.993~1.097	483~1 359
854	2019-03-16	1.045	0.993~1.097	483~1 359
855	2015-03-01	1.045	0.993~1.098	485~1 363
856	2016-12-05	1.046	0.993~1.098	485~1 363
857	2014-08-23	1.046	0.993~1.098	485~1 364
858	2014-07-09	1.046	0.994~1.098	485~1 364
859	2020-06-07	1.046	0.994~1.098	485~1 364
860	2019-03-25	1.046	0.994~1.098	485~1 364

续表

序号	日期	PM$_{2.5}$气象污染综合指数	同一气象条件指数区间	同一气象条件在附表2中的序号区间
861	2014-06-10	1.046	0.994~1.098	485~1 364
862	2014-10-15	1.046	0.994~1.098	485~1 364
863	2015-03-02	1.046	0.994~1.098	485~1 365
864	2021-07-11	1.046	0.994~1.098	485~1 365
865	2015-06-07	1.046	0.994~1.099	485~1 368
866	2016-05-10	1.046	0.994~1.099	485~1 368
867	2017-08-08	1.046	0.994~1.099	485~1 369
868	2015-06-13	1.046	0.994~1.099	486~1 370
869	2016-07-10	1.046	0.994~1.099	486~1 370
870	2018-02-23	1.047	0.994~1.099	486~1 370
871	2015-02-27	1.047	0.994~1.099	486~1 370
872	2014-06-21	1.047	0.994~1.099	486~1 371
873	2021-03-31	1.047	0.995~1.099	486~1 371
874	2016-06-12	1.047	0.995~1.099	486~1 373
875	2017-08-11	1.047	0.995~1.100	487~1 374
876	2021-06-11	1.047	0.995~1.100	488~1 374
877	2016-11-27	1.047	0.995~1.100	489~1 376
878	2021-12-29	1.047	0.995~1.100	489~1 376
879	2017-11-17	1.047	0.995~1.100	489~1 376
880	2014-06-26	1.047	0.995~1.100	489~1 376
881	2020-03-24	1.048	0.995~1.100	490~1 377
882	2021-04-30	1.048	0.995~1.100	490~1 377
883	2019-06-13	1.048	0.996~1.100	490~1 378
884	2015-08-14	1.048	0.996~1.100	490~1 378
885	2019-06-18	1.048	0.996~1.100	490~1 378
886	2017-07-29	1.048	0.996~1.100	490~1 378
887	2020-08-08	1.048	0.996~1.101	491~1 380
888	2018-07-22	1.049	0.996~1.101	494~1 382
889	2021-07-24	1.049	0.996~1.101	494~1 382
890	2015-09-21	1.049	0.996~1.101	494~1 383
891	2017-08-05	1.049	0.996~1.101	497~1 383
892	2018-08-20	1.049	0.996~1.101	497~1 383
893	2016-06-28	1.049	0.997~1.101	497~1 386
894	2020-07-23	1.049	0.997~1.101	497~1 387
895	2018-03-15	1.049	0.997~1.102	499~1 388
896	2014-07-06	1.050	0.997~1.102	500~1 391
897	2015-07-31	1.050	0.997~1.102	500~1 391
898	2018-05-15	1.050	0.997~1.102	501~1 391

序号	日期	PM$_{2.5}$气象污染综合指数	同一气象条件指数区间	同一气象条件在附表2中的序号区间
899	2019-03-22	1.050	0.998~1.103	501~1 392
900	2019-05-09	1.050	0.998~1.103	501~1 392
901	2019-07-03	1.050	0.998~1.103	501~1 392
902	2014-07-30	1.050	0.998~1.103	501~1 392
903	2018-08-04	1.050	0.998~1.103	501~1 392
904	2021-07-09	1.050	0.998~1.103	501~1 392
905	2015-07-05	1.050	0.998~1.103	501~1 392
906	2020-09-10	1.050	0.998~1.103	501~1 392
907	2020-09-16	1.050	0.998~1.103	501~1 392
908	2018-08-21	1.050	0.998~1.103	502~1 392
909	2015-07-11	1.051	0.998~1.103	502~1 392
910	2016-11-07	1.051	0.998~1.103	502~1 392
911	2014-07-17	1.051	0.998~1.104	503~1 394
912	2019-07-10	1.051	0.998~1.104	503~1 394
913	2021-07-13	1.051	0.999~1.104	505~1 394
914	2014-04-10	1.051	0.999~1.104	505~1 394
915	2014-07-19	1.051	0.999~1.104	505~1 395
916	2015-06-25	1.051	0.999~1.104	505~1 395
917	2019-07-13	1.051	0.999~1.104	505~1 395
918	2019-07-25	1.051	0.999~1.104	505~1 395
919	2014-07-08	1.051	0.999~1.104	506~1 395
920	2020-06-19	1.052	0.999~1.104	507~1 397
921	2018-07-07	1.052	0.999~1.104	507~1 397
922	2015-06-14	1.052	0.999~1.104	507~1 400
923	2017-04-20	1.052	0.999~1.104	507~1 400
924	2014-08-09	1.052	0.999~1.105	508~1 402
925	2018-03-05	1.052	0.999~1.105	508~1 403
926	2019-08-20	1.052	1.000~1.105	509~1 406
927	2014-03-05	1.052	1.000~1.105	513~1 406
928	2014-01-08	1.052	1.000~1.105	513~1 406
929	2015-07-26	1.052	1.000~1.105	513~1 406
930	2021-06-30	1.052	1.000~1.105	513~1 406
931	2014-11-30	1.053	1.000~1.105	513~1 407
932	2020-09-04	1.053	1.000~1.105	513~1 407
933	2014-07-21	1.053	1.000~1.105	516~1 407
934	2015-06-27	1.053	1.000~1.105	516~1 407
935	2018-05-13	1.053	1.000~1.105	516~1 407
936	2021-07-17	1.053	1.000~1.105	516~1 407

序号	日期	PM$_{2.5}$气象污染综合指数	同一气象条件指数区间	同一气象条件在附表2中的序号区间
937	2019-08-11	1.053	1.000~1.105	516~1 407
938	2014-06-20	1.053	1.000~1.105	522~1 409
939	2015-08-26	1.053	1.000~1.106	523~1 410
940	2015-08-29	1.053	1.000~1.106	523~1 410
941	2019-08-30	1.053	1.000~1.106	523~1 411
942	2015-07-07	1.053	1.000~1.106	524~1 412
943	2017-05-03	1.053	1.001~1.106	524~1 415
944	2018-02-12	1.053	1.001~1.106	524~1 415
945	2020-07-03	1.054	1.001~1.106	525~1 416
946	2019-07-26	1.054	1.001~1.106	526~1 417
947	2016-04-20	1.054	1.001~1.107	527~1 418
948	2014-06-22	1.054	1.001~1.107	527~1 418
949	2017-09-09	1.054	1.001~1.107	527~1 418
950	2020-07-04	1.054	1.001~1.107	527~1 419
951	2014-12-02	1.054	1.001~1.107	527~1 419
952	2016-07-04	1.054	1.002~1.107	527~1 419
953	2016-07-18	1.054	1.002~1.107	527~1 419
954	2015-06-24	1.054	1.002~1.107	530~1 422
955	2017-03-05	1.054	1.002~1.107	530~1 422
956	2015-04-07	1.054	1.002~1.107	530~1 422
957	2021-03-30	1.055	1.002~1.107	530~1 422
958	2020-03-03	1.055	1.002~1.107	532~1 422
959	2018-01-25	1.055	1.002~1.107	532~1 422
960	2016-05-15	1.055	1.002~1.108	533~1 424
961	2018-05-22	1.055	1.002~1.108	533~1 424
962	2018-08-29	1.055	1.003~1.108	533~1 427
963	2021-06-09	1.055	1.003~1.108	533~1 427
964	2018-07-06	1.056	1.003~1.108	534~1 431
965	2018-08-05	1.056	1.003~1.108	534~1 431
966	2016-11-23	1.056	1.003~1.108	534~1 432
967	2015-06-28	1.056	1.003~1.109	535~1 432
968	2016-07-01	1.056	1.003~1.109	535~1 432
969	2020-07-06	1.056	1.003~1.109	535~1 432
970	2018-04-02	1.056	1.003~1.109	540~1 433
971	2021-06-07	1.056	1.003~1.109	540~1 433
972	2020-03-26	1.056	1.004~1.109	542~1 435
973	2014-06-19	1.057	1.004~1.109	542~1 436
974	2019-08-09	1.057	1.004~1.109	542~1 436

序号	日期	PM_{2.5}气象污染综合指数	同一气象条件指数区间	同一气象条件在附表2中的序号区间
975	2015-04-22	1.057	1.004~1.109	542~1 437
976	2014-10-16	1.057	1.004~1.110	542~1 438
977	2019-03-17	1.057	1.004~1.110	542~1 438
978	2020-09-17	1.057	1.004~1.110	543~1 438
979	2021-04-19	1.057	1.004~1.110	543~1 438
980	2014-07-23	1.057	1.004~1.110	543~1 439
981	2019-06-07	1.057	1.004~1.110	543~1 440
982	2021-06-02	1.057	1.004~1.110	543~1 440
983	2021-07-05	1.057	1.004~1.110	543~1 440
984	2019-06-04	1.057	1.005~1.110	549~1 442
985	2017-07-03	1.058	1.005~1.111	551~1 445
986	2017-09-26	1.058	1.005~1.111	551~1 446
987	2015-08-12	1.058	1.005~1.111	554~1 448
988	2015-08-17	1.058	1.005~1.111	554~1 448
989	2018-06-14	1.058	1.005~1.111	554~1 448
990	2017-05-21	1.058	1.005~1.111	557~1 450
991	2017-07-05	1.058	1.005~1.111	557~1 450
992	2014-03-04	1.058	1.005~1.111	557~1 450
993	2016-05-20	1.058	1.006~1.111	558~1 451
994	2021-03-24	1.058	1.006~1.111	558~1 451
995	2020-06-27	1.059	1.006~1.112	559~1 452
996	2017-11-14	1.059	1.006~1.112	559~1 454
997	2019-12-02	1.059	1.006~1.112	561~1 462
998	2021-06-28	1.059	1.006~1.112	561~1 462
999	2020-03-30	1.059	1.006~1.112	565~1 464
1000	2016-04-06	1.059	1.007~1.112	566~1 466
1001	2016-09-27	1.060	1.007~1.113	567~1 467
1002	2014-09-08	1.060	1.007~1.113	571~1 475
1003	2018-04-26	1.060	1.007~1.113	571~1 475
1004	2020-09-18	1.060	1.007~1.113	571~1 475
1005	2016-03-30	1.060	1.007~1.113	571~1 475
1006	2020-11-07	1.060	1.007~1.113	571~1 475
1007	2018-06-15	1.061	1.007~1.114	572~1 476
1008	2021-11-30	1.061	1.007~1.114	572~1 476
1009	2018-07-03	1.061	1.008~1.114	572~1 476
1010	2018-08-25	1.061	1.008~1.114	572~1 476
1011	2017-08-24	1.061	1.008~1.114	573~1 476
1012	2021-06-01	1.061	1.008~1.114	573~1 476

续表

序号	日期	PM$_{2.5}$气象污染综合指数	同一气象条件指数区间	同一气象条件在附表2中的序号区间
1013	2017-05-02	1.061	1.008~1.114	577~1 486
1014	2014-05-21	1.061	1.008~1.114	578~1 486
1015	2019-05-11	1.061	1.008~1.114	578~1 487
1016	2018-04-19	1.062	1.008~1.115	579~1 488
1017	2021-03-23	1.062	1.008~1.115	581~1 488
1018	2016-05-21	1.062	1.009~1.115	581~1 488
1019	2020-10-21	1.062	1.009~1.115	581~1 488
1020	2017-12-19	1.062	1.009~1.115	581~1 489
1021	2018-08-26	1.062	1.009~1.115	581~1 489
1022	2015-05-09	1.062	1.009~1.115	583~1 490
1023	2018-03-04	1.062	1.009~1.115	583~1 490
1024	2018-08-16	1.062	1.009~1.115	583~1 490
1025	2016-10-04	1.062	1.009~1.115	583~1 491
1026	2015-01-29	1.063	1.010~1.116	593~1 503
1027	2016-03-19	1.063	1.010~1.116	595~1 506
1028	2018-12-03	1.063	1.010~1.116	595~1 506
1029	2017-08-06	1.063	1.010~1.116	595~1 506
1030	2016-03-25	1.063	1.010~1.116	598~1 506
1031	2017-08-01	1.063	1.010~1.116	601~1 507
1032	2021-10-15	1.063	1.010~1.117	601~1 507
1033	2014-08-21	1.064	1.010~1.117	603~1 511
1034	2021-07-30	1.064	1.010~1.117	603~1 511
1035	2018-10-11	1.064	1.011~1.117	604~1 513
1036	2017-07-08	1.064	1.011~1.118	606~1 517
1037	2020-02-01	1.064	1.011~1.118	606~1 518
1038	2020-04-05	1.064	1.011~1.118	606~1 518
1039	2021-07-20	1.065	1.011~1.118	607~1 518
1040	2020-11-27	1.065	1.011~1.118	607~1 518
1041	2015-11-26	1.065	1.012~1.118	608~1 521
1042	2016-07-15	1.065	1.012~1.118	608~1 522
1043	2017-07-19	1.065	1.012~1.118	608~1 522
1044	2020-05-16	1.065	1.012~1.118	608~1 522
1045	2021-06-25	1.065	1.012~1.118	608~1 522
1046	2021-03-17	1.065	1.012~1.118	609~1 522
1047	2014-04-14	1.065	1.012~1.118	611~1 524
1048	2021-04-12	1.065	1.012~1.118	611~1 524
1049	2015-07-01	1.065	1.012~1.119	611~1 525
1050	2020-07-16	1.065	1.012~1.119	611~1 525

序号	日期	PM$_{2.5}$气象污染综合指数	同一气象条件指数区间	同一气象条件在附表2中的序号区间
1051	2019-12-11	1.065	1.012~1.119	611~1 525
1052	2021-02-01	1.065	1.012~1.119	611~1 525
1053	2016-08-23	1.065	1.012~1.119	612~1 525
1054	2014-02-04	1.066	1.012~1.119	615~1 531
1055	2014-04-02	1.066	1.013~1.119	616~1 534
1056	2021-04-20	1.066	1.013~1.119	616~1 534
1057	2017-07-26	1.066	1.013~1.119	616~1 534
1058	2017-07-30	1.066	1.013~1.119	616~1 534
1059	2021-05-14	1.066	1.013~1.119	616~1 534
1060	2015-04-30	1.066	1.013~1.119	616~1 535
1061	2017-08-03	1.066	1.013~1.120	617~1 535
1062	2017-08-30	1.066	1.013~1.120	617~1 535
1063	2016-10-08	1.066	1.013~1.120	617~1 535
1064	2019-07-12	1.066	1.013~1.120	618~1 536
1065	2020-07-15	1.066	1.013~1.120	618~1 536
1066	2021-04-27	1.067	1.013~1.120	618~1 536
1067	2019-04-25	1.067	1.013~1.120	619~1 536
1068	2018-03-08	1.067	1.013~1.120	619~1 537
1069	2021-04-23	1.067	1.014~1.120	619~1 540
1070	2015-03-15	1.067	1.014~1.120	620~1 541
1071	2014-04-28	1.067	1.014~1.121	622~1 544
1072	2014-08-11	1.067	1.014~1.121	622~1 545
1073	2015-06-05	1.067	1.014~1.121	622~1 545
1074	2016-07-13	1.067	1.014~1.121	622~1 545
1075	2016-12-08	1.067	1.014~1.121	622~1 545
1076	2017-08-12	1.067	1.014~1.121	622~1 545
1077	2019-03-09	1.067	1.014~1.121	622~1 545
1078	2016-06-14	1.067	1.014~1.121	622~1 546
1079	2017-06-23	1.067	1.014~1.121	622~1 546
1080	2021-07-03	1.067	1.014~1.121	622~1 546
1081	2016-04-13	1.068	1.014~1.121	622~1 546
1082	2015-06-29	1.068	1.014~1.121	623~1 546
1083	2018-07-15	1.068	1.014~1.121	623~1 547
1084	2019-03-20	1.068	1.014~1.121	623~1 547
1085	2019-04-11	1.068	1.015~1.121	623~1 547
1086	2019-08-27	1.068	1.015~1.122	623~1 548
1087	2014-08-02	1.068	1.015~1.122	623~1 548
1088	2014-05-08	1.068	1.015~1.122	624~1 549

序号	日期	PM$_{2.5}$气象污染综合指数	同一气象条件指数区间	同一气象条件在附表2中的序号区间
1089	2016-04-19	1.068	1.015~1.122	624~1 549
1090	2018-06-21	1.068	1.015~1.122	624~1 553
1091	2020-03-02	1.069	1.015~1.122	626~1 553
1092	2017-02-28	1.069	1.015~1.122	627~1 554
1093	2014-03-31	1.069	1.015~1.122	630~1 554
1094	2021-08-22	1.069	1.016~1.122	632~1 556
1095	2019-03-27	1.069	1.016~1.123	633~1 558
1096	2021-11-09	1.069	1.016~1.123	633~1 558
1097	2019-06-28	1.069	1.016~1.123	633~1 558
1098	2015-05-11	1.069	1.016~1.123	633~1 558
1099	2020-07-25	1.070	1.016~1.123	638~1 566
1100	2015-06-20	1.070	1.016~1.123	638~1 568
1101	2015-08-27	1.070	1.016~1.123	639~1 568
1102	2021-05-21	1.070	1.016~1.123	639~1 570
1103	2014-07-02	1.070	1.016~1.123	641~1 571
1104	2017-08-09	1.070	1.016~1.123	641~1 571
1105	2017-02-23	1.070	1.017~1.124	641~1 571
1106	2014-04-16	1.070	1.017~1.124	641~1 571
1107	2014-08-17	1.070	1.017~1.124	641~1 573
1108	2017-09-04	1.070	1.017~1.124	641~1 573
1109	2014-06-11	1.070	1.017~1.124	643~1 575
1110	2016-02-01	1.070	1.017~1.124	643~1 575
1111	2020-12-04	1.070	1.017~1.124	643~1 575
1112	2016-11-21	1.070	1.017~1.124	643~1 576
1113	2014-06-17	1.070	1.017~1.124	644~1 576
1114	2015-07-27	1.070	1.017~1.124	644~1 576
1115	2017-08-04	1.070	1.017~1.124	644~1 576
1116	2016-09-10	1.071	1.017~1.124	646~1 581
1117	2019-08-21	1.071	1.017~1.124	646~1 581
1118	2019-09-06	1.071	1.017~1.124	646~1 581
1119	2014-03-07	1.071	1.017~1.125	646~1 582
1120	2016-06-30	1.071	1.018~1.125	646~1 583
1121	2014-05-24	1.071	1.018~1.125	646~1 583
1122	2019-12-17	1.071	1.018~1.125	648~1 583
1123	2014-09-30	1.072	1.018~1.125	649~1 583
1124	2019-08-19	1.072	1.018~1.125	649~1 583
1125	2015-10-27	1.072	1.018~1.125	651~1 584
1126	2017-02-01	1.072	1.018~1.125	651~1 584

序号	日期	PM$_{2.5}$气象污染综合指数	同一气象条件指数区间	同一气象条件在附表2中的序号区间
1127	2020-08-01	1.072	1.018~1.125	651~1 584
1128	2014-03-13	1.072	1.018~1.125	652~1 584
1129	2021-11-21	1.072	1.018~1.126	652~1 587
1130	2018-05-02	1.072	1.019~1.126	652~1 589
1131	2021-07-04	1.072	1.019~1.126	652~1 589
1132	2019-06-21	1.072	1.019~1.126	652~1 592
1133	2015-08-15	1.072	1.019~1.126	653~1 592
1134	2017-09-17	1.072	1.019~1.126	653~1 593
1135	2019-09-30	1.073	1.019~1.126	654~1 593
1136	2015-02-25	1.073	1.019~1.126	655~1 593
1137	2018-06-17	1.073	1.019~1.127	657~1 594
1138	2019-03-03	1.073	1.019~1.127	657~1 594
1139	2014-07-31	1.073	1.019~1.127	657~1 595
1140	2016-07-02	1.073	1.020~1.127	657~1 595
1141	2020-05-23	1.073	1.020~1.127	657~1 595
1142	2020-06-10	1.073	1.020~1.127	657~1 595
1143	2021-02-22	1.074	1.020~1.127	658~1 595
1144	2017-04-04	1.074	1.020~1.127	658~1 597
1145	2018-09-29	1.074	1.020~1.127	658~1 597
1146	2014-04-08	1.074	1.020~1.127	658~1 597
1147	2016-03-13	1.074	1.020~1.127	658~1 597
1148	2017-03-31	1.074	1.020~1.127	658~1 597
1149	2016-08-02	1.074	1.020~1.127	658~1 597
1150	2014-09-05	1.074	1.020~1.128	660~1 597
1151	2019-09-05	1.074	1.020~1.128	660~1 597
1152	2014-08-12	1.074	1.020~1.128	661~1 598
1153	2015-07-30	1.074	1.021~1.128	661~1 598
1154	2018-07-24	1.074	1.021~1.128	661~1 598
1155	2018-05-23	1.075	1.021~1.128	662~1 603
1156	2017-03-29	1.075	1.021~1.128	662~1 606
1157	2017-07-04	1.075	1.021~1.129	666~1 608
1158	2020-11-28	1.075	1.021~1.129	666~1 608
1159	2016-07-23	1.075	1.022~1.129	669~1 609
1160	2016-07-27	1.075	1.022~1.129	669~1 609
1161	2021-07-14	1.075	1.022~1.129	669~1 609
1162	2015-09-22	1.075	1.022~1.129	669~1 609
1163	2020-03-25	1.076	1.022~1.129	669~1 609
1164	2017-05-30	1.076	1.022~1.129	669~1 609

续表

序号	日期	PM$_{2.5}$气象污染综合指数	同一气象条件指数区间	同一气象条件在附表2中的序号区间
1165	2016-07-07	1.076	1.022~1.130	669~1 610
1166	2015-10-30	1.076	1.022~1.130	671~1 612
1167	2019-05-06	1.076	1.022~1.130	671~1 614
1168	2019-03-08	1.077	1.023~1.130	673~1 617
1169	2015-01-18	1.077	1.023~1.130	673~1 617
1170	2021-07-19	1.077	1.023~1.130	673~1 618
1171	2014-08-24	1.077	1.023~1.131	675~1 620
1172	2018-07-26	1.077	1.023~1.131	675~1 620
1173	2020-07-09	1.077	1.023~1.131	675~1 620
1174	2019-01-19	1.077	1.023~1.131	677~1 626
1175	2020-05-24	1.077	1.023~1.131	678~1 626
1176	2017-09-23	1.077	1.023~1.131	678~1 626
1177	2015-07-28	1.077	1.024~1.131	678~1 626
1178	2014-09-03	1.077	1.024~1.131	678~1 627
1179	2014-05-30	1.078	1.024~1.131	679~1 627
1180	2020-11-22	1.078	1.024~1.132	681~1 629
1181	2015-08-07	1.078	1.024~1.132	682~1 629
1182	2015-08-18	1.078	1.024~1.132	682~1 629
1183	2018-09-01	1.078	1.024~1.132	682~1 629
1184	2021-02-06	1.078	1.024~1.132	682~1 629
1185	2015-04-11	1.078	1.024~1.132	684~1 633
1186	2014-03-21	1.078	1.024~1.132	684~1 634
1187	2021-04-05	1.078	1.024~1.132	684~1 634
1188	2015-03-17	1.078	1.024~1.132	684~1 634
1189	2014-02-02	1.078	1.024~1.132	685~1 636
1190	2015-12-15	1.078	1.024~1.132	686~1 637
1191	2019-09-15	1.079	1.025~1.132	686~1 640
1192	2015-03-25	1.079	1.025~1.133	689~1 643
1193	2015-04-13	1.079	1.025~1.133	689~1 645
1194	2015-08-21	1.079	1.025~1.133	690~1 645
1195	2021-07-15	1.079	1.025~1.133	690~1 647
1196	2016-04-11	1.080	1.026~1.134	691~1 648
1197	2015-05-15	1.080	1.026~1.134	693~1 654
1198	2019-04-24	1.080	1.026~1.134	694~1 654
1199	2015-06-26	1.080	1.026~1.134	694~1 655
1200	2020-08-03	1.080	1.026~1.134	694~1 655
1201	2016-05-09	1.080	1.026~1.134	694~1 655
1202	2018-07-27	1.081	1.027~1.135	702~1 658

序号	日期	PM$_{2.5}$气象污染综合指数	同一气象条件指数区间	同一气象条件在附表2中的序号区间
1203	2019-04-22	1.081	1.027~1.135	703~1 659
1204	2015-07-08	1.081	1.027~1.135	704~1 660
1205	2015-07-10	1.081	1.027~1.135	704~1 660
1206	2021-09-08	1.081	1.027~1.135	708~1 665
1207	2016-10-30	1.081	1.027~1.135	711~1 665
1208	2020-06-06	1.081	1.027~1.135	712~1 666
1209	2017-09-11	1.082	1.028~1.136	716~1 667
1210	2018-03-16	1.082	1.028~1.136	716~1 667
1211	2021-11-11	1.082	1.028~1.136	716~1 668
1212	2020-03-22	1.082	1.028~1.136	717~1 668
1213	2017-08-13	1.082	1.028~1.136	717~1 669
1214	2019-07-21	1.082	1.028~1.137	717~1 669
1215	2020-08-09	1.082	1.028~1.137	717~1 669
1216	2014-11-11	1.083	1.029~1.137	721~1 670
1217	2020-03-17	1.083	1.029~1.137	723~1 671
1218	2021-03-01	1.083	1.029~1.137	724~1 673
1219	2020-02-04	1.083	1.029~1.137	725~1 673
1220	2016-05-22	1.083	1.029~1.138	727~1 675
1221	2018-02-22	1.083	1.029~1.138	727~1 675
1222	2020-01-13	1.084	1.030~1.138	729~1 676
1223	2017-11-03	1.084	1.030~1.138	731~1 677
1224	2019-02-12	1.084	1.030~1.138	735~1 678
1225	2019-04-03	1.085	1.030~1.139	735~1 682
1226	2018-06-22	1.085	1.030~1.139	735~1 683
1227	2015-07-06	1.085	1.031~1.139	736~1 685
1228	2020-08-04	1.085	1.031~1.139	738~1 685
1229	2017-11-15	1.085	1.031~1.139	738~1 685
1230	2020-12-24	1.085	1.031~1.139	738~1 685
1231	2015-11-06	1.085	1.031~1.140	739~1 686
1232	2017-04-03	1.086	1.031~1.140	740~1 687
1233	2019-11-17	1.086	1.031~1.140	740~1 687
1234	2015-08-04	1.086	1.031~1.140	746~1 689
1235	2014-06-18	1.086	1.031~1.140	747~1 689
1236	2019-07-23	1.086	1.031~1.140	747~1 689
1237	2020-07-10	1.086	1.031~1.140	747~1 689
1238	2017-06-25	1.086	1.032~1.140	748~1 690
1239	2019-04-10	1.086	1.032~1.140	749~1 692
1240	2015-03-16	1.086	1.032~1.141	750~1 692

续表

序号	日期	PM$_{2.5}$气象污染综合指数	同一气象条件指数区间	同一气象条件在附表2中的序号区间
1241	2020-09-06	1.086	1.032~1.141	750~1 692
1242	2015-08-05	1.086	1.032~1.141	750~1 692
1243	2018-07-18	1.086	1.032~1.141	750~1 692
1244	2018-09-02	1.086	1.032~1.141	750~1 692
1245	2021-08-04	1.086	1.032~1.141	750~1 692
1246	2016-04-15	1.086	1.032~1.141	750~1 693
1247	2014-06-08	1.086	1.032~1.141	751~1 693
1248	2018-06-20	1.086	1.032~1.141	751~1 693
1249	2021-07-02	1.087	1.032~1.141	754~1 695
1250	2015-04-12	1.087	1.033~1.141	758~1 696
1251	2017-12-26	1.087	1.033~1.142	760~1 698
1252	2019-05-12	1.087	1.033~1.142	761~1 699
1253	2017-08-02	1.088	1.033~1.142	765~1 699
1254	2016-03-22	1.088	1.033~1.142	766~1 699
1255	2020-05-17	1.088	1.034~1.142	768~1 701
1256	2021-06-15	1.088	1.034~1.142	768~1 701
1257	2016-02-16	1.088	1.034~1.142	769~1 701
1258	2018-05-19	1.088	1.034~1.143	769~1 702
1259	2021-05-12	1.088	1.034~1.143	769~1 702
1260	2016-04-28	1.088	1.034~1.143	770~1 705
1261	2019-09-07	1.089	1.034~1.143	775~1 705
1262	2016-09-16	1.089	1.034~1.143	775~1 705
1263	2021-08-15	1.089	1.034~1.143	775~1 705
1264	2014-02-18	1.089	1.034~1.143	775~1 706
1265	2019-09-08	1.089	1.034~1.143	775~1 706
1266	2021-08-16	1.089	1.034~1.143	775~1 706
1267	2021-08-17	1.089	1.034~1.143	775~1 706
1268	2021-01-19	1.089	1.034~1.143	778~1 707
1269	2014-09-04	1.089	1.034~1.143	778~1 707
1270	2018-03-03	1.089	1.035~1.144	782~1 708
1271	2019-04-09	1.089	1.035~1.144	782~1 708
1272	2016-08-05	1.090	1.035~1.144	783~1 709
1273	2020-07-31	1.090	1.035~1.144	783~1 709
1274	2020-06-12	1.090	1.035~1.144	783~1 713
1275	2020-06-24	1.090	1.035~1.144	783~1 713
1276	2018-09-16	1.090	1.035~1.144	784~1 715
1277	2020-05-15	1.090	1.035~1.144	784~1 716
1278	2020-05-21	1.090	1.035~1.144	784~1 716

序号	日期	PM$_{2.5}$气象污染综合指数	同一气象条件指数区间	同一气象条件在附表2中的序号区间
1279	2014-09-26	1.090	1.035~1.144	784~1 717
1280	2016-09-25	1.090	1.035~1.144	784~1 717
1281	2021-08-12	1.090	1.035~1.144	784~1 717
1282	2020-03-10	1.090	1.036~1.145	784~1 717
1283	2018-07-11	1.090	1.036~1.145	787~1 717
1284	2021-03-27	1.090	1.036~1.145	787~1 717
1285	2017-09-02	1.090	1.036~1.145	787~1 717
1286	2014-05-10	1.090	1.036~1.145	787~1 717
1287	2019-09-09	1.091	1.036~1.145	787~1 718
1288	2015-04-28	1.091	1.036~1.145	789~1 721
1289	2016-07-17	1.091	1.037~1.146	796~1 728
1290	2018-07-09	1.091	1.037~1.146	796~1 728
1291	2021-05-15	1.091	1.037~1.146	796~1 728
1292	2015-04-20	1.091	1.037~1.146	796~1 728
1293	2015-03-23	1.091	1.037~1.146	796~1 728
1294	2018-09-05	1.092	1.037~1.146	798~1 732
1295	2021-06-27	1.092	1.037~1.146	801~1 733
1296	2017-09-30	1.092	1.038~1.147	804~1 735
1297	2015-08-28	1.092	1.038~1.147	805~1 735
1298	2017-07-10	1.092	1.038~1.147	805~1 735
1299	2014-08-01	1.092	1.038~1.147	807~1 735
1300	2016-08-11	1.092	1.038~1.147	807~1 735
1301	2018-07-08	1.092	1.038~1.147	807~1 735
1302	2021-07-06	1.092	1.038~1.147	807~1 735
1303	2014-08-25	1.093	1.038~1.147	809~1 736
1304	2019-06-11	1.093	1.038~1.147	809~1 736
1305	2021-02-23	1.093	1.038~1.147	809~1 736
1306	2016-09-17	1.093	1.038~1.147	809~1 737
1307	2015-03-24	1.093	1.038~1.147	809~1 737
1308	2014-03-30	1.093	1.038~1.147	811~1 737
1309	2017-01-27	1.093	1.038~1.148	811~1 739
1310	2019-01-04	1.093	1.038~1.148	811~1 739
1311	2021-01-10	1.093	1.038~1.148	811~1 739
1312	2021-02-02	1.093	1.038~1.148	811~1 739
1313	2016-08-19	1.093	1.038~1.148	811~1 739
1314	2018-07-28	1.093	1.038~1.148	811~1 739
1315	2020-08-23	1.093	1.038~1.148	811~1 739
1316	2020-03-12	1.093	1.039~1.148	811~1 740

序号	日期	PM_{2.5}气象污染综合指数	同一气象条件指数区间	同一气象条件在附表2中的序号区间
1317	2018-06-11	1.093	1.039~1.148	812~1 740
1318	2016-09-02	1.093	1.039~1.148	812~1 740
1319	2014-08-08	1.093	1.039~1.148	812~1 740
1320	2017-09-05	1.094	1.039~1.148	812~1 741
1321	2020-07-19	1.094	1.039~1.148	812~1 741
1322	2014-03-24	1.094	1.039~1.149	817~1 745
1323	2016-02-26	1.094	1.039~1.149	817~1 745
1324	2017-10-28	1.094	1.039~1.149	820~1 747
1325	2018-08-06	1.094	1.040~1.149	820~1 748
1326	2018-07-05	1.094	1.040~1.149	820~1 748
1327	2019-04-19	1.094	1.040~1.149	821~1 748
1328	2014-03-18	1.095	1.040~1.149	821~1 749
1329	2016-10-06	1.095	1.040~1.149	821~1 749
1330	2018-04-01	1.095	1.040~1.149	821~1 750
1331	2015-08-01	1.095	1.040~1.149	821~1 750
1332	2020-02-05	1.095	1.040~1.149	822~1 751
1333	2014-03-29	1.095	1.040~1.150	822~1 751
1334	2020-05-25	1.095	1.040~1.150	822~1 751
1335	2020-03-05	1.095	1.040~1.150	823~1 755
1336	2014-05-09	1.095	1.040~1.150	824~1 758
1337	2016-09-03	1.095	1.041~1.150	824~1 760
1338	2019-07-11	1.095	1.041~1.150	826~1 763
1339	2018-12-25	1.096	1.041~1.150	826~1 764
1340	2014-06-29	1.096	1.041~1.150	830~1 765
1341	2017-07-17	1.096	1.041~1.150	830~1 765
1342	2018-03-22	1.096	1.041~1.151	830~1 766
1343	2021-12-06	1.096	1.041~1.151	830~1 769
1344	2016-08-28	1.096	1.041~1.151	830~1 770
1345	2016-11-09	1.096	1.041~1.151	831~1 770
1346	2016-09-05	1.096	1.042~1.151	831~1 772
1347	2019-09-01	1.096	1.042~1.151	831~1 772
1348	2020-03-31	1.096	1.042~1.151	831~1 772
1349	2016-02-24	1.096	1.042~1.151	831~1 772
1350	2015-03-06	1.097	1.042~1.152	833~1 774
1351	2017-01-30	1.097	1.042~1.152	833~1 774
1352	2020-05-26	1.097	1.042~1.152	836~1 775
1353	2015-04-04	1.097	1.042~1.152	836~1 775
1354	2017-04-09	1.097	1.042~1.152	837~1 775

序号	日期	PM$_{2.5}$气象污染综合指数	同一气象条件指数区间	同一气象条件在 附表 2 中的序号区间
1355	2018-09-24	1.097	1.042~1.152	837~1 775
1356	2015-05-02	1.097	1.042~1.152	837~1 775
1357	2016-11-10	1.097	1.042~1.152	837~1 775
1358	2018-04-24	1.097	1.042~1.152	837~1 775
1359	2020-10-14	1.097	1.043~1.152	837~1 775
1360	2015-08-24	1.098	1.043~1.152	838~1 776
1361	2020-11-23	1.098	1.043~1.153	838~1 776
1362	2014-04-25	1.098	1.043~1.153	838~1 776
1363	2017-09-27	1.098	1.043~1.153	838~1 776
1364	2017-09-10	1.098	1.043~1.153	843~1 781
1365	2014-03-27	1.098	1.043~1.153	844~1 782
1366	2018-08-27	1.098	1.043~1.153	844~1 782
1367	2015-07-23	1.099	1.044~1.153	844~1 783
1368	2016-02-13	1.099	1.044~1.154	844~1 783
1369	2016-07-05	1.099	1.044~1.154	845~1 783
1370	2018-07-30	1.099	1.044~1.154	845~1 784
1371	2020-10-22	1.099	1.044~1.154	847~1 788
1372	2014-11-04	1.099	1.044~1.154	850~1 788
1373	2016-09-24	1.099	1.044~1.154	850~1 788
1374	2019-08-22	1.099	1.045~1.154	850~1 788
1375	2019-08-23	1.099	1.045~1.154	850~1 788
1376	2020-11-26	1.100	1.045~1.155	850~1 789
1377	2015-02-19	1.100	1.045~1.155	853~1 792
1378	2021-04-11	1.100	1.045~1.156	855~1 800
1379	2018-07-16	1.101	1.046~1.156	856~1 801
1380	2021-04-07	1.101	1.046~1.156	857~1 803
1381	2018-05-18	1.101	1.046~1.156	862~1 806
1382	2020-04-27	1.101	1.046~1.156	864~1 808
1383	2016-07-12	1.101	1.046~1.156	865~1 808
1384	2019-08-14	1.101	1.046~1.156	865~1 808
1385	2020-08-10	1.101	1.046~1.156	865~1 808
1386	2016-07-09	1.101	1.046~1.156	867~1 809
1387	2019-12-01	1.101	1.046~1.157	867~1 809
1388	2014-09-11	1.102	1.046~1.157	868~1 809
1389	2019-09-16	1.102	1.046~1.157	868~1 809
1390	2020-03-06	1.102	1.047~1.157	873~1 812
1391	2017-03-10	1.102	1.047~1.157	873~1 813
1392	2014-08-22	1.103	1.048~1.158	883~1 820

序号	日期	PM$_{2.5}$气象污染综合指数	同一气象条件指数区间	同一气象条件在附表2中的序号区间
1393	2020-03-01	1.103	1.048~1.159	887~1 822
1394	2020-06-29	1.104	1.048~1.159	887~1 822
1395	2018-09-08	1.104	1.049~1.159	888~1 825
1396	2015-04-29	1.104	1.049~1.159	893~1 826
1397	2016-07-24	1.104	1.049~1.159	894~1 826
1398	2019-07-06	1.104	1.049~1.159	894~1 826
1399	2020-08-13	1.104	1.049~1.159	894~1 826
1400	2014-08-13	1.104	1.049~1.160	895~1 829
1401	2020-11-18	1.104	1.049~1.160	895~1 829
1402	2021-04-03	1.105	1.049~1.160	895~1 833
1403	2018-03-24	1.105	1.050~1.160	896~1 836
1404	2019-02-06	1.105	1.050~1.160	896~1 836
1405	2020-10-12	1.105	1.050~1.160	896~1 836
1406	2020-05-05	1.105	1.050~1.160	896~1 836
1407	2014-07-25	1.105	1.050~1.161	899~1 838
1408	2016-10-29	1.105	1.050~1.161	900~1 838
1409	2017-11-13	1.105	1.050~1.161	902~1 838
1410	2014-07-24	1.106	1.050~1.161	902~1 838
1411	2014-08-15	1.106	1.050~1.161	908~1 839
1412	2018-03-09	1.106	1.050~1.161	908~1 839
1413	2021-01-18	1.106	1.050~1.161	908~1 839
1414	2015-10-20	1.106	1.051~1.161	909~1 841
1415	2020-02-21	1.106	1.051~1.161	910~1 841
1416	2014-06-04	1.106	1.051~1.161	911~1 842
1417	2020-09-11	1.107	1.051~1.162	915~1 843
1418	2018-04-12	1.107	1.051~1.162	915~1 843
1419	2014-02-13	1.107	1.052~1.162	919~1 844
1420	2019-02-14	1.107	1.052~1.162	919~1 844
1421	2017-03-15	1.107	1.052~1.162	920~1 844
1422	2016-07-29	1.107	1.052~1.163	922~1 845
1423	2017-04-05	1.108	1.052~1.163	931~1 850
1424	2017-09-07	1.108	1.053~1.163	933~1 851
1425	2021-08-03	1.108	1.053~1.163	933~1 851
1426	2016-07-16	1.108	1.053~1.163	936~1 851
1427	2018-08-23	1.108	1.053~1.163	936~1 851
1428	2015-10-18	1.108	1.053~1.164	937~1 851
1429	2020-04-10	1.108	1.053~1.164	938~1 852
1430	2014-03-15	1.108	1.053~1.164	938~1 852

续表

序号	日期	PM$_{2.5}$气象污染综合指数	同一气象条件指数区间	同一气象条件在附表2中的序号区间
1431	2014-09-02	1.108	1.053~1.164	938~1 852
1432	2015-11-23	1.109	1.053~1.164	942~1 853
1433	2014-02-09	1.109	1.053~1.164	945~1 857
1434	2021-09-21	1.109	1.054~1.164	945~1 857
1435	2017-05-27	1.109	1.054~1.165	946~1 861
1436	2020-05-03	1.109	1.054~1.165	947~1 863
1437	2015-07-22	1.109	1.054~1.165	947~1 863
1438	2018-07-19	1.109	1.054~1.165	947~1 863
1439	2021-08-25	1.110	1.054~1.165	952~1 864
1440	2016-09-06	1.110	1.054~1.165	954~1 864
1441	2018-09-11	1.110	1.055~1.166	958~1 865
1442	2016-02-27	1.110	1.055~1.166	959~1 865
1443	2020-04-13	1.110	1.055~1.166	959~1 865
1444	2019-10-04	1.111	1.055~1.166	960~1 866
1445	2021-08-01	1.111	1.055~1.166	960~1 869
1446	2014-08-03	1.111	1.055~1.166	962~1 869
1447	2021-07-08	1.111	1.055~1.166	962~1 869
1448	2015-08-25	1.111	1.055~1.167	962~1 870
1449	2017-08-16	1.111	1.055~1.167	964~1 870
1450	2017-08-18	1.111	1.056~1.167	964~1 870
1451	2017-09-29	1.111	1.056~1.167	967~1 872
1452	2019-08-31	1.112	1.056~1.167	971~1 873
1453	2020-10-03	1.112	1.056~1.167	971~1 873
1454	2016-10-20	1.112	1.056~1.167	971~1 873
1455	2020-02-26	1.112	1.056~1.167	971~1 874
1456	2016-10-02	1.112	1.056~1.167	972~1 874
1457	2020-08-30	1.112	1.056~1.167	972~1 874
1458	2019-10-05	1.112	1.056~1.168	972~1 875
1459	2014-08-30	1.112	1.056~1.168	972~1 877
1460	2015-08-23	1.112	1.056~1.168	973~1 877
1461	2017-09-24	1.112	1.056~1.168	973~1 877
1462	2016-11-06	1.112	1.056~1.168	973~1 877
1463	2017-08-29	1.112	1.057~1.168	976~1 878
1464	2014-05-11	1.112	1.057~1.168	978~1 878
1465	2016-07-19	1.112	1.057~1.168	978~1 878
1466	2021-08-26	1.112	1.057~1.168	980~1 878
1467	2020-07-07	1.113	1.057~1.168	981~1 881
1468	2015-09-20	1.113	1.057~1.168	981~1 882

序号	日期	PM$_{2.5}$气象污染综合指数	同一气象条件指数区间	同一气象条件在附表2中的序号区间
1469	2015-10-07	1.113	1.057~1.168	981~1 882
1470	2020-06-28	1.113	1.057~1.168	981~1 882
1471	2021-05-31	1.113	1.057~1.168	981~1 882
1472	2016-03-16	1.113	1.057~1.168	984~1 882
1473	2014-09-07	1.113	1.057~1.168	984~1 882
1474	2021-07-23	1.113	1.057~1.168	984~1 882
1475	2021-08-02	1.113	1.057~1.169	984~1 883
1476	2015-09-11	1.114	1.058~1.170	989~1 884
1477	2018-09-28	1.114	1.058~1.170	989~1 884
1478	2016-07-14	1.114	1.058~1.170	990~1 884
1479	2015-07-19	1.114	1.058~1.170	992~1 884
1480	2019-07-22	1.114	1.058~1.170	992~1 884
1481	2017-08-15	1.114	1.058~1.170	992~1 884
1482	2017-08-20	1.114	1.058~1.170	992~1 884
1483	2016-07-06	1.114	1.058~1.170	992~1 884
1484	2015-04-14	1.114	1.058~1.170	992~1 884
1485	2016-04-27	1.114	1.058~1.170	993~1 884
1486	2015-04-08	1.114	1.059~1.170	993~1 884
1487	2021-04-10	1.114	1.059~1.170	996~1 884
1488	2019-11-07	1.115	1.059~1.170	996~1 884
1489	2015-10-12	1.115	1.059~1.170	997~1 885
1490	2020-10-02	1.115	1.059~1.171	998~1 886
1491	2020-04-09	1.115	1.059~1.171	999~1 888
1492	2019-09-10	1.115	1.059~1.171	999~1 888
1493	2015-12-27	1.116	1.060~1.171	1 002~1 891
1494	2016-01-25	1.116	1.060~1.172	1 002~1 891
1495	2019-02-17	1.116	1.060~1.172	1 002~1 891
1496	2019-01-27	1.116	1.060~1.172	1 002~1 891
1497	2021-02-03	1.116	1.060~1.172	1 002~1 891
1498	2017-08-21	1.116	1.060~1.172	1 002~1 891
1499	2018-08-02	1.116	1.060~1.172	1 002~1 891
1500	2019-07-17	1.116	1.060~1.172	1 002~1 891
1501	2018-04-04	1.116	1.060~1.172	1 005~1 891
1502	2015-11-24	1.116	1.060~1.172	1 006~1 891
1503	2016-08-10	1.116	1.060~1.172	1 007~1 894
1504	2017-08-14	1.116	1.060~1.172	1 007~1 894
1505	2020-07-28	1.116	1.060~1.172	1 007~1 894
1506	2021-10-22	1.116	1.061~1.172	1 008~1 894

续表

序号	日期	PM$_{2.5}$气象污染综合指数	同一气象条件指数区间	同一气象条件在附表2中的序号区间
1507	2017-03-11	1.117	1.061~1.172	1 011~1 895
1508	2021-02-21	1.117	1.061~1.173	1 011~1 896
1509	2015-11-25	1.117	1.061~1.173	1 011~1 896
1510	2017-09-06	1.117	1.061~1.173	1 011~1 896
1511	2015-07-12	1.117	1.061~1.173	1 011~1 896
1512	2020-10-23	1.117	1.061~1.173	1 013~1 897
1513	2016-09-11	1.117	1.061~1.173	1 013~1 897
1514	2014-01-21	1.117	1.061~1.173	1 014~1 897
1515	2018-10-07	1.117	1.061~1.173	1 016~1 898
1516	2018-07-10	1.117	1.061~1.173	1 016~1 898
1517	2021-08-09	1.117	1.062~1.173	1 017~1 898
1518	2016-03-14	1.118	1.062~1.174	1 025~1 903
1519	2014-04-01	1.118	1.062~1.174	1 025~1 903
1520	2016-06-23	1.118	1.062~1.174	1 025~1 904
1521	2021-05-13	1.118	1.062~1.174	1 025~1 905
1522	2017-03-03	1.118	1.062~1.174	1 025~1 906
1523	2014-08-16	1.118	1.062~1.174	1 025~1 906
1524	2015-07-15	1.119	1.063~1.174	1 026~1 907
1525	2016-03-06	1.119	1.063~1.175	1 026~1 907
1526	2021-04-26	1.119	1.063~1.175	1 026~1 907
1527	2021-08-13	1.119	1.063~1.175	1 026~1 908
1528	2021-05-02	1.119	1.063~1.175	1 026~1 908
1529	2021-12-02	1.119	1.063~1.175	1 026~1 908
1530	2015-01-11	1.119	1.063~1.175	1 026~1 908
1531	2016-12-14	1.119	1.063~1.175	1 026~1 908
1532	2017-01-09	1.119	1.063~1.175	1 030~1 908
1533	2020-11-19	1.119	1.063~1.175	1 031~1 910
1534	2019-10-01	1.119	1.063~1.175	1 031~1 910
1535	2015-01-26	1.119	1.063~1.175	1 032~1 910
1536	2016-02-22	1.120	1.064~1.176	1 036~1 915
1537	2015-02-26	1.120	1.064~1.176	1 036~1 915
1538	2014-03-09	1.120	1.064~1.176	1 036~1 915
1539	2015-01-16	1.120	1.064~1.176	1 036~1 915
1540	2014-04-17	1.120	1.064~1.176	1 036~1 915
1541	2014-08-06	1.121	1.065~1.177	1 039~1 917
1542	2020-09-01	1.121	1.065~1.177	1 039~1 917
1543	2016-03-17	1.121	1.065~1.177	1 039~1 917
1544	2018-09-12	1.121	1.065~1.177	1 039~1 917

续表

序号	日期	PM$_{2.5}$气象污染综合指数	同一气象条件指数区间	同一气象条件在附表2中的序号区间
1545	2018-06-16	1.121	1.065~1.177	1 041~1 917
1546	2014-12-10	1.121	1.065~1.177	1 041~1 917
1547	2014-12-30	1.121	1.065~1.178	1 051~1 918
1548	2018-05-09	1.122	1.066~1.178	1 053~1 919
1549	2016-08-07	1.122	1.066~1.178	1 054~1 919
1550	2020-07-11	1.122	1.066~1.178	1 054~1 919
1551	2019-07-18	1.122	1.066~1.178	1 054~1 919
1552	2016-05-13	1.122	1.066~1.178	1 054~1 919
1553	2015-10-02	1.122	1.066~1.178	1 054~1 920
1554	2020-09-12	1.122	1.066~1.178	1 057~1 921
1555	2016-09-14	1.122	1.066~1.178	1 060~1 922
1556	2015-08-20	1.122	1.066~1.178	1 061~1 922
1557	2017-07-25	1.122	1.066~1.178	1 061~1 922
1558	2018-10-10	1.123	1.067~1.179	1 064~1 924
1559	2016-10-03	1.123	1.067~1.179	1 066~1 925
1560	2014-10-13	1.123	1.067~1.179	1 066~1 925
1561	2019-11-03	1.123	1.067~1.179	1 066~1 925
1562	2021-03-14	1.123	1.067~1.179	1 066~1 925
1563	2016-08-29	1.123	1.067~1.179	1 066~1 925
1564	2014-09-12	1.123	1.067~1.179	1 068~1 925
1565	2020-02-03	1.123	1.067~1.179	1 068~1 925
1566	2016-08-30	1.123	1.067~1.179	1 069~1 926
1567	2020-08-29	1.123	1.067~1.179	1 069~1 926
1568	2015-04-01	1.123	1.067~1.179	1 070~1 928
1569	2017-03-28	1.123	1.067~1.179	1 070~1 928
1570	2016-07-21	1.123	1.067~1.180	1 071~1 929
1571	2014-06-14	1.123	1.067~1.180	1 075~1 930
1572	2015-08-16	1.123	1.067~1.180	1 075~1 930
1573	2015-09-23	1.124	1.068~1.180	1 081~1 930
1574	2018-10-02	1.124	1.068~1.180	1 081~1 930
1575	2014-02-06	1.124	1.068~1.180	1 082~1 930
1576	2020-12-14	1.124	1.068~1.180	1 082~1 931
1577	2017-12-15	1.124	1.068~1.180	1 083~1 931
1578	2020-03-07	1.124	1.068~1.180	1 085~1 932
1579	2021-04-22	1.124	1.068~1.180	1 085~1 932
1580	2020-11-13	1.124	1.068~1.181	1 087~1 933
1581	2017-10-16	1.124	1.068~1.181	1 088~1 933
1582	2014-04-07	1.125	1.068~1.181	1 088~1 933

序号	日期	PM$_{2.5}$气象污染综合指数	同一气象条件指数区间	同一气象条件在附表2中的序号区间
1583	2018-08-24	1.125	1.068~1.181	1 090~1 934
1584	2019-02-13	1.126	1.069~1.182	1 098~1 938
1585	2016-06-29	1.126	1.069~1.182	1 098~1 938
1586	2020-08-02	1.126	1.069~1.182	1 098~1 938
1587	2017-04-06	1.126	1.069~1.182	1 098~1 938
1588	2019-08-01	1.126	1.069~1.182	1 099~1 939
1589	2018-06-10	1.126	1.069~1.182	1 099~1 939
1590	2018-08-12	1.126	1.069~1.182	1 099~1 939
1591	2019-07-30	1.126	1.069~1.182	1 099~1 939
1592	2016-08-17	1.126	1.070~1.182	1 099~1 939
1593	2014-10-03	1.126	1.070~1.182	1 101~1 941
1594	2014-02-26	1.127	1.070~1.183	1 110~1 946
1595	2015-11-05	1.127	1.071~1.183	1 113~1 946
1596	2016-02-21	1.127	1.071~1.183	1 113~1 946
1597	2021-07-22	1.128	1.071~1.184	1 120~1 950
1598	2016-01-10	1.128	1.071~1.184	1 122~1 951
1599	2016-03-12	1.128	1.072~1.185	1 127~1 957
1600	2015-09-02	1.128	1.072~1.185	1 127~1 957
1601	2021-08-14	1.128	1.072~1.185	1 127~1 957
1602	2014-08-14	1.128	1.072~1.185	1 128~1 957
1603	2018-07-25	1.128	1.072~1.185	1 128~1 957
1604	2020-08-15	1.128	1.072~1.185	1 128~1 957
1605	2021-08-05	1.128	1.072~1.185	1 128~1 957
1606	2021-11-19	1.128	1.072~1.185	1 128~1 957
1607	2020-08-27	1.128	1.072~1.185	1 128~1 957
1608	2019-08-15	1.129	1.072~1.185	1 133~1 959
1609	2020-02-27	1.129	1.073~1.186	1 137~1 961
1610	2019-04-13	1.130	1.073~1.186	1 138~1 962
1611	2015-04-02	1.130	1.073~1.186	1 139~1 962
1612	2015-04-10	1.130	1.073~1.186	1 139~1 962
1613	2017-02-05	1.130	1.073~1.186	1 143~1 963
1614	2016-09-15	1.130	1.074~1.187	1 143~1 963
1615	2018-08-03	1.130	1.074~1.187	1 143~1 964
1616	2016-08-12	1.130	1.074~1.187	1 144~1 964
1617	2015-02-21	1.130	1.074~1.187	1 149~1 965
1618	2017-09-20	1.130	1.074~1.187	1 151~1 966
1619	2015-04-09	1.131	1.074~1.187	1 152~1 967
1620	2020-07-26	1.131	1.074~1.187	1 152~1 967

续表

序号	日期	PM$_{2.5}$气象污染综合指数	同一气象条件指数区间	同一气象条件在附表2中的序号区间
1621	2019-12-05	1.131	1.074~1.187	1 152~1 967
1622	2020-08-31	1.131	1.074~1.187	1 153~1 967
1623	2021-08-11	1.131	1.074~1.187	1 153~1 967
1624	2019-10-07	1.131	1.074~1.187	1 153~1 969
1625	2020-10-11	1.131	1.074~1.187	1 153~1 969
1626	2021-04-21	1.131	1.075~1.188	1 155~1 970
1627	2016-09-22	1.131	1.075~1.188	1 157~1 974
1628	2018-10-22	1.132	1.075~1.188	1 158~1 974
1629	2014-10-05	1.132	1.075~1.188	1 158~1 974
1630	2014-12-19	1.132	1.075~1.188	1 159~1 974
1631	2017-11-28	1.132	1.075~1.188	1 159~1 974
1632	2018-01-20	1.132	1.075~1.188	1 159~1 974
1633	2016-06-07	1.132	1.075~1.189	1 159~1 976
1634	2015-09-24	1.132	1.076~1.189	1 163~1 976
1635	2018-08-18	1.132	1.076~1.189	1 163~1 976
1636	2015-12-02	1.132	1.076~1.189	1 164~1 976
1637	2017-11-07	1.132	1.076~1.189	1 165~1 977
1638	2018-11-09	1.132	1.076~1.189	1 165~1 977
1639	2017-09-14	1.132	1.076~1.189	1 165~1 977
1640	2014-10-21	1.132	1.076~1.189	1 165~1 977
1641	2017-07-31	1.133	1.076~1.189	1 166~1 979
1642	2020-09-07	1.133	1.076~1.189	1 166~1 979
1643	2018-04-23	1.133	1.076~1.189	1 167~1 982
1644	2016-03-04	1.133	1.076~1.190	1 167~1 983
1645	2018-05-01	1.133	1.076~1.190	1 167~1 983
1646	2018-02-21	1.133	1.076~1.190	1 168~1 984
1647	2014-04-21	1.133	1.077~1.190	1 168~1 984
1648	2021-09-30	1.133	1.077~1.190	1 173~1 986
1649	2015-01-05	1.134	1.077~1.190	1 174~1 986
1650	2018-02-28	1.134	1.077~1.190	1 174~1 988
1651	2016-01-05	1.134	1.077~1.190	1 174~1 988
1652	2017-01-31	1.134	1.077~1.190	1 174~1 988
1653	2018-01-31	1.134	1.077~1.190	1 174~1 988
1654	2019-10-09	1.134	1.077~1.191	1 174~1 989
1655	2016-08-27	1.134	1.078~1.191	1 179~1 991
1656	2021-05-11	1.134	1.078~1.191	1 179~1 991
1657	2014-07-04	1.134	1.078~1.191	1 179~1 991
1658	2019-09-18	1.134	1.078~1.191	1 180~1 992

序号	日期	PM$_{2.5}$气象污染综合指数	同一气象条件指数区间	同一气象条件在附表2中的序号区间
1659	2018-04-22	1.135	1.078~1.192	1 185~1 996
1660	2016-11-14	1.135	1.078~1.192	1 186~1 997
1661	2021-10-10	1.135	1.078~1.192	1 187~1 997
1662	2021-09-12	1.135	1.078~1.192	1 188~1 998
1663	2019-06-19	1.135	1.078~1.192	1 189~1 999
1664	2020-08-06	1.135	1.078~1.192	1 189~1 999
1665	2016-08-06	1.135	1.078~1.192	1 190~1 999
1666	2019-07-07	1.135	1.079~1.192	1 191~2 001
1667	2015-02-17	1.136	1.079~1.193	1 193~2 006
1668	2018-03-23	1.136	1.079~1.193	1 196~2 007
1669	2015-07-18	1.136	1.080~1.193	1 196~2 007
1670	2018-09-27	1.137	1.080~1.194	1 197~2 009
1671	2019-06-17	1.137	1.080~1.194	1 198~2 011
1672	2019-10-14	1.137	1.080~1.194	1 201~2 014
1673	2016-03-21	1.137	1.081~1.194	1 202~2 015
1674	2017-09-18	1.137	1.081~1.194	1 202~2 015
1675	2015-08-08	1.138	1.081~1.195	1 203~2 016
1676	2015-03-12	1.138	1.081~1.195	1 204~2 016
1677	2017-02-25	1.138	1.081~1.195	1 207~2 017
1678	2014-09-10	1.138	1.081~1.195	1 208~2 020
1679	2014-09-19	1.138	1.081~1.195	1 208~2 020
1680	2021-08-27	1.138	1.081~1.195	1 208~2 020
1681	2021-02-05	1.138	1.082~1.195	1 208~2 020
1682	2020-03-16	1.139	1.082~1.196	1 210~2 022
1683	2017-09-25	1.139	1.082~1.196	1 210~2 023
1684	2016-03-18	1.139	1.082~1.196	1 213~2 025
1685	2016-09-21	1.139	1.082~1.196	1 214~2 025
1686	2021-09-29	1.140	1.083~1.197	1 216~2 026
1687	2015-07-20	1.140	1.083~1.197	1 217~2 026
1688	2018-08-28	1.140	1.083~1.197	1 217~2 026
1689	2017-10-06	1.140	1.083~1.197	1 217~2 027
1690	2014-09-06	1.140	1.083~1.197	1 219~2 027
1691	2019-12-19	1.140	1.083~1.197	1 220~2 027
1692	2014-03-26	1.140	1.083~1.197	1 220~2 027
1693	2017-08-28	1.141	1.084~1.198	1 223~2 028
1694	2017-11-02	1.141	1.084~1.198	1 223~2 028
1695	2019-08-18	1.141	1.084~1.198	1 223~2 028
1696	2015-08-03	1.141	1.084~1.198	1 224~2 031

序号	日期	PM$_{2.5}$气象污染综合指数	同一气象条件指数区间	同一气象条件在附表2中的序号区间
1697	2018-08-11	1.141	1.084~1.198	1 224~2 031
1698	2020-01-24	1.142	1.085~1.199	1 226~2 032
1699	2019-04-26	1.142	1.085~1.199	1 226~2 032
1700	2014-09-29	1.142	1.085~1.199	1 229~2 034
1701	2020-12-02	1.142	1.085~1.199	1 229~2 034
1702	2017-04-02	1.143	1.086~1.200	1 232~2 036
1703	2021-11-10	1.143	1.086~1.200	1 232~2 036
1704	2021-08-23	1.143	1.086~1.200	1 234~2 037
1705	2014-01-28	1.143	1.086~1.200	1 238~2 037
1706	2015-03-13	1.143	1.086~1.200	1 238~2 037
1707	2018-11-27	1.143	1.086~1.200	1 239~2 039
1708	2015-02-11	1.143	1.086~1.201	1 241~2 039
1709	2021-02-27	1.144	1.087~1.201	1 249~2 046
1710	2021-01-15	1.144	1.087~1.201	1 250~2 046
1711	2016-01-17	1.144	1.087~1.201	1 250~2 046
1712	2021-04-04	1.144	1.087~1.201	1 250~2 046
1713	2014-11-17	1.144	1.087~1.201	1 250~2 046
1714	2020-11-01	1.144	1.087~1.201	1 250~2 046
1715	2015-08-30	1.144	1.087~1.202	1 250~2 046
1716	2018-08-31	1.144	1.087~1.202	1 251~2 046
1717	2016-08-21	1.145	1.087~1.202	1 251~2 047
1718	2019-08-25	1.145	1.088~1.202	1 254~2 047
1719	2017-10-14	1.145	1.088~1.202	1 255~2 050
1720	2016-12-22	1.145	1.088~1.202	1 255~2 050
1721	2016-06-18	1.145	1.088~1.203	1 256~2 052
1722	2019-02-05	1.146	1.088~1.203	1 259~2 056
1723	2014-09-09	1.146	1.088~1.203	1 259~2 056
1724	2016-08-01	1.146	1.089~1.203	1 260~2 057
1725	2016-08-04	1.146	1.089~1.203	1 260~2 057
1726	2016-08-09	1.146	1.089~1.203	1 260~2 057
1727	2017-08-19	1.146	1.089~1.203	1 260~2 057
1728	2017-10-01	1.146	1.089~1.203	1 269~2 057
1729	2019-08-24	1.146	1.089~1.203	1 269~2 057
1730	2014-08-18	1.146	1.089~1.203	1 269~2 058
1731	2021-08-18	1.146	1.089~1.203	1 269~2 058
1732	2018-09-10	1.146	1.089~1.204	1 269~2 058
1733	2019-10-13	1.146	1.089~1.204	1 270~2 058
1734	2015-02-18	1.147	1.089~1.204	1 272~2 060

序号	日期	PM₂.₅气象污染综合指数	同一气象条件指数区间	同一气象条件在附表2中的序号区间
1735	2021-06-16	1.147	1.090~1.204	1 274~2 062
1736	2015-05-07	1.147	1.090~1.205	1 277~2 064
1737	2017-10-05	1.147	1.090~1.205	1 279~2 064
1738	2017-08-23	1.148	1.090~1.205	1 283~2 065
1739	2021-12-21	1.148	1.090~1.205	1 285~2 065
1740	2018-08-08	1.148	1.091~1.205	1 288~2 071
1741	2017-03-19	1.148	1.091~1.206	1 288~2 072
1742	2020-10-16	1.148	1.091~1.206	1 288~2 072
1743	2014-04-27	1.148	1.091~1.206	1 288~2 072
1744	2018-10-04	1.149	1.091~1.206	1 289~2 073
1745	2016-10-26	1.149	1.091~1.206	1 289~2 074
1746	2018-02-27	1.149	1.091~1.206	1 289~2 074
1747	2018-07-29	1.149	1.091~1.206	1 289~2 074
1748	2021-12-23	1.149	1.092~1.207	1 294~2 077
1749	2019-09-03	1.149	1.092~1.207	1 295~2 079
1750	2021-03-11	1.149	1.092~1.207	1 295~2 081
1751	2021-10-17	1.149	1.092~1.207	1 295~2 081
1752	2017-04-13	1.150	1.092~1.207	1 296~2 082
1753	2014-04-13	1.150	1.092~1.207	1 296~2 083
1754	2015-09-14	1.150	1.092~1.207	1 296~2 083
1755	2017-11-29	1.150	1.092~1.207	1 297~2 086
1756	2017-12-12	1.150	1.092~1.207	1 297~2 086
1757	2019-02-10	1.150	1.092~1.207	1 297~2 086
1758	2017-08-31	1.150	1.092~1.207	1 299~2 086
1759	2020-05-04	1.150	1.092~1.207	1 299~2 086
1760	2017-09-08	1.150	1.093~1.208	1 305~2 086
1761	2020-05-09	1.150	1.093~1.208	1 305~2 086
1762	2017-09-13	1.150	1.093~1.208	1 306~2 086
1763	2016-11-15	1.150	1.093~1.208	1 306~2 086
1764	2021-08-31	1.150	1.093~1.208	1 308~2 086
1765	2018-10-08	1.150	1.093~1.208	1 309~2 087
1766	2014-10-19	1.151	1.093~1.208	1 313~2 087
1767	2014-10-26	1.151	1.093~1.208	1 316~2 087
1768	2014-12-07	1.151	1.093~1.208	1 316~2 087
1769	2015-02-28	1.151	1.093~1.208	1 317~2 087
1770	2016-04-07	1.151	1.094~1.209	1 320~2 087
1771	2017-04-07	1.151	1.094~1.209	1 321~2 087
1772	2015-09-17	1.151	1.094~1.209	1 321~2 087

续表

序号	日期	PM$_{2.5}$气象污染综合指数	同一气象条件指数区间	同一气象条件在附表2中的序号区间
1773	2016-09-12	1.152	1.094~1.209	1 322~2 089
1774	2014-01-19	1.152	1.094~1.209	1 323~2 089
1775	2014-11-01	1.152	1.094~1.210	1 325~2 089
1776	2015-11-16	1.153	1.095~1.210	1 335~2 090
1777	2017-02-27	1.153	1.095~1.210	1 335~2 090
1778	2015-09-25	1.153	1.095~1.210	1 335~2 090
1779	2018-04-21	1.153	1.095~1.210	1 335~2 090
1780	2014-03-19	1.153	1.095~1.211	1 336~2 090
1781	2017-10-04	1.153	1.096~1.211	1 339~2 091
1782	2016-08-26	1.153	1.096~1.211	1 339~2 091
1783	2018-09-09	1.154	1.096~1.211	1 342~2 092
1784	2020-10-20	1.154	1.096~1.211	1 343~2 093
1785	2020-03-23	1.154	1.096~1.212	1 344~2 094
1786	2020-02-23	1.154	1.096~1.212	1 345~2 094
1787	2015-09-01	1.154	1.096~1.212	1 345~2 094
1788	2015-01-21	1.154	1.096~1.212	1 346~2 094
1789	2019-02-08	1.155	1.097~1.213	1 354~2 100
1790	2019-12-13	1.155	1.097~1.213	1 356~2 100
1791	2014-02-08	1.155	1.097~1.213	1 357~2 100
1792	2015-09-29	1.155	1.097~1.213	1 358~2 100
1793	2014-02-28	1.155	1.097~1.213	1 359~2 101
1794	2015-01-01	1.155	1.097~1.213	1 359~2 101
1795	2015-01-02	1.155	1.097~1.213	1 359~2 101
1796	2021-01-09	1.155	1.097~1.213	1 359~2 101
1797	2021-12-26	1.155	1.097~1.213	1 359~2 101
1798	2014-01-30	1.155	1.098~1.213	1 361~2 101
1799	2018-09-15	1.155	1.098~1.213	1 361~2 101
1800	2014-08-28	1.156	1.098~1.213	1 363~2 102
1801	2014-04-11	1.156	1.098~1.213	1 363~2 102
1802	2015-01-24	1.156	1.098~1.214	1 363~2 105
1803	2021-06-23	1.156	1.098~1.214	1 364~2 105
1804	2014-03-01	1.156	1.098~1.214	1 364~2 105
1805	2016-10-22	1.156	1.098~1.214	1 364~2 105
1806	2014-02-16	1.156	1.098~1.214	1 364~2 105
1807	2021-11-08	1.156	1.098~1.214	1 365~2 105
1808	2021-12-18	1.156	1.098~1.214	1 365~2 105
1809	2015-10-03	1.157	1.099~1.215	1 370~2 106
1810	2018-03-30	1.157	1.099~1.215	1 370~2 106

序号	日期	PM$_{2.5}$气象污染综合指数	同一气象条件指数区间	同一气象条件在附表2中的序号区间
1811	2014-08-29	1.157	1.099~1.215	1 371~2 106
1812	2019-10-03	1.157	1.099~1.215	1 371~2 106
1813	2021-04-25	1.157	1.099~1.215	1 372~2 106
1814	2020-02-25	1.157	1.099~1.215	1 373~2 106
1815	2020-02-06	1.157	1.100~1.215	1 374~2 106
1816	2020-10-17	1.158	1.100~1.216	1 376~2 108
1817	2020-10-13	1.158	1.100~1.216	1 376~2 108
1818	2014-09-16	1.158	1.100~1.216	1 377~2 108
1819	2021-01-11	1.158	1.100~1.216	1 377~2 108
1820	2021-06-08	1.158	1.100~1.216	1 377~2 109
1821	2021-02-08	1.158	1.100~1.216	1 378~2 109
1822	2021-03-05	1.159	1.101~1.217	1 380~2 111
1823	2015-09-08	1.159	1.101~1.217	1 380~2 111
1824	2020-08-22	1.159	1.101~1.217	1 380~2 111
1825	2016-02-08	1.159	1.101~1.217	1 383~2 112
1826	2021-03-10	1.159	1.102~1.217	1 387~2 114
1827	2019-03-07	1.160	1.102~1.218	1 388~2 114
1828	2020-12-28	1.160	1.102~1.218	1 388~2 114
1829	2018-07-12	1.160	1.102~1.218	1 388~2 114
1830	2019-08-08	1.160	1.102~1.218	1 388~2 114
1831	2020-07-12	1.160	1.102~1.218	1 388~2 114
1832	2019-10-12	1.160	1.102~1.218	1 390~2 116
1833	2021-04-08	1.160	1.102~1.218	1 390~2 116
1834	2017-10-30	1.160	1.102~1.218	1 390~2 116
1835	2021-04-06	1.160	1.102~1.218	1 390~2 116
1836	2014-05-25	1.160	1.102~1.218	1 391~2 117
1837	2016-05-11	1.160	1.102~1.218	1 391~2 118
1838	2015-12-30	1.161	1.103~1.219	1 392~2 121
1839	2017-09-12	1.161	1.103~1.219	1 392~2 121
1840	2017-03-20	1.161	1.103~1.219	1 392~2 121
1841	2017-11-08	1.161	1.103~1.219	1 392~2 121
1842	2015-11-22	1.162	1.103~1.220	1 393~2 127
1843	2014-02-22	1.162	1.104~1.220	1 395~2 128
1844	2018-10-25	1.162	1.104~1.221	1 397~2 131
1845	2017-08-26	1.163	1.104~1.221	1 400~2 132
1846	2015-08-02	1.163	1.105~1.221	1 403~2 132
1847	2018-05-16	1.163	1.105~1.221	1 403~2 132
1848	2018-06-13	1.163	1.105~1.221	1 403~2 132

续表

序号	日期	PM$_{2.5}$气象污染综合指数	同一气象条件指数区间	同一气象条件在附表2中的序号区间
1849	2018-08-07	1.163	1.105~1.221	1 403~2 132
1850	2017-11-05	1.163	1.105~1.221	1 407~2 134
1851	2015-09-06	1.164	1.105~1.222	1 408~2 141
1852	2015-03-14	1.164	1.105~1.222	1 408~2 141
1853	2017-11-04	1.164	1.106~1.222	1 411~2 142
1854	2021-03-07	1.164	1.106~1.222	1 411~2 142
1855	2018-09-22	1.164	1.106~1.222	1 416~2 142
1856	2014-02-05	1.164	1.106~1.222	1 416~2 142
1857	2014-01-12	1.164	1.106~1.223	1 416~2 142
1858	2015-01-17	1.164	1.106~1.223	1 416~2 142
1859	2017-12-20	1.164	1.106~1.223	1 416~2 142
1860	2018-12-13	1.164	1.106~1.223	1 416~2 142
1861	2016-10-14	1.165	1.106~1.223	1 417~2 142
1862	2021-10-01	1.165	1.106~1.223	1 417~2 142
1863	2020-10-05	1.165	1.107~1.223	1 418~2 143
1864	2018-09-14	1.165	1.107~1.223	1 418~2 143
1865	2018-11-05	1.166	1.108~1.224	1 422~2 144
1866	2017-12-08	1.166	1.108~1.224	1 423~2 146
1867	2016-11-05	1.166	1.108~1.225	1 423~2 146
1868	2018-05-21	1.166	1.108~1.225	1 423~2 146
1869	2017-04-08	1.166	1.108~1.225	1 424~2 146
1870	2014-02-20	1.166	1.108~1.225	1 428~2 146
1871	2019-10-26	1.167	1.108~1.225	1 432~2 146
1872	2021-10-31	1.167	1.109~1.225	1 432~2 147
1873	2016-10-01	1.167	1.109~1.226	1 433~2 147
1874	2014-04-12	1.167	1.109~1.226	1 433~2 147
1875	2014-02-19	1.168	1.109~1.226	1 435~2 147
1876	2020-09-20	1.168	1.109~1.226	1 435~2 148
1877	2017-03-30	1.168	1.109~1.226	1 436~2 148
1878	2016-12-09	1.168	1.110~1.226	1 439~2 150
1879	2014-09-21	1.168	1.110~1.227	1 439~2 152
1880	2014-11-16	1.168	1.110~1.227	1 439~2 152
1881	2015-09-10	1.168	1.110~1.227	1 439~2 152
1882	2019-04-21	1.169	1.110~1.227	1 441~2 154
1883	2021-09-14	1.169	1.110~1.227	1 442~2 156
1884	2021-09-07	1.170	1.112~1.229	1 453~2 157
1885	2014-03-11	1.171	1.112~1.229	1 459~2 157
1886	2021-07-21	1.171	1.112~1.229	1 463~2 158

序号	日期	PM$_{2.5}$气象污染综合指数	同一气象条件指数区间	同一气象条件在附表2中的序号区间
1887	2016-05-14	1.171	1.112~1.229	1 463~2 158
1888	2020-09-28	1.171	1.112~1.229	1 464~2 159
1889	2021-04-09	1.171	1.112~1.230	1 467~2 160
1890	2021-02-14	1.171	1.113~1.230	1 467~2 160
1891	2019-10-24	1.172	1.113~1.230	1 475~2 163
1892	2015-10-06	1.172	1.113~1.230	1 475~2 163
1893	2019-03-26	1.172	1.113~1.231	1 475~2 163
1894	2014-04-20	1.172	1.113~1.231	1 475~2 164
1895	2016-01-04	1.172	1.114~1.231	1 476~2 164
1896	2015-11-03	1.173	1.114~1.231	1 479~2 164
1897	2019-03-04	1.173	1.114~1.231	1 485~2 164
1898	2020-09-21	1.173	1.115~1.232	1 489~2 166
1899	2021-03-26	1.173	1.115~1.232	1 489~2 166
1900	2014-09-13	1.173	1.115~1.232	1 489~2 166
1901	2019-09-12	1.173	1.115~1.232	1 489~2 166
1902	2020-05-06	1.173	1.115~1.232	1 489~2 166
1903	2020-02-02	1.174	1.115~1.232	1 490~2 166
1904	2014-04-18	1.174	1.115~1.233	1 492~2 166
1905	2016-04-12	1.174	1.115~1.233	1 492~2 166
1906	2017-02-16	1.174	1.116~1.233	1 493~2 167
1907	2019-02-02	1.174	1.116~1.233	1 494~2 167
1908	2019-10-16	1.175	1.116~1.234	1 503~2 167
1909	2020-11-20	1.175	1.116~1.234	1 503~2 167
1910	2017-08-25	1.175	1.117~1.234	1 507~2 169
1911	2017-03-17	1.176	1.117~1.234	1 512~2 169
1912	2014-06-23	1.176	1.117~1.234	1 512~2 169
1913	2015-08-19	1.176	1.117~1.234	1 512~2 169
1914	2016-09-26	1.176	1.117~1.234	1 512~2 169
1915	2016-02-02	1.176	1.118~1.235	1 517~2 171
1916	2020-09-13	1.177	1.118~1.235	1 518~2 171
1917	2015-09-19	1.177	1.118~1.235	1 518~2 171
1918	2014-03-25	1.177	1.119~1.236	1 524~2 173
1919	2015-10-28	1.178	1.119~1.237	1 531~2 174
1920	2020-09-29	1.178	1.119~1.237	1 532~2 174
1921	2015-04-19	1.178	1.119~1.237	1 533~2 174
1922	2016-10-23	1.178	1.120~1.237	1 535~2 175
1923	2014-09-25	1.179	1.120~1.237	1 535~2 175
1924	2016-09-23	1.179	1.120~1.237	1 535~2 175

续表

序号	日期	PM$_{2.5}$气象污染综合指数	同一气象条件指数区间	同一气象条件在附表2中的序号区间
1925	2016-08-14	1.179	1.120~1.238	1 538~2 176
1926	2019-01-23	1.179	1.120~1.238	1 540~2 176
1927	2021-02-04	1.179	1.120~1.238	1 540~2 176
1928	2021-09-23	1.179	1.120~1.238	1 541~2 177
1929	2019-02-11	1.180	1.121~1.238	1 541~2 177
1930	2016-08-22	1.180	1.121~1.239	1 544~2 177
1931	2017-05-23	1.180	1.121~1.239	1 547~2 178
1932	2015-09-03	1.180	1.121~1.239	1 547~2 178
1933	2019-04-28	1.180	1.121~1.240	1 547~2 179
1934	2014-03-23	1.181	1.122~1.240	1 553~2 180
1935	2014-09-27	1.181	1.122~1.240	1 554~2 180
1936	2017-10-03	1.181	1.122~1.240	1 554~2 180
1937	2019-09-29	1.182	1.122~1.241	1 556~2 181
1938	2016-09-18	1.182	1.123~1.241	1 559~2 181
1939	2021-03-25	1.182	1.123~1.241	1 566~2 182
1940	2017-09-01	1.182	1.123~1.241	1 567~2 182
1941	2015-01-31	1.182	1.123~1.241	1 568~2 183
1942	2015-02-09	1.182	1.123~1.241	1 568~2 183
1943	2019-01-26	1.182	1.123~1.241	1 568~2 183
1944	2020-04-18	1.183	1.123~1.242	1 570~2 183
1945	2015-07-25	1.183	1.124~1.242	1 573~2 184
1946	2021-01-17	1.183	1.124~1.242	1 573~2 184
1947	2018-11-15	1.184	1.124~1.243	1 581~2 188
1948	2021-03-02	1.184	1.124~1.243	1 581~2 188
1949	2014-10-14	1.184	1.125~1.243	1 583~2 189
1950	2019-11-12	1.184	1.125~1.243	1 583~2 189
1951	2021-01-27	1.184	1.125~1.244	1 584~2 189
1952	2017-02-24	1.184	1.125~1.244	1 584~2 189
1953	2017-02-26	1.184	1.125~1.244	1 584~2 189
1954	2021-03-03	1.184	1.125~1.244	1 584~2 190
1955	2017-11-09	1.184	1.125~1.244	1 584~2 190
1956	2014-10-27	1.184	1.125~1.244	1 584~2 190
1957	2016-12-15	1.185	1.125~1.244	1 584~2 190
1958	2017-02-21	1.185	1.126~1.244	1 589~2 190
1959	2017-03-22	1.185	1.126~1.244	1 592~2 191
1960	2018-02-08	1.186	1.126~1.245	1 593~2 192
1961	2014-03-03	1.186	1.127~1.245	1 594~2 194
1962	2020-11-12	1.186	1.127~1.245	1 594~2 194

序号	日期	PM$_{2.5}$气象污染综合指数	同一气象条件指数区间	同一气象条件在附表2中的序号区间
1963	2019-11-01	1.187	1.127~1.246	1 595~2 195
1964	2020-07-29	1.187	1.127~1.246	1 595~2 195
1965	2020-04-06	1.187	1.127~1.246	1 597~2 195
1966	2019-09-02	1.187	1.128~1.246	1 597~2 196
1967	2014-09-23	1.187	1.128~1.246	1 597~2 196
1968	2021-09-06	1.187	1.128~1.246	1 597~2 196
1969	2021-09-15	1.187	1.128~1.247	1 599~2 198
1970	2014-10-04	1.188	1.128~1.247	1 602~2 199
1971	2014-07-03	1.188	1.128~1.247	1 606~2 199
1972	2018-02-25	1.188	1.128~1.247	1 607~2 199
1973	2016-10-21	1.188	1.128~1.247	1 607~2 200
1974	2020-08-21	1.188	1.129~1.248	1 608~2 202
1975	2021-09-17	1.188	1.129~1.248	1 608~2 202
1976	2016-09-19	1.189	1.129~1.248	1 609~2 203
1977	2014-10-08	1.189	1.130~1.248	1 610~2 203
1978	2016-11-12	1.189	1.130~1.248	1 610~2 203
1979	2021-10-26	1.189	1.130~1.249	1 613~2 203
1980	2016-08-03	1.189	1.130~1.249	1 613~2 203
1981	2016-01-08	1.189	1.130~1.249	1 613~2 203
1982	2018-05-20	1.189	1.130~1.249	1 613~2 203
1983	2020-07-14	1.190	1.130~1.249	1 614~2 204
1984	2021-07-28	1.190	1.130~1.249	1 618~2 204
1985	2018-01-21	1.190	1.130~1.249	1 618~2 204
1986	2019-11-16	1.190	1.131~1.250	1 624~2 206
1987	2014-10-20	1.190	1.131~1.250	1 624~2 206
1988	2016-11-01	1.190	1.131~1.250	1 624~2 206
1989	2016-08-13	1.191	1.131~1.250	1 626~2 206
1990	2015-09-07	1.191	1.131~1.250	1 626~2 206
1991	2021-10-23	1.191	1.131~1.250	1 627~2 206
1992	2017-07-28	1.191	1.132~1.251	1 629~2 207
1993	2019-10-06	1.191	1.132~1.251	1 630~2 207
1994	2014-01-25	1.191	1.132~1.251	1 630~2 207
1995	2016-10-17	1.191	1.132~1.251	1 630~2 207
1996	2016-09-20	1.192	1.132~1.251	1 633~2 208
1997	2019-10-11	1.192	1.132~1.251	1 634~2 208
1998	2019-09-23	1.192	1.132~1.251	1 634~2 208
1999	2018-09-13	1.192	1.132~1.252	1 637~2 209
2000	2019-01-24	1.192	1.132~1.252	1 640~2 209

序号	日期	PM$_{2.5}$气象污染综合指数	同一气象条件指数区间	同一气象条件在附表2中的序号区间
2001	2014-09-22	1.192	1.133~1.252	1 641~2 209
2002	2020-09-27	1.192	1.133~1.252	1 641~2 209
2003	2019-07-24	1.192	1.133~1.252	1 641~2 209
2004	2015-03-07	1.192	1.133~1.252	1 641~2 209
2005	2021-08-07	1.192	1.133~1.252	1 641~2 209
2006	2016-10-10	1.193	1.133~1.252	1 647~2 211
2007	2015-09-18	1.193	1.133~1.253	1 648~2 211
2008	2019-03-02	1.193	1.134~1.253	1 650~2 212
2009	2016-02-07	1.194	1.134~1.253	1 654~2 213
2010	2018-12-17	1.194	1.134~1.253	1 654~2 213
2011	2017-08-22	1.194	1.134~1.253	1 654~2 213
2012	2021-09-10	1.194	1.134~1.253	1 654~2 213
2013	2021-10-02	1.194	1.134~1.253	1 654~2 213
2014	2019-11-15	1.194	1.134~1.254	1 658~2 217
2015	2015-09-13	1.194	1.135~1.254	1 658~2 217
2016	2017-07-18	1.194	1.135~1.254	1 659~2 217
2017	2020-08-14	1.195	1.135~1.255	1 665~2 218
2018	2021-07-31	1.195	1.135~1.255	1 665~2 218
2019	2017-12-30	1.195	1.135~1.255	1 666~2 218
2020	2015-10-05	1.195	1.135~1.255	1 666~2 221
2021	2015-05-29	1.196	1.136~1.255	1 667~2 223
2022	2020-02-28	1.196	1.136~1.256	1 667~2 223
2023	2018-03-07	1.196	1.136~1.256	1 668~2 223
2024	2019-07-08	1.196	1.136~1.256	1 668~2 225
2025	2019-06-20	1.196	1.136~1.256	1 669~2 225
2026	2021-08-20	1.197	1.137~1.257	1 670~2 226
2027	2015-01-28	1.197	1.137~1.257	1 673~2 226
2028	2015-10-26	1.198	1.138~1.258	1 677~2 229
2029	2016-09-13	1.198	1.138~1.258	1 677~2 229
2030	2016-10-05	1.198	1.138~1.258	1 677~2 229
2031	2017-07-22	1.199	1.139~1.259	1 682~2 231
2032	2020-11-06	1.199	1.139~1.259	1 683~2 231
2033	2015-11-15	1.199	1.139~1.259	1 685~2 232
2034	2019-09-22	1.199	1.139~1.259	1 685~2 232
2035	2017-03-21	1.200	1.140~1.260	1 686~2 234
2036	2018-08-17	1.200	1.140~1.260	1 686~2 234
2037	2017-07-23	1.200	1.140~1.260	1 689~2 234
2038	2021-08-08	1.200	1.140~1.260	1 689~2 234

序号	日期	PM$_{2.5}$气象污染综合指数	同一气象条件指数区间	同一气象条件在附表2中的序号区间
2039	2015-02-16	1.201	1.141~1.261	1 692~2 237
2040	2015-09-09	1.201	1.141~1.261	1 692~2 237
2041	2016-09-07	1.201	1.141~1.261	1 693~2 237
2042	2016-09-08	1.201	1.141~1.261	1 693~2 237
2043	2020-09-05	1.201	1.141~1.261	1 693~2 238
2044	2016-03-11	1.201	1.141~1.261	1 693~2 238
2045	2016-04-26	1.201	1.141~1.261	1 693~2 238
2046	2019-11-30	1.201	1.141~1.261	1 693~2 238
2047	2019-09-19	1.202	1.142~1.262	1 700~2 243
2048	2019-04-27	1.202	1.142~1.262	1 700~2 243
2049	2020-10-10	1.202	1.142~1.262	1 700~2 243
2050	2017-12-01	1.202	1.142~1.263	1 701~2 244
2051	2019-12-26	1.203	1.142~1.263	1 701~2 244
2052	2014-04-26	1.203	1.142~1.263	1 701~2 244
2053	2021-07-07	1.203	1.143~1.263	1 702~2 244
2054	2015-03-08	1.203	1.143~1.263	1 702~2 245
2055	2017-11-21	1.203	1.143~1.263	1 702~2 245
2056	2018-10-03	1.203	1.143~1.263	1 704~2 245
2057	2015-10-25	1.203	1.143~1.263	1 704~2 245
2058	2021-10-04	1.204	1.144~1.264	1 708~2 255
2059	2016-03-01	1.204	1.144~1.264	1 709~2 255
2060	2020-08-28	1.204	1.144~1.264	1 709~2 257
2061	2021-08-21	1.204	1.144~1.264	1 709~2 257
2062	2021-08-29	1.204	1.144~1.265	1 713~2 258
2063	2018-01-22	1.205	1.144~1.265	1 716~2 259
2064	2018-10-30	1.205	1.144~1.265	1 716~2 259
2065	2017-10-22	1.205	1.145~1.265	1 718~2 260
2066	2017-10-23	1.205	1.145~1.265	1 718~2 260
2067	2018-02-20	1.205	1.145~1.265	1 718~2 261
2068	2020-01-07	1.205	1.145~1.265	1 718~2 261
2069	2018-02-13	1.205	1.145~1.266	1 718~2 261
2070	2014-10-11	1.205	1.145~1.266	1 718~2 261
2071	2019-09-27	1.205	1.145~1.266	1 718~2 261
2072	2018-11-08	1.206	1.146~1.266	1 722~2 262
2073	2017-03-24	1.206	1.146~1.266	1 722~2 262
2074	2020-10-06	1.206	1.146~1.267	1 728~2 264
2075	2020-03-09	1.206	1.146~1.267	1 730~2 264
2076	2015-11-17	1.207	1.146~1.267	1 730~2 264

序号	日期	PM$_{2.5}$气象污染综合指数	同一气象条件指数区间	同一气象条件在附表 2 中的序号区间
2077	2015-08-10	1.207	1.146~1.267	1 730~2 264
2078	2017-08-17	1.207	1.146~1.267	1 730~2 264
2079	2019-10-02	1.207	1.146~1.267	1 733~2 264
2080	2020-05-07	1.207	1.146~1.267	1 733~2 264
2081	2018-09-18	1.207	1.147~1.267	1 733~2 265
2082	2016-05-23	1.207	1.147~1.267	1 734~2 266
2083	2018-10-13	1.207	1.147~1.268	1 735~2 267
2084	2014-11-07	1.207	1.147~1.268	1 735~2 267
2085	2019-10-15	1.207	1.147~1.268	1 735~2 267
2086	2017-03-23	1.207	1.147~1.268	1 735~2 267
2087	2016-03-20	1.208	1.148~1.269	1 740~2 271
2088	2017-11-11	1.208	1.148~1.269	1 740~2 271
2089	2019-09-24	1.210	1.149~1.270	1 748~2 272
2090	2015-11-07	1.211	1.150~1.271	1 760~2 275
2091	2021-11-15	1.211	1.151~1.272	1 766~2 275
2092	2014-11-27	1.211	1.151~1.272	1 767~2 276
2093	2021-06-14	1.211	1.151~1.272	1 768~2 276
2094	2015-09-26	1.212	1.151~1.272	1 770~2 278
2095	2016-09-30	1.212	1.151~1.272	1 770~2 278
2096	2019-02-25	1.212	1.152~1.273	1 773~2 280
2097	2021-03-12	1.212	1.152~1.273	1 774~2 281
2098	2019-02-19	1.212	1.152~1.273	1 775~2 281
2099	2018-10-12	1.212	1.152~1.273	1 775~2 281
2100	2019-07-31	1.213	1.152~1.273	1 775~2 282
2101	2017-03-25	1.213	1.152~1.274	1 776~2 283
2102	2017-06-06	1.213	1.153~1.274	1 776~2 283
2103	2019-08-26	1.213	1.153~1.274	1 776~2 283
2104	2021-09-28	1.213	1.153~1.274	1 776~2 283
2105	2021-08-06	1.214	1.153~1.274	1 780~2 284
2106	2014-08-04	1.215	1.154~1.276	1 788~2 290
2107	2014-01-26	1.215	1.155~1.276	1 789~2 290
2108	2018-11-21	1.216	1.155~1.276	1 789~2 290
2109	2019-08-03	1.216	1.156~1.277	1 800~2 294
2110	2020-07-13	1.217	1.156~1.277	1 801~2 294
2111	2014-10-06	1.217	1.156~1.277	1 802~2 294
2112	2017-09-03	1.217	1.156~1.278	1 808~2 297
2113	2017-10-21	1.217	1.156~1.278	1 809~2 298
2114	2016-08-20	1.217	1.157~1.278	1 809~2 298

序号	日期	PM$_{2.5}$气象污染综合指数	同一气象条件指数区间	同一气象条件在附表2中的序号区间
2115	2021-09-02	1.217	1.157~1.278	1 809~2 298
2116	2018-01-12	1.218	1.157~1.279	1 811~2 300
2117	2020-08-18	1.218	1.157~1.279	1 813~2 300
2118	2018-03-19	1.218	1.157~1.279	1 813~2 300
2119	2018-10-17	1.218	1.157~1.279	1 813~2 300
2120	2014-09-20	1.218	1.157~1.279	1 815~2 300
2121	2018-03-14	1.219	1.158~1.280	1 821~2 304
2122	2021-04-24	1.219	1.158~1.280	1 821~2 304
2123	2019-09-13	1.219	1.158~1.280	1 821~2 304
2124	2014-07-05	1.219	1.158~1.280	1 821~2 304
2125	2014-08-05	1.219	1.158~1.280	1 821~2 304
2126	2014-08-27	1.219	1.158~1.280	1 821~2 304
2127	2014-10-07	1.220	1.159~1.281	1 822~2 304
2128	2018-03-21	1.220	1.159~1.281	1 825~2 305
2129	2018-08-13	1.220	1.159~1.281	1 825~2 305
2130	2020-08-11	1.220	1.159~1.281	1 825~2 305
2131	2016-08-16	1.220	1.159~1.281	1 825~2 306
2132	2018-11-03	1.221	1.160~1.282	1 832~2 306
2133	2019-10-29	1.221	1.160~1.282	1 837~2 306
2134	2015-12-17	1.221	1.160~1.282	1 837~2 307
2135	2016-12-01	1.221	1.160~1.282	1 837~2 307
2136	2016-02-17	1.221	1.160~1.283	1 837~2 307
2137	2019-09-26	1.221	1.160~1.283	1 837~2 307
2138	2015-09-28	1.221	1.160~1.283	1 837~2 307
2139	2018-07-31	1.222	1.160~1.283	1 837~2 307
2140	2018-08-01	1.222	1.160~1.283	1 837~2 307
2141	2014-03-08	1.222	1.161~1.283	1 838~2 307
2142	2019-09-04	1.222	1.161~1.283	1 840~2 307
2143	2020-09-22	1.224	1.163~1.285	1 845~2 310
2144	2016-02-09	1.224	1.163~1.285	1 850~2 310
2145	2014-08-26	1.224	1.163~1.286	1 850~2 310
2146	2019-09-17	1.224	1.163~1.286	1 850~2 310
2147	2015-02-15	1.226	1.165~1.287	1 861~2 314
2148	2014-10-22	1.226	1.165~1.287	1 861~2 314
2149	2021-11-06	1.226	1.165~1.287	1 862~2 315
2150	2018-04-05	1.226	1.165~1.288	1 864~2 315
2151	2014-09-24	1.226	1.165~1.288	1 864~2 315
2152	2014-09-14	1.227	1.165~1.288	1 864~2 315

序号	日期	PM_{2.5}气象污染综合指数	同一气象条件指数区间	同一气象条件在附表2中的序号区间
2153	2020-10-07	1.227	1.165~1.288	1 865~2 315
2154	2019-08-06	1.227	1.166~1.288	1 865~2 316
2155	2020-07-27	1.227	1.166~1.288	1 865~2 316
2156	2015-10-16	1.227	1.166~1.289	1 865~2 316
2157	2015-10-24	1.229	1.168~1.290	1 875~2 317
2158	2021-01-13	1.229	1.168~1.291	1 878~2 317
2159	2016-10-07	1.229	1.168~1.291	1 878~2 317
2160	2017-10-12	1.230	1.168~1.291	1 881~2 317
2161	2015-12-04	1.230	1.168~1.291	1 881~2 317
2162	2015-12-26	1.230	1.168~1.291	1 882~2 317
2163	2018-09-17	1.230	1.168~1.291	1 882~2 317
2164	2016-07-22	1.231	1.170~1.293	1 884~2 318
2165	2018-07-14	1.231	1.170~1.293	1 884~2 318
2166	2015-08-09	1.232	1.171~1.294	1 885~2 319
2167	2020-01-08	1.234	1.172~1.295	1 894~2 324
2168	2019-10-27	1.234	1.172~1.295	1 894~2 324
2169	2018-07-17	1.234	1.172~1.296	1 895~2 327
2170	2016-09-29	1.235	1.173~1.297	1 898~2 329
2171	2021-11-26	1.235	1.173~1.297	1 898~2 329
2172	2015-09-30	1.236	1.174~1.298	1 906~2 334
2173	2019-02-20	1.236	1.175~1.298	1 907~2 335
2174	2019-01-16	1.237	1.175~1.299	1 908~2 336
2175	2018-01-24	1.238	1.176~1.299	1 913~2 337
2176	2018-08-19	1.238	1.176~1.300	1 913~2 338
2177	2016-12-13	1.239	1.177~1.301	1 917~2 338
2178	2018-04-13	1.239	1.177~1.301	1 918~2 340
2179	2018-11-10	1.240	1.178~1.302	1 918~2 341
2180	2020-09-19	1.240	1.178~1.302	1 919~2 341
2181	2014-09-28	1.241	1.179~1.303	1 925~2 348
2182	2018-10-14	1.241	1.179~1.303	1 925~2 349
2183	2018-11-04	1.242	1.180~1.304	1 929~2 349
2184	2014-08-19	1.242	1.180~1.304	1 930~2 349
2185	2019-04-29	1.242	1.180~1.304	1 930~2 349
2186	2020-08-12	1.242	1.180~1.304	1 930~2 351
2187	2015-10-21	1.242	1.180~1.304	1 931~2 351
2188	2016-01-06	1.243	1.181~1.305	1 933~2 351
2189	2021-08-28	1.243	1.181~1.305	1 934~2 351
2190	2015-11-18	1.244	1.182~1.306	1 939~2 353

续表

序号	日期	PM$_{2.5}$气象污染综合指数	同一气象条件指数区间	同一气象条件在附表2中的序号区间
2191	2018-10-16	1.244	1.182~1.307	1 939~2 353
2192	2019-03-01	1.245	1.183~1.307	1 945~2 354
2193	2017-10-13	1.245	1.183~1.307	1 945~2 354
2194	2016-01-21	1.245	1.183~1.307	1 946~2 354
2195	2017-07-24	1.246	1.184~1.308	1 949~2 355
2196	2014-11-13	1.246	1.184~1.309	1 950~2 355
2197	2019-02-23	1.246	1.184~1.309	1 950~2 355
2198	2017-06-13	1.247	1.184~1.309	1 955~2 357
2199	2017-02-22	1.247	1.185~1.310	1 958~2 357
2200	2018-10-15	1.247	1.185~1.310	1 958~2 357
2201	2017-11-01	1.247	1.185~1.310	1 958~2 357
2202	2021-09-16	1.248	1.185~1.310	1 959~2 357
2203	2016-03-02	1.248	1.186~1.311	1 962~2 358
2204	2015-11-21	1.249	1.187~1.312	1 966~2 359
2205	2014-04-19	1.250	1.187~1.312	1 967~2 361
2206	2021-09-11	1.250	1.187~1.312	1 969~2 361
2207	2021-09-13	1.251	1.188~1.314	1 974~2 364
2208	2020-11-03	1.251	1.189~1.314	1 976~2 365
2209	2014-04-15	1.252	1.189~1.314	1 979~2 366
2210	2018-07-13	1.252	1.189~1.315	1 981~2 366
2211	2014-09-15	1.252	1.190~1.315	1 983~2 366
2212	2020-10-15	1.253	1.190~1.316	1 988~2 372
2213	2019-10-20	1.253	1.191~1.316	1 989~2 372
2214	2014-02-01	1.254	1.191~1.316	1 991~2 372
2215	2014-01-18	1.254	1.191~1.316	1 991~2 372
2216	2019-12-06	1.254	1.191~1.316	1 991~2 372
2217	2015-01-19	1.254	1.191~1.317	1 992~2 372
2218	2017-12-17	1.255	1.192~1.317	2 000~2 373
2219	2019-01-07	1.255	1.192~1.317	2 000~2 373
2220	2019-12-31	1.255	1.192~1.317	2 000~2 373
2221	2021-02-25	1.255	1.192~1.318	2 005~2 373
2222	2021-11-01	1.255	1.192~1.318	2 005~2 373
2223	2020-10-31	1.256	1.193~1.318	2 006~2 374
2224	2018-06-09	1.256	1.193~1.319	2 007~2 375
2225	2019-10-21	1.256	1.193~1.319	2 007~2 375
2226	2019-10-10	1.257	1.194~1.320	2 014~2 376
2227	2016-09-09	1.257	1.194~1.320	2 015~2 377
2228	2021-08-10	1.257	1.195~1.320	2 016~2 377

续表

序号	日期	PM2.5气象污染综合指数	同一气象条件指数区间	同一气象条件在附表2中的序号区间
2229	2021-06-24	1.258	1.195~1.321	2 020~2 378
2230	2017-06-20	1.258	1.195~1.321	2 020~2 378
2231	2020-01-29	1.259	1.196~1.322	2 022~2 379
2232	2014-03-28	1.259	1.196~1.322	2 026~2 380
2233	2021-09-03	1.259	1.196~1.322	2 026~2 380
2234	2019-09-14	1.260	1.197~1.323	2 026~2 380
2235	2018-03-31	1.260	1.197~1.323	2 027~2 382
2236	2019-04-20	1.260	1.197~1.323	2 027~2 382
2237	2018-02-06	1.261	1.198~1.324	2 027~2 382
2238	2019-10-19	1.261	1.198~1.324	2 028~2 384
2239	2021-02-11	1.261	1.198~1.324	2 029~2 386
2240	2021-02-19	1.261	1.198~1.324	2 029~2 386
2241	2015-01-09	1.261	1.198~1.324	2 029~2 387
2242	2019-03-10	1.262	1.199~1.325	2 031~2 389
2243	2014-11-03	1.262	1.199~1.326	2 033~2 389
2244	2021-03-18	1.263	1.200~1.326	2 034~2 389
2245	2019-11-05	1.263	1.200~1.326	2 037~2 389
2246	2019-02-01	1.263	1.200~1.327	2 037~2 389
2247	2017-05-22	1.263	1.200~1.327	2 039~2 389
2248	2020-02-13	1.263	1.200~1.327	2 039~2 389
2249	2020-05-08	1.263	1.200~1.327	2 039~2 389
2250	2020-08-19	1.263	1.200~1.327	2 039~2 389
2251	2018-11-20	1.263	1.200~1.327	2 039~2 389
2252	2017-12-03	1.264	1.200~1.327	2 039~2 389
2253	2021-02-24	1.264	1.200~1.327	2 039~2 389
2254	2016-11-08	1.264	1.201~1.327	2 039~2 389
2255	2019-12-14	1.264	1.201~1.327	2 044~2 390
2256	2020-11-30	1.264	1.201~1.327	2 044~2 390
2257	2021-03-13	1.264	1.201~1.328	2 046~2 390
2258	2017-12-05	1.265	1.201~1.328	2 046~2 390
2259	2015-09-04	1.265	1.201~1.328	2 046~2 390
2260	2017-01-14	1.265	1.202~1.328	2 047~2 390
2261	2015-11-01	1.266	1.202~1.329	2 048~2 390
2262	2016-10-11	1.266	1.203~1.329	2 052~2 390
2263	2020-10-09	1.266	1.203~1.329	2 052~2 390
2264	2014-12-05	1.267	1.204~1.330	2 058~2 391
2265	2021-11-07	1.267	1.204~1.331	2 058~2 391
2266	2016-11-19	1.267	1.204~1.331	2 060~2 391

序号	日期	PM$_{2.5}$气象污染综合指数	同一气象条件指数区间	同一气象条件在附表2中的序号区间
2267	2020-08-20	1.268	1.204~1.331	2 062~2 393
2268	2019-11-11	1.268	1.205~1.331	2 064~2 393
2269	2016-11-30	1.268	1.205~1.331	2 064~2 393
2270	2020-01-19	1.268	1.205~1.332	2 064~2 393
2271	2018-10-21	1.268	1.205~1.332	2 065~2 393
2272	2015-11-04	1.270	1.207~1.334	2 081~2 402
2273	2015-10-04	1.270	1.207~1.334	2 081~2 402
2274	2016-10-09	1.271	1.207~1.334	2 082~2 403
2275	2014-12-09	1.272	1.208~1.335	2 087~2 405
2276	2019-08-05	1.272	1.208~1.336	2 087~2 405
2277	2020-08-16	1.272	1.208~1.336	2 087~2 405
2278	2018-03-10	1.272	1.209~1.336	2 087~2 406
2279	2015-01-12	1.273	1.209~1.336	2 087~2 407
2280	2019-02-26	1.273	1.209~1.336	2 089~2 407
2281	2019-12-10	1.273	1.209~1.337	2 089~2 408
2282	2020-06-26	1.273	1.209~1.337	2 089~2 408
2283	2018-01-02	1.274	1.210~1.338	2 090~2 416
2284	2019-09-11	1.274	1.211~1.338	2 090~2 416
2285	2018-11-06	1.275	1.211~1.338	2 090~2 418
2286	2018-12-05	1.275	1.211~1.338	2 090~2 418
2287	2017-07-27	1.275	1.211~1.339	2 092~2 419
2288	2017-09-16	1.275	1.212~1.339	2 094~2 422
2289	2021-09-01	1.275	1.212~1.339	2 094~2 422
2290	2020-02-24	1.276	1.212~1.340	2 096~2 422
2291	2019-06-06	1.277	1.213~1.341	2 101~2 424
2292	2019-08-04	1.277	1.213~1.341	2 101~2 424
2293	2021-04-02	1.277	1.213~1.341	2 102~2 424
2294	2020-09-30	1.277	1.213~1.341	2 102~2 425
2295	2021-10-21	1.278	1.214~1.342	2 105~2 426
2296	2015-04-18	1.278	1.214~1.342	2 105~2 426
2297	2020-02-14	1.278	1.214~1.342	2 105~2 429
2298	2015-09-15	1.278	1.214~1.342	2 105~2 430
2299	2015-09-16	1.278	1.214~1.342	2 105~2 430
2300	2018-02-01	1.279	1.215~1.343	2 106~2 432
2301	2018-08-09	1.280	1.216~1.344	2 108~2 433
2302	2018-08-10	1.280	1.216~1.344	2 108~2 433
2303	2014-11-22	1.280	1.216~1.344	2 109~2 433
2304	2020-08-05	1.280	1.216~1.344	2 109~2 433

续表

序号	日期	PM$_{2.5}$气象污染综合指数	同一气象条件指数区间	同一气象条件在附表2中的序号区间
2305	2015-02-13	1.281	1.217~1.345	2 113~2 434
2306	2020-12-23	1.281	1.217~1.345	2 113~2 434
2307	2021-02-09	1.284	1.219~1.348	2 124~2 438
2308	2017-12-06	1.284	1.219~1.348	2 126~2 438
2309	2014-12-24	1.284	1.220~1.348	2 127~2 439
2310	2016-12-23	1.285	1.221~1.350	2 133~2 440
2311	2015-12-11	1.287	1.222~1.351	2 142~2 447
2312	2020-11-29	1.287	1.222~1.351	2 142~2 447
2313	2020-10-28	1.287	1.222~1.351	2 142~2 450
2314	2019-06-05	1.287	1.223~1.351	2 142~2 451
2315	2019-11-29	1.288	1.223~1.352	2 143~2 453
2316	2021-01-12	1.289	1.224~1.353	2 144~2 455
2317	2019-09-25	1.292	1.227~1.357	2 156~2 468
2318	2014-10-10	1.293	1.228~1.358	2 157~2 469
2319	2018-09-26	1.293	1.228~1.358	2 157~2 469
2320	2018-10-24	1.295	1.230~1.359	2 161~2 472
2321	2021-08-30	1.295	1.230~1.360	2 163~2 472
2322	2017-01-28	1.295	1.230~1.360	2 163~2 472
2323	2017-10-31	1.295	1.230~1.360	2 163~2 472
2324	2018-09-25	1.295	1.231~1.360	2 164~2 473
2325	2017-01-26	1.296	1.231~1.360	2 164~2 473
2326	2016-01-30	1.296	1.231~1.360	2 164~2 473
2327	2016-01-16	1.296	1.231~1.361	2 164~2 473
2328	2014-10-18	1.296	1.231~1.361	2 164~2 473
2329	2015-12-10	1.297	1.232~1.362	2 166~2 474
2330	2014-11-19	1.297	1.232~1.362	2 166~2 475
2331	2018-03-11	1.297	1.232~1.362	2 166~2 475
2332	2019-01-09	1.297	1.233~1.362	2 166~2 475
2333	2019-02-27	1.298	1.233~1.362	2 166~2 475
2334	2018-01-16	1.298	1.233~1.363	2 167~2 477
2335	2021-09-19	1.298	1.234~1.363	2 167~2 478
2336	2017-10-10	1.299	1.234~1.364	2 167~2 478
2337	2019-01-21	1.299	1.234~1.364	2 169~2 480
2338	2019-07-20	1.301	1.236~1.366	2 172~2 482
2339	2019-08-07	1.301	1.236~1.366	2 172~2 482
2340	2021-03-19	1.301	1.236~1.366	2 172~2 482
2341	2019-11-26	1.302	1.237~1.367	2 174~2 484
2342	2019-09-21	1.302	1.237~1.367	2 174~2 484

续表

序号	日期	PM_{2.5}气象污染综合指数	同一气象条件指数区间	同一气象条件在附表2中的序号区间
2343	2014-08-31	1.303	1.237~1.368	2 175~2 484
2344	2014-09-01	1.303	1.237~1.368	2 175~2 484
2345	2014-01-07	1.303	1.238~1.368	2 175~2 484
2346	2021-12-22	1.303	1.238~1.368	2 175~2 484
2347	2015-02-23	1.303	1.238~1.368	2 175~2 484
2348	2015-07-04	1.303	1.238~1.368	2 176~2 485
2349	2018-12-30	1.303	1.238~1.369	2 176~2 486
2350	2019-01-05	1.303	1.238~1.369	2 176~2 486
2351	2017-02-18	1.305	1.240~1.370	2 180~2 492
2352	2015-11-10	1.306	1.240~1.371	2 181~2 493
2353	2021-12-11	1.306	1.241~1.372	2 181~2 494
2354	2017-10-11	1.308	1.242~1.373	2 186~2 496
2355	2016-01-19	1.308	1.242~1.373	2 187~2 498
2356	2019-11-19	1.308	1.242~1.373	2 187~2 498
2357	2019-09-28	1.310	1.244~1.375	2 190~2 502
2358	2016-11-20	1.312	1.246~1.377	2 195~2 503
2359	2014-02-23	1.312	1.246~1.377	2 195~2 503
2360	2020-01-05	1.312	1.246~1.377	2 195~2 503
2361	2018-11-23	1.312	1.247~1.378	2 198~2 504
2362	2018-10-19	1.313	1.247~1.378	2 199~2 505
2363	2017-09-15	1.313	1.248~1.379	2 202~2 505
2364	2018-11-19	1.314	1.248~1.379	2 202~2 505
2365	2014-11-05	1.314	1.248~1.379	2 202~2 505
2366	2021-11-12	1.315	1.249~1.381	2 204~2 508
2367	2018-11-17	1.315	1.249~1.381	2 204~2 508
2368	2015-10-17	1.315	1.250~1.381	2 205~2 508
2369	2015-10-22	1.315	1.250~1.381	2 205~2 508
2370	2015-05-10	1.316	1.250~1.381	2 206~2 508
2371	2020-03-08	1.316	1.250~1.381	2 206~2 508
2372	2021-01-22	1.316	1.250~1.381	2 206~2 508
2373	2019-06-12	1.318	1.252~1.384	2 210~2 514
2374	2021-09-25	1.318	1.252~1.384	2 211~2 517
2375	2014-01-29	1.319	1.253~1.384	2 211~2 517
2376	2015-01-22	1.320	1.254~1.385	2 214~2 527
2377	2018-01-27	1.320	1.254~1.386	2 217~2 530
2378	2021-03-08	1.321	1.255~1.387	2 218~2 530
2379	2014-03-16	1.322	1.256~1.388	2 225~2 531
2380	2014-02-07	1.323	1.256~1.389	2 226~2 531

续表

序号	日期	PM$_{2.5}$气象污染综合指数	同一气象条件指数区间	同一气象条件在附表2中的序号区间
2381	2015-11-19	1.323	1.256~1.389	2 226~2 531
2382	2014-12-17	1.324	1.257~1.390	2 228~2 533
2383	2018-12-09	1.324	1.257~1.390	2 228~2 533
2384	2019-02-24	1.324	1.258~1.390	2 228~2 533
2385	2015-08-31	1.324	1.258~1.390	2 228~2 533
2386	2019-10-22	1.324	1.258~1.390	2 229~2 533
2387	2014-12-25	1.324	1.258~1.391	2 229~2 533
2388	2015-01-07	1.324	1.258~1.391	2 229~2 533
2389	2017-02-11	1.325	1.259~1.392	2 232~2 534
2390	2019-02-28	1.329	1.262~1.395	2 243~2 542
2391	2014-10-02	1.330	1.263~1.396	2 251~2 543
2392	2014-10-24	1.330	1.263~1.396	2 251~2 543
2393	2020-09-14	1.332	1.265~1.398	2 260~2 549
2394	2021-03-04	1.332	1.265~1.398	2 260~2 549
2395	2021-09-27	1.332	1.265~1.398	2 260~2 549
2396	2017-01-08	1.332	1.266~1.399	2 261~2 550
2397	2017-03-18	1.333	1.266~1.399	2 262~2 550
2398	2017-11-27	1.333	1.266~1.399	2 262~2 550
2399	2018-10-05	1.333	1.266~1.399	2 262~2 551
2400	2015-03-18	1.333	1.267~1.400	2 264~2 551
2401	2018-11-02	1.334	1.267~1.400	2 264~2 552
2402	2016-10-27	1.334	1.267~1.400	2 264~2 552
2403	2021-11-29	1.334	1.268~1.401	2 267~2 552
2404	2020-10-24	1.334	1.268~1.401	2 267~2 552
2405	2021-10-06	1.336	1.269~1.402	2 271~2 552
2406	2020-01-30	1.336	1.269~1.402	2 271~2 552
2407	2018-02-15	1.336	1.269~1.403	2 272~2 553
2408	2020-09-24	1.337	1.270~1.404	2 272~2 553
2409	2020-09-25	1.337	1.270~1.404	2 272~2 553
2410	2020-10-29	1.337	1.270~1.404	2 272~2 553
2411	2021-10-12	1.337	1.270~1.404	2 272~2 553
2412	2017-11-12	1.337	1.270~1.404	2 272~2 553
2413	2014-10-01	1.337	1.270~1.404	2 272~2 553
2414	2015-06-30	1.338	1.271~1.404	2 274~2 553
2415	2019-09-20	1.338	1.271~1.405	2 274~2 553
2416	2014-10-28	1.338	1.271~1.405	2 274~2 553
2417	2020-10-30	1.338	1.271~1.405	2 274~2 553
2418	2015-02-06	1.338	1.271~1.405	2 275~2 554

序号	日期	PM$_{2.5}$气象污染综合指数	同一气象条件指数区间	同一气象条件在附表2中的序号区间
2419	2015-09-27	1.339	1.272~1.405	2 275~2 554
2420	2016-10-15	1.339	1.272~1.406	2 278~2 555
2421	2021-10-08	1.339	1.272~1.406	2 278~2 555
2422	2020-11-16	1.339	1.272~1.406	2 278~2 556
2423	2019-08-02	1.340	1.273~1.407	2 281~2 556
2424	2019-01-14	1.341	1.274~1.408	2 283~2 557
2425	2017-03-04	1.341	1.274~1.408	2 283~2 557
2426	2018-10-18	1.342	1.275~1.409	2 285~2 558
2427	2018-10-20	1.342	1.275~1.409	2 285~2 558
2428	2021-10-11	1.342	1.275~1.409	2 285~2 558
2429	2015-02-14	1.342	1.275~1.409	2 287~2 558
2430	2014-11-24	1.342	1.275~1.409	2 287~2 560
2431	2019-02-21	1.342	1.275~1.409	2 287~2 560
2432	2019-01-22	1.342	1.275~1.409	2 288~2 560
2433	2020-01-14	1.345	1.277~1.412	2 295~2 563
2434	2020-12-06	1.345	1.278~1.413	2 297~2 567
2435	2017-12-22	1.346	1.279~1.413	2 300~2 574
2436	2021-12-03	1.346	1.279~1.413	2 300~2 574
2437	2016-10-12	1.346	1.279~1.414	2 300~2 574
2438	2014-10-30	1.348	1.280~1.415	2 304~2 576
2439	2021-10-18	1.349	1.281~1.416	2 305~2 579
2440	2021-10-13	1.350	1.282~1.417	2 306~2 584
2441	2016-11-17	1.350	1.283~1.418	2 307~2 586
2442	2015-02-03	1.351	1.283~1.418	2 307~2 586
2443	2016-01-20	1.351	1.283~1.418	2 307~2 586
2444	2014-12-08	1.351	1.283~1.418	2 307~2 586
2445	2018-12-12	1.351	1.283~1.418	2 307~2 586
2446	2014-11-15	1.351	1.283~1.418	2 307~2 587
2447	2018-11-11	1.351	1.283~1.418	2 307~2 587
2448	2021-01-26	1.351	1.283~1.418	2 307~2 587
2449	2021-10-20	1.351	1.283~1.418	2 307~2 587
2450	2018-12-22	1.351	1.284~1.419	2 308~2 587
2451	2016-10-16	1.351	1.284~1.419	2 308~2 587
2452	2020-02-29	1.351	1.284~1.419	2 308~2 587
2453	2018-02-19	1.352	1.285~1.420	2 309~2 587
2454	2021-12-01	1.352	1.285~1.420	2 310~2 587
2455	2018-11-18	1.353	1.285~1.420	2 310~2 588
2456	2014-09-18	1.354	1.286~1.421	2 311~2 588

续表

序号	日期	PM$_{2.5}$气象污染综合指数	同一气象条件指数区间	同一气象条件在附表2中的序号区间
2457	2014-09-17	1.354	1.286~1.422	2 311~2 588
2458	2017-07-06	1.355	1.287~1.423	2 315~2 589
2459	2018-08-14	1.355	1.287~1.423	2 315~2 589
2460	2019-08-10	1.355	1.287~1.423	2 315~2 589
2461	2021-07-29	1.355	1.287~1.423	2 315~2 589
2462	2018-01-15	1.355	1.287~1.423	2 315~2 589
2463	2014-03-02	1.356	1.288~1.423	2 315~2 589
2464	2019-11-02	1.356	1.288~1.423	2 315~2 589
2465	2021-12-13	1.356	1.288~1.424	2 316~2 591
2466	2014-03-10	1.356	1.288~1.424	2 316~2 591
2467	2020-09-26	1.356	1.288~1.424	2 316~2 591
2468	2017-10-20	1.357	1.289~1.424	2 316~2 591
2469	2014-11-14	1.357	1.289~1.425	2 316~2 591
2470	2016-02-03	1.357	1.289~1.425	2 316~2 591
2471	2016-07-31	1.359	1.291~1.427	2 317~2 594
2472	2017-11-06	1.359	1.291~1.427	2 317~2 594
2473	2017-10-17	1.360	1.292~1.428	2 317~2 596
2474	2020-11-04	1.362	1.293~1.430	2 319~2 600
2475	2018-01-01	1.362	1.294~1.430	2 320~2 601
2476	2020-01-10	1.362	1.294~1.430	2 320~2 601
2477	2017-06-22	1.363	1.295~1.431	2 322~2 604
2478	2020-11-11	1.363	1.295~1.431	2 322~2 604
2479	2018-11-24	1.364	1.296~1.432	2 325~2 604
2480	2019-12-18	1.364	1.296~1.432	2 327~2 604
2481	2021-02-26	1.364	1.296~1.433	2 328~2 605
2482	2014-11-25	1.366	1.297~1.434	2 332~2 605
2483	2021-10-07	1.366	1.297~1.434	2 332~2 605
2484	2018-12-01	1.368	1.300~1.436	2 337~2 619
2485	2018-11-29	1.368	1.300~1.437	2 337~2 620
2486	2019-10-18	1.368	1.300~1.437	2 338~2 620
2487	2015-03-31	1.369	1.300~1.437	2 338~2 620
2488	2017-10-24	1.369	1.301~1.438	2 340~2 620
2489	2014-01-27	1.369	1.301~1.438	2 340~2 621
2490	2016-01-13	1.370	1.301~1.438	2 341~2 621
2491	2019-12-03	1.370	1.301~1.438	2 341~2 621
2492	2020-01-23	1.370	1.302~1.439	2 341~2 621
2493	2015-02-20	1.371	1.303~1.440	2 345~2 623
2494	2018-11-12	1.372	1.303~1.440	2 348~2 624

序号	日期	PM$_{2.5}$气象污染综合指数	同一气象条件指数区间	同一气象条件在附表2中的序号区间
2495	2018-12-24	1.373	1.304~1.441	2 349~2 627
2496	2020-11-05	1.373	1.304~1.442	2 351~2 627
2497	2016-07-25	1.373	1.304~1.442	2 351~2 627
2498	2015-12-14	1.373	1.305~1.442	2 351~2 629
2499	2016-11-29	1.373	1.305~1.442	2 351~2 629
2500	2017-02-13	1.373	1.305~1.442	2 351~2 629
2501	2016-01-28	1.374	1.305~1.443	2 351~2 632
2502	2016-12-28	1.376	1.307~1.445	2 354~2 640
2503	2016-08-15	1.377	1.308~1.446	2 355~2 642
2504	2016-10-18	1.378	1.309~1.447	2 357~2 643
2505	2021-11-20	1.379	1.310~1.448	2 357~2 648
2506	2017-01-18	1.380	1.311~1.449	2 358~2 649
2507	2018-01-26	1.380	1.311~1.449	2 358~2 649
2508	2021-09-22	1.381	1.312~1.450	2 361~2 650
2509	2015-12-24	1.382	1.313~1.451	2 362~2 650
2510	2019-10-17	1.382	1.313~1.451	2 362~2 650
2511	2018-08-22	1.383	1.314~1.452	2 364~2 652
2512	2020-08-17	1.383	1.314~1.452	2 364~2 652
2513	2018-03-17	1.383	1.314~1.453	2 365~2 652
2514	2015-10-23	1.384	1.315~1.453	2 366~2 654
2515	2021-09-24	1.384	1.315~1.453	2 366~2 654
2516	2021-11-03	1.384	1.315~1.453	2 366~2 654
2517	2015-09-05	1.384	1.315~1.454	2 367~2 654
2518	2018-03-12	1.385	1.316~1.454	2 370~2 659
2519	2021-10-03	1.385	1.316~1.454	2 370~2 659
2520	2014-12-13	1.385	1.316~1.454	2 372~2 659
2521	2015-02-01	1.385	1.316~1.454	2 372~2 659
2522	2015-02-02	1.385	1.316~1.454	2 372~2 659
2523	2016-12-29	1.385	1.316~1.454	2 372~2 659
2524	2019-01-01	1.385	1.316~1.454	2 372~2 659
2525	2019-12-04	1.385	1.316~1.454	2 372~2 659
2526	2020-12-08	1.385	1.316~1.454	2 372~2 659
2527	2014-12-22	1.386	1.316~1.455	2 372~2 660
2528	2019-01-29	1.386	1.316~1.455	2 372~2 660
2529	2018-08-30	1.386	1.316~1.455	2 372~2 660
2530	2016-12-16	1.386	1.317~1.456	2 373~2 661
2531	2021-10-05	1.388	1.318~1.457	2 375~2 664
2532	2021-11-28	1.388	1.318~1.457	2 375~2 664

序号	日期	PM$_{2.5}$气象污染综合指数	同一气象条件指数区间	同一气象条件在 附表2 中的序号区间
2533	2020-11-24	1.390	1.320~1.459	2 378~2 667
2534	2014-12-06	1.392	1.322~1.461	2 379~2 672
2535	2021-11-02	1.393	1.323~1.462	2 382~2 677
2536	2021-01-14	1.393	1.323~1.463	2 382~2 681
2537	2015-03-19	1.393	1.324~1.463	2 382~2 681
2538	2019-10-31	1.393	1.324~1.463	2 382~2 681
2539	2014-12-14	1.394	1.324~1.463	2 385~2 681
2540	2021-01-30	1.394	1.324~1.464	2 385~2 681
2541	2014-10-17	1.394	1.324~1.464	2 386~2 683
2542	2014-12-26	1.396	1.326~1.465	2 389~2 685
2543	2015-01-03	1.397	1.327~1.467	2 390~2 688
2544	2015-10-31	1.397	1.327~1.467	2 390~2 688
2545	2019-11-28	1.397	1.327~1.467	2 390~2 688
2546	2020-11-09	1.397	1.328~1.467	2 390~2 689
2547	2020-09-15	1.398	1.328~1.468	2 390~2 689
2548	2021-08-19	1.398	1.328~1.468	2 390~2 689
2549	2020-11-25	1.398	1.328~1.468	2 390~2 689
2550	2019-11-22	1.399	1.329~1.469	2 390~2 690
2551	2019-12-12	1.400	1.330~1.470	2 391~2 690
2552	2020-02-19	1.401	1.331~1.471	2 391~2 693
2553	2018-01-18	1.405	1.334~1.475	2 403~2 702
2554	2021-11-13	1.405	1.335~1.476	2 405~2 703
2555	2021-12-10	1.406	1.335~1.476	2 405~2 703
2556	2019-02-18	1.407	1.336~1.477	2 407~2 707
2557	2015-10-13	1.408	1.338~1.479	2 416~2 716
2558	2014-10-25	1.408	1.338~1.479	2 416~2 716
2559	2018-09-20	1.408	1.338~1.479	2 416~2 716
2560	2014-07-22	1.410	1.339~1.480	2 422~2 718
2561	2021-10-27	1.410	1.340~1.481	2 423~2 722
2562	2019-07-09	1.411	1.340~1.481	2 423~2 722
2563	2015-12-18	1.411	1.341~1.482	2 424~2 722
2564	2016-11-28	1.411	1.341~1.482	2 424~2 722
2565	2017-02-02	1.411	1.341~1.482	2 424~2 722
2566	2019-12-20	1.411	1.341~1.482	2 424~2 722
2567	2015-01-10	1.413	1.342~1.483	2 430~2 725
2568	2019-01-18	1.413	1.342~1.483	2 430~2 725
2569	2020-12-25	1.413	1.342~1.483	2 430~2 725
2570	2015-12-05	1.413	1.342~1.484	2 430~2 725

序号	日期	PM$_{2.5}$气象污染综合指数	同一气象条件指数区间	同一气象条件在附表2中的序号区间
2571	2016-12-24	1.413	1.342~1.484	2 430~2 725
2572	2017-12-21	1.413	1.342~1.484	2 432~2 726
2573	2019-01-10	1.413	1.342~1.484	2 432~2 726
2574	2016-03-03	1.414	1.343~1.485	2 432~2 728
2575	2015-01-13	1.414	1.343~1.485	2 432~2 728
2576	2014-01-17	1.415	1.344~1.486	2 433~2 732
2577	2015-12-06	1.415	1.344~1.486	2 433~2 732
2578	2014-01-24	1.416	1.345~1.486	2 433~2 732
2579	2017-12-09	1.417	1.346~1.487	2 434~2 733
2580	2015-12-31	1.417	1.346~1.488	2 435~2 733
2581	2019-01-03	1.417	1.346~1.488	2 435~2 733
2582	2020-12-20	1.417	1.346~1.488	2 435~2 733
2583	2020-01-26	1.417	1.346~1.488	2 435~2 733
2584	2018-12-14	1.417	1.346~1.488	2 437~2 733
2585	2021-12-31	1.417	1.346~1.488	2 437~2 733
2586	2018-01-13	1.418	1.347~1.489	2 437~2 733
2587	2021-09-05	1.419	1.348~1.490	2 438~2 736
2588	2016-08-18	1.422	1.351~1.493	2 442~2 737
2589	2014-02-11	1.423	1.352~1.494	2 451~2 739
2590	2017-02-07	1.423	1.352~1.494	2 451~2 739
2591	2020-10-25	1.425	1.354~1.496	2 456~2 753
2592	2015-10-15	1.425	1.354~1.496	2 456~2 753
2593	2021-11-23	1.426	1.355~1.497	2 458~2 755
2594	2017-01-16	1.427	1.355~1.498	2 463~2 756
2595	2020-02-07	1.427	1.355~1.498	2 463~2 756
2596	2019-01-06	1.429	1.357~1.500	2 469~2 763
2597	2020-12-15	1.429	1.357~1.500	2 469~2 763
2598	2020-12-16	1.429	1.357~1.500	2 469~2 763
2599	2020-12-31	1.429	1.357~1.500	2 469~2 763
2600	2021-02-28	1.430	1.358~1.501	2 471~2 771
2601	2017-11-25	1.430	1.359~1.502	2 471~2 771
2602	2018-12-18	1.430	1.359~1.502	2 471~2 771
2603	2017-12-25	1.431	1.359~1.502	2 472~2 772
2604	2014-11-26	1.431	1.360~1.503	2 472~2 772
2605	2018-12-20	1.434	1.362~1.506	2 475~2 776
2606	2021-12-07	1.434	1.362~1.506	2 475~2 776
2607	2017-02-12	1.434	1.363~1.506	2 475~2 776
2608	2020-01-11	1.434	1.363~1.506	2 475~2 776

序号	日期	PM$_{2.5}$气象污染综合指数	同一气象条件指数区间	同一气象条件在附表 2 中的序号区间
2609	2017-10-09	1.434	1.363~1.506	2 475~2 776
2610	2019-02-04	1.434	1.363~1.506	2 475~2 776
2611	2014-01-04	1.435	1.363~1.506	2 477~2 776
2612	2015-01-20	1.435	1.363~1.506	2 477~2 776
2613	2014-10-09	1.435	1.363~1.507	2 477~2 776
2614	2014-01-23	1.435	1.363~1.507	2 478~2 776
2615	2017-01-25	1.435	1.363~1.507	2 478~2 778
2616	2021-01-31	1.436	1.364~1.507	2 480~2 778
2617	2016-02-10	1.436	1.364~1.508	2 481~2 778
2618	2019-11-14	1.436	1.364~1.508	2 481~2 778
2619	2015-12-28	1.436	1.364~1.508	2 481~2 778
2620	2017-08-27	1.437	1.365~1.509	2 481~2 778
2621	2020-10-08	1.439	1.367~1.511	2 484~2 783
2622	2014-01-05	1.439	1.367~1.511	2 484~2 783
2623	2014-01-31	1.439	1.368~1.511	2 484~2 783
2624	2021-02-18	1.440	1.368~1.512	2 485~2 783
2625	2017-01-11	1.441	1.369~1.513	2 486~2 788
2626	2018-12-15	1.441	1.369~1.513	2 486~2 788
2627	2014-01-13	1.441	1.369~1.513	2 487~2 788
2628	2017-01-24	1.441	1.369~1.513	2 487~2 788
2629	2017-01-05	1.442	1.370~1.514	2 490~2 788
2630	2017-01-15	1.442	1.370~1.514	2 490~2 788
2631	2015-11-20	1.442	1.370~1.514	2 492~2 788
2632	2014-10-23	1.443	1.370~1.515	2 492~2 788
2633	2016-10-19	1.443	1.370~1.515	2 492~2 788
2634	2018-09-19	1.443	1.370~1.515	2 492~2 788
2635	2021-09-18	1.443	1.370~1.515	2 492~2 788
2636	2018-02-26	1.443	1.371~1.516	2 493~2 793
2637	2020-10-26	1.443	1.371~1.516	2 493~2 793
2638	2019-01-17	1.444	1.372~1.516	2 494~2 793
2639	2021-01-29	1.444	1.372~1.516	2 494~2 793
2640	2015-10-19	1.444	1.372~1.517	2 495~2 793
2641	2016-10-24	1.444	1.372~1.517	2 495~2 793
2642	2016-12-12	1.446	1.374~1.519	2 501~2 799
2643	2014-11-08	1.446	1.374~1.519	2 501~2 799
2644	2018-10-31	1.446	1.374~1.519	2 501~2 799
2645	2018-11-01	1.446	1.374~1.519	2 501~2 799
2646	2018-11-07	1.446	1.374~1.519	2 501~2 799

续表

序号	日期	PM$_{2.5}$气象污染综合指数	同一气象条件指数区间	同一气象条件在 附表2 中的序号区间
2647	2018-11-22	1.448	1.375~1.520	2 502~2 805
2648	2021-12-19	1.448	1.376~1.521	2 502~2 806
2649	2014-02-25	1.449	1.376~1.521	2 502~2 814
2650	2017-02-04	1.451	1.378~1.523	2 504~2 814
2651	2019-12-29	1.451	1.378~1.523	2 504~2 814
2652	2018-03-18	1.452	1.379~1.525	2 506~2 814
2653	2021-10-24	1.452	1.379~1.525	2 506~2 814
2654	2018-02-17	1.454	1.381~1.526	2 508~2 817
2655	2015-12-19	1.454	1.381~1.527	2 508~2 817
2656	2015-12-29	1.454	1.381~1.527	2 508~2 817
2657	2017-12-29	1.454	1.381~1.527	2 508~2 817
2658	2020-02-20	1.454	1.381~1.527	2 508~2 817
2659	2014-01-01	1.454	1.382~1.527	2 509~2 817
2660	2020-11-21	1.455	1.382~1.528	2 509~2 817
2661	2018-01-14	1.456	1.383~1.528	2 511~2 817
2662	2017-10-07	1.456	1.383~1.529	2 513~2 817
2663	2019-11-23	1.456	1.383~1.529	2 513~2 817
2664	2021-12-28	1.458	1.385~1.531	2 518~2 820
2665	2015-10-14	1.458	1.385~1.531	2 520~2 820
2666	2020-10-18	1.458	1.385~1.531	2 527~2 820
2667	2018-02-18	1.459	1.386~1.532	2 530~2 820
2668	2014-11-20	1.460	1.387~1.533	2 531~2 820
2669	2014-01-16	1.460	1.387~1.533	2 531~2 820
2670	2014-12-18	1.460	1.387~1.533	2 531~2 820
2671	2020-01-31	1.461	1.387~1.534	2 531~2 820
2672	2014-10-29	1.462	1.389~1.535	2 531~2 820
2673	2020-01-28	1.462	1.389~1.535	2 531~2 820
2674	2021-03-09	1.462	1.389~1.535	2 531~2 820
2675	2014-01-02	1.462	1.389~1.535	2 531~2 821
2676	2016-11-11	1.462	1.389~1.535	2 531~2 821
2677	2016-10-13	1.462	1.389~1.535	2 531~2 821
2678	2017-10-26	1.462	1.389~1.535	2 531~2 821
2679	2019-10-23	1.462	1.389~1.535	2 531~2 821
2680	2020-11-17	1.462	1.389~1.535	2 531~2 821
2681	2014-02-14	1.463	1.390~1.536	2 533~2 821
2682	2015-11-27	1.463	1.390~1.536	2 533~2 821
2683	2016-11-25	1.464	1.391~1.538	2 534~2 821
2684	2017-12-27	1.464	1.391~1.538	2 534~2 821

续表

序号	日期	PM$_{2.5}$气象污染综合指数	同一气象条件指数区间	同一气象条件在附表2中的序号区间
2685	2014-12-27	1.466	1.393~1.539	2 535~2 821
2686	2015-11-08	1.466	1.393~1.539	2 535~2 821
2687	2017-10-15	1.466	1.393~1.539	2 535~2 821
2688	2015-02-24	1.467	1.393~1.540	2 537~2 821
2689	2015-01-23	1.468	1.394~1.541	2 541~2 831
2690	2014-01-09	1.469	1.396~1.543	2 542~2 831
2691	2019-01-02	1.469	1.396~1.543	2 542~2 831
2692	2020-01-01	1.469	1.396~1.543	2 542~2 831
2693	2014-10-31	1.471	1.398~1.545	2 546~2 832
2694	2014-11-28	1.471	1.398~1.545	2 546~2 832
2695	2021-02-10	1.471	1.398~1.545	2 546~2 832
2696	2020-02-18	1.472	1.398~1.545	2 547~2 833
2697	2019-11-06	1.472	1.398~1.545	2 547~2 833
2698	2020-08-25	1.473	1.399~1.546	2 550~2 833
2699	2019-01-12	1.473	1.400~1.547	2 551~2 833
2700	2020-01-18	1.473	1.400~1.547	2 551~2 833
2701	2015-02-10	1.474	1.400~1.548	2 551~2 833
2702	2017-02-03	1.475	1.401~1.549	2 552~2 835
2703	2019-01-13	1.476	1.402~1.550	2 552~2 835
2704	2019-12-24	1.476	1.402~1.550	2 552~2 835
2705	2020-11-14	1.476	1.402~1.550	2 552~2 835
2706	2014-02-15	1.476	1.402~1.550	2 552~2 835
2707	2019-11-09	1.477	1.403~1.551	2 553~2 835
2708	2015-11-14	1.478	1.404~1.552	2 553~2 835
2709	2016-11-03	1.478	1.404~1.552	2 553~2 835
2710	2021-11-17	1.478	1.404~1.552	2 553~2 835
2711	2021-10-25	1.478	1.404~1.552	2 553~2 835
2712	2016-01-27	1.478	1.404~1.552	2 553~2 835
2713	2018-01-05	1.478	1.404~1.552	2 553~2 835
2714	2018-01-06	1.478	1.404~1.552	2 553~2 835
2715	2018-01-30	1.478	1.404~1.552	2 553~2 835
2716	2018-12-21	1.479	1.405~1.553	2 553~2 837
2717	2020-10-19	1.479	1.405~1.553	2 554~2 837
2718	2016-02-11	1.479	1.405~1.553	2 554~2 837
2719	2016-02-12	1.479	1.405~1.553	2 554~2 837
2720	2016-11-18	1.479	1.405~1.553	2 554~2 837
2721	2021-09-04	1.479	1.405~1.553	2 554~2 837
2722	2015-11-29	1.482	1.408~1.556	2 557~2 840

序号	日期	PM$_{2.5}$气象污染综合指数	同一气象条件指数区间	同一气象条件在 附表2 中的序号区间
2723	2018-01-07	1.483	1.408~1.557	2 558~2 840
2724	2019-12-27	1.483	1.408~1.557	2 558~2 840
2725	2019-02-22	1.483	1.409~1.557	2 560~2 841
2726	2018-03-13	1.484	1.410~1.558	2 560~2 841
2727	2016-11-02	1.484	1.410~1.559	2 561~2 841
2728	2019-12-25	1.485	1.411~1.559	2 561~2 842
2729	2021-11-24	1.485	1.411~1.559	2 562~2 842
2730	2016-10-25	1.485	1.411~1.560	2 562~2 842
2731	2016-12-04	1.485	1.411~1.560	2 562~2 842
2732	2015-12-13	1.485	1.411~1.560	2 563~2 842
2733	2016-12-07	1.489	1.414~1.563	2 575~2 856
2734	2016-12-11	1.489	1.414~1.563	2 575~2 856
2735	2021-10-14	1.489	1.414~1.563	2 575~2 856
2736	2015-01-25	1.490	1.416~1.565	2 578~2 859
2737	2015-12-01	1.493	1.418~1.567	2 586~2 861
2738	2016-12-03	1.493	1.418~1.567	2 586~2 861
2739	2015-11-30	1.495	1.420~1.570	2 587~2 869
2740	2020-02-09	1.495	1.420~1.570	2 587~2 869
2741	2015-11-02	1.495	1.420~1.570	2 588~2 869
2742	2014-02-10	1.495	1.421~1.570	2 588~2 869
2743	2014-11-18	1.495	1.421~1.570	2 588~2 869
2744	2017-12-13	1.495	1.421~1.570	2 588~2 869
2745	2018-12-10	1.495	1.421~1.570	2 588~2 869
2746	2018-12-31	1.495	1.421~1.570	2 588~2 869
2747	2020-01-02	1.495	1.421~1.570	2 588~2 869
2748	2020-01-03	1.495	1.421~1.570	2 588~2 869
2749	2020-12-05	1.495	1.421~1.570	2 588~2 869
2750	2020-12-17	1.495	1.421~1.570	2 588~2 869
2751	2020-12-19	1.495	1.421~1.570	2 588~2 869
2752	2021-12-27	1.495	1.421~1.570	2 588~2 869
2753	2014-11-10	1.496	1.421~1.571	2 588~2 873
2754	2017-02-15	1.496	1.421~1.571	2 588~2 873
2755	2016-12-06	1.497	1.422~1.572	2 589~2 877
2756	2017-10-25	1.498	1.424~1.573	2 589~2 877
2757	2017-12-02	1.498	1.424~1.573	2 589~2 877
2758	2019-11-21	1.498	1.424~1.573	2 589~2 877
2759	2016-11-13	1.499	1.424~1.574	2 591~2 877
2760	2018-12-02	1.499	1.424~1.574	2 591~2 877

序号	日期	PM$_{2.5}$气象污染综合指数	同一气象条件指数区间	同一气象条件在附表 2 中的序号区间
2761	2020-09-23	1.499	1.424~1.574	2 591~2 877
2762	2021-09-26	1.499	1.424~1.574	2 591~2 877
2763	2016-08-24	1.500	1.425~1.575	2 591~2 877
2764	2019-07-29	1.500	1.425~1.575	2 591~2 877
2765	2020-08-26	1.500	1.425~1.575	2 591~2 877
2766	2016-12-02	1.501	1.426~1.576	2 593~2 878
2767	2017-01-23	1.501	1.426~1.576	2 593~2 878
2768	2020-01-15	1.501	1.426~1.576	2 593~2 878
2769	2020-12-21	1.501	1.426~1.576	2 593~2 878
2770	2021-01-03	1.501	1.426~1.576	2 593~2 878
2771	2020-12-11	1.501	1.426~1.576	2 593~2 878
2772	2015-01-15	1.503	1.428~1.578	2 594~2 878
2773	2017-12-28	1.503	1.428~1.578	2 594~2 878
2774	2016-11-04	1.504	1.429~1.579	2 596~2 882
2775	2016-01-01	1.504	1.429~1.580	2 596~2 882
2776	2017-10-27	1.505	1.430~1.580	2 600~2 883
2777	2018-11-26	1.505	1.430~1.580	2 600~2 883
2778	2014-01-06	1.509	1.433~1.584	2 605~2 895
2779	2014-11-23	1.509	1.433~1.584	2 605~2 895
2780	2015-12-23	1.509	1.433~1.584	2 605~2 895
2781	2019-12-23	1.509	1.433~1.584	2 605~2 895
2782	2020-01-06	1.509	1.433~1.584	2 605~2 895
2783	2015-11-28	1.511	1.435~1.587	2 616~2 896
2784	2016-12-27	1.511	1.435~1.587	2 616~2 896
2785	2017-01-17	1.511	1.435~1.587	2 616~2 896
2786	2017-02-14	1.511	1.435~1.587	2 616~2 896
2787	2019-12-07	1.511	1.435~1.587	2 616~2 896
2788	2015-12-25	1.514	1.438~1.589	2 621~2 896
2789	2016-01-03	1.514	1.438~1.589	2 621~2 896
2790	2018-11-13	1.514	1.438~1.589	2 621~2 896
2791	2019-12-09	1.514	1.438~1.589	2 621~2 896
2792	2019-12-16	1.514	1.438~1.589	2 621~2 896
2793	2016-12-19	1.516	1.440~1.592	2 624~2 896
2794	2017-01-03	1.516	1.440~1.592	2 624~2 896
2795	2014-02-12	1.518	1.442~1.594	2 631~2 905
2796	2016-12-10	1.518	1.442~1.594	2 631~2 905
2797	2017-12-14	1.518	1.442~1.594	2 631~2 905
2798	2020-12-01	1.518	1.442~1.594	2 631~2 905

序号	日期	PM$_{2.5}$气象污染综合指数	同一气象条件指数区间	同一气象条件在附表2中的序号区间
2799	2017-11-19	1.518	1.442~1.594	2 632~2 905
2800	2021-01-01	1.518	1.442~1.594	2 632~2 905
2801	2014-01-10	1.519	1.443~1.595	2 636~2 905
2802	2015-01-08	1.519	1.443~1.595	2 636~2 905
2803	2016-11-24	1.519	1.443~1.595	2 636~2 905
2804	2020-02-08	1.519	1.443~1.595	2 636~2 905
2805	2020-12-12	1.520	1.444~1.596	2 638~2 905
2806	2014-01-14	1.521	1.444~1.597	2 640~2 905
2807	2015-12-07	1.521	1.444~1.597	2 640~2 905
2808	2016-12-25	1.521	1.444~1.597	2 640~2 905
2809	2020-01-16	1.521	1.444~1.597	2 640~2 905
2810	2020-01-25	1.521	1.444~1.597	2 640~2 905
2811	2021-01-02	1.521	1.444~1.597	2 640~2 905
2812	2021-11-27	1.521	1.444~1.597	2 640~2 905
2813	2021-12-08	1.521	1.444~1.597	2 640~2 905
2814	2014-12-29	1.521	1.445~1.597	2 640~2 905
2815	2015-01-04	1.521	1.445~1.597	2 640~2 905
2816	2019-10-30	1.521	1.445~1.597	2 640~2 905
2817	2014-12-23	1.529	1.453~1.606	2 652~2 914
2818	2016-01-14	1.529	1.453~1.606	2 652~2 914
2819	2020-10-01	1.529	1.453~1.606	2 652~2 914
2820	2014-01-22	1.531	1.455~1.608	2 660~2 914
2821	2014-01-11	1.538	1.461~1.615	2 672~2 914
2822	2014-01-15	1.538	1.461~1.615	2 672~2 914
2823	2015-01-14	1.538	1.461~1.615	2 672~2 914
2824	2015-11-11	1.538	1.461~1.615	2 672~2 914
2825	2015-11-12	1.538	1.461~1.615	2 672~2 914
2826	2015-12-08	1.538	1.461~1.615	2 672~2 914
2827	2016-12-20	1.538	1.461~1.615	2 672~2 914
2828	2016-12-26	1.538	1.461~1.615	2 672~2 914
2829	2016-12-30	1.538	1.461~1.615	2 672~2 914
2830	2021-12-09	1.538	1.461~1.615	2 672~2 914
2831	2021-12-20	1.544	1.467~1.621	2 688~2 914
2832	2017-11-20	1.545	1.467~1.622	2 689~2 914
2833	2016-01-15	1.546	1.469~1.623	2 690~2 914
2834	2021-11-14	1.546	1.469~1.623	2 690~2 914
2835	2019-11-20	1.550	1.473~1.628	2 698~2 914
2836	2020-01-04	1.550	1.473~1.628	2 698~2 914

序号	日期	PM$_{2.5}$气象污染综合指数	同一气象条件指数区间	同一气象条件在附表2中的序号区间
2837	2017-12-23	1.555	1.478~1.633	2 708~2 914
2838	2018-01-19	1.555	1.478~1.633	2 708~2 914
2839	2018-12-19	1.555	1.478~1.633	2 708~2 914
2840	2020-02-11	1.556	1.478~1.634	2 712~2 914
2841	2020-01-12	1.558	1.480~1.635	2 718~2 914
2842	2015-12-20	1.560	1.482~1.638	2 722~2 914
2843	2017-01-06	1.560	1.482~1.638	2 722~2 914
2844	2018-11-30	1.560	1.482~1.638	2 722~2 914
2845	2020-01-27	1.560	1.482~1.638	2 722~2 914
2846	2014-01-03	1.561	1.483~1.639	2 723~2 914
2847	2014-12-28	1.561	1.483~1.639	2 723~2 914
2848	2017-11-16	1.561	1.483~1.639	2 723~2 914
2849	2016-01-09	1.563	1.485~1.641	2 729~2 914
2850	2018-11-28	1.563	1.485~1.641	2 729~2 914
2851	2019-12-21	1.563	1.485~1.641	2 729~2 914
2852	2020-12-09	1.563	1.485~1.641	2 729~2 914
2853	2021-11-25	1.563	1.485~1.641	2 729~2 914
2854	2018-01-17	1.563	1.485~1.641	2 729~2 914
2855	2021-02-12	1.563	1.485~1.641	2 729~2 914
2856	2020-02-12	1.564	1.485~1.642	2 730~2 914
2857	2021-11-04	1.564	1.485~1.642	2 730~2 914
2858	2021-11-18	1.564	1.485~1.642	2 730~2 914
2859	2020-02-10	1.565	1.487~1.644	2 733~2 914
2860	2021-12-14	1.565	1.487~1.644	2 733~2 914
2861	2017-12-31	1.567	1.489~1.646	2 733~2 914
2862	2020-01-21	1.567	1.489~1.646	2 733~2 914
2863	2020-11-10	1.567	1.489~1.646	2 733~2 914
2864	2021-01-25	1.567	1.489~1.646	2 733~2 914
2865	2019-12-15	1.569	1.490~1.647	2 736~2 914
2866	2020-01-09	1.569	1.490~1.647	2 736~2 914
2867	2020-01-17	1.569	1.490~1.647	2 736~2 914
2868	2021-01-24	1.569	1.490~1.647	2 736~2 914
2869	2014-02-21	1.570	1.491~1.648	2 736~2 914
2870	2014-02-24	1.570	1.491~1.648	2 736~2 914
2871	2014-11-09	1.570	1.491~1.648	2 736~2 914
2872	2015-12-12	1.570	1.491~1.648	2 736~2 914
2873	2016-01-02	1.571	1.492~1.650	2 737~2 914
2874	2016-12-17	1.571	1.492~1.650	2 737~2 914

序号	日期	PM$_{2.5}$气象污染综合指数	同一气象条件指数区间	同一气象条件在附表2中的序号区间
2875	2021-12-05	1.571	1.492~1.650	2 737~2 914
2876	2021-12-15	1.571	1.492~1.650	2 737~2 914
2877	2021-01-20	1.573	1.494~1.652	2 739~2 914
2878	2017-01-12	1.578	1.499~1.657	2 759~2 914
2879	2020-12-22	1.578	1.499~1.657	2 759~2 914
2880	2020-12-26	1.578	1.499~1.657	2 759~2 914
2881	2021-01-21	1.578	1.499~1.657	2 759~2 914
2882	2018-12-16	1.579	1.500~1.658	2 763~2 914
2883	2016-11-16	1.580	1.501~1.659	2 771~2 914
2884	2016-11-26	1.580	1.501~1.659	2 771~2 914
2885	2018-11-25	1.580	1.501~1.659	2 771~2 914
2886	2019-12-22	1.580	1.501~1.659	2 771~2 914
2887	2019-12-28	1.580	1.501~1.659	2 771~2 914
2888	2020-12-27	1.580	1.501~1.659	2 771~2 914
2889	2020-12-10	1.582	1.502~1.661	2 772~2 914
2890	2021-01-23	1.582	1.502~1.661	2 772~2 914
2891	2021-12-04	1.582	1.502~1.661	2 772~2 914
2892	2019-01-11	1.583	1.504~1.662	2 774~2 914
2893	2020-11-15	1.583	1.504~1.662	2 774~2 914
2894	2021-10-28	1.583	1.504~1.662	2 774~2 914
2895	2021-11-05	1.583	1.504~1.662	2 774~2 914
2896	2015-11-09	1.587	1.508~1.667	2 778~2 914
2897	2015-12-21	1.587	1.508~1.667	2 778~2 914
2898	2015-12-22	1.587	1.508~1.667	2 778~2 914
2899	2016-12-21	1.587	1.508~1.667	2 778~2 914
2900	2016-12-31	1.587	1.508~1.667	2 778~2 914
2901	2017-01-02	1.587	1.508~1.667	2 778~2 914
2902	2017-01-04	1.587	1.508~1.667	2 778~2 914
2903	2019-11-04	1.587	1.508~1.667	2 778~2 914
2904	2021-11-16	1.587	1.508~1.667	2 778~2 914
2905	2014-11-21	1.598	1.518~1.678	2 795~2 914
2906	2014-11-29	1.598	1.518~1.678	2 795~2 914
2907	2015-11-13	1.598	1.518~1.678	2 795~2 914
2908	2017-10-08	1.598	1.518~1.678	2 795~2 914
2909	2017-10-19	1.598	1.518~1.678	2 795~2 914
2910	2021-02-13	1.598	1.518~1.678	2 795~2 914
2911	2021-10-09	1.598	1.518~1.678	2 795~2 914
2912	2021-10-29	1.598	1.518~1.678	2 795~2 914

续表

序号	日期	PM$_{2.5}$气象污染综合指数	同一气象条件指数区间	同一气象条件在附表2中的序号区间
2913	2021-10-30	1.598	1.518~1.678	2 795~2 914
2914	2015-12-09	1.600	1.520~1.680	2 806~2 914
2915	2016-12-18	1.600	1.520~1.680	2 806~2 914
2916	2017-01-01	1.600	1.520~1.680	2 806~2 914
2917	2017-01-07	1.600	1.520~1.680	2 806~2 914
2918	2017-10-18	1.600	1.520~1.680	2 806~2 914
2919	2018-11-14	1.600	1.520~1.680	2 806~2 914
2920	2019-11-08	1.600	1.520~1.680	2 806~2 914
2921	2019-12-08	1.600	1.520~1.680	2 806~2 914
2922	2020-01-22	1.600	1.520~1.680	2 806~2 914